滕守尧
著

审美心理描述
艺术设计、美学相关学科必读书

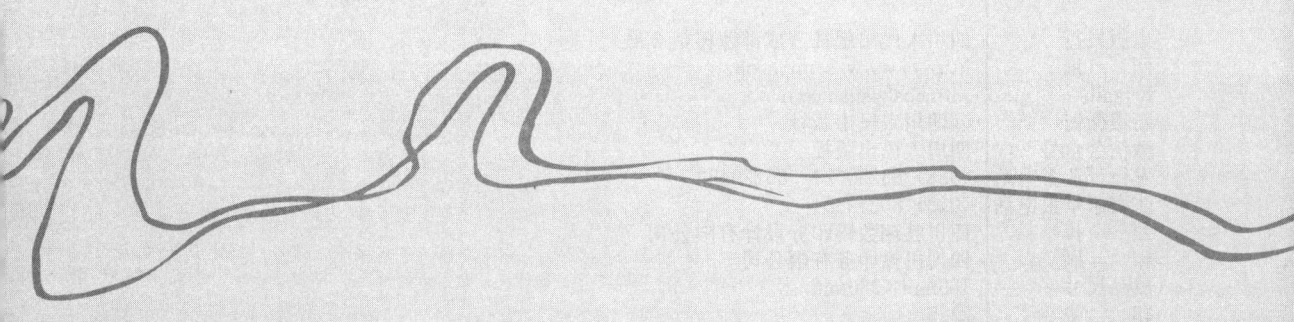

DESCRIPTION OF
AESTHETIC PSYCHOLOGY

四川人民出版社

图书在版编目（CIP）数据

审美心理描述/滕守尧著. —成都：四川人民出版社，2022.2
ISBN 978-7-220-12409-9

Ⅰ.①审… Ⅱ.①滕… Ⅲ.①审美心理-应用心理学 Ⅳ.①B83-02

中国版本图书馆 CIP 数据核字（2021）第 166555 号

SHENMEI XINLI MIAOSHU

审美心理描述

滕守尧　著

责任编辑	董　玲　谢　寒
封面设计	熊猫布克
版式设计	张迪茗
特约校对	蓝　海
责任印制	李　剑

出版发行	四川人民出版社（成都槐树街 2 号）
网　　址	http://www.scpph.com
E-mail	scrmcbs@sina.com
新浪微博	@四川人民出版社
微信公众号	四川人民出版社
发行部业务电话	（028）86259624　86259453
防盗版举报电话	（028）86259624
照　　排	四川胜翔数码印务设计有限公司
印　　刷	四川机投印务有限公司
成品尺寸	185mm×260mm
印　　张	23.5
字　　数	380 千
版　　次	2022 年 2 月第 1 版
印　　次	2022 年 2 月第 1 次印刷
书　　号	ISBN 978-7-220-12409-9
定　　价	78.00 元

■版权所有·侵权必究

本书若出现印装质量问题，请与我社发行部联系调换
电话：（028）86259453

自 序

随着我国现代化进程的加快和教育改革的深化,审美教育日益受到人们的重视,作为审美教育之主要手段的艺术课程已不再是学校教育之副科。现代人普遍意识到,艺术世界是奥妙无穷的世界,审美经验对丰富人生是不可或缺的要素,艺术与人性中最深层的东西息息相通。在人类历史长河的每一个关键时刻,艺术都给人以希望和勇气,使人类的天才和智慧得到充分的发挥和施展,并保证了人与人之间心灵的交流。一个没有艺术的民族和社会是不可思议的,正如没有审美的教育是不健全的教育一样。艺术对青少年的成长具有决定性意义。艺术不仅能表达感情,使人的创造性冲动得以最大施展,而且能提高学生的洞察力、理解力、表现力、交流能力和解决实际问题的能力。在艺术世界,学生可以学到在其他学科领域学不到的东西。因此,审美教育是学校教育所不可缺少的。

但是,艺术又是一个开放的领域,艺术的内涵是不断丰富和扩展的,艺术的发展潜力是无限的。这就决定了,艺术教育不仅仅是传统认为的艺术技法的教育,而且是一个开发智慧的复杂系统工程。这就决定了,人们不可能仅凭掌握一点技法就能提高自己的艺术素养,除了掌握技法外,还必须熟悉艺术发展的历史,具有欣赏艺术的趣味和评价艺术的洞察力。而这些能力的获得又都离不开美学、艺术社会学、审美心理等方面的知识和素养。因此,美学、艺术制作(设计)、艺术欣赏、艺术批评等,理所当然地成为当今艺术教育的四大关键要素。一个没有美学指导的艺术教育,是盲目的和不成熟的艺术教育,正如不联系艺术实际的美学是空洞的美学一样。

众所周知,自从已故宗白华先生在东南大学开设艺术学课程至今,我国艺术教育已经走过了大半个世纪的历程,但始终没有突破性进展,多数学校的艺术教育仍然以艺术技法教育为主。更为严重的是，由于受市场机制影响，目前我国教育出现了理工科压倒人文学科的趋势，这种失衡对学生的素质发展极其不利。同自然生态一样，失衡会使各种物种急剧退化和丧失，多元之间的相互支持以及由此造就的大千世界就会走向死寂。教育何尝不是如此。作为人文教育之中坚的艺术教育，处于教育神经中枢中的最敏感部位，意在贯通理智和情感，辐射各门学科，自然举足轻重。

这种作为人文教育之中坚的艺术教育，注定是一种面向全体学生的艺术教育。它既不同于一般艺术院校的纯技法教学，又不同于抽象的美学理论训练。用中国传统的话说，一般艺术院校追求的是由技入道，最理想的状态就像庄子说的那个游刃有余的屠夫。但这条路充满陷阱，弄不好就会成为匠人。所谓匠人，就是只有技法，而无思想，更谈不上创造性。这种人注定永远沿着别人的路走（本国的或外国的），或永远在某种外力的牵引下行动。美学理论训练则是由理入道，即从弄通道理入道。但自相矛盾的是，美学自身又是一门专门研究感性的科学，其自身的性质规定了，学习美学的人必须通过对感性的理性认识，方能入道。可以设想，这条道比由技入道还要难。美、艺术等，本是感性的和精神的东西，不像物理学、化学研究得那么具体，却要用理智去认识它，弄不好就是从教条到教条，把一种丰富多彩、富有生命力的东西变成干巴巴的东西。本书写作意在张扬一种"由技入道"和"由理入道"两种方式结合起来的综合性和全新的审美教育，是一种张扬"艺术化生存"的审美教育。这种生存方式，是一种全面的和整体的生存方式，不仅需要知识和技术，还需要更成熟的人类情感。按照这种生存方式，从事艺术的一个重要目的，就是要通过创造和欣赏艺术，更好地掌握自己和认识自己，而不是让无感情的技术和机器掌握自己。人类必须通过这种艺术，在技术发展遭遇的暗礁中踏出一条回归自己的路。这种审美教育，不仅能帮助学生艺术地感觉，还能帮助他们科学地思考。艺术以其生动的表现形式陶冶学生的感情，科学以其严密的逻辑和知识丰富他们的才智。经过如此熏陶的学生，必将具有更高的精神境界，更开阔的胸怀和眼界，更丰富多彩的生活经验和人文修养，更富有活力和魅力的人格，更富有进取精神。

滕守尧

2019年11月12日于北京

目录

第1章　总论

1　审美经验概述　……003

2　历史的回顾之一
　　——审美心理学的萌芽　……006

3　历史的回顾之二
　　——作为审美能力的"趣味"　……013

4　历史的回顾之三
　　——审美态度　……020

5　历史的回顾之四
　　——现代审美心理学诸派别　……027

第2章　审美心理要素描述

1　感知　……045

2　想象　……052

3　情感　……056

4　理解　……062

第3章　审美经验的过程描述

1. 初始阶段：审美注意与审美期望 ……072
2. 高潮阶段（一）：审美知觉与感性愉快 ……075
3. 高潮阶段（二）：审美认识与审美快乐 ……077
4. 直接效应阶段
   ——审美判断与审美欲望 ……081
5. 间接效应阶段
   ——审美趣味与鉴赏力的提高 ……083

第4章　纯粹形式及其意味——格式塔的启示

1. 什么是格式塔 ……087
2. 格式塔的分类和艺术形式的发展 ……093
3. "空白""不完全"与艺术形式 ……098
4. 重复、节奏、对称、平衡 ……101
5. "图—底"关系与深度 ……106

第5章　再现与审美经验

1. 再现不同于复制 ……113
2. "再现"的变调原理 ……118
3. "马赫条带"与"生发作用" ……123
4. 暗示、呈示与"不动之动" ……127
5. 音乐再现与联觉 ……131
6. 由再现激起的审美经验 ……135

第6章　表现与审美经验

1. 什么是表现 ……141
2. 情感的自然表现 ……143
3. 情感的艺术表现 ……148
4. 是符号性表现还是自我表现 ……155

5　东方人的"表现"观　……159

　　　6　深刻表现的标志　……162

　　　7　表现艺术的审美经验　……169

第7章　符号与符号性体验

　　　1　什么是符号　……181

　　　2　符号的形象特征　……189

　　　3　艺术中符号形式的使用　……196

　　　4　符号的体验与功用　……202

第8章　多义性与模糊体验

　　　1　"意义"的范围和层次　……209

　　　2　多义性（不尽之意）体验　……218

　　　3　多义性与模糊　……227

第9章　审美快乐的机制

　　　1　审美快乐从何而来　……263

　　　2　审美快乐与"生命"的发现　……269

　　　3　审美快乐产生的机制　……279

　　　4　认识定式对审美快乐的影响　……286

第10章　审美教育与审美心理的成熟

　　　1　美育理论的产生与发展　……293

　　　2　美育与普通教育　……299

　　　3　美育与人格的完善　……302

　　　4　美育在各科教学中的贯彻　……307

　　　5　审美心理结构的建设
　　　　　——感知能力的培育　……314

　　　6　想象力的培育　……320

　　　7　内在情感的培育　……323

8　审美理解力的培育　……326

附加篇　**无意识与艺术——兼谈艺术创造的心理**

1　"无意识"概念的产生与发展　……338

2　"无意识"与艺术　……345

3　"无意识"的本质　……359

第 1 章

总 论

1
审美经验概述

审美心理学研究的中心内容是审美经验。那么，什么是审美经验？它的构成和特征是什么？它是如何产生和发展的？产生它的心理态度是什么样子？这是本章所要谈的主要问题。在本节中，我们仅对审美经验的概貌作一番交代。

审美经验，就是人们欣赏自然、艺术品和其他人类产品时，所产生出的一种愉快的心理体验。这种心理体验是人的内在心理生活与审美对象（其表面形态和深刻含义）之间交流或相互作用后的结果。

对于这种审美经验，亚里士多德曾在其《伦理学》中作了较为详细的描述。亚氏认为，审美经验大致有下述六个特征：（1）这是一种在观看和倾听中获得的极其愉快的经验。这种愉快是如此强烈，以至于使人忘却一切忧虑，专注于眼前对象；（2）这种经验可以使意志中断且不起作用，人似乎觉得自己像是在海妖的美色中陶醉了；（3）这种经验有种种不同的强烈度，即使它过于强烈或过量，也不会使人感到厌烦（其他的愉快过多时，人会厌烦）；（4）这种愉快的经验是人独有的。虽然其他生物也有自己的快乐，但那些快乐是来自于气味的嗅觉或味觉。而人的审美快乐则是源自于视觉和听觉感受到的和谐；（5）虽然这种经验源自于感官，但又不能仅归因于感官的敏锐。动物的感官也许比人敏锐得多，但动物并不具有这种经验；（6）这种愉快直接来自于对对象的感觉本身，而不是来自它引起的联想。（亚里士多德解释说，感觉，有的可以因自身而愉快，有的是因为它使人联想到其他东西而愉快。如食物和饮料的气味就是因为它使人联想到吃喝的愉快而变得愉快，看和听得到的愉快大都是因其自身而得。）

亚里士多德对审美经验的上述描述，今天看起来仍然是有意义的。对于审美经验中的愉悦同一般的生理快感做出区别，有助于克服美学中的庸俗化倾向，有助于澄清普通人头脑中的种种糊涂观念。说到底，审美心理学研究的是一种高级的精神现象，而不是动物性的快感；是人在满足基本的生物性需要之后向更美的精神境界的追求，而不是一种低级的趣味；是一种涉及着多种高级心理功能的复杂心理状态，而不是一种单一的"刺激—反应"。诚如亚里士多德所说，审美愉悦主要源自于视觉和听觉对象的和谐，而不是味觉和嗅觉造成的愉快刺激。当人们吃到一只香脆可口的烧螃蟹时，或许感到异常舒服，于是连声赞叹"美极了"。其实，由这种愉快激起的"美"的赞叹与审美经验中的美的赞叹是不同的，因为前者只调动了一种心理功能（感知），而后者却要涉及情感、想象、理解等多种心理功能，构成一种精神的和情感的评价。试想一下我们自己在观看一幅画时的经验吧！当你面对一幅图画中那几只张牙舞爪、横行踽奔的螃蟹时，你也许感觉不到它的美，甚至在厌恶之余骂上一句"丑类"或"看你横行到几时"，即使如此，你的精神也是舒展的，情感上也是愉悦的，因此，你的感受仍然是一种审美经验。这种经验其实已与那种生理上的快感（吃螃蟹时的香味）有了"质"的不同。因为虽然在实际生活中丑的现象本身不能使人高兴，同丑恶的事物接触令人讨厌，但在审美中同它交流却会造成一种精神上的满足——当你感到它的"丑"的时候，你已经用自己的全部感情和理智对它进行了无意识的分析和判断（这种分析和比较往往是在一瞬间进行的），对它进行了痛斥和谴责的评价。这种"满足"是一种想象中的满足，是一种区别于生理满足的精神满足，是一种精神上的享受。

说审美经验中有了理性的参与，是否就是说审美是一种认识或推理活动呢？这样说同样是很片面的。纯粹的认识活动仅仅从因果等逻辑关系中探求事物的本质，而审美活动却是外向活动与内向活动同时进行的——首先是对事物外部形态和特性的集中注意，然后又转回到人类内部生活，外部与内部在多次回返中达到同形，最后使内在情感得到调整、梳理、和谐，产生出愉快的情感感受。这种情况甚至可以在观看月亮这样一种简单事物中见到。在观月时，如果你仅看到它是一个规则的圆形（或圆形内部有一些黑块），而且到此为止，不再有别的感受，这还不能称其为审美经验。而当你在看到其圆形性的同时，进一步从这种视觉印象回到人生情感的体验，产生出一种稳定、和谐、圆满、团聚的感受，发出"举头望明月，低头思故乡"或"月无长恨月长圆"的感叹，这就构成了审美经验。

　　审美经验究竟如何生成的，它的生成机制、构成要素、过程和功用是怎么样的？这些都需做出回答，尽管人类对审美经验的研究已经经历了漫长的岁月，有通过内省法对它的观察，有通过哲学思辨对它的分析，还有科学实验的验证等，但对它的认识仍然停留在幼稚的阶段。审美经验太复杂、太奇特了！它不同于生理感受，但又离不开生理感受；它不同于逻辑判断，但又离不开理性认识；说它是一种想象，但又不是一种自我情感的投射或表现。能够描述它的结构图式或数学方程式究竟是个什么样子？人类究竟能不能找到这样的方程式？这都是等待我们去解决的问题。从以往的情况看，仅仅用哲学思辨或内省法对其研究是越来越不够了。所幸的是现在有了心理学的帮助，但心理学本身还没有成熟。它还不能对审美心理机制作出科学的严格验证，目前所能做到的，只能对审美经验作一些现象的描述。这种描述或许是进入真正科学性验证的预备阶段，这一阶段已经历了一段漫长的时期，而且还要继续下去。但不可否认，人们在各个阶段对审美经验的认识，同心理学的发展是息息相关的。当心理学处于萌芽阶段时，对审美经验的研究是围绕着"审美趣味"这个概念展开的；当内省心理学发展起来之后，对审美经验的研究又开始转向"审美态度"；而在心理学得到迅速发展的现代，审美经验又受到了多层次和多学科的重视，尤其是受到了信息论等现代科学的渗入和影响。我们坚信，只要科学（尤其是心理学）向前发展，对审美经验的研究和认识就会得到发展，将来总有一天，隐藏在其中的全部秘密会彻底揭示出来。但在现有的条件下，由于试验心理学本身不成熟，它还不可能对审美心理机制作出清晰而又科学的验证，也不可能用一种统一的模式去代替或包罗一切。我们所能做到的，还只能是通过对审美欣赏和审美创造时各种体验的具体描述，大体地接近审美经验。至于审美经验的总体结构、要素和产生过程，现在也只能作一种粗线条的现象上的描绘。对于这样一种接近审美经验的方式，我们只能称之为审美心理描述而不能称之为"审美心理学"。审美心理描述并不宣称自己已经解决了审美心理机制问题，它只是在朝这个方向努力；它的主要侧重点是放在心理学方面，但并不排除还要涉及社会学、哲学和人类学方面的问题。它所要做的，是以心理学为中心，展开多学科、多层次的探讨。

2

历史的回顾之一
——审美心理学的萌芽

　　审美心理学作为一门科学，首先在西方兴起，但追溯其源，却不仅限于西方。中国古代的文论中蕴含着极为丰富的审美心理方面的见解。虽然不太系统，但在深刻性和独到性方面，都不亚于西方。对审美体验，古人大体有两种对立的见解：一种是以庄周为代表的"至乐无乐说"；另一种是以孔子为代表的以理节情、情理结合的"平衡说"。庄子的"至乐无乐"，实质上就是指"审美快乐"。他认为，这种在澄怀忘我状态中达到的快乐，不同于生理欲望满足后的快乐，生理快乐只是身体需要暂时得到满足的快乐，是世俗之人用尽心机孜孜以求的快乐。对于世俗之人说来，"所乐者，身安、厚味、美服、好色、音声也……所苦者，身不得安逸、口不得厚味、形不得美服、目不得好色、耳不得音声"（《庄子·至乐》）。但是，这种避苦趋乐的倾向其实并不能使世人真正得到快乐，因为在现实社会中，这些欲求往往是不能得到满足的，得不到满足便陷入苦恼，因此世俗之人多半都是在痛苦中度生。"今俗之所为与其所乐，吾又未知乐之果乐邪，果不乐邪？"（《庄子·至乐》）如何摆脱这种痛苦的挣扎，达到快乐的境界呢？庄子主张清心寡欲，达到无为境界，"吾以无为诚乐矣"（《庄子·至乐》）。然而，这种恬淡寂寞，无所追求，避开闹市，与物俱游的生活方式，对于追求物质享受的普通人说来，又无疑是一种极大的惩罚和痛苦。正是在这种意义上，庄子才称之为"至乐无乐"。庄子认为，"无为"境界仅仅为达到这种至乐提供了条件或可能性，要最终达到"至乐",还得与天道自然相和,"与天和者,谓之天乐"(《庄子·至乐》),只有与天或自然达到同一,才取得极乐。因此,在欣赏音乐时,决不能仅停留于分辨其中的钟鼓之音或具体的形状色彩,更不要由此联想到人间的形色名声,而是要悟出其中之道。而真正与道相合的东西,又是听不见的:

"视乎冥冥,听乎无声。冥冥之中,独见晓焉;无声之中,独闻和焉"(《庄子·天地篇》),这种看不见、听不到、摸不着的东西,就是"道",它不是某一种具体的声音和色彩,而是充斥一切声音、一切色彩和一切物体之中,它"在谷满谷,在坑满坑,涂郤守神,以物为量"(《庄子·天运篇》),它往往表现为"一盛一衰,文武伦经。一清一浊,阴阳调和……一死一生,一偾一起……能短能长,能柔能刚;变化齐一,不主故常"(《庄子·天运篇》)。它"听之不闻其声,视之不见其形,充满天地,苞裹六极"(《庄子·天运篇》)。这种东西究竟是什么?是生命,是活力的模式,还是宇宙万物中隐藏的秩序?为什么那些追逐世俗之乐的人不能与之共鸣,为什么一经把握到它,人就会进入极乐状态。庄子仅仅对其作了现象上的描述,他指出,这种"大乐"状态,就是人感到自己与宇宙同在的永恒感,当人的心与宇宙的心相通,他的脉搏与宇宙的节奏一同跳动,他的精神和肉体与宇宙达到浑然一体,他的生活便成了最为充实的生活。还有什么比这种快乐更快乐呢?还有什么能比这更不朽的呢?庄子的理论虽然有意在穷"大乐"之源,追求现象后面的本质,但由于他的理论笼统模糊,富有神秘的意味,所以有很多东西只好留给后人去猜测了。

无独有偶,在古代的西方,也有一个人说出了同样的话,这个人就是毕达哥拉斯。毕氏把那种能获取审美快乐的人,称之为"旁观者",他说:"生活就像是一场体育竞赛,有些人充当角力士,还有些人成为调停者,而最好的位置却是旁观者。"

很明显,这种旁观者的态度,实际上也就是庄子的"天为"的态度。从生活的激流中逃脱,从功名利禄的竞争场中引退,不带偏见地观看人生与自然,便能获得最全面、最生动、最美丽、最壮观的景象,最终达到一种极其愉快的审美感受。

在西方古代的哲人中,柏拉图的审美观在某些方面与庄子有相似之处。柏拉图认为,美并不存在于个别事物之中,"这种美并不是表现于某一个面孔,某一双手,或是身体的某一其他部分;它也不是……某一个别物体,例如动物、大地或天空之类;它只是永恒地自存自在以形式的整一，永与它自身同一"①。这样一来，柏拉图就把美同现象分开了，它不是我们在感觉世界里看到、听到的和触到的那些具体的物体，而是存在于理念世界中的那个同视觉和听觉世界分离的抽象的实体。这种非时间性、非空间性的实体，就是知性所要获得的真正的永恒的对象。柏拉图的实体，与庄子的"道"有一定的相似之处。庄子称之为"道"的东西，柏拉图称之为"理念"。名称不同，所指似乎是一样的。正如庄子把美归之于"道"；柏拉图认为"理念"是一切美的事物之所以为美的源泉，正是由于它的存在，那一切美的事物才成其为美。那么，怎样才能体验到这种美呢？观照这种美的体验又是什么样子呢？柏拉图的解释也有与庄子相同之处。柏拉图认为，一个人如果受到尘世欲望的污染，"把自己抛到淫欲里，像畜生一样纵情任欲，违背天理，既没有忌惮，也不顾羞耻"②，就永远别想享受到窥见美的快乐。因此，美感同生理欲望的满足是无关的，一个参与到人世纷争中过多的人，只能使自己对美的感受迟钝。只有那种"像一个鸟儿一样，昂首向高处凝望，把下界一切置之度外"的人，才能感受到美。对这种超脱生理欲望和尘世纷争的精神状态，世人称之为"迷狂"，而美感恰恰就是灵魂在迷狂状态中对于美的理念的回忆。柏拉图使用的"回忆"一词，与庄子"与天和"的意思是一样的。庄子认为，感受美的能力不是后天学习来的，而是一种"同化"能力，对美的感受是返璞归真的结果；柏拉图也有同样的看法，在他看来，"每个人的灵魂，天然就观照过永恒真实界"③。只是因为"下地后不幸习染尘世罪恶而忘掉上界伟大景象"④。要想回忆起来，就要进入"迷狂"状态。这种"迷狂"状态，不正是庄子说的"卒之于惑，惑故愚，愚故道，道可载而与之俱也"（《庄子·天运篇》）的精神状态吗？

东方古人的"无为说"，同西方古代的"旁观说"和"迷狂说"一样，都是近代和现代种种审美经验学说的开端或始祖。在中国，庄子之后又有荀子的"虚以静说"；有刘勰的"虚静说"（"水停以鉴，火静而朗"，见刘勰《文心雕龙·养气篇》），陆机的

---

① 北京大学哲学系美学教研室：《西方美学家论美和美感》，商务印书馆，1980年版，第22页。
② [古希腊] 柏拉图：《文艺对话集》，人民文学出版社，1980年版，第127页。
③ [古希腊] 柏拉图：《文艺对话集》，人民文学出版社，1980年版，第125页。
④ [古希腊] 柏拉图：《文艺对话集》，人民文学出版社，1980年版，第125—126页。

"感应说"("若夫感应之会，通塞之纪，来不可遏，去不可止，藏若景灭，行犹响起。"见陆机《文赋》)；唐代的"神似说"(唐代诗人戴叔伦说："诗家之境，如蓝田日暖，良玉生烟，可望而不可置于目睫之间。"见《唐音癸签》卷二)；宋代严羽的"极致说"("诗之极致有一，曰入神，诗而入神，至矣，尽矣，蔑以加矣。""羚羊挂角，无迹可求""空中之音，相中之色，水中之月，镜中之像。"见《沧浪诗话·诗辨》)；王国维的"境界说"；石涛的"一画论"("一画者，众有之本，万象之根，见用于神，藏用于人，而世人不知。"①)。至于西方，在柏拉图之后，则有康德的"无关功利说"，叔本华的"观照说"②，布洛的"心理距离说"，等等。所有这样一些学说，都有一种共同特征——均强调一种审美态度，这就是：只有摒弃人世欲念，才能看到"物自身"；一旦与"物自身"合为一体，便进入审美的极乐境界（对于这种态度，下面还要设专节加以详细论述）。"审美态度说"后来成为西方现代美学的重要组成部分，这与这种观点的源远流长的历史发展是分不开的。

在美学史上，还有另一种较有影响的"审美经验"学说。在中国，这种学说以孔子为开端，极力强调一种内在和谐或情理调和。如果说庄子的审美体验是作为一个旁观者的静心观察和被动接受，则孔子的审美经验便是作为一个参与者或一个角斗者为汲取精神营养和情感推动力时的主动、积极的体验。在孔子看来，向"完人"境界攀登的必经之路是"兴于诗、立于礼、成于乐"，而艺术境界就像纯青的炉火，可以使人在狂热之中得到改造。孔子认为，在美的音乐中，有最和谐的结构和最动人的节奏，"乐其可知也，始作，翕如也；从之，纯如也，皦如也，绎如也，以成"(《论语卷二·八佾第三》)。这种音乐的旋律和节奏，把人的内在世界梳理调整，使理与情融和无间，在共同的节奏之中运动和旋转，达到一种和谐的动态的平衡状态。所谓"以成"，一方

---

① 石涛：《画语录》，上海博物馆馆藏版，第1页。
② "观照"，来自希腊哲学，是直接受柏拉图理论影响而产生的一个最重要的概念，在他以后的每一种审美经验理论中，几乎都要涉及这个概念。当然，"观照"本身在不同时期又有不同的含义。柏拉图的观照，是指一种沉思。在沉思中，人在知觉对象中把握到一种非感性的实体，如"美的形式""三角形形式"等。另一种观照，即多数现代审美理论中讲的"观照"，则是指对一个对象的不间断的注意状态。当然，在现代美学中所讲的"观照"，有很多也染有柏拉图的色彩，如某些人在对美的艺术面前的那种庄严、崇敬的态度，那种无视感官对象的庄严肃穆的沉思状态。因此，在使用"观照"时，要视具体情况而定，如听宗教音乐、观看佛像的经验，就可以称为"观照"，而大多数对于艺术和自然对象的经验——即欢快、轻松、幽默，有趣的经验，就不能称为"观照"。所以"观照"并不能概括所有审美经验的特征。

面是指"乐"的完成；另一方面是指倾听者真正感到从中认识了"自己"，感到自己已进入了最高的精神境界，似乎自己的一切能力都实现了。所以孔子听齐国韶乐"三月不知肉味"。试想，什么样的快乐才能使人忘却物欲的快乐呢？如果精神不是进入一种极度自由的状态，如果不是处于心醉神迷之中，如果不是觉得这种快乐大大超过了美味带给人的感官快乐，如果不是觉得自己在这种快乐中达到飘飘欲仙的超脱境界，这断乎是不可能的。

孔子与庄子不同的另一点是：庄子把感觉世界看成是虚幻的，对其不感兴趣，认为美是超出感觉经验的"道"；孔子却认为，美是由感官发现的，美的经验就是耳闻目睹造成的。在孔子看来，乐不仅是人的普通感情的表达，它还是一种认识自己（"乐可以知也"）、认识和改造社会、陶冶人的性情和交流思想感情的工具。因此，乐有淫乐、雅乐之分。孔子说："恶紫之夺朱也，恶郑声之乱雅乐也。"（《论语·阳货篇》）"紫"是指"丑恶"，"朱"即指美善。他认为作为民间音乐的"郑声"是丑的，而为奴隶主阶级歌功颂德的雅颂之声，才是美的。因此，孔子对艺术的审美体验，并不仅仅在于某种人类内在情感与艺术形式、节奏或秩序的盲目的统一，他还进一步看到了其中暗示的人格和特定的社会内容，因此，审美经验就不仅有情感的参与，还有理性对这种内容的理解。这种看法与庄子的"无为说"是截然不同的，因为在庄子看来，从音乐中听到的真正的声音根本就不是"音乐"，更不用说这些声音所模仿和表现的世俗的感情。真正的乐存在于这些物质材料隐含的"道"中，这种"道"与日常喜怒哀乐的感情无关，它是宇宙、人的肉体和人的精神的精髓，是生而有之的东西。因此，对音乐的审美体验不需要后天的知识和生活情感体验，只要摒却欲念，返璞归真，只要回到宇宙的"一"，便达到最高的审美快乐境界了。

在西方美学体系中，与孔子的审美观有点相似的是亚里士多德。与孔子一样，亚里士多德也强调"善"在美感中起的作用。"美是一种善，其所以引起快感正是因为它是善。"既然美与善是合为一体的，那么从外界事物的"秩序、匀称与明确"（美）中，便可见到人的感情和行为的"善"，因为"善"的行为同样是有秩序的。不同的形式、情节和行为，能见出不同的感情。例如，从那种对于"严肃、完整和一定长度的行动"进行模仿的悲剧中，便可见到"怜悯、恐惧的感情"。"在谈到暴行时，要用愤怒的口吻；谈到不虔诚或肮脏的行为时，要用不高兴和慎重的口吻；对于喜事，要用欢乐的口吻；对于悲伤的事，要用哀伤的口吻。"在他看来，艺术品之所以唤起愉快的审美感情，除了对情感的作用外，并不排除它对理智在起作用，"我们看见那些图像所以感到快感，就因为我们一面在看，一面在求知，断定每一事物是某一事物"。除此之外，艺术还可以净化内在精神，使其进入一种和谐与愉悦的状态。"要达到教育的目的，就应该选用伦理的乐调，但是在集会中听旁人演奏时，我们就宜听行动的乐调和激昂的乐调。……某些人特别受某种情绪的影响，他们也可以在不同程度上受到音乐的激动，受到净化，因而感到一种轻松舒畅的快感。因此，具有净化作用的歌曲可以产生一种无害的快感。"

很明显，亚氏对审美感受的见解与柏拉图或庄子是十分不同的。亚氏抛弃了柏拉图的美超出经验世界而只存在于自己特定的"理性"领域的说明，认为美的形式就存在于我们体验到的自然之中，离开了自然物体就没有美和美的形式。因此，可以通过模仿美的自然或各种情感表现的方式来表现善、表现人类的各种感情，使人的情感在观照这些东西中得到净化。

在美感问题上，孔子与亚氏的这一条路线，同样对后世美学产生了较大的影响。在中国，它滋生出了各种表情表意的理论和以"不似之似"为顶峰的表现性艺术①。在西方，则产生了以圣·托马斯·阿奎那斯为开端的"快乐说"，② 18世纪的"趣味说"，康德的"心理要素和谐说"，现代的自我"表现说"及"符号说"等。

以上我们对美学史上的两条路线（主要是审美经验方面）进行了考察。严格说来，这两条路线有时并不是泾渭分明的，它们有时对立，有时交错。但大体上看来，以庄

---

① 中国艺术受孔、老、庄影响，从来不讲究逼真，但又不像西方现代艺术那样，是完全不见形体的抽象，而是能见出物之形体的半抽象。这种半抽象或"不似之似"的艺术，主要是表达胸中之逸气。至于表现理论，则举不胜举，如陆机的"缘情论"等。

② 在基督教神学中，亚氏学说得到阿奎那斯的发挥。阿奎那斯认为，美不是脱离了真实材料的抽象的形式，而是当我们看见时，便引起愉快的东西，或者说，因为当我们看到或听到美时，能够立即使我们的欲望平静下来，因而使我们愉快。但是，并不是见到的每件事物都是美的，或是愉快的，于是阿奎那斯便规定了凡能引起感官愉快的事物的性质："美有三个要素，首先是一种完整或完美，凡是不完整的东西就是丑的；其次是适当的比例或和谐；再其次是鲜明，所以鲜明的颜色公认为美的。"这样，在阿奎那斯的这一学说中，美同时具有了客观成分和主观成分，而主观成分的标志，便是愉快。阿奎那斯突破了柏拉图的客观美的概念，向主观美迈出了关键一步，发展到阿尔波提（1409—1472）便开始把美与美感分开，认为人们通过美感而感知美，至18世纪的"趣味说"，便达到了顶峰。

子和柏拉图为代表的路线,重视的是对宇宙之道的体验,是对终极之真理的探索,寻求的是人心与外物之普遍规律统一的途径;而以孔子和亚氏为代表的路线,则重视人间感情的表现以及对内在生活的谐调、教育、训练。后者偏重于以逼真的或半逼真的(模仿的或半模仿的)形式表现;前者则强调以抽象的或半抽象的形式表现。两种美学观,产生出两种不同特色的审美经验,这是很自然的。

3

历史的回顾之二
——作为审美能力的"趣味"

在西方,现代美学被认为开始于18世纪,这似乎已成定论。但是,这样说的理由何在呢?进入"现代美学"的标志是什么呢?原来,在18世纪之前,西方美学的中心是研究造成美的条件,或者说,是美之所以美的条件,如比例的匀称、平衡、和谐,当讲到人凭什么能力去把握美时,一般都把它归之于理性能力。直到巴洛克后期,人们才对理性能力的这种理所当然性发生怀疑。他们感到,理性既然是一种普遍性的能力,或者说,既然在所有人身上,理性能力都是一致的,那么,为什么人们在观看同一个对象时,对其美的反应是如此不一致呢?为什么在这个人看来是美的,在那个人看来就不美呢?这种怀疑逐渐把人们的注意力转移到对感情的研究上来。人们想到,对美的把握很可能不是由理性完成的,而是由感情完成的,因为感情大都是因人而异的,个性不同、文化环境不同,对事物的情感反应也往往不同。

至18世纪后期,人们对审美反应的心理状态愈加感兴趣了,这时,美学的中心课题已不再是"什么是美?什么样的事物是美的?"而是变为"人最喜欢什么样的事物?人认为什么样的东西是美的?"随着这种中心的转移,产生了这样的结果:关于"美"的本质的理论探讨(美的性质,造成美的条件等)让位于对人的审美能力的探讨,对美的对象的描述让位于对人的内在感受能力的心理分析。自此之后,美学研究的范围急剧扩大,它不仅包括了丰富多彩的外部世界,而且包括了复杂的内心世界;美的范畴也不再局限于美，还扩大到丑、崇高、悲……一句话，扩大到人类所能具有的一切情感表现。美学的心理探索时代开始了，美学进入了现代。

较为系统的心理探索，起始于英国经验主义，在英国18世纪的那批经验主义美学家看来，对美的把握既不是由理性能力完成的，也不是像鲍姆嘉通说的那样，是靠一种低于理性认识的感性认识完成的，而是靠一种"趣味"（taste）能力完成的。趣味一词最早由约翰·德莱顿和威廉·坦普尔提出。经过夏夫兹博里和阿迪逊等人的专门性解释和多次使用，便成为美学中广为流行的词汇。

夏夫兹博里认为，"趣味"是人的本性中天然存在的一种专门欣赏美的器官。每当我们采取一种非功利的态度去注意事物时，这种感官便开始工作，它的工作也像其他五官一样，是直接的、不加思索的和瞬间完成的。对美和丑的感受，就像味觉器官尝到糖的"甜"和盐的"咸"，是一种直接的感受和品味。正是在这种同味觉器官的类比中，他才把这种专门负责对美和丑进行鉴赏的器官称为"趣味"。

夏夫兹博里的门徒赫契生秉承了夏夫兹博里的"趣味"概念，但他的解释又有所不同。不同之处在于：夏夫兹博里认为，"趣味"器官只有一个，它既可以鉴赏道德行为，又可以鉴赏美丑；而赫契生却认为，"趣味"器官不只有一个，而是有若干个。它们各自分工，分别负责对善、美、丑、崇高等进行鉴赏和判断。赫契生认为，所有这样一些器官，都可以称之为"内在的器官"或"精神的器官"。所谓"内在的"，意思是说，这一系列感官所感知的对象都是存在于心灵内部的，而不是像视觉对象和听觉对象那样，仅存在于外部世界之中。换言之，美、丑、崇高等，都是无形无声的，是看不到、听不见、摸不着的精神存在，是处于内部世界的东西。虽然这些东西是心灵固有的，但又可以通过对外部事物的知觉把它们呼唤出来，而"内在器官"，就是负责对这些通过外物唤起的内在东西进行直接把握和感受的器官。它不同于视觉和听觉的地方，就在于它不是一种知觉外部世界的心理能力。

那么，既然这种特殊的器官是一种感官，它又具有什么样的特殊感受呢？换言之，味觉的感受是酸、甜、苦、辣等，那"趣味"感官的特殊感受又是什么呢？对此，另一个经验派美学家阿尔逊曾回答说，这种感受是一种不同于其他任何生理愉快的特殊愉快。当人们用这种特殊的"趣味"感官去感受自然和艺术中的美时，就会随之产生一种特殊的愉快感情。这种感情与人的本性中的其他种种感情均不相同,因而应称之为"趣味的感情"。

由于阿尔逊的趣味理论注意到了愉快的感情因素,所以他的学说看上去就更加完善、系统和清晰。在解释审美经验时,他还注意到了联想因素在其中起的作用,认为审美趣味或许是普通认识能力和内在情感以一种独特的方式活动起来所产生的一种功能,而不一定存在着什么专管美和崇高的特殊器官。这种特殊的活动方式便是联想。阿尔逊认为,只要有了丰富而又适度的联想,任何事物都可以变成美的。这样,美的事物的范围就被无限地扩大了。因为客观事物无所谓美不美,只有联想才赋予它美。阿尔逊对联想活动所做的描述是比较系统和详细的。简单说来,它要涉及以下的机制和项目,即:趣味(鉴赏)的对象(包括艺术品和自然事物),简单情绪和复杂情绪,简单愉快和复杂愉快,在联想和想象中被联系在一起的意象系列,上述诸项目之间的错综复杂的关系网络等。在联想活动开始的时候,首先是由鉴赏对象引起一种简单情绪,这种简单情绪继而又在想象中产生某种意象,这第一个意象还会继续生出第二个意象乃至第三个意象;通过这一系列的想象和联想,最终就产生出了一整套关系密切的意象系统。这套系统中的每一个意象都伴有一种简单的情绪,所有的意象所产生的简单情绪加在一起就构成了一套情绪系列;由于意象与意象之间的联系十分紧密,就使得这些情绪之间的联系也紧密起来,这套联系紧密的情绪就组成了一种复杂情绪。但情绪还不是最终的经验,最终的经验是一种愉快,每一种简单的情绪都伴有一种简单的愉快,所有的简单愉快加到一起就组成一种复杂的愉快,这种复杂的愉快被阿尔逊称之为"快乐"。

阿尔逊的"趣味"说虽然很烦琐,但这种"趣味"已不再是一种类似尝受甜、酸、苦、辣的生理趣味,而是涉及着想象、情感等诸种心理功能的复杂趣味。在阿尔逊看来,那些简单的感觉性质是决不能成为"趣味"的对象的。阿尔逊认为,玫瑰花的香气、鲜红的颜色、菠萝的味道,当他们作为客观事物的性质从占有它们的客观对象中抽象出来的时候,只能算作是能产生简单的愉快的感觉性质,而不是产生愉快的情绪的性质。

阿尔逊的理论承认了后天经验和习惯在审美中的作用,这是富有积极意义的,但其中包含的偶然性和相对性又造成了主观唯心主义的消极后果。我们看到，由于每一个人的生活经验都不相同，对同一件事情就必然有着不同的联想，一件事情究竟是美的还是丑的，是崇高的还是卑贱的，是令人愉快的还是令人痛苦的，是令人憎恶的还是令人同情的，并不是因为这些事物果真如此，而是在于观看者看来如此。这样，审美趣味就没有什么标准了。18世纪中叶的大卫·休谟清醒地看到了"主观联想说"的这个弱点，就在他那著名的论文《论审美趣味的标准》中，针对审美趣味方面的差异进行了分析和探讨，休谟指出，人们在审美趣味方面的差异虽然是一个客观事实，但并不就构成相对主义，因为人与人之间毕竟还存在着一种共同普遍的尺度和标准。他讥诮地说，如果不承认一个普遍的尺度，就无异于把微不足道的诗人奥吉尔看成和弥尔顿一样伟大，把鼠丘和大山看得一样高，把池塘和海洋看得一样阔。休谟认为，人与人之间的一致性并不是来自先验的理性，而是来自经验。换言之，是来自于一种普遍有效的观察，在这种观察中，人只注意事物中那些使一切国家和一切时代的人都能得到愉快的方面，又由于人性构造在本质上是一致的，这些相同的方面或性质就在人心中产生出相同的感情。休谟认为，人与人之间审美趣味中的一致性在心理功能不健全的人身上是看不出来的，即使是心理功能健全的人也要有特定的条件，才能使它表现出来：要想测定出这种一致性，"我们必须仔细地选择适当的时间和地点，使鉴赏能力在适当的情势和状态下得到发挥，这些条件就是：心灵要完全安静，思想和情绪要镇定自如，注意力要指向对象。这些条件只要缺少一个，我们的努力就要失败，我们就再也判断不出哪些是个别的，哪些是普遍的美"。这就是说，人与人之间的审美趣味本来是一致的，人们在审美判断中之所以会陷入主观随意性，一方面是缺乏健康的心理，另一方面是缺少真正有利于审美鉴赏的条件和心境，只要条件具备，审美趣味的标准还是可以找到的。

继休谟之后，康德对趣味能力又提出了另一套看法。康德在对趣味进行的分析中，用了"判断"一词。康德认为，当我们判断出眼前的事物是美的时候，这种判断并不代表着个人的和偶然性的经验，而是一种"普遍的声音"；虽然是一种普遍的声音，但又是主观的。例如，当我们说"这朵玫瑰花是美的"时，这个"美的"并不像是我们说"这朵玫瑰花是红的"中的"红"，"红"是指玫瑰本身的一个特征，每一个正常的人都可以看到它是红的，正因为如此，这种判断才是普遍有效的。但是，既然"美的"不同于"红的"，又怎么能说美的判断是普遍有效的呢？康德认为，这种美的感受并不是联想的作用，而是各种普遍的认识功能——感性认识功能和知性认识功能——发生了自由作用的缘故。当各种认识功能积极活动起来并达到一种自由和谐的状态时，便产生出一种审美的愉快，这种愉快不是一种生理的和个人经验中的愉快，而是依靠人人具有的普遍认识功能而获得的愉快，因而是一种普遍有效的愉快。

康德的趣味理论是通过调和英国经验主义和大陆理性主义而得出来的。他一方面认为趣味判断也像知性判断一样，具有普遍有效性，同时又承认它是主观的。既是普遍的，又是主观的，这不是自相矛盾吗？为了解决这种矛盾，康德不得不把趣味判断的客观性归结为人们"先验的共同感"。康德从唯心主义的立场出发，揭示了审美的主观性和趣味标准的客观性之间的矛盾，但是他却不能真正解决这个矛盾。究竟怎样解决这个矛盾，这恐怕要依靠马克思主义的实践观点去对它进行解剖和分析。

我们看到，审美趣味既然是一种有别于生理趣味的高级心理能力，它就不能只是由遗传和本能决定的，而是由个体后天的生活经验和心理能力的共同参与获得的。这种后天的生活经验不仅是指个人的特殊经历和感受，而且是指个人所在的社会集团、民族、地区、时代的风俗习惯和文化模式的影响。这就是说，虽然它表面看上去是个人的事情，实际上却溶解着丰富的社会性内容；虽然是主观的，但却有着客观性；因此这种客观性不能像唯心主义者那样，只从本能和先验的共同感中去寻找，而是要从社会历史实践中去寻找。

制约审美趣味的因素既然超出了个体狭小的生活领域，它就必须是一种更加广阔的圈子中的社会性偏爱，这种偏爱也可以称之为审美的倾向性或心理定向，而这种倾向或定向又是人类在社会实践中综合了无数次的审美经验之后积淀而成的。它不仅取决于人们在其中生活和劳动的社会环境，而且取决于人们经常欣赏和接触的艺术传统和艺术风格；不仅有个人先天条件的参与，而且有后天审美教育的影响。这种心理定向一旦形成，便积淀在人的无意识的深层和个性之中，它可以不时地在外部刺激的诱发下呈现出来。如果外部自然事物和艺术品的结构与这种心理结构在定向和倾向上达到一致，它们便能契合无间，从而引起精神上的极大的愉快；反之，便引不起心灵的愉悦，而是引起厌恶的反应。

审美趣味的好与坏、发达与不发达，往往与人类社会某个时期的政治、文化、经济的发达与不发达有关。正如桑塔耶纳所说，儿童和野蛮部族的人往往只喜爱最鲜艳和最耀眼的色彩，思想简单和天真朴素的人往往偏爱闪光的油彩和磨光的瓶罐，原始的歌舞中只有极其单调的节拍，儿童偏爱的音乐常常是响亮和活泼的曲调，这些趣味都不能说是不健康的或堕落的，不能称之为不真诚的和虚伪的，尽管它还不太发达。一个人的审美趣味发达和不发达，不是看其先天的共同感的问题，而是后天需要有一定的文化修养和知识水平的问题。

政治和经济上的落后同样能使人的审美趣味趋于低劣。在中国封建时代，妇女处于无权地位，封建礼教把她们禁锢在家庭生活的圈子里，不准在外人面前露面，并且硬是把大脚缠成小脚，久而久之，也就逐渐形成了以小脚为美的低级趣味。非洲有一个专事畜牧的部落，由于落后，就把他们经常赖以生存的牛当作神来崇拜，为了使自己和这些反刍动物相像，一律都把自己的门牙拔掉，凡是没有拔掉门牙的，都被视作是丑的；凡是拔掉了门牙的，都被视作是美的。① 总之，政治、文化、经济上的落后以及某些宗教教义的桎梏，能使人的审美趣味低级、庸俗、虚伪，它们不是使人视丑为美，就是使人视美为丑。

肯定了审美趣味的社会性和历史性的具体标准，并不等于否定了在相同的社会历史条件下个人与个人之间的差异性。社会生活和自然界是千姿百态的，同一种社会形态和同一个阶级的各个成员之间也往往因个性、教育、环境、生活经历和社会交往的不同而具有审美趣味上的差异，但这种差异性和偶然性却又是在社会共性和必然性的制约下存在的，是它的一种特殊表现。这就是说，审美趣味既有共性，又有个性，在共性之中存在着人性，在千差万别的趣味爱好中又存在着普遍必然的、社会的和历史的客观标准。审美趣味如果没有个性，审美经验的丰富性就无从谈起；但如果否认审美趣味的客观社会标准，把它看成纯粹是个人的和主观随意的东西，也就等于否认审美经验中有规律可循。总之，个人生活在社会之中，他的趣味能力要受到整个社会集

---

① 参阅［苏］格·尼·波斯彼洛夫：《论美和艺术》，上海译文出版社，1981年版，第130页。

团的心理结构的制约和限制,而在这种界限之内又有比较广阔的个人选择自由。因为先天的气质,后天的教养、倾向等,都会造成千差万别的趣味爱好。甲喜欢高昂响亮的歌声,乙喜欢低沉婉转的曲调;甲喜欢站在高山之巅观看云海滔滔的壮观景象,乙喜欢小桥流水和田园的幽静风光。这都是完全自然的,这种种良好而健康的趣味不能强制、不能划一。人类社会越是向前发展,人们的审美趣味就越是丰富和自由。共产主义并不像是它的敌人所诽谤的那样,要求人们的趣味雷同一律,相反,它旨在使人们的个性得到全面和谐的发展,而且真正能够做到根据个人的特殊需要和趣味,为每个人提供物质财富和精神财富,这也就是共产主义生产的目的。[1]

---

[1] 本节论述参见了美国《哲学百科全书》的《美学条目》有关段落。

4

历史的回顾之三
——审美态度

　　审美态度说,是继审美趣味说之后兴起的另一派有影响的审美经验学说,所谓审美态度,是指唯有审美时,才出现的一种奇特的心理状态,而且外物美和不美,或能否发现外物的美,都由这种态度所决定。这一学说,在西方最早可追溯到柏拉图,在东方可追溯到庄子。① 而最早以"态度"一词来标示这种特殊的审美心理状态的,则是夏夫兹博里。② 自夏氏之后,康德、叔本华等人又对它做了特别详细的阐述,经现代美学家布洛的系统解释,它便成了现代美学的主要支柱,其影响之大,延续时间之长,范围之广,是任何别的学说所无法比拟的。

　　在夏夫兹博里论述"趣味"现象时,曾提到"趣味"能力发挥作用的前提,是一种非功利的态度。所谓"非功利",并不是对观看的物体不感兴趣,而是不考虑它在现实中对我的用处,既不想占有它,又不想使用它和制造它,只是集中注意于对它的外观沉思和欣赏。

　　夏夫兹博里对这种非功利态度的揭示,被认为是使美学走向揭示审美经验领域的真正开端,也是关键的一步,对此,耶洛姆·斯多尼兹曾在《美学与艺术评论》中做过如下论述:"夏夫兹博里的'无关功利性'概念的提出,是使审美经验成为一种独特

---

① 参见本章"历史的回顾之一"。
② 参见本章"历史的回顾之二"。

的经验的开端,是现代美学发展的关键的一步。在当时,它是以一种完全崭新的概念出现的。"

哈罗尔德·奥斯本对此作了更高的评价,认为夏夫兹博里所提出的,不仅仅是一种新的理论,而是发现了心灵中的一块新大陆,或者说发现了"自我意识"中的一块崭新的领域。这就是自旧石器时代起就一直活跃在艺术和工艺活动中的潜在的审美冲动。在这之前,这一领域一直未被人们认识到,现在第一次被揭示出来了。

这里所说的审美冲动,与生理性欲望不同,这是一种精神上的要求,是一种自我意识的冲动,当它得到满足时,所获得的愉快也不同于普通的生理性愉快。关于这一点,19世纪时,叔本华的"静观说"把这解释得更为清楚。叔本华在其代表作《作为意志和表象的世界》中,曾对意欲做出全面的解释,指出意欲起于需求,需求则由于缺乏,缺乏即苦痛,因此,意欲与苦痛总是相继产生,因为即使一种意欲暂时得到满足,紧接着还会有十种需求和百种需求,因此,人生之痛苦是无尽的。叔本华认为,人的一切,从身体的构造到感性的活动、从感情到思想,无不是为意欲服务的。因此,人之所看、所听、所想,都无不与意欲有关,因而都是功利性活动。但是,事物的真相并不能在这种功利性的活动中得到揭示,因为这些为意欲服务的感官是无法见到"理式"的(理式:从柏拉图的"理式"到老子的"道")。但是,假如一个人凭心的力量超越自身,从而脱离观看事物的寻常方式,摆脱充足理由律的控制,不再去寻求事物间的因果关系(这种寻求的目的,最终仍然是为意欲服务的);如果他不再追究眼前事物来自何地,产于何时,何以产生或为什么存在,而只观照事物自身;如果他不让抽象的思考和理性概念去盘踞意识,从而把全部注意力指向知觉对象,使全部意识沉没于其中,只对眼前的风景、树林、山岭或是房屋之类的事物作恬静的观照,使自我消融在这些事物之中,忘记自己的个性和意欲;这时,"自我就会作为一种纯粹的主体而生活着,成为对象的明镜……同时,知觉者与被知觉者不再分开,二者完全融为一体,全部意识和一个单纯而具体的图画相叠合;如果对象能像这样同它本身之外的一切关系隔绝,与此同时自我也和自己的意欲绝缘,那么,被观看的对象便不再是特殊的事物,而成为理式或亘古常存的形象,成为达到此种程度之自我的直接感知对象,同时,沉没于这一知觉对象中的人也不再是个别的个人,而是一个无意欲、无痛苦、无时间的纯粹的知识主宰"①。

叔本华在这里所强调的，实质上是一种不同于普通意欲冲动的审美冲动，至于这种冲动产生的契机，乃是人运用心的力量使自己超脱。这样一种模糊的解释，其实并没有超过柏拉图和庄子。因为他没有指出在审美时，促使心灵超脱的动因是什么，宗教性的迷狂和沉迷于科学研究不也是一种超脱吗？它们不也是集中注意力于对象，而无视它出自何时、何地和为何出现的吗？进一步说来，难道仅仅超脱于意欲冲动，就能得到审美的愉快体验了吗？很显然，这是不可能的，叔本华在这儿撇开客观世界本身的形式性质，也撇开了这些客观的形式特征所标示的深层社会意义，这种极端主观唯心主义的解释，是不能真正说明审美经验之本质的。从这方面来说，它甚至是从18世纪"趣味"理论的倒退。因为18世纪的某些"趣味"的代表人物还多少承认外部事物有一些客观性质的作用，如夏夫兹博里的"美的形式"，赫契生的"多样性统一"，柏克的"小、圆滑"，康德的"目的性形式"等。现代心理学证明，心灵的超越（或脱离开普通的轨道的知觉方式和思考方式）是有一定的条件的，这就是说，在对象方面，要有某种奇特的性质；在心灵方面，要被这种奇特性质所振奋。没有这样一些客观条件，"超越"就不可能发生。关于这一点，下面一节还要详谈。

如果说叔本华理论中有什么可以借鉴的东西，那就是对特殊的审美知觉之特征的初步揭示，我们可以从整本书贯穿的思想中总结出这种揭示。

它大体有以下七个特征：

（1）不同于观看事物的普通方式。

（2）知觉主体全神贯注于知觉对象本身，而不是离开对象作自由联想。

（3）自我与知觉对象混为一体，分辨不出哪是自我，哪是知觉对象。

（4）与意欲一刀切断。

（5）不固着于事物中真实的空间、时间和因果关系。

（6）仅仅是或主要是关注外形或外观。

（7）放弃用概念思维。

---

① 参见［德］叔本华：《作为意志和表象的世界》第34节，商务印书馆，2004年版。

对于审美知觉之特征的这一揭示，为现代心理学中对审美知觉的科学研究奠定了一定的基础，而且有些特征是完全符合多数人经验中的事实的，以它对普通的经验和对时空关系的超越为例，在我们每个人的身体体验中，在我们正常的精神生活和知觉活动中，眼前的经验似乎总是与过去或将来有关。这种情况不仅发生于我们对某些远大的目标展望的时候（如对未来活动作计划，对某种未来状态预见），而且就算最普通的日常知觉，也都是由于它们对实际生活有意义而变得活跃、积极、富有选择性。一方面，每当我们去处理某种日常工作时，每当我们期望和希冀的时候，每当我们渴望、忧虑、担心、充满信心、欢欣鼓舞的时候，每当我们感觉到某种值得怀疑的东西时，几乎都是因为我们参照了事物在未来活动中的实际意义；另一方面，我们经验中的种种情感表现，又多与对过去的联想联系在一起，每当我们惊奇、失望、后悔时，或是当我们自我庆幸时，我们必定是参照以往的经验。上面所有这些日常的态度和情感，都未必能符合审美时的情景，在审美中，我们的一切心理能力，都按照眼前的形式的整体被组织和调动起来，似乎这个整体具有磁石一样的吸引力。我们既不是以联想去取代它，也不是以联想淹没它。它使我们在惊叹之余，从一种寻求信息和改造世界的主动态度转变为一种被迫接受的和被改造的态度。所以，艺术家们在对一种景色欣赏时，常常目不转睛、忘记自己。例如，德彪西经常从黎明至中午静观海上的一切变化，同海浪嬉戏，与海浪和海风对话；拜伦在对海洋景象入迷之后，不由自主地发出"难道山峰，波浪与天空，不是我及我灵魂的一部分，犹如我是它们的一部分"的感慨。

叔本华的"静观说"对西方现代美学产生了极大的影响，到20世纪之后，审美态度说变得更加系统和羽翼丰满。目前，审美态度说分成三种，即：(1) 布洛在21世纪初提出的"距离说"；(2) 以耶洛姆·斯多尼兹和维瓦斯为代表的"无关功利的注意说"；(3) 以维吉尔·奥尔德里奇为代表的"视觉幻象说"。在这三种学说中，以"距离说"影响最大，延续时间最长，所以，在此我们只对"距离说"作一番论述。

距离，本来是指空间中从某一点到另一点之间的间隔或是指时间进程中某两个不同时刻之间的时间间隔，而在布洛的"距离说"中，它却是指一种在结构特征上与时空中的距离有某些相似之处的心理事实。在布洛看来，只有心理上有了"距离"，对眼前的对象才能做出审美反应。我们知道，当我们观看空间中的某一事物时，如果距它太近，就会只及一点，不及其余，看不到事物的整体和全貌；如果距它太远，事物的轮廓就变得模糊，甚至消失；只有在离它不太远和不太近的地方，我们才能够看清它的全貌和各部分之间的关系。时间中的距离也是如此，一件事物或事件，在我们刚刚经历它时，并不甜美；时间过得太久远，我们就会把它遗忘；只有在适当的时间距离上回忆它时，它才变得甜美起来。依照这种类比，布洛就提出了人的审美知觉态度也应与现实生活态度拉开一定的距离的主张。布洛曾以浓雾之中乘船的人的心理状态为例，来说明心理距离的作用。他论证说，如果乘船的人遇上大雾天气，便是最不吉利的事情，不仅耽搁路程，而且时常想到有撞船和触礁的危险。但如果在这个时候，你被眼前大雾弥漫的雄伟景象所吸引，暂时忘记路途的辛劳和对大难临头的担心，仅仅把注意力集中于眼前的美好景象——那轻烟似的雾气，雾气笼罩下平静的海水，天海相连的神秘意味等，你就会得到一种愉快的审美经验。这种审美经验是你与现实功利态度保持了一段距离的结果。布洛区分了在审美知觉中可能出现的三种距离，即过远的距离、过近的距离、适中的距离。所谓过远的距离，就是由于不理解或其他原因，态度漠然、无动于衷，虽然也和别人那样睁大了眼睛在观看（自然景物、戏剧、电影），在倾听（音乐等），但却因为没有欣赏美景的洞察力和倾听音乐的耳朵，而不得不囿于个人的想象和沉思之中。所谓过近的距离，就是把日常现实同艺术中的虚幻景象等同起来。举例说，如果看到秦桧害死岳飞的场景，便要跳到台上去杀死秦桧；看到黄世仁污辱喜儿，便想掏出手枪打死他。这就不再是审美的态度了。只有在观看时，与实际利害拉开一定的距离，但又不离开外观形象做过多的自由联想，使自己做到超脱，但又往返得宜，才算距离适中，也只有距离适中，才能获得美感。

　　布洛的"距离说"以一种极其简单鲜明的时空距离为类比，说出了审美经验的典型特征，所以曾经在很长时间内受到了人们的广泛欢迎和重视，而且至今还有很大的影响。但是，"距离"作为一个心理科学的概念来说，它是相当不严格的，而且带有一定的猜测性和含混性。"距离"的远、近和适中的界限究竟在哪里呢？这是十分玄妙和笼统的，布洛也并没有做出合乎科学概念的论证和说明。

　　布洛在"距离说"中所阐述的东西，在中国古人的言论中可以找到很多。只不过中国古人没有用"距离"这个词罢了。王羲之的"在山阴道上行，如在镜中游"；周济的"初学词求空,空则灵气往来";苏东坡的"欲令诗语妙,无厌空且静。静故了群动,空故纳万境";严羽的"诗之极致有一,曰入神"。宋画家米友仁的"画之老境,于世海中一毛发事泊然无着染。每静室僧跌,忘怀万虑,与碧虚寥廓同其流"。这一切,其实都是指保持一段心理距离的审美态度。

综上所述,所谓审美态度,就是人们在从事艺术活动和审美活动时所持的一种态度。具体说来,就是人们在观赏自然景色,观看绘画、电影、戏剧、朗诵诗歌,聆听音乐时不自觉地形成的一种心理状态。这种态度既不同于实用态度,又不同于科学态度。它与实用态度的不同表现在:它并不是致力于为下一步的行动和行为去进行准备,也不关心下一步行动所要达到的目的,更不构成达到这个目的手段,一旦把注意力转移到实用生活目的时,审美态度便不再存在了。它与科学态度的不同表现在:它不是旨在以一种独创的方式致力于解决理论和实践中的问题,它不涉及概念和思维,在知觉一件艺术品时,一旦开始有意地用概论去分析它、批判它、表扬它和否定它,审美态度便不复存在了。

审美态度的存在是事实,但形成审美态度的原因或因素却是异常复杂的。其中有许多因素,是任何时候断不可少的,例如景色的奇特、艺术作品本身的吸引力、欣赏者本身通过学习和实际获得的欣赏能力等;还有一些因素是相对的或偶然的,如欣赏者的即时心境、某一段时间的特殊兴趣、所处的社会环境和文化环境、艺术品展出的场合与时机等(同一首乐曲,在正式舞台上演奏,就与它在酒吧或军事检阅中演奏时不同)。虽然这样一些因素是偶然的,但又是不可不考虑的。因此,在谈论审美态度时,既要注意人类普遍心理因素,又要有历史的观点,换言之,一定要清楚地看到,从一种文化到另一种文化,从一种历史时期到另一种历史时期,从一个人的儿童期到成熟期,从一个场合到另一个场合的变化。摸清这些因素,不仅有利于按照不同情况去引导和训练审美态度的形成,而且还可以通过合理的安排,加速审美态度的形成,获得更强烈的审美感受。

从表面上看,造成审美态度的核心因素是无关功利,且超然功利意欲之外的,但追究其实质,这种说法仍然太绝对。其实,在这种表面的"无关功利"中,掩盖着一种较之个人直接功利更为广泛和更为深刻的社会意义和社会性内容,它虽然于眼前的实际生活无益,但却使人看到了对整个种族、阶级和时代有益的东西,这种满足不是纯生理上的,而是通过想象在精神上的一种满足。正如帕克所说:"审美价值是在想象中转化了的实用价值。鞋子看起来很美,而不是穿在脚上的感觉,但却必须是看起来觉得穿着它是舒适的才行。屋子的美不在于住在里边很舒适,但必须看起来使人觉得住在里面是舒适的。美就在对它的用途的回忆和预测中,它们是思想的两个方面。用是行动,美则是纯粹的意图,明白了实用意图作为纯意图进入美中,则可解决实用工艺品的矛盾,可以调解人们坚持艺术与生活相联系和美学哲学所主张的美的非功利性的矛盾。"① 因此,审美态度的功利性是间接的,但又是影响深远的;是秘而不露的,又是强有力的和不可缺少的。它是一种复杂、丰富、全面、深邃的态度,它调动了人的一切心理因素的参与,反过来又促使人的所有心理因素得到自由地发挥和高度的和谐,正因为如此,它才给人造成一种比生理愉快更加高级的愉快,并且成为一种巨大的精神推动力量。

---

① [美]帕克:《艺术的本质》,转引自晓艾:《英美现代美学评述》,《美学》1997年第1期,第282页。

5

历史的回顾之四
——现代审美心理学诸派别

对于审美经验的研究，已引起现代科学的各个分支，尤其是现代心理学的密切关注。在 20 世纪出现的各种现代心理学流派中，至少有五大派别对美学产生了较大的影响，它们分别是：心理分析学派、格式塔学派、行为主义学派、信息论学派和人本主义心理学派。这些心理学派各自从不同的角度展开了对审美心理经验的分析，为人们理解审美经验的产生、构成和特征提供了许多有用的材料和证据。当然，在目前情况下，当把它们作为理论和方法应用到美学领域时，却常常是不成功的，从哲学上看，则有不少错误。下面让我们对这五大心理学派作一番简要的分析和认识。

（1）心理分析学派

心理分析学派的创始人弗洛伊德对产生审美经验的根本动力作了生动的描述。他认为，审美经验的源泉和艺术创造的动力均存在于无意识领域之中。这就是隐藏在人的无意识领域里的本能欲望（也称为力比多，开始时仅指性欲，后期又将其含义扩大），这些欲望虽然表现为种种意图和愿望，但实质上却是一种动力性因素。既然是一种力，它的活动模式和形态就要遵循一般的自然运动规律——物理化学运动规律。换言之，它也同一切物理运动和化学运动一样，总是向着平衡状态或和谐状态发展，伴随着平衡状态或和谐状态的出现，身体也就从不愉快和不满足状态进入愉快和满足状态，这就是力比多所遵循的愉快原则。但是，人是生活在文明之中的，文明的形成不允许力比多自由地和无节制地活动，要不时地对其加以限制、约束和压抑，使它不至于危害他人和社会，并将节余下来的精力用于其他一些改造自然和社会活动中。这是力比多必须遵循的另一个原则，即现实原则。然而，这些本能欲望受到压抑之后，并不等于消失了。从儿童到青年，它们不断地遭受到压抑，当这种压抑足够强大时，它们便潜入到心底深层，成为潜意识（或前意识、无意识）。潜意识被压抑之后，并不是静静地躺在心底深层不再活动，内在精神是一种流动的或动态的结构，在某一方向上受到阻碍和压制，便会自动调节，转变方向，在其他地方寻找出路，使受阻的能量在新的活动中得到放松，就像被堤坝阻截的河水流入新的渠道一样。这种现象被弗洛伊德称为"力比多转移"，夜梦、昼梦和想象等便是力比多转移所造成的结果。艺术想象，是一种特殊的转移方式，被弗洛伊德称为升华。所谓升华，乃是本能冲动向社会认为对自己有用的或得到社会承认、理解和赞许的思想、理想和活动的自行转变。它与纯粹的力比多转移不同的地方在于，夜梦和昼梦等纯力比多转移的世界，是一种自私隐秘的世界，成年人往往以做白日梦为羞耻，因此总是隐瞒它，视之为不可告人的大秘密。而艺术想象却不同，它是以社会所允许的形式显示出来，其中力比多意味是隐藏和伪装着的。因此，它是人人都可进入的世界，而且人人都可以通过进入这个世界，使自己在现实世界中未得到满足的欲望得到替代性的满足。而这也就是艺术欣赏和审美经验的本质所在。所谓替代性的满足，是相对于真正的满足而言。当人滋生了某种欲望和需要，便会在这种内在需要的驱使下，到周围环境中去寻求和获取那些能满足这些需要的东西，例如，饥饿感驱使人去寻找食物，野心欲驱使人去捞取地位和利益等，一旦获得这些东西，欲望便得到满足，内心便感到愉快。而观赏和创造艺术品的满足和愉快就不同了，这种满足方式基本上不与周围的真实世界发生关系，而是与自己的心灵所产生出的幻想王国发生关系。在现实中得不到的东西，可以在想象中得到，在现实中受到的束缚，可以在想象中得到解脱。因此，艺术家创造的形式，只不过是那些在现实中不能满足的欲望的无意识的转换，欣赏者之所以从中得到愉快，并不是形式本身使然，形式只是一种"符号"、一种"刺激性的钓饵"、一种"诱惑物"，它只能使人的感情进入一种特定的微醉状态，别无多大用；而真正使人快乐的东西，是透过这些"钓饵"和"符号"见到的那些个人的情感和欲望，它过去隐藏在艺术家意识的最深层，现在经过改头换面，隐藏在艺术形式里。但是，这种隐藏毕竟是不彻底的，不管是蜜蜂采蜜式的艺术家，还是蜘蛛吐网式的艺术家，都不可能将自己真实的东西隐藏起来。例如，即使是蜜蜂式的艺术家，他在挑选时也只按照深层欲望的标准来挑选，从浩繁复杂的大千世界中，只选取那些满足自己欲望的东西。因此，不管他们怎样巧加掩盖、改头换面，仍然万变不离其宗。正如弗洛伊德所说，凡是艺术家，都是被过分的性欲需要所驱使的人。达·芬奇在描绘各种圣母像时所激发的热情，就是他对早年就离别的母亲的思念情绪（也称为俄狄浦斯情结）的升华，莎士比亚的十四行诗、惠特曼的诗篇、柴可夫斯基的音乐及普鲁斯特的小说等，其中有些情节和片断是对渴求同性恋的热望的升华，由于他们不能在现实生活中让性的要求得到满足，所以只好寄寓于想象性的创造。总之，性欲的替代性满足，是艺术品和其他审美对象所赋予人的真正的快乐，是美之所以为美的源泉，是艺术品真正的意味之所在。欣赏者总是将艺术品和美的自然当成他的情人的代替者，借助于它们而对自己失去的爱发出安慰。弗洛伊德曾指出，像《哈姆雷特》这样的戏剧，人们对它的兴趣之所以经久不衰，就是因为它能使人重温自己童年时曾有过的恋母感受。人人在无意识中都曾有过杀父娶母的愿望，而剧本又轻轻地叩动着这一情结，从而触动着人的心灵最深处，产生出复杂的感受。这种感受或愉快不同于实际生活需要所得到满足后产生的机体的、生物性的愉快，而是一种温和的、暂时的麻醉状态，是在不损害"超我"并且同"自我"相一致的前提下所提供的一种放松、调剂和乐趣。更进一步说，这种通过艺术所得到的替代性满足，会在相当一段时间内使那种在现实层次中追求满足的冲动减缓，起到一种净化的作用。

心理分析美学对现代艺术产生了广泛的影响，许多人极力鼓吹、宣扬和运用它，然而，它的缺陷也是显而易见的。例如，力比多转移，如弗洛伊德所说，是一种自然现象，是机体的生物性防卫手段。假如艺术想象和审美经验仅仅是力比多的转移或投射，艺术活动不就成了一种纯生物性的活动了吗？仔细想来，如果理性认识和社会性因素在其中不起作用，那么同是力比多转移，为什么在有些人身上会造成性爱活动，而在另外一些人身上又造成艺术的想象呢？同一种机制产生两种相差悬殊的结果，这究竟如何解释呢？此外，既然艺术和审美造成的吸引力是来自于替代性的满足，那么，为什么人们可以在白日梦和夜梦中得到替代性满足的情况下，仍然会为艺术所吸引？弗洛伊德认为，升华和力比多转移遵循的是一种由痛苦到快乐的原则，因此，升华为主要机制的艺术想象就是为了解除痛苦，获取快乐，这种论调委实是极其片面的。艺术诚然有净化作用，但并不等于所有的艺术都是为了解除人们内心的痛苦而产生，即使是浪漫主义，也不全是对失去或达不到的机遇的慰藉和补偿，因为其中有很多是出于对真理的追求和对理想境界的憧憬。对于那些在自我实现过程中勇于探索的人来说，想象是积极的进取，而不是被动的防卫；想象的世界是他前进的动力，是他在黑暗中探索希望的明灯，而不是他的暂时避难所。在追求"真"的过程中，想象能将复杂的生活简化、蒸馏，把生活的本质直接展示出来，从这个意义上说，想象就如同那些做出预言的梦，这种梦越是深沉，醒来时就越是清醒。所有这些问题都会诱使我们提这样一个最关键的问题：艺术创造和审美经验究竟是由弗洛伊德所说的性力决定的，还是由人类社会实践造成的文明心理结构决定的呢？对于这个问题，弗洛伊德的学生荣格的"集体无意识说"已为我们做出了部分回答。荣格以大量事实证明，决定人的一切行为，包括艺术、宗教和道德活动的最终源泉，是心灵的某种秩序或结构，这个结构并不是性力所能涵盖得了的，也不是个人的经验所能说明的。正是这种深层的结构，才把个体的种种经验和印象组织成了美的形式——对称、和谐和富有节奏的简化形式。按照马克思主义实践观，这种看上去是自动的、无意识中完成的，像是艺术家的某种生物本能的组织活动，实质上已经不是生物性的了。在这种生物性中，渗透着千万代人类实践造成的理性成分，它本质上是社会性的，而不是纯生物性的。正如荣格所证明的：人的深层中的结构是一种审美的结构，这种结构的出现并不是偶然的，进化过程本身就是筛选和淘汰相结合的过程。在进化中，只有那些使生物既节省精力又能迅速地对外界做出判断和反应的能力才被保留下来，只有那些极为简化的形态才会被记忆、储藏；而经验转变成意识所依赖的抽象的形式和符号，实质上也是一种简化，这种不断的积淀和简化的过程，使人类心灵有了最基本、最经济、最稳定的模式，使我们能够领会、理解、反应、具有智慧，在最初级的水平上，这种结构使我们的机体保持着与自然之有机规律和宇宙之物质规律之间的一致（生物性）；在发展到高级水平上之后，它使人与人之间相互交流联系，保持集体的统一（社会性）。它成了人与自然以及人与社会发生关系的不可缺少的因素，兼有了生物性和社会性两种性质，也是理智和智慧之本原，是进化过程中唯一不能排除的因素。它积淀于人类心理底层，不为意识所知，但又决定着人的情感、知觉、想象、理解等种种心理行为。因此，从这一更广阔和更深刻的范围看问题，弗洛伊德的性力决定论，就显得狭窄、局限，甚至可笑了。

当然，把深层心理结构视为艺术创作的推动力，有可能引起误解，因为在一般人心目中，结构往往是静态的，而静态的东西怎么能够具有推动力呢？在这一点上，弗洛伊德是有贡献的，因为他深刻地描述了无意识的动态结构本性，解决了传统观点长期不能解决的问题，把无意识看成一种推动力量。再者，弗氏提到的性力虽然不是什么最终推动力，但它对艺术想象的影响是巨大的，因此，揭示性力在无意识总结构中的位置，理应是科学在未来中必须解决的问题之一。

（2）格式塔学派

格式塔心理学派则用异质同构论解释审美经验的形成。按照这种理论，在外部事物、艺术式样、人的知觉（尤其是视知觉）组织活动（主要在大脑皮层中进行）及内在情感之间，存在着根本的统一。它们都是力的作用模式，而一旦这几个领域的力的作用模式达到结构上的一致时（异质同形），就有可能激起审美经验。鲁道夫·阿恩海姆这样说：

"我们发现，造成表现性的基础是一种力的结构，这种结构之所以会引起我们的兴趣，不仅在于它对那个拥有这种结构的客观事物本身具有意义，而且在于它对于一般的物理世界和精神世界均有意义。像上升和下降、统治和服从、软弱和坚强、和谐与混乱、前进与退让等（力）的基调，实际上乃是一切存在物的基本存在形式。不论是在我们自己的心灵中，还是在人与人之间的关系中；不论是在人类社会中，还是在自然现象中；都存在着这样一些基调。……我们必须认识到，那推动我们的自己的情感活动的力，与那些作用于整个宇宙的普遍的力，实际上是同一种力。只有这样去看问题，我们才能意识到自身在整个宇宙中的地位，以及这个整体的内在统一。"①

按照这个观点，物理世界、生理活动和心理活动，本质上都是力的作用。阿恩海姆曾列举大量事例，分别说明上述各个领域内力的作用本质。对于外部物理世界，阿恩海姆认为，表面上看来，不同的自然事物有不同的形状和色彩，不同的艺术品有不同的形式，但追究起来，还要归结于支配它们或创造它们的力的作用的不同（力的方向、强度等方面的不同）。

"这些自然物的形状，往往是物理力作用之后留下的痕迹；正是物理力的运动、扩张、收缩或成长等活动，才把自然物的形状创造出来。大海波浪所具有的那种富有运动感的曲线，是由于海水的上涨力受到海水本身的重力的反作用之后才弯曲过来的；……凸状的云朵和起伏的山峦……树干、树枝、树叶和花朵的那些弯曲的、盘旋的或隆起的形状，同样也保持和复现了一种生长力的运动。"② 自然事物如此，由人创造的东西就更是如此。"书法是心理力的活的图解。"③ 当画家们试图描绘那些充满力量的物体时（如悬崖峭壁、猛兽的嘴或爪子、树干等），在运笔之前先要唤起一种力量的感受，在真正运笔时，这种遍及全身的力量就顺着他的胳膊和手指传入画笔，并随之输送到所画的事物中。

既然世间所有事物归根结底可以归结为"力的图式"，那么对它们的观看就不仅仅是看到形状、色彩、空间或运动，一个有审美知觉能力的人，会透过这些表面的东西，感受到其中那活生生的力的作用。阿恩海姆认为，当外部事物的"完形"在视域中出现时，其中发生的作用，并不是类似照相机的感光，大脑皮层中也没有出现一幅图画，在这儿真正发生的事情，是外部事物中"力的式样"对大脑皮层的轻重不同的刺激，这有点像一颗石子投到水中的情景，石子投入水中，会打乱水面的平静状态，激起一圈圈涟漪；而在观看时，外部事物在大脑中激起的则是一种特定的电化学力的式样。这种电化学力，虽然产生于一种完全不同的媒介之中，但基本结构却与外部事物中所

---

① 参见［美］鲁道夫·阿恩海姆：《艺术与视知觉》，四川人民出版社，2019年版。
② 参见［美］鲁道夫·阿恩海姆：《艺术与视知觉》，四川人民出版社，2019年版。
③ 参见［美］鲁道夫·阿恩海姆：《艺术与视知觉》，四川人民出版社，2019年版。

含的"力的图式"基本相同,正是在这个意义上,格式塔心理学才把这种现象称之为"异质同构"。它认为,正是在这种异质同构的作用下,人们才在外部事物和艺术品中,直接感受到某种"活力""生命""运动"和"动态平衡"等性质,这些性质不是联想作用,也不是来自想象和推理,而是一种直接感知的结果。

特定的"活力"或"运动"又会进一步同人类世界中的某些事件,人类心灵深处的某些思想感情联系起来。因为人的"内在情感"从本质上说,也是一种"力"的表现形态,只不过这种"力"发生于内心深层罢了。以人的"悲哀"感情为例,我们虽然不能看到内部发生的事情,但内部的作用总会在外部表现出来。阿恩海姆曾用试验证明了支配"悲哀"感情的力的模式。当他让一组舞蹈学院的学生用某些动作把"悲哀"的感情表现出来时,所有被试演员的动作,几乎都是一致的,这些动作"看上去都是缓慢的,每一种动作的幅度都很小,每一个舞蹈动作的造型也大都呈曲线形式,呈现出的张力也都比较小,动作的方向看上去时时变化,很不确定,身体看上去似乎是在自身重力的支配下活动着,而不是在一种内在的主动力量的支配下活动着"①。这种动作与悲哀时内在心理活动是一致的,"一个心情十分悲哀的人,其心理过程也是十分缓慢的,……他的一切思想和追求都是软弱无力的,既缺乏能量,又缺乏决心,他的一切活动看上去也都好像是由外力控制着"②。既然外部事物(包括人体)中展示的力的式样,可以与人的内在感情达到异质同构,它们就可以表现人类的感情,或者说,就可以在外部事物的力的作用模式中直接看到某些表现性质。例如,我们可以从舞蹈演员的动作中见到悲哀,也可以从迎风摇摆的杨柳枝条中看到悲哀,还可以从一个人的书法线条中见到悲哀。总之,不管什么事物,只要其"力的式样"在结构上与人类情感中力的作用达到同样复杂的水平,就可以说它是这些情感的表现(或具有了表现性)。"就是那些不具意识的事物——一块陡峭的岩石、一棵垂柳、落日的余晖、墙上的裂缝、飘零的落叶、一汪清泉,甚至一条抽象的线条、一片孤立的色彩或是在银幕上起舞的抽象形状——都和人体具有同样的表现性。"③

---

① 参见〔美〕鲁道夫·阿恩海姆:《艺术与视知觉》,四川人民出版社,2019年版。
② 参见〔美〕鲁道夫·阿恩海姆:《艺术与视知觉》,四川人民出版社,2019年版。
③ 参见〔美〕鲁道夫·阿恩海姆:《艺术与视知觉》,四川人民出版社,2019年版。

阿恩海姆认为,这种运用"力"作媒介对事物之表现性的知觉,就是特殊的审美知觉。这种知觉,在儿童和原始人中尚占很大的优势,儿童把一座山岭视作是温和可亲的或狰狞可怕的,把一条搭在椅子上的毛巾看成是苦恼的、悲哀的或劳累不堪的,其原因也在此。但是,这种特殊的知觉方式,在现代的成年人中却日趋消退了,这是因为,成年人总是运用理性的范畴或分类标准去观看事物。在看到某种东西时,还没有来得及细细观察,便很快地把它们归并到某某类别中(是生物还是非生物、是人类还是非人类、是精神的还是物质的等),"由于我们总是习惯于从科学的角度和经济的角度去思考一切和看待一切,所以我们总是要以事物的大小、重量和其他尺度去解释它们,而不是以它们外表中所具有的能动力来解释它们。这些习惯上的有用和无用、敌意和友好的标准,只能阻碍我们对事物的表现性的感知,甚至使我们在这方面不如一个儿童和原始人"①。至此,阿恩海姆便找到了普通的感知与审美感知的根本区别:普通感知忽视人的内在本质的外部表现,只以科学的或政治经济的标准去对事物分类;审美感知则是以表现性对各种存在物分类。按照这一分类方式,如果一块岩石具有同一个人一样的表现性,那么这两种在日常知觉中十分不同的东西,便被归并到同一类之中。我们知道,这样一种看法,是十分合乎艺术和审美实际的,诗人作诗,画家作画,都在自觉不自觉地运用这种特殊审美分类标准。无怪乎中国文人画家对自然界中的山石、花木、云水、鸟兽等,是那样感兴趣。格式塔学派从心理学角度,对审美经验中的一些关键步骤作了较为科学的描述,揭示了人们一直感到迷惑不解的"感性认识"或"感性显现","直感"或"知觉"的奥妙,接触到艺术创造和艺术欣赏的本质。但就其理论本身来说,还有很多漏洞,例如,在对大脑力场的作用的描述上,还带有猜想的色彩;在解释"物理—生理—心理"之间的异质同构时,忘记了人与动物的根本区别等。后面这种缺陷使它对许多现象不能解释。我们仅以某种突然性的动作——打呵欠为例,这是一种扩张性较强的动作,照理说,当人们看到这样一种动作时,大脑力场中必然会生成一种扩展的甚至带有侵略性的张力式样,相应说来,从中见到的表现性质也应该如此。但事实又怎么样呢?有谁见到打呵欠的动作后会感到它咄咄逼

---

① 参见 [美] 鲁道夫·阿恩海姆:《艺术与视知觉》,四川人民出版社,2019年版。

人，因而产生恐惧的心理反应呢？再以一阵痉挛性的大笑为例，它的扩展性和侵略性比打呵欠高出几倍，但有谁听到那样的笑声会像动物听了之后那样逃之夭夭呢？就艺术品而言，这种现象就更明显了。莫扎特的音乐，那些与他同时代的人听了，可能会有肝肠俱裂之感，但在那些听惯了现代音乐的20世纪的人听来，却显得宁静和谐。可见，在审美知觉中，历史的因素、社会性的因素同样是要起作用的，它绝不是一种生物本能，而是融和了理性和时代精神在内的一种更加高级、更加复杂的感性直观活动。

（3）行为主义学派

心理分析学派和格式塔学派为人们理解艺术和审美经验提供了许多基本的解释和基本的概念，相比之下，行为主义对这一研究领域的贡献要小一些。行为主义主要强调对外观行为的客观实验，其基本公式是"刺激—反应"或"环境—行为"，根本不涉及对意识的研究。所以，在研究审美经验时，它就仅仅局限于观赏者对各种艺术品及其各种要素的喜好的研究。行为主义者强调实验，它的实验方法的复杂化和精确化，达到了前所未有的规模，但毕竟是局限于观赏者对艺术品的生理性反应的狭窄范围内。按照这个路子走下去，所谓审美经验或是对于某一艺术品的经验，充其量也不过是从人们对于作品之喜好的陈述中反映出的趣味判断，而对整个艺术品的喜好的程度，则只能归结为欣赏者对各个局部因素喜好程度的总和。而这样得出的结论肯定是荒谬的，有时甚至是可笑的。

在行为主义的圈子里，在研究审美经验方面出现的一个飞跃是由贝里尼取得的。贝里尼假定说，一件艺术品之最典型的特征，就在于当它出现在欣赏者眼前时，会唤起某种兴奋，兴奋度先是上升，紧接着便是逐渐下降。开始的上升是由于艺术品中包含着某种可称为"强烈的刺激性变异"的东西——主要是指它所具有的某些性质，如奇异性、复杂性、要素的不均匀性及出人意料性等。这样一些性质会在知觉主体身上诱发出一种冲突，即对不同的注意焦点之不同的反应之间的冲突，交替出现的各种不同联想以及可能出现的各种不同的解释之间的冲突等。这些冲突是兴奋产生的根源。紧接着这种最初的冲突便是通过对艺术品的全面把握而将刺激物组成一种图式。这样一来，冲突便有可能得到解决，不确定性程度也随之减小，而对于平衡性和冗余码（或多余信息）的感受亦趋强烈。所有这一切都是伴随着兴奋程度的减少而产生的。按照这一基本认识，贝里尼便把艺术经验归结为兴奋度的缓缓上升和随之而来的愉快。之所以会产生愉快的感受，是因为紧接着兴奋度的上升便是兴奋度的变弱，而这种"兴奋度的起伏性变动"正是产生愉快的一种机制。更何况兴奋度的上升还会抵消伴随着的低兴奋状态的厌倦。在这之后，贝里尼又对上述理论作了修正，认为兴奋度的温和上升，其本身便是愉快的，这是某种假定存在的"奖赏机制"的作用，因此，是否会随之产生兴奋度的减弱，其实是无所谓的。

贝里尼的贡献是揭示出了艺术品唤起的诸种兴奋与审美经验之间的因果关系，或者说，艺术品激起的那种所谓的"强烈的刺激性变异"，那这种变异引起的惊异以及由此而激起的探究态度同审美经验的形成有着什么关系呢？笔者认为，这种由客观刺激物的性质（如复杂度）所产生的"兴趣"（一种不同于纯粹的合意性或舒适性的兴趣），是构成审美经验的一个重要因素，但却不是其决定因素。因为这种"兴趣"充其量也不过是吸引人或引人注意的手段，而不是被知觉到的形式的性质或艺术品之内容的本质所在。进一步说来，由于贝里尼所研究的"强烈的刺激性变异"并不是艺术和其他审美对象所特有的，因而不能把审美经验同人们观看杂技、游戏及参加科学实验时的经验区别开来。

（4）信息论学派

信息论最早是一种运用数学概念来描述和研究"信息传递系统"的理论，不久之后它便被应用于科学的各个领域，尤其是被用于心理学领域。信息论之用于心理学，标志着科学开始把人摆在与物质实践同等的地位上。按照当代行为主义心理学的观点，心理学所研究的无非就是人体与世界其余部分之间的相互作用（刺激—反应），而按照信息论的观点，所谓行为，就是外部世界向个体传递信息以及个体对信息的反应。当然，这里所说的外部世界，不仅仅是指无生命、无意识的物质，还包括与他相似的别的个体，因为对于一个个体说来，与之同类的其他个体也与那些无生命、无意识的外部物质世界一样，是异己的。这样一来，人类活动便被分成了两大不同的领域，一个领域是对外部世界的适应和征服，另一个领域是人与人之间的信息交流。后一个领域不再被视为某种为前一个领域服务的手段，它自身就是目的，它的目的就是这种交流活动自身，是人的一种社会性的行为。由于现代各种通信工具的出现（无线电、电影、录音、录像等），信息论者更加坚信，人与人之间的信息交流是一个独立的研究领域。

由于在这些交流中艺术占着很大的比重，艺术的价值被大大抬高了，它不再像过去那样被视为文化的偶然性和盲目性产物，最终会从一个理性世界中消失；而是把它看成是情感生活的化身和创造者，是社会的推动力量。这种变化不能不影响美学。众所周知，西方传统的自上而下的思辨性美学在较长一段时期内驻足不前，这样便出现了自下而上的经验主义美学，而当经验主义美学尝试用最新的科学成果（信息论）去解答本领域的问题时，证明它已经真正进入了科学领域的大门（虽然是初步的）。在现代的最新美学著作中，信息论中常常使用的一些概念，如信息、密码、冗余码、不确定性、背景噪音等，也开始出现了。目前，信息论心理学还仅停留在研究简单的审美知觉阶段，如对声音信息和视觉信息的研究或对理解机制的探索，对一般语义信息和审美信息之间的区别，对多元信息（即通过几个渠道和几个知觉维度到达个体的信息）知觉中的扫描（如空间信息可以通过扫描在时间中延伸，通过扫描就将它们分解成一系列的符号并以一种特定的次序传送。这样，空间信息便变成了时间信息。扫描和整体性把握被视为知觉活动中对立统一的两极）等现象的研究。

　　信息论心理美学按照信息论中的"不确定性"和"信息"等基本概念提出了自己的命题。不确定性，被假定为一种不稳定状态，相对来说，也是一个不愉快状态，而当知觉者的期望由于眼前情景的模糊和不确定而无法得到肯定时，还会进而出现一种受挫感。信息，从量上说，是指通过消除某系统中的某些成分或增加某些成分而达到的该系统的组织化程度（或有序性程度），它能够减小不确定性，因而被假定能减轻紧张力，从而导致愉快。对于一个艺术品来说，假如其信息是被期望的，如果它不是过于冗余的，在数目上不是过大，它的确会起到这种作用。但是，如果冗余码过高，举例说，如果同一个要素或式样过多重复，知觉者就会感到这件艺术品是单调的，因而产生厌倦心理；反过来，如果冗余码过低，知觉者便会感到作品是混乱的，因而产生一种不知所措之感。

　　按照大多数信息论心理美学家的意见，任何一件艺术品，每当知觉者欣赏它时，便会唤起一种期望模式，这种期望性的模式既取决于他在以往欣赏中的经验，又取决于眼前刺激物中包含的那些重复的要素所变幻出的东西。当这样一种期望模式受到阻碍或挫折时，便产生出不确定性；或者，虽然"新的选择"已被确定，但由于相同要素的过多重复而被拖延拉长时，同样也会产生不确定性。相反，期望的肯定则会产生愉快。

信息论心理美学的优点在于，它不仅有可能使人们把审美反应或审美经验同艺术品中的某些刺激联系起来，而且能使人把它同艺术品中的某些活动程度和动力的发展联系起来。这样一来，在对艺术品之结构和风格描述时，就可以用某些用于实际运算的概念代替，换言之，可以用某些关于刺激物的新的数量范畴代替（这些范畴可指示出刺激物信息内容，冗余的或令人感到异常的值）。与此同时，艺术不再被视为仅仅是个人欲望的替代性实现，因为它在信息论中已成了传递意义和信息的载体。当然，信息论心理美学为研究艺术的意义提供的是一种极为局限性的和单向性的尺度，用这种信息的尺度最多只能分析艺术品之形式结构的某些方面，至于内在内容中的某些含义，它就无能为力了。其实，艺术品也同其他知觉对象一样，在它唤起的经验中，除了期望、期望受挫和期望肯定之外，还有更多的和更复杂的东西，仅仅固着于这一点，只能把复杂的现象简单化。

（5）人本主义心理学派

人本主义心理学是当代西方新崛起的一个颇有影响的流派。有人称它为心理学领域的"第三势力"。这个学派内的大多数心理学家宣布自己是传统心理学的背叛者，他们既指责行为主义仅把人视为一套"刺激—反应"模式的决定论思想，又指责心理分析学派混淆人与动物的区别，仅把着眼点落在人的病态心理的悲观论调。在人本主义心理学家们看来，人的主观经验领域是一个大可研究的领域，但这个领域又不能用生物性的本能欲望去解释，从昆虫和动物中引申出人的本性的做法，不仅是危险的，而且是荒唐的。人有独特的意识水平，这是一个清醒的、自由的和整体性的存在，既有选择的自由，又能一经确定一个目标就终生为之奋斗。因此，它的存在就不仅仅是生物性的（如性、食等），也不是病态的。从总体上看，这是一个健康的存在。按照这一基本着眼点，心理分析法便走入歧途。因为它研究的病态心理不过是一个特例，而特例是不能代替整体的。因此，它主张心理学应把落眼点转移到健康人的心理，为人格的健康发展指出一条道路。它极力反对把人的意识和个性分割开来研究，它赞赏格式塔学派的整体观点，但又与格式塔学派不尽相同。它认为，格式塔学派的缺点在于仅是从知觉角度论证人的心理结构的整体性，这是很不够的。要克服这一弱点，就必须从意识经验自身这一整体出发，去开辟新的研究领域。在它看来，人既是自然存在物，又是社会性动物，人的许多复杂心理活动，特别是涉及价值观念和道德意识的活动，是无法用严格的试验分析去证明的，但是，不能用实验方法证明的东西，并不等于不存在和不能加以研究。它主张，研究人的整体性意识要使用现象学方法，既以内省法为依据，又以整体论为依据。人本主义心理学创始人马斯洛曾把这种现象学方法概括为三点：(1) 通过自身内部的参照系取得有关主观经验的知识；(2) 把这种有关主观经验的知识与他人的观察核对，取得客观知识；(3) 设身处地地理解他人取得的知识。这些方法表面上看似乎与心理学早期的内省法相似，但事实上这是一种吸收了很多现代心理学成果之后的更成熟的内省研究。

人本主义心理学家努力去观察那些内心健康的、有迹象表明最大限度地运用了自己的能力和智慧的因而被称为杰出榜样的人的精神生活状态（既有历史人物，如斯宾诺莎、杰斐逊等人；又有现代伟大人物，还有他们自己认为有着健康心灵的人），它把这种人称之为自我实现的人。马斯洛认为，所谓自我实现的人（即更成熟、更完满的人），就是那种其基本需要已得到满足的情况下，又受到更高级的需要——超越性需要——所驱动的人。这种"自我实现的人"的最大内在驱动力，不是来自对低级需要的追求，而是来自于对一种超越性的高级需要（或超出人的基本需要的需要）的追求。这种高级需要是在生理需要（食物、睡眠）、安全需要（对秩序、安定、经济和职业保证）和亲属关系及爱的需要（身体接触、情感、家庭关系、社会信息、俱乐部等）等基本需要得到满足的基础上产生，它包括个人责任、意志自由、探求真理、美的创造和观赏等。这种超越性需要与基本需要相比，急切程度上可能要弱一些，过程要长一些，也不像基本需要那样容易得到满足。然而一旦得到满足，便会产生一种更深刻的幸福感和丰富感（愈是低级的需要愈容易得到满足，而超越性需要的满足则依赖更多的条件，因此，一旦满足，就显得稳定长久）。

"需要"本身的层次不同，描述它时用的字眼也就不一样，如在最低级需要的层次上，我们读到的只有驱动、极度需求和急需，比如在断绝氧气或经受着巨大的痛苦时就是如此。我们再顺着基本需要的序列往上走，更为适当的词就是意欲、愿望、选择和要求之类了。到了最高的层次（亦即超越性动机的层次），上面的词就不恰当了，而必须改用下面的词才准确,即:向往、献身、追求、钟爱、羡慕、赞美、尊敬、沉迷、入胜,等等"。这样也就决定了需要得到满足之后所得来的愉悦的等级,从痛感的消除、热水浴后的惬意、与挚友相会的庆幸,到欣赏经典性音乐作品的喜悦、有了孩子的欢欣、最高的爱的体验中的狂喜,直到与存在价值的融合。与存在价值融合时的最高愉悦,不能再用"满足"这样的词,因为"满足"本身是有限定的,而最高层次上的愉快是无止境的,这种愉悦本身是复杂的、难言的,也许还掺杂着一种宇宙般的悲哀,带有一种虚静的和不带日常情感的禅思。它是自我实现的创造性过程中产生的最激荡人心的时刻,是人存在的最高、最完美、最和谐的状态,具有一种欣喜若狂、如醉如痴、销魂夺魄的感觉。这是一种高峰体验,具有这种体验的人会觉得,那遮掩知性的帷幕突然拉开来了,真理的闪光出现了,事物的本质和生活的奥秘被揭示出来了。"我们的生活原本就是一场为到达某个目的地的艰巨紧张的奋斗,现在我们终于到达了。这就是目的地,这就是我们艰苦奋斗的终点,这就是我所早已期待的成就……产生这种体验的人突然步入了天堂,实现了奇迹,达到了尽善尽美。"①

马斯洛认为,这种高峰体验不同于神秘的宗教体验,不是神父们特有的本领,而是人类的一种普遍体验,正是在这个意义上,他才称其为"高峰体验",而不是神秘体验。当然,并不否认高峰体验同宗教体验中的"启示""天堂""拯救"之间有类似的地方,如果果真如此,人本主义心理学研究的这一领域便把宗教的一个中心内容拉到了科学研究中。因为,"科学史就是一门一门的科学从宗教中诞生分化出来的历史,今天,历史似乎又在我们探讨的这一领域中重演"②。

马斯洛认为,高峰体验最容易在审美中产生,又并不限于艺术和审美领域,"这些美好的瞬间体验来自爱情和异性的结合,来自审美感受(特别是对音乐),来自创造冲动、创造激情和伟大的灵感,来自意义重大的领悟和发现,来自女性的自然分娩和对孩子的慈爱,来自于与大自然的交融(在森林里、在海滩上、在群山中),来自体育运

---

① 参见[美]马斯洛:《关于高峰体验的几点体会》,转引自[美]马斯洛:《自我实现的人》,生活·读书·新知三联书店,1986年版。
② 参见[美]马斯洛:《关于高峰体验的几点体会》,转引自[美]马斯洛:《自我实现的人》,生活·读书·新知三联书店,1986年版。

动,如潜泳,来自翩翩起舞时……"①。但不论在什么场合下发生,尽管刺激作用各不相同,高峰体验却相同。从总体上看,它本质上是人在"自我实现"的过程中的健康心理生活的短暂插曲,"几乎在任何情况下,只要人们臻于完善,实现希望,达到满足,诸事顺心,便可随时产生高峰体验"②。它在健康人的心理生活中,随时都可以发生。有的是在成功地完成了一件重要任务之后出现,有的是在娱乐中获得。但它的发生都要有一种基本必要的条件,这就是必须"有某种同型的动力在起作用,在某种相互平行的反馈和回响存在于感知者的特征和被感知者的特征之间,因而人和外界往往互相影响。简言之,感知者必须与被感知的对象之间彼此符合,或者说他们必须相互匹配,不论好坏,总得好像一对夫妇。……一个善良、真诚、美好的人比其他人更能体会到存在于外界中的真、善、美。同样,如果我们自己具有统一和谐的心理状态,那我们就能比较容易地觉察到外在世界的统一性……反过来,外界也要对感知者产生影响,世界愈和谐、美好、公正,它便愈能使人也变得如此。当我们在外界发现了最高价值时,我们就可能同时在自己的内心中产生或加强这种价值。试验证明,当人住在漂亮的房间里时,就显得比住在丑陋的房间里更富有生气、更活跃、更健康。总之,较好的人和处于较好环境的人更容易产生高峰体验"③。

马斯洛认为,这种同型现象,最不容易发生于意志和理性的有意识干扰时,人不能强迫、控制或支配高峰体验,意志力是无用的,奋力争取是无用的,因此在工程师、数学家、分析哲学家、书店老板、会计人员身上就很少见到这种高峰体验。他指出,要获得高峰体验"要做到松弛和善于感受,采取道家的态度,对万事万物听其自然,不加干涉"④。他还以游泳为例说明这种态度:患强迫症的人根本无法在水中"漂浮",因为他们不能放松自己,不能做到控制。要想自由漂浮,你就得相信水的浮力,你愈

---

① 参见 [美] 马斯洛:《关于高峰体验的几点体会》,转引自 [美] 马斯洛:《自我实现的人》,生活·读书·新知三联书店,1986 年版。
② 参见 [美] 马斯洛:《关于高峰体验的几点体会》,转引自 [美] 马斯洛:《自我实现的人》,生活·读书·新知三联书店,1986 年版。
③ 参见 [美] 马斯洛:《关于高峰体验的几点体会》,转引自 [美] 马斯洛:《自我实现的人》,生活·读书·新知三联书店,1986 年版。
④ 参见 [美] 马斯洛:《关于高峰体验的几点体会》,转引自 [美] 马斯洛:《自我实现的人生》,生活·读书·新知三联书店,1986 年版。

是挣扎，你就愈往下沉。这种情形跟大小便、入睡、肌肉松弛等现象的发生是一样的。当然，这"听其自然"和"信赖感"，应该是积极的，不是什么"灵魂的阴沉"或"绝望"，不是骄傲感的彻底粉碎。

　　人本主义心理学美学，反弗氏心理分析美学的悲观沉闷论调，把审美活动视为健康人的整个自我实现过程中不可分割的一部分，以及一种超越性的需要。在它看来，审美时的高峰体验虽然是短暂的一瞬间，但却是整个自我实现过程中必不可少的环节。这种活动不再被看作是对现实中得不到满足的东西的补偿，而是对"自我"的观照；"自我"不再是受动物性的本能欲望驱动的存在，而成了在不停止地追求和在创造中实现自己的一切潜力的存在；存在的最终状态不是像弗洛伊德所说的死亡和沉没，而是自我实现得到完成后的平衡与和谐。这种状态，不再是一种满足，不再是一种一般的快乐，而是个体超越生死，与宇宙同时获得的永恒；是一种极致，是一种稀有的幸福感。总体上看，人本心理美学是一种比较进步的和向上的美学，但对于人本主义心理学提出的"自我实现"这一概念，是不能笼统去理解的，"自我实现"虽然已成为人的生活中最高级、最永恒的内容，成为"自我"的重要组成部分，但又要对其作具体的、历史的分析，因为不同时代、不同社会，都有着不同的内容，同一个人在不同的时期也有不同的内容，这种种不同，不仅产生了不同历史风格的工业产品和艺术产品，而且也产生了不同的审美倾向。正如宗白华先生说的，在年幼的时候，他喜欢的是自然的调和完满和神秘，但是年长了，经验多了，同世界的接触多了，同这个实际世界的冲突久了，情况便发生了很大的变化，就更喜欢充满冲突、曲折的东西。其实成熟的人也同成熟的时代一样，其自我实现的内容也是成熟的，不成熟的人和不成熟的时代，往往一味追求快乐，但对于人的高级本性来说，单纯追求快乐则是异己的，而人对异己的东西具有一种天生排斥的倾向，正因为此，单纯快乐的艺术并不能使他快乐，无论是对成熟的时代、成熟的艺术和成熟的审美经验来说，越是悲剧，越是那种充满多种力量冲突的书法和绘画，就越是刺激，越是爱欣赏。人本主义心理学家宣扬的高峰体验中恰恰不就缺少这一点吗？

第 2 章

审美心理要素描述

在完成了对审美心理学的产生、现状和发展的历史过程的概述之后，我们有必要对本领域的一些重大问题提出自己的看法。我认为，研究审美经验的第一步，也是最重要的一步，是要搞清构成审美经验的基石。从今天的大量研究成果中可以看出，构成审美经验的最主要的基石就是人们常常论及的感知、情感、想象、理解等活动，这些活动均会得到一种独特的体验，它们经过复杂的相互作用——相互补充和印证、相互作用和斗争，最终构成一种奇妙的审美体验。

这些基本活动是怎样进行的，它们获得的经验是什么样子，这正是本章所要讲述的内容。

1
感知

感知包括简单的感觉和较复杂的知觉。我们首先来谈感觉。

人生活在世界上,首先要与周围世界发生感性的、自然的和直接的关系。人每天都在观看、倾听、品尝和触摸外物,而由这种种渠道得到的感觉,就构成了人进行理解、想象和情感活动的基础。由于人是在地球这个特殊的环境中经过长期的劳动和实践生成的,所以人的各种感官似乎生来就十分适应地球上的这种特定环境,地球上的宏观事物所呈现的许多(或一切)重要形式,人差不多都有相应的或专门的器官去对它产生反应。例如,人类既有对空间距离和声响十分敏锐的视觉和听觉器官,还有对化学物反应敏感的味觉和嗅觉器官;既有对事物的位置和机械运动反应敏感的动觉器官和前庭器官(动觉器官负责传递有关人体的关节、肌肉的运动和位置变化的信息,而前庭器官则与动觉器官密切合作,从内耳的半圆渠传递有关机体在空间中运动加速度的信息),还有对外部事物的质地和温度变化反应敏感的触觉器官,等等。这各种感官能使他得到有关周围环境和自身内部活动的种种信息,而这些信息又对他的生存和心理结构向更高级的水平发展提供了保证。随着人类社会、历史和文化的不断发展,人的各种感官也就日益变得敏锐、富有理性和富有创造性。以眼睛为例,动物的眼睛和人的眼睛、原始人类的眼睛和发达的人类的眼睛都是有区别的。在动物的眼睛中,各种事物和变化只不过是暗示它可以采取行动或应该逃避的信号;而人的眼睛却能在把握到事物的形式、结构和整体的同时见出其中蕴含的人生和社会含义。就人与人而论，生产力和科学文化非常低下的人的感官与生产力和科学文化高度发达的人的感官，反应能力也是大不一样的。虽然我们并不否认原始部族的人对动物形象的感知能力以及对周围环境中的运动性事物的反应能力超过今人，但从总体上看，这种感知内容还是相当低级的。事实上，人越是为生物性的需要所束缚，他的感官感受力就越是浅陋和局限。正如马克思所说："只是由于属人的本质的客观地展开的丰富性，主体的、属人的感性的丰富性，即感受音乐的耳朵、感受形式美的眼睛，简言之，那些能感受人的快乐和确证自己是属人的本质力量的感觉，才或者发展起来，或者产生出来。"①

那么，这种种初级的和简单的感觉与复杂的审美经验是一种什么样的关系呢？我们看到，当人对某些色彩、质地或单个的音符进行感受时，会不加思索地从中得到某种愉快的感受，这种愉快的感受不是来自各种色彩、质地、形状等组成的形式的感受，更不是来自这些形式表达的意味和思想，而是来自对这些个别的色彩、质地和音乐本身的感觉。大理石那光滑的平面，其本身就能给人造成一种愉快的感觉；大自然中存在种种色彩，其本身就能产生感染力；自然界中的某些声音，虽然没有任何曲调、和音和节奏，但听上去也很悦耳。这些愉快的感觉虽然是生理上的，但却是美感经验的基础和出发点。正如桑塔耶纳所说："假如希腊巴特隆神庙不是大理石的，皇冠不是金的，星星不发光，大海无声息，那还有什么美呢？"② 各种单纯的色彩或质地之所以会在各个不同的时期和文化背景中具有种种象征意义，表现出不同的情调，首先就在于它们能通过初级的感官给人在生理上造成一定的快感，没有这种初级的生理感受，更高级的情感和想象活动就失去了基础。玛克思·德索曾恰当地把这种生理感受称之为"审美反射"，认为这是一种近乎生理的反应。如呼吸急促或中断，面部潮红或苍白，神经性痉挛或眩晕等反应，在第一眼接触到美的事物时便产生了。"当倾听某种歌声时，我们还没有听清其歌词与旋律，便觉得已深受感动了。有些音色会使人立即兴奋或松弛，有时会使人狂怒，有时会像微风一样轻抚我们，它们作为通向作为生动性情感的美感的激发，只在几秒钟对我们起作用。"③ 许多联想主义者不愿承认初级的生理

---

① [德] 马克思：《1844年经济学哲学手稿》，人民出版社，1979年版，第79页。
② 参见 [西] 桑塔耶纳：《美感》，中国社会科学出版社，1983年版。
③ 参见 [德] 玛克思·德索：《美学与艺术理论》，中国社会科学出版社，1987年版。

感受的作用，在他们看来，红色之所以具有刺激性，那是因为它能使人联想到火焰、流血和革命；绿色之所以给人以宁静感，那是因为它能使人想到宁静的田园风光；而蓝色的严肃、淡漠和冷酷，则是因为它使人想起了水的凉爽及其结晶——冰的寒冷。对于联想的某些作用，我们是不否认的，但必须把生理感受与联想的顺序摆正，如果硬把某些生理上引起的感受归结为联想，就无异于说晕船是由于联想到轮船可能会触礁而引起的。就色彩而论，许多色彩给人造成的冷、热、静等感受似乎是由那些比联想更为直接的生理和心理活动引起的。心理学家们的试验证明，那些强光照射下的色彩、高饱和度的色彩以及磁波较长的色彩都能引起高度的兴奋和造成强烈的刺激。举例说，一种比较明亮的和比较纯粹的红色就比一种暗淡的和灰度较大的蓝色活跃得多。法国心理学家费雷在试验中发现，在彩色灯的照射下，肌肉的弹力会增加，血液循环会加快，其增加的程度以蓝色为最小，并依次按绿色、黄色、橘红色、红色的排列顺序逐渐增大。另一位心理学家古尔德斯坦在观察中也得出了同样的结论。古尔德斯坦在治疗神经病人时发现，那些因患大脑疾病而丧失了平衡感的病人，当让他们穿上红色的衣服时，就会变得头晕目眩，甚至有跌倒的危险。但是当给他们换上绿色的衣服时，这种症状很快就消失了。经过多次试验之后，古尔德斯坦得出结论说，凡是波长较长的色彩，都能引起扩张性的反应；凡是波长较短的色彩，都会引起收缩性的反应；"在不同的色彩的刺激下，整个机体或是向外界扩张，或是向中心部位收缩"[①]。古尔德斯坦的试验结论与大画家康定斯基在艺术实践中的观察结论是一致的。在对色彩的生理感受进行分析时，康定斯基说过，一个黄色的圆会显示出一种从中心向外部的扩张运动，这种运动看上去明显是向着观看者所在的位置进行的；而一个蓝色的圆则会造成一种向心运动，看上去像是躲在躯壳里的蜗牛，向着背离观看者的方向运动。这无数事实都证明，感觉要素在审美体验中是起着相当重要的作用，诗人们常用"冷""暖"等表示生理感受的字眼去形容某些色彩给人造成的感受，也是不无道理的。生理学家们认为，这很可能是由于某些特定波长的光线在大脑神经系统中产生的刺激，在

---

① ［美］古尔德斯坦：《关于色彩对机体机能影响的试验报告》，载美国《职业病治疗与恢复》1942年第21期，第147—151页。

强度和结构上与冷热温度产生的刺激有着同形同构的关系的缘故。此外，在许多证明美感的相对性的论文中，都曾以白色在不同文化环境中的不同表现性去掩盖人类对某些色彩的共同生理感受，这种看法也是片面的。当然，白色在西方文化中象征着纯洁，而在中国文化中用来作为丧服的颜色，这是一个不可否认的事实。但是，这两种不同的象征意义，却仍然是与白色给人造成的不同生理感受有着密切联系。白色光线从物理性质上说是有自己的两重性的：一方面，它是光谱上的所有色彩加到一起之后而形成的一种最完满的统一体；但从另一个方面来看，它又是因缺乏色彩和缺乏多样丰富性而造成的一种色彩。因此，它给人造成的生理上的感受就可能有两种。正因为有这样一个生理基础，它才既可以作为生活已经达到高度完满的象征，又可以作为尚未进入生活的纯洁和幼稚的儿童和女性的象征；既可以作为丰富性的象征，又可以作为虚无性的象征。一个民族或一个时代可以根据白色的这种心理感受而赋予它某种特定的象征意义，另一个民族或另一个历史时期的人又可以根据它的另一种心理感受赋予它另外一种象征意义，这都是不足为奇的。因为这些象征意义都不是毫无根据的"自由联想"，而是有着亿万年劳动和实践造成的生理感受作基础。虽然我们否认感觉中的无根据的自由联想，但并不否认感觉中已有了"情感"和"理解"的渗透和参与，这种参与是极其直接和迅速的，因而不可能是认识和意识的联想的作用，而是外部物理结构、生理感受结构、社会情感结构三者之间的直接契合。例如，人在感受到色彩的"冷"和"暖"时，这种冷和暖就有可能不自觉地与某些社会行为和情感模式发生同构——冰冷的事物和色彩使我们畏惧和远离，正如那些性格冷酷无情的人也有孤僻、使人望而生畏的特征；"暖"的事物和场面似乎是在邀请我们去接近它，正如那些热心的人和热烈的欢迎场面也总是强烈地把我们吸引过去。种种社会生活模式和情感内容由于与某些生理感觉在结构上相似，就不自觉地或无意识地进入我们的感觉之中，与它契合和渗透，使它具有特定的社会意义，从而与动物的感觉完全区别开来。

我们现在来谈知觉。

知觉与感觉不同的地方在于：感觉是对事物个别特征的反映，而知觉却是对于事物的各个不同的特征——形状、色彩、光线、空间、张力等要素组成的完整形象的整体性把握，甚至还包含着对这一完整形象所具有的种种含义和情感表现性的把握。

在心理学初创时期，学者们误认为，人所知觉到的整体是各感觉要素拼凑起来的或加在一起而形成的一种结构，就像房屋是由砖、水泥、木料、钢筋建成的结构一样。随着心理学的发展，人们越来越认识到，知觉活动远比这种简单的相加复杂得多，它并不是被动地将各种感觉要素加在一起，而是以一种主动的态度去解释它和理解它，即使是眼前的刺激物相同，具有不同期望的人也不会从中看到相同的物象。美国的心理学家曾经做过这样一个有趣的试验：当把 chack（字典里没有的字）这个字混在许多家禽的名字中间时，人们就会误把它读成 chick（小鸡）；但当把同一个字放在有关银行事业的语句中时，绝大多数人又会误把它读成 check（支票）。他们在试验中还发现：肚子饿的被试者多半会从一种模糊的形象中看到食物，可是肚子饱的人就不会发生这种情形。美国有名的艺术心理学家冈姆布里奇曾经提到过各个原始部族的人对夜空中的狮子星座的知觉的一些有趣的现象。冈姆布里奇发现，这同一个星座，不同部族的人却可以从中看到不同的形象，有的部族总是把它看成一只白羊，有的部族则把它看成是一头狮子，还有些部族把它看成是蝎子、公牛等，而南美的印第安人则把它看成是一只龙虾。冈姆布里奇举的这个例子证明，人的知觉与人心中的某些"图式"确实是有关系的，经常与狮子接触的部族决不会把它看成是一只他从未见过的蝎子，而经常与水中的龙虾接触的部族也不容易把它看成是一只旱地上的白羊。"期望"在知觉中发挥的重要作用，在对中国传统艺术的欣赏中更为明显。京剧舞台上时常出现的那根马鞭，假如把它放在房子的角落里，它只不过是一根普通的鞭子，但当它出现在正在表演的演员手中的时候，它便成了一匹战马。中国国画中画荷花叶子用的墨汁，放在别的场合，它只不过是一种普通的黑颜料罢了，但一当它出现在国画中时，就立刻变成为碧绿的了。再如剪纸艺术，同一张绿纸，用它剪一片树叶和剪一头毛驴时，看上去就成了不同的颜色，在树叶剪纸中，它看上去显然要比在毛驴剪纸中绿得多。凡此种种都证明，人的知觉绝不是像照相机那样，仅仅是一种被动的复制活动，而是一种积极主动的反映，过去的经验会在心中积淀成种种"图式"，而某些特定的"期望"（由环境和目的性行为造成的）又会决定究竟去选择哪些图式。这种"期望"和"图式"总是自觉或不自觉地支配着人的知觉活动，使人的知觉选择某种事物的一个方面或几个方面，而抑制和舍弃它的另外一些方面；使某些方面突出、鲜明、生动、活泼，而使另外一些方面模糊、沉寂或消失。

审美态度中的知觉活动既有同普通知觉活动相似的地方，又有与它不同的地方。同普通知觉活动相同的地方在于：它同样也是一种积极主动的活动，其中同样也包含着选择、解释作用和情感作用；同普通知觉活动不同之处在于：它的"期望"和加强这种期望的内在"图式"不是和实用的目的联系在一起，而是与他所认识到的特定时期、特定文化背景和特定阶级的情感生活模式联系在一起。如果对象的外在形式合乎他所认识到的那些情感生活模式，对象本身的感性形态——形体外貌、色彩线条等——就会获得充分的注意、观察、揭示和暴露。这种注意和观察不是一种认识和判断，而是内在情感模式与外在形式结构的契合，因为它并不满足于判断出这是一棵树，那是一座房子；这是一个人，那是一个动物。它不是按照人和非人、动物和植物、有机物和无机物、有用之物和无用之物去对各种事物归类，而是按照它们的形式中揭示的情感表现性去对它们进行归类，"枯藤、老树、昏鸦"虽则是三种完全不同的事物，但由于它们的情感表现性质相同，所以诗人就把它们排列在一起了，而雄鹰、麻雀、乌鸦虽则都是鸟类，但在情感表现性上却毫无共同之处，如果硬要把它们放在一起，就给人造成一种风马牛不相及的感觉。审美知觉不是知识的判断，不是科学的归类；而是透过事物的形式达到对它们的情感表现性的把握。一个富有经验的裁缝，虽然一眼便能看出一个顾客的腰围和肩宽；一个有经验的工程师，虽然一口就能喊出某种包装箱的重量；但这种知觉判断却并不是审美知觉。只有当人们看到一座挺拔险峻的山峰时，立即能够感到它的狰狞可怕或威严崇高；看到一条潺潺的小溪时，立即感到它的欢快和生机；看到黑云压城的景象时，感到威胁和压抑；看到滔滔东流的大河时，感到岁月的流逝和历史的无情——这些才是审美的知觉。审美知觉在表面上是迅速地和直觉地完成的，但在它的后面却隐藏着观察者的全部生活经验，包括他的信仰、偏见、记忆、爱好，从而不可避免地有着想象、情感和理解的参与。

现代心理学中揭示的"差异原理"证明，人的知觉能力的敏感性不仅与上述诸种因素有关，还与眼前的"图式"与心中熟悉的"图式"之间的差异程度有关。心理学家舒帕尔·卡格安在观察儿童的行为时发现，在那些十分熟悉的事物面前，儿童们总是表现得心灰意懒，毫无兴趣；而当把那些他完全不熟悉的事物放在面前时，他们便显得无动于衷；只有那些与他们熟悉的事物有所不同，但又可以看得出与它们有一定联系的事物，才能真正吸引他们。这就是说，只有那些不是与心中的图式完全雷同和完全无关的形式，即与内在图式具有一定差异性的图式，才能引起人的敏锐的知觉。"差异原理"不仅适用于普通知觉，同样也适用于审美知觉。电台上如果每天都在重复同一支曲子，就会使我们产生听而不闻之感；美术馆里展览出一种完全不为我们熟悉的绘画，则会使我们有视而不见之意；只有那些在我们熟悉的传统中经过大胆创新的艺术形式才会引起我们极大的兴趣和敏锐的知觉。

知觉是一种主动的探索性的活动，也是一种高度选择性的活动，它既涉及外在形式与内在心理结构的契合，也包含一定的理解和解释。知觉就像是一只无形的手，它总是在探索着和触摸着，哪儿有事物的存在，它就进入哪里；一旦发现了适合它的事物之后，它就捕捉它们、触摸它们，扫描它们的表面，寻找它们的边界，探究它们的质地，反省它们的意义。而审美知觉（即处于审美态度中的知觉）的最终目标就是创造和引向一个独立的审美世界，这就是丰富浩瀚的外部世界与曲折深邃的内部世界融为一体的世界。

2
想象

构成审美经验的第二个重要元素是想象。审美想象大体可以分两种，即知觉想象和创造性想象。前者是一般审美活动中的想象，这种想象不能完全脱离开眼前的事物。创造性想象则是艺术家创作过程中的想象，它是脱离开眼前的事物，在内在情感的驱动下对回忆起的种种形象进行彻底改造的想象。

首先谈审美中知觉想象。这种想象是面对着美丽的自然事物或富有感染力的艺术品而展开的。当人的全部心理功能都活跃起来去拥抱自然或感受艺术品时，当人们的心境、爱情、痛苦、欢乐与大自然完全合拍时，当人们无法把眼前那喧闹的小溪与昔日生活的某种情节和气氛区分开来时，人的想象活动便被激发起来了。有幸去过昆明石林和桂林芦笛岩的人都有可能亲身感受知觉中的想象经验，当我们以一种"现实"态度去观看眼前的那根石柱（如石林中那根被称为阿诗玛的石柱）时，它只不过是一根普通的石柱而已。但当我们放眼四望，看到那清澈的泉水，那通向竹林深处的小路，那神秘幽静的境界，又忽然想起那动人心弦的阿诗玛的传说时，我们的态度和心境就会马上改变，眼前的石柱也会随之突然变成了美丽的阿诗玛：那坚硬的石块变得柔和了，那转折突然而又生硬的轮廓线也变得圆润了，顶部的那块方正的石块似乎也变成了椭圆形。于是，一个神态生动、美丽自然的女性形象便从这块无生命的石柱中生发出来了。这个形象当然不是石柱原来的形象，而是我们的想象赋予它的形象，特殊的心境生发出一种特定的情感，特定的情感唤出符合这种情感的记忆形象，当这种形象与眼前的石柱交融为一体时，阿诗玛便在我们眼前出现了。在这种想象中，眼中出现的形象并没有完全脱离眼前的知觉对象，而且在某些方面还与眼前的知觉对象接近和类似，甚至在空间和气氛上还具有一定的联系（阿诗玛的故事就发生在这里）。这一点，我们在观赏芦笛岩时会体会得更深刻一些，当我们称那些奇形怪状的钟乳石为花果山、水帘洞、虎豹熊狮、云中仙子时，并不是随意的，而是由于这些钟乳石的形状与我们似曾见过的某些形象有着似又不似的地方，这种模糊的原始材料经过想象的改造加工之后，便成了发乎自然而又不同于自然的东西。外部自然只是一种死的物质，而想象却赋予它们以生命；自然好比是一块未经冶炼的矿石，而心灵却是一座熔炉。在内在情感燃起的炉火中，原有的矿石溶解了，其分子又重新组合，使它的成分和关系发生了变化，最后终于成为一种崭新的形象在眼前闪现出来。

另一种想象，即创造性想象，是在脱离开眼前的知觉对象的情况下进行的，创造性想象的基础是无数次的感知、大量的观察和丰富的经验，当然还要有一定的天才。创造性想象进行的前夕，是一种"万事俱备，只欠东风"的情势，各种可以燃烧的材料早已备好，只要有一点火星溅上，那丰富多彩的形象便会像火焰一样燃烧和喷射出来。诗人和作家看到了戏剧性的场面和事件，音乐家的耳旁响起了颤动的和富有节奏的曲调，画家的脑海里浮现出了五彩缤纷的画卷，雕塑家的眼前矗立起了富有人生表情和力感很强的雕像。在创造性想象中，眼前的刺激物只是起到一种触发作用，玛克斯·德索把这种触发作用称为"钟摆的第一次推动"，这种作为第一次推动的刺激物是艺术家在某个偶然的场合遭遇到的，它也许是一种在常人看来十分微不足道的东西。一堆乱七八糟堆积起来的椅子可以使一个画家获得一幅静物画的主题，二月的天空、乡间的小路或爆竹的噼里啪啦声能够触发作家写出一篇美丽的散文，那从远处传来的婉转悠扬的竹笛声则能够唤起一个诗人对若干年前发生的某些事件的回忆，这些回忆瞬息间又变成了他诗作中咏吟的对象。

丰富的记忆形象固然是创造性想象的基础，但却不是创造性想象的动力所在，因为创造性想象的动力并不是某种极力想把某些记忆图像恢复和复制出来的愿望，而是他所认识到和体验到的人类的种种情感。丰富的记忆形象能够使人充分地抓住和利用那些最微不足道的暗示线索和时机，然而如果没有情感作为中介和动力，想象活动便成了无源之水、无本之木。这种作为中介和动力的情感，并不是日常生活中那种只对个人有意义的即时性和偶然性的自然情感（苏珊·朗格认为，这是普遍性的情感形式，不是个体偶发性的具体情感，如大哭、大笑、摔摔打打等），而是经过了深刻体验、细腻了解和不断沉思之后认识到的人类情感。思想愈是深刻，洞察力愈是敏锐，这种情感就愈会远离偶然性和个别性。这种情感一旦在内心成熟，便会极力地去寻取某种方式呈现和表达出来。由于它是一种动力性的东西，有着一定的速度、强度、复杂度和方向性，有着起伏性、节奏性和忽隐忽现性，所以不可能用概念性的语言去表达出来，而只能凭借记忆能力挖掘出的栩栩如生的形象表现出来，然而记忆机制究竟要复现哪一种形象，却全部要由情感本身的结构模式来决定，它复现出来的形象既可以是平静的湖光山色，也可以是奔腾的大河；既可以是沙漠的孤烟，也可以是长河的落日；但却不会违背内在情感本身的模式和结构。在一般的情况下，如果内在的情感力量比较柔和、平静，记忆机制挖掘出来的表象必然是类似清风、白云、霞光、烟雾、垂柳、幽谷、月下、花前、曲涧、湖畔、黄鹂等事物的景象；倘若内在情感比较壮阔和雄奇，复现出来的表象则必定是类似长风、大漠、海洋、长河、苍松、古木、塞外、骏马、雄狮、猛虎等事物和景象。当然，想象活动最终产生的形象也并不一定是现实生活中具有的事物，大多数现实事物的形象都要在想象的熔炉中被熔解和重新塑造，它们或是被夸大，或是被缩小，或是比原来粗糙，或是比原来细腻。举例说，为了使外物形象符合自己的主观感受，诗人既可以写出"燕山雪花大如席"的夸大性诗句，又可以写出"乌蒙磅礴走泥丸"的缩小性诗句；既可以集几十年于一瞬间，又可以用两个钟头表现几十年（如电影中的蒙太奇）。有时候某些主观情感并不容易找到已有的形象去与它对应，这就会产生出某些用线条和色彩组成的抽象的形象。在这些抽象的形象中，线条和色彩的选择同样也不是随意的，例如，那转折突然和生硬的线条总是与某种愤怒的感情相对应，那曲折多变和柔和的线条总是同某种温存的情绪相对应，方向向上或向前的线条总是与某种积极、紧张、进步和活跃的情绪联系在一起，方向向后和向下的线条总是与某种消沉、低落的情绪联系在一起。总之，只要线条、色彩、质地、形状浓淡相宜，表里协调，即使是抽象的形状，也不会影响主观感情的表达，有些甚至会使这种表达变得更为顺手和自由一些。正如画家凡·高所说的："我总是希望在色彩上做出一种发现,以两种补色的结合,它们的混合和它们的对置,类似色调的神秘的振动来表现两个情人的爱,用在暗的背景上涂上具有明亮的光辉的色调来表现头脑的思想,用金星表现希望,用日落的光辉表现一个灵魂的希望。肯定的,其中并没有什么立体镜式的写实主义的东西,但是,难道它不是实际存在的吗?"[①]

想象在审美经验中占据着举足轻重的地位。如果说感知的作用是为进入审美世界打开了大门,那么想象就是为进入这个世界插上了翅膀。

---

① 《凡·高论画》,《世界美术》1979年第1期,第17页。

3
情感

在审美经验中涉及的情感大体上有两种：一是被误当作事物的情感性质的知觉情感；二是组成审美经验的诸要素（感知、想象、情感、理解）按一定的比例配合达到一种自由和谐的状态时达到的审美愉快，即审美情感。我们在这里讲的是知觉中的情感。

知觉情感是伴随着知觉活动直接产生的，而且总是被主体看作是知觉对象的一种客观性质，西方经验派美学家鲍桑葵和桑塔耶纳曾经把这种情感称之为知觉对象的第三性质。所谓"第三性质"，是针对洛克提出的"第二性质"而言。洛克说的第一性质是指知觉对象的大小、数目等不以环境的改变而改变的性质，这种性质被认为是对象的客观性质。第二性质是依存于人的感知而存在的性质，如色彩的红绿、声音的高低、味道的咸淡等。在客观事物本身，它们只不过是某种光波、声波和化学元素，如果没有主体的感知器官，也就无所谓红、绿、高、低、咸、淡等诸种特性。在鲍桑葵和桑塔耶纳等人看来，事物除了有第一性质和第二性质之外，还有第三种性质，即情感性质。我看到了红色的火焰或灰暗的天空，随之而感到的就是一种愉快的或阴沉的情绪，于是我就称这种火焰为愉快的火焰，称这种气候为阴郁沉闷的天气。这种愉快性和阴郁沉闷性，与火焰的红色和天空的灰暗是不相同的。经验联想主义者认为，这些性质完全是主体根据过去的经验进行的联想，因为动物、植物、物质（线条、色彩）本身并没有什么情感，这些情感完全是主体根据联想赋予它们的，那树木的呻吟、风的怒吼、树叶的沙沙耳语、流水的潺潺嘟哝、花儿的飘零、浮云的来去匆匆,都是人类才具有的动作和情感,假如没有人,它们只是"死"的物质而已。

这种被称为第三性质的知觉情感,在美学中也被称为表现性(即情感表现性)。至于究竟表现了谁的情感(是事物本身的,还是人的,抑或是二者的统一),却是众说纷纭,莫衷一是。在这些争执中,我们可以分出三种主要的主张:移情说(由联想主义者提出),客观性质说(结构主义、存在主义、现象学派),结构同形说(格式塔学派)。

首先,我们来谈移情说。移情说的主要代表人物是立普斯。立普斯对事物的情感性质做出移情解释,是针对早期的联想主义者不能解释为什么抽象艺术同样也具有情感性质这一点提出来的。按照联想说,事物的运动性和情感表现性是主体根据过去的经验推断和联想出来的。例如,即使画中的马没有运动,但只要看到它的四蹄已经离了地,就可以根据过去的经验,判定它正在飞奔;画在纸上的车轮虽然没有发生位移,但只要看到它的辐条已变成了模糊一片,就可以根据经验,联想到它正在快速前进;树叶无所谓呻吟,风也不可能发怒,但当我们通过它们的形态联想到过去见到过的呻吟的人和发怒的人时,它们也就有了人的情感性质。联想说所作的这种解释在说明有生命的事物或再现性的艺术品的情感性质时,还可以勉强搪塞过去,但当用它来说明书法、建筑和现代抽象艺术的表现性时,就显得牵强了。当我们见到建筑和书法中那栩栩如生的生命节奏和浓郁的人生感情时,我们究竟联想到了什么呢?我们没有推理,也来不及联想,而是一种迅速的和一触即合的作用过程。立普斯把这种不能用联想解释的过程称为"移情"。"移情"与"联想"的不同之处在于:联想是一种被动的感知,而移情却是一种积极主动的投射。所谓投射,就是在知觉中把我自己的人格和感情投射到(或转移到)对象当中,与对象融为一体。因此,事物的情感的表现性不仅不是事物自身的特性,也不可能是由联想和回忆引起的,它是自我本身的一种活动,或是自我面对着外物采取的一种态度。当我用这种态度去注视、观察、谛听和解释外物时,自我就冲破了自己的生理躯壳与外界的"非自我"(外观形象或空间意象)结合,在对象中充分而又没有混杂地体验到我自己的感情和向往。那么,当"自我"与眼前的道芮式石柱(古希腊神庙中用于支撑屋顶压力的石柱,外面刻有凹凸相间的纵直槽纹)

中呈现出来的那耸立飞腾的"空间意象"融为一体时,这种融合又是以什么为中介进行的呢?在立普斯看来,这个中介就是人的动觉经验。由于道芮式石柱的空间意象能够唤起主体自身处于石柱的位置时对压力反抗的动觉经验,这种动觉经验就会进一步引起人的相应的情感感受,而最终又会把主体自身的那种挺直身体、承受重压、不甘屈服和顽强反抗的情绪与气概转移到了石柱身上。正如立普斯自己说的,一当他将自己的力量和奋求投射到自然事物上面时,也就将这些力量和奋求在内心激起的情感一起投射到了自然之中。这就是说,他也就将他的骄傲、勇气、顽强、轻率、幽默感、自信心和心安理得等情绪一起移入自然中去了,只有这时候,向自然作的感情移入才变成了真正的审美移情作用。

立普斯的移情说在西方曾发生了巨大的影响,由于它抓住了人的知觉反应的主动性和积极性的特征,所以它对表现性所作的解释就比联想主义的解释更为令人信服。但是,移情说也并非是一种完善的解释,它的最大缺陷就是在强调主体的能动作用的同时,忘记了对外部事物结构的分析,也没有指出这种结构在主体的心灵中究竟起了些什么具体作用。在移情说中,外物只不过是一个导火索或者是一种本身毫无意义的信号,只要它一出现,主体心中的骄傲、忧郁、欢乐、悲哀就会投射在它上面,使它具有情感性质。这是一种十分片面的和主观唯心主义的解释。

与移情说针锋相对的是客观性质说。在客观派看来,一个眼色、一种姿态、一首旋律能够直接展示出疲倦、严肃、欢乐或悲哀的情绪。一条简单的线条被我们说成是温柔的或活泼的,一首乐曲或随风荡漾的湖水波纹被我们说成是悲哀的,这都是由它们自身的结构性质决定的,而不是由主体的联想或移情决定的。举例说,当许多懂音乐的人共同欣赏同一首音乐时,他们报告出来的这首音乐的情感性质都是一致的,但如果让他们说出自己在倾听这首音乐的个人情感感受时,他们的报告就大不一致了。持这种观点的洛那尔德·赫卜波恩认为,人们对情感所作的传统上的解释是错误的。按照传统上的解释,所谓情感,就是那些确定的和叫得出名字的内在情感,现代人一般都拒绝把这样一些东西称为情感,认为真正的情感就是对眼前的情势做出估价和判断之后产生出来的一种兴奋。例如,当我们说到"我对此感到愤慨"时,就意味着我已经对自己的待遇作了一番估价和比较,认为自己不应该受到如此坏的待遇。对自然事物和艺术品的情感性质的感受也是通过同样的途径得到的，如果我说这首音乐是悲哀的，这只能意味着我对这首曲子的结构性质的认识和把握，例如它的速度是缓慢的，它的声音是低沉的，它的方向是变换不定的等。如果一首曲子的结构不是这样，而是与此相反（速度快、声音尖、方向固定等），它就不再是悲哀的了。这种性质与主体听它时的主观情感无关，从而只能是事物的客观性质，一首音乐可以有悲哀和绝望等情感特征，但欣赏音乐的我决不是绝望的和悲哀的，决不能把我的情绪与音乐本身的情感性质等同起来……即使我感到的情绪与音乐本身的情感性质大致相同（例如都是悲哀的），它们在强度上也有差别，音乐本身的情感也许是强烈的，而自我本身的情绪波动却是微弱的；音乐本身的欢乐情绪也许是始终如一的，而自我本身的欢乐情绪却很可能是间歇的和时有时无的。

客观派对外物结构的强调无疑是正确的，但在这种貌似客观的理论中却有着一种致命的不足之处。我们看到，外部事物的情感表现性固然可以离开欣赏的人而独立存在，但它能够离开整个人类或某一时代、某一文化传统中的人的情感生活模式而存在吗？我们并不否认自然事物和艺术品本身有着一些独立于主体的即时情感的另外一些性质和结构，但如果这些性质和结构不和人的情感生活或内在心理结构达成契合，它就绝对不会向我们展示出人的情感特征，在这一点上，格式塔学派提出的结构同形说似乎更有些道理。

在格式塔学派看来，外部自然事物和艺术形式之所以具有人的情感性质，主要是外在世界的力（物理的）和内在世界的力（心理的）在形式结构上的"同形同构"或异质同构，这两种结构之间质料虽然不同，但由于它们本质上都是力的结构，所以会在大脑生理电力场中达到合拍、一致或融合，当这两种结构在大脑生理电力场中达到融合和契合时，外部事物（艺术形式）与人类情感之间的界限就模糊了，正是由于精神与物质之间的界限消失了，才使外部事物看上去有了人的情感性质。

格式塔艺术心理学代表人物阿恩海姆在解释外部世界和内部世界的力的本质时指出："一颗贝壳或是一片树叶的形状，是产生这些自然事物的那些内在力的外在表现，当一棵树的形状呈现在我们面前时，它就把生长这棵树的全部生长力的活动展现在我们眼前了。大海的波浪，星球的球形轮廓，人体的复杂轮廓线，这一切都反映了那些创造这些形状的力的活动。"①"在某种程度上，我们还可以把事物和人体看作是一种'活动'……它不仅向我们显示了那促使它们成长和促使它们的机能日渐成熟的力，而且向我们展示了那些干扰它们的成长活动的力。"② 阿恩海姆借助于某些格式塔心理学试验得出了这样一个假定：当这些力的结构呈现在眼前时，它们就通过视觉神经系统传到了大脑皮层区域，并在这个区域内形成一种力场，使这个力场的结构与外部事物的力的结构达到同形同构。阿恩海姆还通过另外一些试验证实，人的情感生活实际上是一种兴奋，是各神心理要素——意志、思想、想象——充分活动起来之后达到的一种兴奋状态，这种兴奋状态本质上也是一种力的结构，各种不同的情感生活都有各自不同的力的结构。当某一特定的外部事物在大脑电力场中造成的结构与伴随某种情感生活的力的结构达到同形时，这种外部事物看上去就具有了这种情感性质。

用结构同形说去解释事物的情感性质是比较合理的和科学的，它既没有像移情说那样，只看到主体的情感而不顾客体的结构性质，也不像客观说那样，脱离开人类和人类的心理结构去解释外物的情感表现，而是二者兼顾，以大脑电力场为中介，把内外两个世界沟通起来。"本来，自然有昼夜交替季节循环，人体有心脏节奏生老病死，心灵有喜怒哀乐七情六欲，难道它们之间（对象与情感之间、人与自然之间……）就没有某种相应对、相呼应的形式、结构、秩序、规律、活力、生命吗？……欢快愉悦的心情与宽厚柔和的兰叶，激愤强劲的情绪与直硬折角的树节；树木葱茏一片生意的春山与你欢快的情绪，木叶飘零的秋山与你萧瑟的心境；你站在一泻千丈的瀑布前的那种痛快感，你停在潺潺的小溪旁的闲适温情；你观赏暴风雨时获得的气势，你在柳条迎风时感到的轻盈；你在挑选春装时喜爱的活泼生意，你在布置会场时要求的严肃端庄……这里边不都有对象与情感相对应的形式感么？凡·高火似的热情不正是通过那炽热的色彩、笔触传达出来？八大山人的枯枝秃笔，使你感染的不也正是那满腔的悲痛激愤？你看那画面上纵横交错的色彩、线条，你听那或激荡或轻柔的音响、旋律。它们之所以使你愉快，使你得到审美享受，不正是由于它们恰好与你的情感结构一致？"③

---

① 参见〔美〕阿恩海姆：《艺术与视知觉》第10章，四川人民出版社，2019年版。
② 参见〔美〕阿恩海姆：《艺术与视知觉》第10章，四川人民出版社，2019年版。
③ 李泽厚：《审美与形式感》，《文艺报》1981年第6期，第42页。

内在心理结构与外部事物结构上的同形或契合，是人类积千百万年的社会历史实践活动之后获得的一种能力，它虽然是无意识的，而且有一定的生理基础，但如果没有思想和意志的参与，就不能达到美感上的契合，而只能是生物性的。据说，在播放愉快的华尔兹舞曲时，喜欢这种旋律的海豚似乎会变得愉快起来；在播放平稳的摇篮曲时，鲨鱼能进入某种似睡非睡的状态。动物的这种反应，能否也叫作美感呢？显然不能。因为动物的反应只能是一种纯生理上的反应，仅仅是外部事物的结构、秩序、节奏给它的神经官能造成的一种协调，正如按摩能使人的神经活动趋于平静和流畅一样。自然事物和人的内在心理结构之间的同形或契合，却不仅仅是"物理—生理"结构之间的同形，而且还有"生理—精神"之间的同形；而要使生理与精神达到契合，就必须有一条"电路"或某种中介将它们联结起来，这种"电路"或中介不是别的，它就是人的社会历史实践。社会历史实践给这种结构添上了人的社会理想和观念内容，只有在这种情况下，自然事物的某些结构形态才能放射出美的光芒。"即使是原始人群……染红穿戴、撒抹红粉，也已不是对鲜明夺目的红颜色的动物性的生理反应，而开始有其社会性的巫术礼义的符号意义在。也就是说，红色本身在想象中被赋予了人类（社会）所独有的符号象征的观念意义。从而，它（红色）诉之于当时原始人群的便已不只是感官愉快，而是其中参与了、储存了特定的观念意义了。在对象的一方，自然形式（红色色彩）里已经积淀了社会内容，在主体一方，官能感受（对红色的感觉愉快）中已经积淀了观念性的想象意义"[1]"可见，自然与人，对象与感情在自然素质和形式感上的应对呼应、同形同构，还是经过人类社会生活的历史实践这个至关重要的中间环节的。"[2] 社会历史实践是外在结构与内在心理结构之间的中介、桥梁或"电路"，没有这一中间环节，自然美就消失了；虽然自然界仍旧保持着自己全部的物质属性，却失去了审美的意义。总之，格式塔心理学家提出的结构同形说是极具有启示意义的，但只有用马克思主义的社会实践理论去改造它，才能真正解决审美经验中外部结构与情感的同形对应问题。

---

[1] 李泽厚：《审美与形式感》，《文艺报》1981年第6期，第43页。
[2] 李泽厚：《审美与形式感》，《文艺报》1981年第6期，第43页。

4
理解

审美经验中的理解因素包含着若干个不尽相同的层次。最基本的理解是对不同于"实用"状态的"虚幻"状态的理解。换言之,就是要把真实生活中的事件、情节和感情与审美态度中或艺术中的事件、情节和感情区别开来。如果虚实不分,把戏剧中的地主恶霸黄世仁看成真实的恶霸地主,甚至要开枪打死他,那就不是审美经验了。只有理解到这是一种"虚"的东西,用想象去取代现实,才能在经历着和分享着剧中人的哀乐的同时,得到审美上的快感。这一点无论是对于艺术创作,还是对于艺术表演和艺术欣赏,都是至为重要的。作家固然要体验生活,戏剧、电影演员固然要与角色同呼吸、共命运,诗人固然要如泣如诉、如痴如狂,但无论如何也不能使自己的感情与现实生活中的实用感情等同起来。如果一个作曲家在作一首悲歌时悲痛欲绝,如果一个悲剧演员在舞台上泣不成声,如果一个诗人或画家在创作时完全失去了理性的控制而成为疯子,如果一个欣赏者看到悲痛之处任意号啕,就不会有什么真正的审美体验或审美享受;假如审美经验果真成了这个样子,那还有谁愿意去创作、表演和欣赏艺术呢?也许有人会说,一腔热泪不是也能给人带来宽慰,一阵摔摔打打不是也可以将胸中的闷气发泄出来,使人感到轻松些吗?事实上,这种宽慰和轻松只不过是生物保存自己的一种本能,这种本能是被动防御性的,没有理解和认识的参与、渗透。而审美经验中的情感反应却是在理智的控制下进行的,因而是一种主动的和精神上的反应。没有对眼前的虚幻情势的理解,就不能在热情中保持冷静,在直观反应中保持体验和回味。一个在表演中总在流泪的演员，并不证明他已经充分理解了所要表现的人生感情；一个在看戏时破口大骂的观众，也不证明他的感受是一种深切的审美感受；只有在感受中含有理解，才能把感受导向审美的感受。

"虚"与"实"的区别，本质上说来是个别偶然性与一般普遍性的区别。"实"与个别偶然相连，"虚"与一般普遍相连，所谓区别"虚"与"实"，就是要在审美反应中用理解的因素把握个别偶然中的一般普遍。

理解的第二层含义，笼统讲来，是指对于审美对象的象征意义、题材、典故、技法、技巧程式等项目的理解。举例说，如果你在欣赏西方宗教艺术时不懂得百合花象征着马丽的童贞、羊羔象征着信徒、鹿在池边饮水象征着圣徒的欢乐等，你看到这些事物时就会具有某种莫名其妙之感；如果你在欣赏以"钟馗嫁妹""罗汉伏虎"等故事为题材的绘画时，不知道这些故事的情节和来历，你就会感到它们怪诞异常，不知所云；如果你读到"斑竹一枝千滴泪"的诗句时，不知道娥皇、女英哭舜帝的典故，你就会指责竹与眼泪是风马牛不相及。在观赏京剧时，那些懂得京剧的程式和技法的人，仅仅从几个人的打斗场面中，就能理解到这是千军万马的沙场；仅仅看到演员挥动马鞭绕场数周，就理解到他已经骑马奔驰了千里的路程；仅仅看到演员手中船桨的摆动和身体的起伏，就能理解到一叶小舟顺流而下、青山绿水相映成趣的诗情画意（当然还要配合对唱词的理解）；懂得京剧《三岔口》的表演技法的人，纵然舞台上灯光明亮，也可以从演员的神态、动作中理解到这是一个伸手不见五指的黑夜；懂得京剧《空城计》的人，虽然看到诸葛亮与司马懿近在咫尺，但也能理解到一个是在城内，一个是在城外。观看电影时，这第二层的理解就更为重要了。据说在电影艺术刚刚问世的时候，有的观众看到火车在银幕上从对面直开过来的镜头，竟吓得不知所措。在观看运用意识流手法拍摄的电影时，对于那些不熟悉这种手法的人，同样也是一种"灾难"，当他们看到那些目不暇接、零乱无序的镜头组接时，会感到摸不着头脑，弄不清哪是真实，哪是梦幻，哪些是现在，哪些是过去和未来。

这第二层理解对形成审美经验是重要的，尤其是在艺术与科学技术结合得更加紧密的现代，就更是如此了。

理解的第三层意思，也是最重要的意思，是对形式中融合的意味的直观性把握。

意味之于形式，正如盐溶解于水，虽已不露痕迹，但味道尚在。如何通过一唱三叹的审美体验去领会和把握那些或是悠长委婉，或是短暂急速，既富有生命的节奏、又富有深刻的人生哲理的形式意味呢？对于古人所称的这种"理外之理"的东西的理解，究竟又是怎样进行的呢？

首先，这种理解不同于对简单的信号的直接反应。按照西方著名符号主义者苏珊·朗格的符号理论，艺术形式决然不是一种信号。所谓信号，是指能够引起人的直接反应的标志。无论是天然的信号，还是人造的信号，都只能引起一种简单的期望性的反应。例如，人见到闪电时，会期望着雷声的到来；见到风圈时，会期望着风暴的到来；见到红色信号灯时，会期望着火车即将到来等。这种期望，虽然是一种心理作用，但却是一种连动物都能具有的简单的心理作用，用朗格的话来说，它只不过是"理智的开端"，因为从信号到期望某种事件发生，中间并没有思维，还没等心理活动发生任何扩张时（即还没等内在精神把来自感官的信息和更深层的思想、情感联系起来时），它已经完成了。因此，对信号的把握只是一种机械性的低级把握，对于一切艺术形式的直观性把握都不是仅停留在这样一个低级水平上的把握，因为对艺术形式的把握是一种理解，是一种渗透着情感、意志在内的高级心理活动。

其次，这种理解不同于纯逻辑推理性的符号的把握。艺术形式虽然不是简单的信号，但也不是概念性的符号。按照苏珊·朗格的分析，逻辑推理性的符号，唤起的是有关某一种事物的概念，而不是某个具体的事物。符号与具体对象之间的联系，并不是像信号那样，直接相对应，其中还有若干中间环节和步骤。它的逻辑关系中至少包含四项：主体—符号—概念—对象。也就是说，在符号与对象之间，还有一个概念作中介，符号只能引向概念，概念又有可能继续扩展到适合这个概念的对象。要说明这一点，只要举一个简单的例子就可以了。我们知道，人的名字可以说是一种符号，当有人喊出李逵的名字时，主体就会想到一个性情直爽粗鲁、满脸胡须、手拿板斧、好打抱不平的人物（概念或观念），假如这时恰好有一个与这种概念相似的人物或画像展现在主体的眼前，主体就会判定，这个人就是李逵（或李逵式的人物）。在这种逻辑关系中，符号只是一个外壳，它与表象是分离的，由概念想到的具体对象是概念的外延，它与符号更是分离的。正是由于这种分离，符号才能使主体在不涉及具体人和具体事的情况下，按照一定的时间顺序和逻辑关系进行思维，使思维仅仅在概念中游历。朗格认为，艺术形式虽然能够引起人的绵绵思绪，但这种思考却不是离开形式在概念中游历。因此，如果说它是一种符号的话，它也是一种不同于推理性符号的特殊符号。在这种特殊符号中，形式（符号）与形式表现的人类情感生活（概念）是一而二、二而一的东西，人类情感中有什么结构形态或特征，艺术形式中就必然也有这种结构形态和特征。形式与情感、符号和概念是密切契合的，使人分不清哪些是形式，哪些是情感。朗格认为，人类的情感生活是一种能动的结构。对于这种结构，我们不能用逻辑的推理去理解，只能在直接感受中把握，"我们只能直接感受到这些东西——这些似乎是具有生命性和运动性的东西，这些在运动中间杂着停顿和睡眠的东西，这些社会性的，或是自我满足或是孤独自处的东西……这样一些直接感知到的经验在一般情况下都不可能用那种固定的字眼表现出来……只有那些最激烈的感受才能用固定的字眼表达，例如'愤怒''憎恨''热爱''畏惧'，等等。然而在我们感受到的东西中，绝大部分却是不能如此清晰地区别出来的东西，它们的形态就像森林中的灯火那样，忽隐忽现、变化多端，有时它们交叉出现，有时又会聚成一定的形状，随之又可能趋于消失；有时会互相发生冲突，有时又会爆发为激情或突然变形……这些感受都不可能用推理性的语言表现出来，也很难形成什么固定的概念"①。这种概念既然是能动的，就不能用本身毫无任何结构特征和生命特征的静止的符号外壳去表现，"将主观现实描绘出来，让人观照，不仅大大超出了逻辑语言的能力范围，而且在逻辑语言这种结构中，也是完全不可能的"②。不能够用推理性的语言表现的东西，都可以用艺术形式（包括文学和诗中的非概念性的语言）去表现，"艺术，就是将'情感生活'投射成空间的、时间的或诗歌的结构，这些结构就是情感的形式，就是将情感系统地呈现出来供人认识的形象，艺术的本性就是将情感形象地展示出来以供我们理解"③。

朗格的这一套理论不就是司空图"不著一字，尽得风流"。"语不涉难，已不堪忧"中所说的意思吗？虽然不讲一个概念性的字，想要表现的情感却清晰地展示出来了！

---

① ［美］苏珊·朗格：《艺术问题》，中国社会科学出版社，1983年版，第21页。
② ［美］苏珊·朗格：《艺术问题》，中国社会科学出版社，1983年版，第21页。
③ ［美］苏珊·朗格：《艺术问题》，中国社会科学出版社，1983年版，第21页。

不一定大讲如何如何辛苦和忧愁，那种不堪忍受的忧愁就已经不知不觉地与自己发生了共鸣。这不就是我们在阅读类似温庭筠的《商山早行》中"鸡声茅店月，人迹板桥霜"等类诗句时的切身体验吗？在这种诗句中，我们见不到推理语言中的语法关系和主谓结构，它并没有有意地向人们诉说旅人如何辛苦和艰难，而是将这种感情不露痕迹地融化在这些诗句揭示出的空间和时间结构中：那清早的鸡鸣，那月色朦胧中的竹篱茅舍，那覆盖着白霜尚未有人踏行的木桥，既组成了一幅现实的时空图画，又组成了标示内在情感生活的运动形式的内在图画。诗如此，继承了这种优秀的古诗传统的电影蒙太奇手法更是如此。在电影《青春之歌》中，林道静和余永泽刚刚结过婚，紧接着出现的镜头就是坛坛罐罐。这里并没有用概念性的语言去诉说他们婚后的生活是美满还是不幸，是崇高还是庸俗，是有趣还是厌倦；仅仅是两个镜头的组接，便使人明白了一切。它没有说理，其中却包含着深刻的道理；没有言情，其中却寄寓着深刻的感情。因此，这不是推理性的理解，而是与感受结合在一起的理解。在电影《沙鸥》中，也有这样一个极富含义的镜头。沙鸥的未婚夫牺牲了，但没有像传统电影里那样出现显示苍松、激流的镜头，而是让沙鸥独自站立在圆明园遗址旁边，耳畔响起了她未婚夫生前的一句话，"该烧的都烧光了，只剩下这一堆石头了"。仅仅是一个简单的镜头和一句非抒情的简单句，其中却包含着多么丰富的含义和多少难言的悲痛，她究竟是在追悼，还是在回忆？究竟是在思考祖国苦难的过去，还是想到祖国的未来？究竟是心灰意冷，还是想重整旗鼓？什么都没有说，但好像什么都说了，观众没有得到明确的回答，但心中却什么都理解了。虽然似乎是"可喻不可喻、可言不可言"，但已在亲身的体验和情感的感染中明白了一切。情感是难以言说的，但可以通过电影或诗歌中的形象展示出来。电影中那些时而急速跳动，时而舒缓延伸，时而放大清晰，时而缩小模糊的镜头，既可以将真实的事物和事件呈现出来，又可以让它们伴随着主观情感的节奏而运动起来，而观众也就在这种松弛、紧张、低沉、高昂、沉静、活泼的节奏中无意识地理解了其中的道理。

以上对审美经验中的四种心理要素分别进行了分析，这种分析是初步的、简单的和粗浅的，离科学的准确性还相差很远。此外，在实际的审美活动中，这四种要素是互相渗透和互相融合的，而不是各自独立、互不联系和泾渭分明的。如果感知中没有理解，它最多不过是一种动物性的信号反应；如果想象中没有情感的参与，想象就失去了动力，而且根本也发动不起来；如果情感中没有理解，情感就失去了方向和规范，从而成为一种偶然性的自然情感发泄；如果理解中没有情感因素，思想就只能脱离开外在形式，抽象地在概念中游弋，使审美中的直观性和无意识的理解变成了有意识的逻辑推理。总之，审美中的感知因素是导向审美经验的出发点，理解为它指明了方向，情感是它的动力，想象为它添加了翅膀（或扩大了范围）。当这四种要素以一定的比例结合起来，并达到自由谐调的状态时，愉快的审美经验就产生了。审美经验表现为一种愉快的审美感情，这种经验永远是一种积极的和使人乐于接受的经验。这是因为，当审美主体把全部注意指向审美对象的结构时，内在的四种要素就进行积极地调整和组合，最后形成的结构就与外在的结构达成了契合，当契合或熔融发生的时候，外界的结构似乎也就变成了一种富有生命的东西，这种有生命的东西反过来又促进刚刚组成的内在结构的巩固和保持，使内在心灵在美的节奏中和谐地运动，从而造成一种愉快的经验。

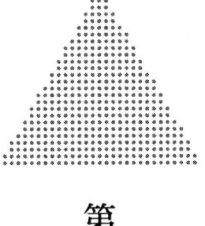

第 3 章

审美经验的过程描述

对审美经验之构成要素的分析，为我们深入认识这个结构的总体状态铺平了道路。但是，对要素的分析无论如何也代替不了对整体结构的描述，因为整体并不等于各部分相加之和。换言之，整个审美经验的构成，是各个心理要素之间发生了极其微妙和复杂作用的结果，最后形成的结构，不是一种像三层楼房叠加在一起的静态结构，而是一种动态结构。

各种心理要素是如何作用的？谁发生在前，谁发生在后；哪个是主干，哪个是支流？看来，不对它作一番细致的描述，是无法洞见其幽微的。但是，在目前条件下，我们的描述还达不到那么细致、准确和忠实。本章的描述仅仅是尝试性的，它只能以多个人的内省经验和某些简单的试验为依据，因而还远远算不上是科学的。但是要做好一件事情，总得开始去做，即使是失败的，也有参考的意义。

如何来描述这个动态结构呢？我们看到，既然它是动态的，就应该是一个在时间中的先后发展过程。这样，就应该首先分清哪些反应发生在前，哪些反应在后。除此之外，还应该顾及每一阶段上的心理效果。当所有阶段都描述到了，审美经验的总貌也就清楚了。

根据上述几节对各心理要素的分析和多数人的亲身经验，审美经验也同其他人类经验一样，大体要经历三个主要阶段，即初始阶段、高潮阶段、效果延续阶段。这三个阶段不仅有时间上的先后顺序，就是在逻辑上也互为因果关系。换言之，没有初始阶段所准备的先决条件，高潮阶段上获得的审美经验便不能发生，或根本不可能发生，而一旦内心产生过某种审美体验，整个心灵就必定会因此受到影响，甚至改造，从而发生种种明显的或微妙的变化，变得更加丰富和充实。

概括说来，审美经验的三个阶段是这样组成的：

(1) 初始阶段：亦称准备阶段，这时，整个心理机制进入一种特殊的审美注意状态，伴随这种注意状态，是情感上的某种期望。注意和期望共同构成一种特殊的审美态度。

(2) 高潮阶段：这一阶段分为两个主要环节：一是审美知觉以及由这种知觉活动造成的感性上的愉快；二是审美的特殊认识（情感、想象和理解等共同展开）以及由这种认识造成的精神上的愉快。

（3）效果延续阶段：包括审美判断以及由这种判断造成的更高的审美欲望（需要）、更高雅的审美趣味和更丰富的情感生活。

为了使这一总的过程更加清楚，我们特用下图①做出较详细的图示，然后再按照此表做出较详细的描述。

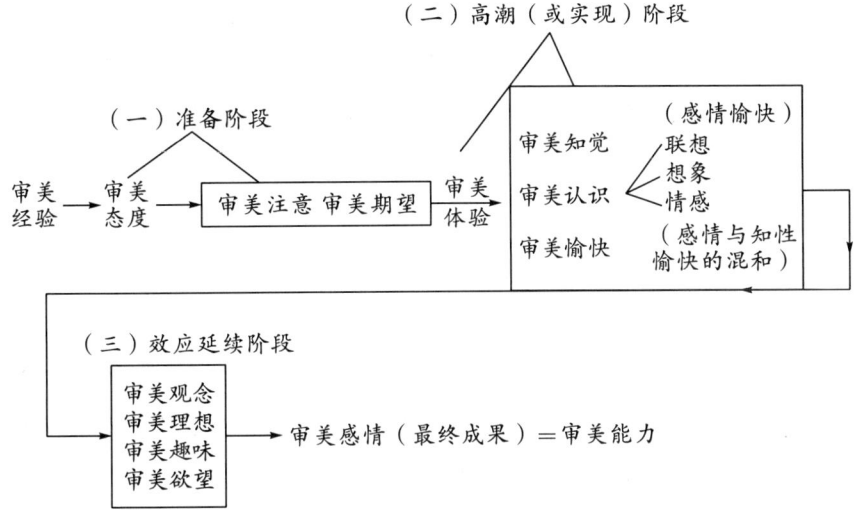

审美经验的三个阶段

---

① 本图是在李泽厚先生帮助下绘制的。

1
初始阶段：审美注意与审美期望

审美初始阶段，指即将进入审美状态的预备阶段。这一阶段最典型特征，是日常意识状态的中断。所谓日常意识，是一种受功利性的有限目的遥控的意识：我今天要去商店买一件大衣，买到大衣之前有一系列行动，其最后目的是买大衣。这一系列行动在意识中是有反应的，我时时想到最后目的，于是我从箱子里取钱、上车、再转车、进商店等。总之，它将中间经历的所有零星的片断都组织成一个有目的的系统。正如西方一个美学家所说，在这种日常意识中，我的思路就像乘上快车，直向目的地开去，并不在中间作任何停留，从开始到目的达到，中间这段时间的消耗，完全是一种手段，似乎没有什么价值。如何才能使这种日常意识中断，或是使它由"开快车"转向"徒步旅行"呢？（开快车不太注意一路上的风景，徒步旅行则几步一停）这似乎需要一种特殊事态的出现，如遇上山岩塌方，列车不得不停。而在审美中，使日常意识中断的却是一种特定的审美对象。如果在我们急匆匆上班的路上，突然眼前出现一所别致的院落；在那曲折别致的墙壁上方，一枝红杏伸展出来，花影映照在粉色的墙壁上，花香也随风一阵阵传过来；这时，我们会一下子停住脚步，意识突然间从一种目的性的链条中中断，注意力全部集中于眼前的景色。在美学史上，人们曾为这种日常意识突然中断的现象赋予许多不同的名称。西方美学家格特沙克称之为"留心"，J.贾莱特称之为"开放"，闵斯特堡称之为"留心加关注"，朗吉费尔德称之为"孤离"，日本的今道友信则认为这是"日常意识的垂直切断"。我认为，上述各种说法似乎都有不确切或不完美的地方。说它是一种"注意",并没有照顾到这一状态的审美方面的特殊性。因为所谓"注意"有时还指全部意识集中于脑海中出现的某种意象和关系,而不必有一种外部客观对象出现于眼前。很明显,这也是科学创造、逻辑思维活动中时常出现的现象。说它是一种"留心"或"留心加关注",也不恰切,"留心"也可以指一种强烈的功利性活动的准备状态,"关注"则是指人们渴望认识某种奇特事物时的心理习惯,是一种带有情绪色彩的东西。至于称它为"开放"(或"张开")就更为含糊,因为意识的这种状态并不完全是开放的,在它向某一对象或同一对象的某个方面"开放"时,往往又对其他一些对象或同一对象的其他方面关闭:我看到一座山,只注意它的险峻、苍翠、高大、挺立等特征和方面,并不关心它是不是一座火山;只关心它与晚霞和白云的相互映衬,而不关心它准确的垂直高度和具体的地理位置。称它为一种"孤离"或"脱离",似乎较为接近这种状态,但仍有含糊的地方。在闵斯特堡的解释中,"孤离"就是让某一种事物完完整整地呈现在我们面前,其他一切事物则置之度外。这种"孤离"显然包括两个方面:一方面是指从其他一切事物构成的背景中突出出来,这显然是其他任何一种注意状态都具有的;另一方面是指把眼前的客体同个人的一切分离开来,心中完全是一片纯白,它原原本本接纳事物,让事物自身将其完满的个性和意义呈现其间,而不对它施加任何"污染"。如果真是这样严格,这种努力能否成功是很值得怀疑的,因为这种注意一旦脱离了主体的个性,思想活动便即刻成为一种冷静的理性判断,而不会是一种热烈的、丰富的和令人愉快的体验。我觉得,今道友信所说的"日常意识的垂直切断"是比较有道理的。他把日常意识比喻成一种水平运动的行动系统,当某种美的对象出现时,这种水平运动便被"垂直"切断。"垂直",在这儿带有"断然""迅速""完全"切断的意思。一经切断,意识活动便转向另一个方位,这个方位被今道友信称之为美的方位。对这种说法,我们还应该做这样一点补充:有时候,在这种特殊的"注意"之前,意识不一定全是一种紧张的、目的性很强的状态,它也许是一种散漫、恍惚、无一定方向的状态。如果是这种状态,审美注意便不是一种"垂直切断",而是一种"唤醒""振作"或"集中"的状态。这时,或是使意识指向一个外部对象(审美欣赏一般如此),或是使意识进入某种创作欲望的"旋风圈"内(艺术创造),而且很快将卷入这个旋风的中心(灵感的爆发)。总而言之,对于"审美注意"较全面的描述，应包括两种不同的倾向：一种是在人生旅途上的暂时停留和休息（当然，他在审美对象面前的暂时停留，不同于一个实际旅行者半路上在旅店中的停留，那种停留是因为天色已晚，而迫不得已采取的权宜之计），它使精神得到安慰和平静；另一种是指精神和感情之火的点燃。在日常生活中，感情之火几乎处于熄灭状态，审美注意则像是使感情得到了新的燃料（由审美对象提供），产生出一种新的希冀和期望。这便是与审美注意相伴随的那种特定情绪，即期望情绪。这种情绪与那种即将获得某种物质享受或社会地位时的希冀性质不同，它带有非功利的性质，完全是一种精神上的渴求。在这方面，它与宗教体验之前的那种神秘的"向往"有些类似，因为二者都准备脱离开物理时空的限制，让精神在幻想的天地里遨游。但二者也有不同的地方：宗教体验之前的期望具有某种虚无性和心无寄托的消极性，是进入避难所之前的一种心理状态；而审美期望却是积极的、富有活力的，是一种精神上对美好世界的渴望状态。

审美注意是这个阶段上的活动或行为，审美期望是这种行为的情感效果，二者结合起来，就形成了审美活动所特有的一种态度——审美态度。

2

高潮阶段（一）：审美知觉与感性愉快

紧随着审美注意而来的，是审美知觉。在审美知觉中，首先是一种与普通知觉不同的完形感知活动。既然它已经完全摆脱了普通知觉中的功利性倾向，不再将眼前对象视为完成未来某一目标的有用的东西，就不再像普通知觉那样，匆忙闪过，一目十行；不是以过去储藏的内在经验模式与眼前的刺激式样"对号"，也不仅仅是漠然相视、无动于衷。由于首次发现某种新图式时的好奇心，由于对象从形式上造成的强有力的刺激，感官便全力集中于对眼前对象的知觉，并通过知觉本身的组织能力，发现它的"完形"，从而获得一种关于眼前对象在此时此地之整体形象的独特经验。当然，知觉完形并不仅仅指对象的形状、色彩、光影、运动、空间变换等，还包括上述因素中透出的某种具有特定方向和强度的紧张力，只有这一切因素合并起来，才构成一个知觉完形。同时，即使是一种单一的色彩或单一的声响，也可以通过发现其中动与静的交织、紧张与放松的周期交替，组织起一种知觉完形，只不过较简单罢了。

发现知觉完形时的最突出的经验特征是对象与人的身体之间的共鸣性（或同形性），因为大凡是被感受为美的完形，都具有身体也具有的特征，如运动性（生命在于运动）、节奏性（生命自身具有复杂的节奏）和有机统一性等。

审美知觉中发生的这一系列组织、同构和感应活动，将它同动物性知觉和人类日常知觉区别开来，这是人对于他的动物性和凡俗性的第一次超越。这种超越，使人的知觉撇开了外部世界中那些与生存直接有关的部分，转向那些与生存相距遥远的部分——如微风中摇摆的杨柳、花朵、蓝色的天空、月亮、地平线、艺术品等，对其中那美好的形式和深刻的人生意味进行初步的体验。

必须指出，在知觉阶段，注意力转移、超越和同构几乎是同时完成的，也是在独特的审美注意和期望的引导下无意识地完成的。同构发生于人的身体同知觉完形之间，同构中同时发生两种相逆的活动：其一是删除——身体按照自己的本性自然地删掉或忽视那些异己的因素；其二是共鸣——身体依照自己的天性，紧紧地与其中那些与之同类的因素拥抱。在这一阶段或时刻，大脑的动（想象、情感、理解等）被初步唤醒，但还没有来得及展开，只有身体诸感官的体验被强调。以色彩而言，身体并不关心它是红的还是蓝的，而是首先感受到它是暖的还是冷的；以空间而言，身体并不关心它是上下左右的走向或地理位置，而是在意它的广阔度和深度。这样的感受是直接的，就像一个刚出生的婴儿（无思维和认识能力）能直接对别人的微笑做出与之同形的微笑反应一样。在这儿，对象发出的刺激的强弱是很重要的，只有那些刺激性强的对象，才能向我的身体发出强制性的命令（或是"邀请"，或是"驱逐"），并迫使它做出反应或回答。当然，这种回答不是理性的回答，而是身体的一种同构性反应，因为在这一阶段上的外物并不是为了我的思维而存在，而是为了我的身体而存在，我自己的身体与它保持在同一水平，随其节奏而跳动，随其变化而运动。这也许就是康德多次提到的那种与"经验判断"相区别开来的"知觉判断"，一种尚未上升到意识之间相互交流的判断。

与这种知觉判断相伴随的情绪上的效应，是一种感性的愉快。感官的感受以及知觉对美的完形的组织，都会产生这种愉快。这种愉快还不是那种清醒的自我意识所造成的精神的愉快；而是由于外在对象的结构适应了知觉机制，使其和谐运转时的一种感性水平的愉快，许多简单的舞蹈动作产生的都是这类愉快。

3
高潮阶段（二）：审美认识与审美快乐

在知觉阶段，只是对知觉完形的本能组织和对物体表象的大体扫描，还不是整个过程的结束。一种完整的审美经验还必须进一步对知觉完形作进一步审视和欣赏，一旦"细细审视"活动开始，审美活动便进入了特殊的审美认识阶段。经过一段审视之后，我们往往称这一部分是美的或适宜的，称那一部分是不美的或不适宜。这种称某物或某部分美与不美的判断，必须以在多样性之中见出统一和对部分与部分之间关系的正确识别和辩认作为前提，因此，这是一种更加延长的过程。假如一次审视不能做出判断，就要做出重复扫描或回返观照等更加细致的活动。除此之外，还要在保持审美态度的前提下，尽量扩展自己的注意范围。因此，这是一种高度直感性的非推理性认识活动，亦即人们所说的审美认识活动。它所需要的那种非推理性的直觉能力（或对某种复杂关系或作用的同时性悟解能力），在大多数日常实际活动中都处于蛰伏状态（由功利性态度而造成）。只有在美的完形闪现时，它才有了施展自己的场地。如何描述这种独特审美认识的发生和发展过程呢？要做到这一点，是很不容易的，在目前阶段，我们只能在同普通认识过程的比较中，大体把握这种特殊认识活动的概貌。

一般说来，人在通过抽象概念去认识事物时，是通过下面两种方式进行的：一种是从个别的具体物体的意象中抽象出一般的概念，另一种方式是运用早已形成的普遍性概念于个别物体之中。前者是从个别到一般，因此是先于判断的；后者是从一般到个别，因而是判断的。以观看一只"虎"为例，当我们认出眼前的物体是一只虎时，就意味着虎的一般性概念先于眼前个别物质材料而存在着；而当我认出这是某一特殊的或个别的虎时，说明我已形成了一个个别的虎的概念，头脑中进行了判断活动。

很明显，这两种方式有一种共同的东西——都与概念联系着，或是产生普遍概念，或是由普遍概念推衍出个别的概念。

然而，审美认识却与这种普遍概念无关，换言之，上述两种方式的认识都不会在审美的特殊认识中发生。当我们欣赏某个物体的美时，我们并不知道什么是普遍的美，或者说，我头脑中并没有一个普遍性的美的概念。我的美的印象只能是由这一具体物体本身那些独特的性质——具体的多样性中的具体统一所造成的具体的美；同样，我这时也不会形成一种所谓的个别美的概念，因为作为一种概念，即使是这种美的个别概念，也只有当观看者从观照这一美的物体的审美愉快中恢复过来时，才有可能。

因此，审美认识事实上是一种非概念、非判断的活动。如何描述这种审美认识的非同一般性和大略过程呢？要描述这样一种玄而又玄的过程，委实是十分困难的，历代艺术家只告诉我们一些零星的片断，文艺批评家们则坚持认为这是不可言传的。但是，当我翻阅中国古代大哲学家庄子的言论时，却发现了下面一段论述。这不正是对我们上面所说的"审美认识"的一种极为精妙的描述吗？我们不妨把它摘引如下，然后再作一些分析：

北门成问于黄帝曰："帝张《咸池》之乐于洞庭之野，吾始闻之惧，复闻之怠，卒闻之而惑，荡荡默默，乃不自得。"帝曰："汝殆其然哉！吾奏之以人，徵之以天，行之以礼义，建之以大清。夫至乐者，先应之以人事，顺之以天理，行之以五德，应之以自然，然后调理四时，太和万物。四时迭起，万物循生，一盛一衰，文武伦经。一清一浊，阴阳调和，流光其声。蛰虫始作，吾惊之以雷霆。其卒无尾，其始无首。一死一生，一偾一起，所常无穷，而一不可待。汝故惧也。吾又奏之以阴阳之和，烛之以日月之明。其声能短能长，能柔能刚，变化齐一，不主故常。在谷满谷，在坑满坑，涂却守神，以物为量。其声挥绰，其名高明。是故神守其幽，日月星辰行其纪。吾止之于无穷，流之于无止。予欲虑之而不能知也，望之而不能见也，逐之而不能及也，傥然立于四虚之道，倚于槁梧而吟。目知穷乎所欲见，力屈乎所欲逐，吾既不及已夫。

形充空虚,乃至委蛇。汝委蛇,故怠。吾又奏之以无怠之声,调之以自然之命,故若混逐丛生,林乐而无形,布挥而不曳,幽昏而无声。动于无方,居于窈冥,或谓之死,或谓之生;或谓之实,或谓之荣;行流散徙,不主常声。世疑之,稽于圣人。圣也者,达于情而遂于命也。天机不张而五官皆备,此之谓天乐。无言而心说。故有焱氏为之颂曰:'听之不闻其声,视之不见其形,充满天地,包裹六极。'汝欲听之而无接焉,而故惑也。乐也者,始于惧,惧故祟;吾又次之以怠,怠故遁;卒之于惑,惑故愚;愚故道,道可载而与之俱也。"(《庄子·天运篇》)

对于这样一段话,一般人听起来真是恍惚离奇、玄之又玄。但是,如果我们从审美角度去理解,就会觉得这是对审美经验,尤其是审美认识的一种极为独特的论述。这篇议论明确把审美分为"惧""怠""惑"三个阶段或三种境界。"惧",是人在一种不可知的世界面前的典型表现。由无知而产生惧怕,由神秘而产生敬畏,这种现象处处可见,如初次认识一个人、初次跳水、进入一个陌生的国度等,都会产生恐惧心。这种情况同样适合审美。"惧"是某种独特的审美对象显现时心理上的一种瞬间变化。由于审美对象将我们的理性思维链条垂直切断,我们便突然来到了一个未知世界的大门,由于对这个世界的无知,当然会产生恐惧之情。更何况北门成耳听的是一种"天乐"(这种天乐不同于在庙堂之上听到的使人"心气平和"的韶乐之类),是一种当天地万物、阴阳四时、人伦自然交织在一起,体现了无穷之变的天乐。一个初次接触这种音乐的人,其心理状态是可想而知的。正如郭象注所说:"初闻无穷之变,不能待之以一,故惧然悚听也。"在继续听第二遍的时候,知觉似乎就能追随其声音的起伏变化,大体把握它的整体形式,但为什么又说这种体验为"怠"呢?成玄英疏说:"夫形充虚空,则与虚空而等量;委蛇任性,故顺万境而无心;所谓隳体黜聪,离形去智者也,只为委蛇任性,故悚惧之情怠息。""无心""去智"都是指理性在审美对象面前发生的变化。如果说,"惧"是指一种初步的感受,"怠"则是指使理性在审美对象面前"目瞪口呆"的状态。一旦知觉到其完形,身体便与物同化。与身体的快感同时作用的,是理性的探究,由于它还习惯于用概念去推理,便必然碰壁——在这多样性的构图面前,在这复杂的秩序和无穷的变换之中,理性思维让人觉得力不从心了。以往,它总是按照因果链条自由地在概念间串联，它的内在意图或内在运动方向是以一种积极主动的姿态去控制感情，极迅速地组织起感性意象（或完形），从中抽象出概念，然后又携带这些概念从感性水平回升，直至达到超感性水平的普遍概念，然后把它传送给被动理性（关于主动理性与被动理性的说法，是由亚里士多德和阿奎那提出的）。主动理性是指从个别幻象或意象中抽象出概念的理性；被动理性是指理性中专管保存和接受普遍性概念的那部分，它负责保存概念，并随时将概念派作两方面的用场——判断和推理。所谓判断，系由主动理性完成，它从被动理性的储存中借用一个普遍概念，携带着它转向一个具体表象，对它做出属于哪一类的判断。在审美认识中，主动理性的这种上蹿下跳的活动被制止了。它刚刚降落到完形形象上，便被牢牢地吸引在上面，再也无法回升到普遍概念的水平。这一结果一方面要归功于审美对象本身的迷人性（庄子认为只有天乐才有如此大的法力），另一方面归功于开始时的审美期望。在这两个因素的制约下，理性处于一种"怠"或"呆"的状态——它完全被对象之美所震慑，一点也不打算也不能够把这幻象转变成概念（"予欲虑之而不能知也"），这样，它就一步步进入"愚"的状态，由于智止虑息，一切听之任之，理性便不自觉地附着于对象的形态之上，与它鱼水交融、难舍难离。这时，理性完全超越了时空界限，追随音乐随意驰骋而不顾及理性在日常思维中放置的种种界限，它"动于无方，居于窈冥，或谓之死，或谓之生；或谓之实，或谓之荣；行流散徙，不主常声"。声音不再是声音，而与人生中生死荣辱等同；形状不再是具体物理物象，而与宇宙无极中的进退升降等量齐观，这难道不是"愚"或"惑"吗？[①] 然而对真正的音乐来说，要的就是这种境界，这是一种大智若愚的境界，也是人生最高的境界，所以庄子称之为"天乐"。

这种天乐，其实就是审美认识的独特快乐，很明显，这是一种从艺术中获取了力量之后的快乐（庄子认为，这是一种与宇宙之道合一的快乐）。[②] 在这里，不仅仅是感官的需要得到满足，而是从精神上得到解放，视野上得到扩大，心灵中获取了勇气和力量，这正是真正的审美感情之所在。

[①] 这种情况同样适合文学，特别是诗。关于这一点，已设专章论述（见本书第8章）。
[②] 见本书第9章。

4

直接效应阶段
——审美判断与审美欲望

由审美认识所产生的必然的或直接的心理效果,是一种审美判断。所谓判断,是对一种主观的合目的性的形式的发现,当我说"这件事物是美的",其中的"这件事物"是指欣赏的对象。这种"判断"紧接着审美经验的主干而产生,具有心理上的必然性和时间上的连续性,换言之,一旦审美主体从审美观照的"惑"或"愚"状态中恢复过来,就会不由自主地做出这种判断。很明显,这种判断是由理性做出的。理性一旦恢复,便会立即认识到,眼前的对象合不合乎"美"的标准,就是说,在这一判断中,运用了早先所取得的有关"美"的普遍性概念。

与这种审美判断直接相对应的直接情感效果,是一种审美的欲望。审美欲望与审美认识中产生的快乐既有联系或相似,又有区别。说它们之间有相似之处,是因为它们都是一种"爱"的感情。一般意义上的"爱",是对于善的认识所引起的一种情感或情绪上的反应。而"欲望"和"快乐"则分别是一般"爱"的两种不同表现方式,前者是对于某种不在眼前的或暂时得不到的善的爱,后者则是对于直接出现的或正被占有着的善的爱。

记住这种区别,我们就可以说,在观赏者直对着对象之美的那一时刻,作为快乐的审美之爱便在他心中出现了,这是一种特殊的爱,即表现为审美愉悦的特殊之爱,因为这种爱的对象——美本身——正呈现于眼前,被观赏者在精神上占有。

但是，一旦审美认识完成，或审美经验消失，这种爱便不再以审美快乐的形式存在（审美经验消失之时，也就是观赏者对于被欣赏的对象做出审美判断之时）。从这时起，美本身便不再被观赏者在精神上占有，因为审美观照已经结束，这时被保留下来的，是一种关于美的意象以及对于美的对象的认识，即认识到观看的对象是美的。这样一来，由于对象之美已不再直接呈现于观赏者眼前，所以它产生的不再是一种审美快乐，而是一种审美欲望——一种对于不在眼前的美的爱。这种欲望的强弱程度，与先前审美观照时的愉快程度成正比。而且，只要观赏者能记住这种对象的美和他自己在观赏这种美时的愉快，这种欲望便会一直保留，直到他再次经验到同样的经验。一般说来，这种欲望是促使人们追求美、创造美、为美奋斗不息的动力。

5

间接效应阶段
——审美趣味与鉴赏力的提高

除了直接的效果之外,审美经验还会产生一些间接的或较深远的效果,这种效果主要表现在两个方面:一个是认识美和鉴赏美的能力得到提高,二是情感生活的丰富。鉴赏美的能力,在一定意义上说,与后天的学习有关。如果一个人一生中审美经验多次或较频繁发生,他的直觉美、发现美或鉴赏美的能力便会大大提高。当然这种能力的获得并非易事。诚如狄德罗所说,鉴赏力的获得是十分难的,在一千个有敏感感受能力的人中,或许只有一个人获得鉴赏能力。它之所以如此难于获得,是由于鉴赏力并不属于某一特殊感官(第六感官,趣味)所有。它是充分调动感知、想象、情感、理解等各种心理能力对审美对象的完形及其意味的进行充分体验和认识的能力。它本身是社会实践的产物,是人在改造世界的活动中获得的内在财富。从柏拉图起人们就注意到了这种内在能力的作用。柏拉图曾说过,真正的美并不在物中,而是在心中,我们的眼睛可以看到物的美,但看不到理念的美,看到理念的美是一种特殊的能力。普罗丁进一步发挥了柏拉图的见解,提出除非灵魂自身是美的,否则便看不到美的见解。欧洲中世纪的布依修斯把这种思想延伸到音乐领域,提出我们之所以能欣赏声音的美的结构,那是因为我们自身以同样的方式构造着。

唯心主义者否认外物本身美的性质和结构,自然是十分错误的,但是他们对内在心理能力的研究是值得注意的。如果对其加以批判地改造,我们就可以说,鉴赏力或发现和构造美的心理结构是存在的，只不过它不是天生的，而是长期社会实践造成的。人类多次领悟那哀婉的诗句、充满光彩幻影的绘画、荡漾着激情的戏剧和体现着生命力活动规律的和声与旋律，其内在心理结构便能通过同形作用逐渐地被美化，鉴赏力也就随之提高。总之，鉴赏力并不是天生的，而是多次实践的结果。审美经验的第二个间接效果是它能通过使人的情感生活的丰富而把人的创造性心理调动起来，从而促进整个工业和文明的进步，这就是马尔库塞多次强调的审美之维的功用，他说："在艺术中所出现的那种远离变更实践的成分，应被视为未来解放实践中的必要成分——视为'美的科学'，'补偿和满足的科学'。艺术不能直接变革世界，但它可以为变更那些可能变革世界的男人和女人的内驱力做出贡献。"所谓内驱力就是从内心发出的那种意在改造世界和改造社会的力量，这是一种振奋的、向上的、积极追求的力量。由于在审美经验中，人总是与想象和想象的产品打交道，所以人在这个领域里与全新的形式和全新的性质的接触便十分频繁，对于新的东西的追求力就愈大；反过来，对于陈旧的和墨守成规的东西的反抗力和破坏力就愈大。经常参与到审美经验中就能使想象力得到训练。这种训练所导致的结果，不仅能发现美和创造美，而且会促进人们对科学性命题进行独立思考；在道德领域，则可以使人具有更迅速地理解他人心里所想的能力，增加人与人之间的相互同情和理解。

　　以上是我对审美经验中全部心理能力参与的次序以及它们总的结构状态的粗略分析。总之，审美心理结构是人类精神文明极重要的组成部分，艺术是这种心理结构的对应品。艺术培育审美心理结构，这个结构又反过来生产艺术。随着这种不断的交互作用，人类内在文明和外在文明便不断丰富。这种文明的心理和社会结构并非是一代人的劳动实践建立起来的，它是千百万人在世世代代的社会历史实践中浇灌出的美的花朵。它经常潜伏、保存和积淀在个体的无意识深层结构中。教育、训练、艺术和审美实践，能促使它发育和转化，由潜在的和可能的变为现实的，由内在的变为外在的，由简单的变为复杂的。人类的未来不仅是物质文明极其丰富的社会，也是内在文明高度发展的社会，而审美教育会在其中起着无可限量的作用。

第 4 章

纯粹形式及其意味

——格式塔的启示

在中国古典艺术理论中，曾就构成绘画的两种主要要素——形与神——之间的辩证关系，以及它们各自的重要作用和本质等，做过长期的争论和探讨。这种争论和探讨是有益的，而且还应该继续进行下去。然而究竟什么是形？什么是神？人们历来的解释似乎很不一致，就形来说，古人心目中的形不同于今人心目中的形。道家所说的形不同于佛家或儒家所说的形，画家心目中的形当然也不同于诗人心目中的形，甚至在同一流派的艺术家中，初学者心目中的形也大大不同于成熟者心目中的形。仅就绘画中的形而言，上述事实就更清楚不过。例如，古人谢赫所说的形，明确是指对人或物之相貌的转移摹写；至明代董其昌，形又有了不同含义，他曾就如何取得真正的形在《画禅室随笔》中告诫说，要"读万卷书，行万里路，胸中脱去尘浊，自然丘壑内营，成立鄄鄂，随手写出，皆为山水传神矣"。很明显，这里所说的形（即丘壑），不再是平常人眼中所见的形，而是艺术家经多次观察，除去偏见之后，在心目中闪耀出的形。这是一种心理的事实，不再是那个不甚完美的和变动不居的世界中个别事物的相貌，而是画家对多个个别事物仔细观察之后，把握到的一种永恒的式样。这种形有点类似西方新柏拉图主义者所说的那种理念，或者说，这里追求的是实质的形似。至元代和清代，形的含义又有不同，这种形相对于自然外物之相貌，是"似又不似"。例如，在画竹子时，从中能看出哪是竹子的枝和叶、哪是主干，总之能看出这是一丛竹，而不是芦苇或其他植物。但当我们将它与自然中的竹子相比时，又十分不似。从中可以看出，似乎画家的真意并不在竹子之形，而是追求用笔墨创造出一种抽象的关系，或是追求一种对生命之活力的具体展示。总之，这里的形，既不是与自然外物表面的形似，也不是实质的形似，而是一种抽象的但又具有生命活力的形。由上述例子可以看出，不同时代、不同区域和不同艺术领域，形的概念是不同的。但是要想深入讨论和解决艺术中关于形神关系等根本问题，不弄清形的实质、形的分类以及对形的感知中的诸种心理问题，是不可想象的。幸运的是，西方心理学家尤其是近代格式塔心理学，已经对"形"的问题作了较为系统的探讨，如何借鉴这一理论，将其批判地运用于本民族的艺术批评和审美教育中，乃是一个应引起注意的大问题，也是本章介绍格式塔的主要目的。

1
什么是格式塔①

格式塔心理学所研究的出发点就是"形",格式塔是德文字 Gestalt 的译音。英文往往译成 form(形式)或 shape(形状)。其实,在格式塔心理学中,它既不是指一般人所说的外物的形状,也不是一般艺术理论中笼统指的形式。前一种偏指一种空间结构,后一种偏指各部分的排列关系,它们都不符合格式塔的确切含义。为了将它与上述二者区别开来,中文一般把格式塔译为"完形"。这个词比较接近"格式塔"的原意,因为格式塔心理学在谈到"形"时,的确非常强调它的整体性。但这样称呼它,仍然会给人造成误解,因为"完形"这个字眼给人的印象似乎是指客体(或作为刺激物的客体)本身的性质,而格式塔心理学所说的"形",却是经由知觉活动组织成的经验中的整体。换言之,格式塔心理学认为,任何"形"都是知觉进行了积极组织或建构的结果或功能,而不是客体本身就有的。

为了进一步详细理解"格式塔"的原意,我们还是看一看这个词的创始者厄棱费尔的解释吧!按照厄棱费尔的意见,格式塔有两个最基本的特征。第一个特征是,凡是格式塔,虽说都是由各种要素或成分组成,但它绝不等于构成它的所有成分之和。一个格式塔是一个完全独立于这些成分的全新的整体。这里的新,是相对于原有的构

---

① 本章中对格式塔的解释,参见了鲁道夫·阿恩海姆《艺术与视知觉》和汉斯·克雷特勒的《艺术心理学》等著作。

成成分而言。换句话说，它是从原有的构成成分中"突现"出来的，因而它的特征和性质都是在原构成成分中找不到的。一个三角形，是从三条线的特定关系中"突现"出来的，它绝不是三条交叉线条之和。按照同样的道理，一个圆也不是相互邻近的无数个点的集合，一个曲调也不是某些乐音的连续相加，正如一个蛋糕的印象不是金黄色、甜、香、软、酥等诸感觉要素的相加一样。这样一种解释虽然简单，却使人们对形的认识发生了革命性的转折。按照这一基本性质，所谓形（在格式塔心理学中，任何形都是一个格式塔），是一种具有高度组织水平的知觉整体，它从背景中（或与其他物体）清晰地分离开来，而且自身有着完全独立于其构成成分的独特性质，更进一步说，虽然部分不能决定整体，但整体的性质却对部分的性质有着极重要的影响。例如，同一个正方形，在本身毫无变化的情况下，只要它所处的整体不同，它自身也就看上去大不一样了。当它作为一个更大的长方形的一部分，并位于一串倾斜排列的正方形组成的整体之中时，看上去便迥然相异。格式塔的第二个基本性质是其变调性。按照厄棱费尔的见解，一个格式塔，即使在它的各构成成分——如它们的大小、方向、位置等——均改变的情况下，格式塔仍然存在（或不变）。举例说，一个正方形，不管将它用线条画出还是用色彩画出，不管是用红色画出还是蓝色画出，不管它变大变小，不管是用木条构成还是用砖头筑成，它仍然是一个正方形。这正如一个曲调，用胡琴演奏与用钢琴演奏，用男高音唱与用女高音唱，仍然是这个曲调。从以上对格式塔的两种基本性质的描述中可以看出，所谓形，乃是经验中的一种组织、一种结构，而且与视知觉活动密不可分。它既然是一种组织，而且伴随知觉活动而产生，就不能把它理解为一种静态的、不变的印象，绝不是各部分机械相加之和，或者说先有各部分的感觉，然后把这些感觉加在一起，凑成一个印象。"形"是一种直接的、同时性组织活动的产物，伴随这种组织（观看时即有组织）必定会有紧张、松弛、和谐等感受，即使在不联想人世间内容时也是如此。当然，有时候，格式塔的含义比形还要宽泛，因为它还包括视觉意象之外的一切被视为整体的东西，甚至还包括构成一个整体的某成分（只要这个成分被单独视为一个整体）。从这个意义上说，不管是一幅画、一种意象，还是一个句子、一首曲调、一幕剧、一种动作，甚至一种颜色、一种触觉，都可被视为格式塔。

因为格式塔是一种组织或结构，所以不同的格式塔有不同的组织水平，而不同组织水平的格式塔往往又伴随着不同的感受。这种感受不是由它们联想到某种内容之后才得到的，而是大脑皮层对外界刺激进行了积极组织的结果。格式塔心理学家发现，有些格式塔给人的感受是极为愉悦的，这就是那些在特定条件下刺激物被组织得最好、最规则（对称、统一、和谐）和具有最大限度的简单明了的格式塔。对这种格式塔，他们发明了一个独特的字眼"pragnant"去称呼它，"pragnant"意即"简约合宜"，我们也可以将它翻译成"好的格式塔"。

然而，对于有些刺激物来说，是不太容易被知觉组织成"简约合宜"的格式塔的，因为任何时候，组织活动都不是任意的，纵然它有自身特有的倾向和规律，但又要受刺激物的制约。举例说，那些互相之间离得近的成分或是在某些方面有相似之处的成分，就很容易被组织到同一个单位之中，同样，那些将一个面围裹起来的线、具有简洁性和连续性的轮廓线、朝向同一方向因而看上去似乎有相同命运的线，也都倾向于被看成一个独立的整体，或是一个大的整体中的小整体。但是，在很多情况下，刺激物本身并不容许组织成一个简约合宜的或好的格式塔，这时，观看者身上会表现出一种改变刺激物的强烈趋势：一方面会放大、扩展那些适宜的特征；另一方面又会取消和无视那些阻止或妨碍其成为一个简洁规则的好的格式塔的特征。举例说，一个成85°或95°的角，其多于或少于直角的那5°就会被忽略不计，从而被看成一个直角；轮廓线上有中断或缺口的图形，往往自动地被补足或完结，成为一个完整连续的整体，稍有一点不对称的图形往往被视为对称的图形等。即使那些不能在知觉阶段被加以有效纠正的不规则性图形，也会被看成是一种标准形（如一个正方形、圆形或等边三角形）或变为这种简洁完美的标准形的变形。举例说，一个倾斜形状，不是被视为本来就是这个样子，而是从一个想象中十分对称整齐和直立的形状偏离而来；一段中间有一个缺口的线条，不是被看成本来就是两段前后相随的线条，而是同一条线条的暂时中断。总之，一切看上去不舒服的形体，不管是一个头重脚轻的木架，还是一座倾斜的塔，或是一种扭曲的墙壁，都会在知觉中产生一种改变它们并使之成为完美的结构的倾向。

这种极力将刺激物加以组织、改造或纠正的现象，最突出地表现在儿童绘画中。儿童画并不像一般人认为的那样，是照猫画虎、记录原物，而是对原物作了大幅度地改造之后的形象，因而看上去极为简约。举例说，眼前事物的形状明明是方的或三角形的（如一把锯子的锯齿），在儿童画中却变成圆的。画人物时，四肢与躯体不再是平常的倾斜关系，而是与之垂直；本来是开放的圆形，在画中也大都被画成关闭的；各部分大小不均亦不对称的形，被画成各部分大小相等且对称的图形，等等。这样一种现象并不能完全归结为儿童的智力和绘画能力不发展，而是归之于其知觉中占优势的简化倾向，即那种把外物形态改造为完美简洁的（或好的）图形的倾向。正是在这种倾向的支配下，儿童画大都是二维的（平板），而且大都是较规则的圆形和椭圆形，在两部分相交时，也都是方正垂直的，尽管比例方面较为欠缺。总之，儿童画似乎毫不顾及原物形象，只以简洁为准。

证实这种简化倾向的另一个证据，是格式塔心理学家所做的那些巧妙的实验，在这些实验中，客观呈现物的刺激力量尽量被减少，以便使知觉活动本身的特殊倾向占绝对优势。例如，使某种明亮度与背景区别不大的图形仅仅在被试者眼前呈现一瞬间，然后移开，再过一天、两天或一星期之后让他们根据回忆（这时原刺激物的印象大大减弱）在纸上画出这一图形的形象。这时，画出的形象与原形象相比，显然已被做出大幅度的改造：它们看上去比以前更简单、更对称，有间断和缺口的地方被补充，偏斜和不规则的地方也全都被纠正了。

格式塔心理学家认为，知觉中表现出的这种"简化"倾向，是一种以"需要"的形式存在的"组织"（或"建构"）倾向。这就是说，每当视域中出现的图形不太完美，甚至有缺陷的时候，这种将其"组织"的"需要"便大大增加；而当视域中出现的图形较对称、规则、完美时，这种"需要"便得到"满足"。这样，那种极力将不完美图形改变为完美图形的知觉活动，就被认为是在这种内在"需要"驱使下进行的，可以说，只要这种"需要"得不到满足，这种活动便会持续进行下去。

知觉中这种对简洁完美的格式塔的追求，还被某些格式塔心理学家称之为"完形压强"，这一物理学上的类比，生动地标示出人们在观看一个不规则、不完美的图形时所感受到的那种紧张，以及极力想改变它，使之成为完美图形的趋势。在格式塔心理学中，这种趋势被解释成机体的一种能动地自我调节的倾向，即机体总是最大限度地追求内在平衡的倾向。在格式塔心理学看来，不管视觉区域还是它们在大脑中的视觉投射区域，本质上都是"能"的区域，因而都符合"能"追求最终平衡的特性。每当外部刺激出现时，特别是那些具有非平衡结构模式的刺激物出现时，就会破坏内在平衡，因而引起了极力改造刺激物，使之与内部状态达到同一或同型的活动。这种活动遵循的是简化原则，即按照刺激物的相近、相似或连续等特性将其组织为简洁完美的结构的原则。这一原则有利于人们向外界搜集信息，因为它使这种搜集变得更加有效和省力，使机体在极短的时间内认识环境，从而为自己的生存活动确定了定向。作为一种获取定向的手段，对格式塔即形的知觉应该是愉快的，因为它解除了因混乱引起的定向丧失，从而使内在紧张得到消除。获取定向不仅仅包括确定自己活动的方向、目标，还包括对环境中种种有意义的形式——可以是简单的几何图形，也可以是高度复杂的式样，还可以是人们熟悉的物体的迅速识别和认识，从而使人生活的周围世界变得丰富多彩起来。

这一结论近年来得到了一批试图以信息理论重新规定格式塔原则的学者们的支持。按照这种研究，所谓完美简洁的格式塔，只不过是一种高度冗余的视觉式样，或者说，它们的不确定性和随机变化性（无规律性）极低。举例说，在一个完美简洁的格式塔中，我们仅仅知道它的某些部分，就能很快地预见其余部分是什么样子。而对那些不太好的完形就很难做到这一点。这就是说，通过这种依照完形律的组织活动，译解信息变得简单、轻松和经济省力了，可以用较小的力气获得较多的信息。

但是，"格式塔需要"在人生存活动中的作用并不全都是积极的，它还有不容忽视的消极性的一面。各种完美简洁的格式塔——不管它是一种知觉式样，还是一种意象，乃至抽象的观念和某种思维模式，固然会使人满足，使活动变得简单、快速、舒适、省力，但同时也会造成人对它们过多的依赖，造成一种忽视外部客观条件，仅以格式塔惯性力量行事的惯性力量。这时，那种一度是极力想改变眼前现状的革命性力量（压强），便转化为一种消极的束缚力，使人们的活动永远按照某种简单省力的圆圈机械地进行。在思想观念领域，这种对简单的格式塔的依赖，则是造成陈腐的社会偏见以及由此而带来的社会停步不前的重要原因。在这种情况下，只有天才人物的出现，才有可能破坏这种已有的圆圈，使这一领域重新开放，也只有这时，才会出现朝气蓬勃的革命性变革。

通过以上对"格式塔"之基本含义的解释和追述，可以看出，虽然格式塔心理学中的"格式塔"比人们一般提到的"形"含义要宽泛，但二者本质上是一致的。以格式塔理论看形，形便永远不是一种客观的传移摹写，因为当眼睛看到某种形时，知觉就已经对客观刺激物进行了较大幅度的改造活动。再者，形的生成，是视觉瞬间的组织或建构活动的产物，而不是先感知外部事物的个别成分，然后又由大脑将这些成分加以拼凑或相加而成。因为形本质上是从构成成分中突现出来的一种抽象关系。即使各种成分本身发生改变而关系保持不变，形也仍然保持不变。更为重要的是，由于形的生成与人的基本生存活动和从外界获取信息的活动有关，所以即使不用联系其联想的、再现的或符号的含义，本身也可以给人造成愉悦的或不愉悦的感受。简洁完美的形总给人一种舒服的感觉，与此同时又会造成一种对完形依赖的惰性。非简洁和非规则的形会造成一种紧张（或完形压强），虽然不太愉悦，但会引起进取、追求的内在紧张力。

2
格式塔的分类和艺术形式的发展

如上所言，由于对"形"的把握与知觉过程中对刺激物的"组织"活动有关，所以对形的把握必定伴随着种种复杂的感受，如紧张、松弛、舒服、憋闷、顺畅、愉悦等。这种情况对解释绘画体验和欣赏同样是有效的，因为绘画欣赏的第一步，就是把握画面中的形式。

格式塔心理学的许多实验表明，当一种简单规则的格式塔呈现于眼前时，人们会感到极为舒服和平静，因为这样的图形与知觉追求的简化是一致的，它们绝对不会使知觉活动受阻，也不会引起任何紧张和憋闷的感受。这一点在有些实验中表现得相当明显，如当要求被试者画出他自己认为最美和最愉快的线条时，他们画出的一般都是那种最简洁、最规则的线条，即流畅、连续或平直的线条。假如要求他们对这些线条做出某种改变时，这些改变都不是根本的或破坏性的，最多也是在原基础上的改良。例如，仅仅让这种线条多次重复出现或是形成一种有节奏的连续等。这样做，其根本的简洁规则性并没有变，换言之，纵然是做出了一定的改变，那也不过是同一种简洁规则性的另一种表现而已。相反，在要求被试者画出他认为最丑的线条时，他们画出的大都是毫无组织的乱糟糟的一团线。线条缺乏连续性，有的看上去似乎是曲线又似乎是拐角，有的交叉重叠，分割成好几个互不联系的空间。这样一种图形所呈现的性质，恰好与一个好的完形的简洁规则性相对立。

在另一种有趣的实验中，被试者要求对眼前给定的图形做出改变，但必须变为更完美愉悦或更好的形状。实验结果表明，凡是简单规则的图形，如等边三角形、圆形、长方形、正方形、正六边形等，很少被做出改变。这证明，这类图形激不起内在紧张，不具有"格式塔压强"，它们很快便满足了知觉的"格式塔需要"，让人感到舒服满意。与此同时，那些非对称的、倾斜的、不规则的和开放性的图形，却得到较大幅度的改变。那些基本上被称为简洁规则的，即好的几何图形，则常常被改变成被试者自己熟悉的物体的形状，被试者往往把这种简单规则的式样称之为"美"或"强固"的图，把那种不规则无秩序的图形称之为"丑"的或"弱"的图。但是，视一个图形"美"或"强固"（或稳定），并不等于被试者觉得它们有意味；而视一个图形"丑"或"弱"，也不等于他们觉得它们没有意味。许多事实证明，在大多数人眼里，那种极为简单和规则的图形是没有多大意思的，相反，那种稍微复杂点、稍微偏离一点和稍不对称的无组织性（排列上有点零乱）的图形，似乎有更大的刺激性和吸引力。这种图形一般能唤起更长时间和更强烈的视觉注意和更大的好奇心，这一点，不管对儿童还是对成年人，都是如此。其实，这种现象是不难解释的，在日常生活中，人们对自己熟悉的或常见的形状，不也是不作视觉停留，而对那些稍微不同或稍稍不熟悉的事物却十分注意吗？同理，那些稍微复杂一些和不规则些的图形，不仅能引起更大的注意，而且视觉对它们的组织也变得稍微困难和紧张起来（与知觉一个简单的或重复的式样相比）。但它的有趣恰恰就出在这里——先是唤起一种注意和紧张，继而是对其积极地组织，最后是组织活动得以完成，开初的紧张消失。这是一种有始有终、有高潮有起伏的经验，这样的经验当然不再是平直乏味的。这就是人们在日常生活和艺术欣赏中宁愿欣赏那些稍微不规则和稍稍复杂些的式样的原因。

关于这一点，有些格式塔心理学家还曾通过整个艺术发展的历史加以考察。大量资料证明，在艺术发展的初期，即原始艺术阶段，其构图都是由简单规则的格式塔组成。总的看来，原始艺术都是平面的或二维的，而不是立体的或三维的；多运用直线和规则的曲线（如圆的或螺旋形的），而很少见到倾斜的线和不规则的曲线；普遍都具有对称性、重复性和节奏性等特征。有时候，为了进一步突出这些形式的规则性和简化性，原始艺术家还采用各种强化手段，把图形的轮廓线或边缘加粗。原始艺术中出现的这些简单规则的格式塔，在规模上和普遍性方面（全世界各民族的原始艺术都是如此）都达到了令人吃惊的程度。那么原始人为什么会特别喜欢这些简单规则的式样呢？这是因为，在当时生产力不发达的情况下，在自然以及人使用的粗陋的工具产品中很少见到这种形式，因而它们不可能有很多机会给心灵留下印象。然而正是由于这种稀少，换言之，正是由于他们的日常生活缺乏秩序、缺乏对称和整洁，才使这种突出了秩序、整齐、对称、节奏的艺术充满魅力。这样一种魅力还因为呈现这种图形背景的粗糙和不规则性而更加突出。我们知道，原始艺术出现的地方，并不在现代建筑中布置和谐整齐的展览室，也不在光滑规则（如长方形的或正方形的）的画布上，而是出现在起伏不平、粗糙黑暗的洞壁上，出现在简陋的陶器表面，出现在极原始的器具上，如盘子、木梳、武器、船只的表面，它们既无取悦人的色彩，又无对称规则的结构。这样一来，在这种原始的规则几何图形与粗劣的背景之间，便形成了一种强烈的对比，从而使图形有了更加深奥的含义。具体说，在原始人心目中，原始艺术呈现出了规则对称简洁的图形，就等于在迷乱中创造了秩序，在混沌中创造了世界，在黑暗中创造了光明。正因为如此，原始艺术家才被原始人视为魔术家，并在他们朴素的意识中，代表先知。

但是，这种简单规则的格式塔的魅力并不是永恒的。随着生产力的发展和这类格式塔的广泛使用，人们对它们愈来愈熟悉和习惯，其魅力也就逐渐减弱了。其实，这种情况在原始艺术发展的后期就已经发生了。这时，虽然并没完全放弃这类格式塔的使用，但它们的复杂性却大大增加了。这就是说，虽然完形的简洁规则性仍然保留，但却不再是简单的了。他们往往把许多较简单的完形接合在一起，使之成为更复杂多样的结构。在这样一种结构面前，观赏者如不对其作更加仔细的审视，便无法对它的整体组织做出全面把握。这就是说，这样的结构在观赏者眼中不再是单调的和无味的，它的刺激性因复杂性的增加而大大加强。

伴随着构图的愈来愈复杂，还产生了另一种更加微妙的变化：它不再像以往那样松散地分布于物体或墙壁的表面，而是集中或局限于其中一个或少数几个区域。换言之，不是像以前那样，整个表面分离成无数个相互分离的区域，每个区域中仅有一两个简单的图形出现，在区域与区域之间以空白或极为简略的装饰线条隔开，而是在它的一两个中心区域画上复杂的构图，其余便是大片空白。这种将装饰性构图集中于或限定于某一区域的尝试，标志着绘画艺术开始向一个新的和更高级的水平发展，由形式和色彩组成的构图，开始在一个背景中呈现出来，一经有了背景的衬托，其审美效果便大大提高了。

通过视觉式样在空间和构图中逐渐集中，绘画逐渐发展成一个具有较为复杂的格式塔性质的整体。当然，构成这个整体的各个部分，即其中的各种形式和式样，本身也都是格式塔，只不过较为简单罢了。如果说在一个较简单的格式塔内，例如在一个正方形或一个圆中，其组成部分不太容易区分出来（或者说，即使区分出来，例如一个圆由点组成，那也无多大意义）；那么在一个较复杂的格式塔中，例如在一幅绘画中，其组成部分却是明晰可辨的。而人们从中感到的刺激性（或通过这样的"组织"变得有味道），正是来自于由这些成分构成的独立的关系，这些成分是整个复杂的格式塔中的小的格式塔，虽然它们对整体有很大的依赖性，但又是自我独立的。这是复杂的格式塔与简单的格式塔的显著区别之一。

那么，在一个复杂的格式塔中，例如在一幅绘画中，究竟在怎样的情况下，它的各组成单位才能成为整体的一部分，同时又具有独立性呢？换言之，怎样才能成为多样统一的整体而不是各部分的相加或集中呢？这由两个方面的条件所决定：一方面是绘画本身的结构性质，另一方面是观看者的知觉能力。绘画本身的组织结构既包括整体的结构，又包括其各构成部分的性质。心理学家的实验证明，如果一个整体式样，本身是由大量在形式和色彩方面各不相同的单位构成（或者说由非同质的单位构成），那么当这些单位大体以一个长方形排列起来时，就比它们以一个圆形或三角形排列起来时更容易被知觉为一个整体。这就是为什么大多数绘画都是长方形的，而不是圆形的或三角形的重要心理学原因。在另一种情况下，假如构成一个整体的单位在数目上比较少，而且它们之间的区别仅仅是形状方面的而不是色彩方面的（色彩相同、形状相异），那么将它们排列成圆形或三角形就比把它们排列成长方形更有利于被知觉成一个整体。当然，使一幅画成为多样统一的整体的条件永远比上述两个例子提供的情况复杂，它们既与各独立部分的形状、色彩、方向等因素有关，又与它们之间排列成的总体形状有关，所有这一切都会影响各部分结合之后形成的那种微妙关系。

艺术史和发生学方面的大量资料还证明，当人们的绘画能力（或把握完形的能力）

开始从初始阶段向比较高级复杂的阶段发展，但还不太成熟时，其构图往往是散乱的，各部分独立性较强，但不能有机地融合为一个整体；绘画愈成熟，各部分之间的联系就愈紧密，最成熟的画，乃是那些看上去"增之一分太长，减之一分太短"，或其中任何成分的改变都会引起整体全面改变的绘画。正因为如此，同样命名为《最后的晚餐》的不同时期和不同作者的画，就有不同的组织水平。在卡斯塔格诺的画中，耶稣的十二个门徒是各自独立的，似乎每一个都处在一个孤岛上；而在达·芬奇的画中，十二个门徒便分成三组，这三组各自独立，但又通过某些姿势被巧妙地联系起来，其有机统一性显然大大提高了。在阿恩海姆曾详细分析过的乔托的《哀悼基督》中，虽然人物众多（有哀悼者和天使），但都被融会成一个整体。围绕着倒下的耶稣，十几个哀悼者构成一条表现性的曲线，他们各自的姿势虽然不同，但看上却是同一种基本感情的不同表现，或者说是同一种感情从压抑到迸发的整个过程。这就是说，在成熟的绘画中，部分与部分之间的联系是一种内在的联系，而不是部分与部分之间表面的接合，正是由于这种内在的联系或融合，才使这些成熟的绘画看上去丰富多样而又简洁明快。

以上对"形"的历史发展过程的追述表明，与艺术密切相关的"形"大体有三种典型：一是简单规则的格式塔，二是复杂而不统一的格式塔，三是复杂而又统一的格式塔。最成熟的格式塔，即人们常说的多样统一的"形"，是艺术能力成熟的表现，无论用于再现自然和用于表现内在情感生活，它都是胜任的，因为它是生命力和人类内在情感生活的高度概括，而且是它们最真实和最本质的反映。就感情刺激力来说，它们也大大超过了简单规则的格式塔，因为它蕴含着紧张、变化、节奏和平衡，蕴含着从不完美到完美、从非平衡到平衡的过程，伴随着上述运动规律，人的内在感受也就从紧张到松弛、从追求到和谐，这显然是一种更加复杂多样的感受，因而看上去很是够味。

3
"空白""不完全"与艺术形式

在艺术发展的更高级阶段上,"形"还经历着另一种微妙的变化,即不完全的"形"的出现。在中国绘画中,则表现为部分与部分之间大块大块一无所有的空白。从技术原因看,这是为了突破某些艺术媒介的限制,取得以少胜多、以一当十的效果。中国传统的山水画,就是因为有了空白,才为那些有限的形装填了宇宙般的广阔无垠性,从而大大提高了作品的审美效果。

在格式塔心理学中,对这种"不完全"造成的审美心理效果有着独特的解释。

按照格式塔心理学,当不完全的形〔例如一个未画出顶角的三角形(△)、一个缺一边的正方形或是有一大段缺口的圆〕呈现于眼前时,会引起视觉中一种强烈追求完整、追求对称、和谐和简洁的倾向,换言之,会激起一股将它补充或恢复到应有的完整状态的冲动力,从而使知觉的兴奋程度大大提高。但是,将它们恢复到完整形态的活动是相当复杂的,它起码要涉及一种匹配活动——想象中的这一图形的完整形式同现存的残缺不全的部分所暗示的可能图形之间的匹配。我们还是以一个缺少顶角的三角形为例,它既可以在知觉中被恢复为一个梯形(△→△),又可以被恢复为一个三角形(△→△)。一般说来,将其恢复到一个三角形似乎最简单、最直接,因而可以使知觉的"完形需要"立即得到满足。但是,对于那些知觉能力更发达的人来说,他们可能将它恢复成更复杂的图形,例如,可以将其底线一分为二,恢复成△的式样,还可以在原来图形之上加一个与之成上下对称的同样图形,从而使之变成一个⋈形。这样的图形虽然复杂些，但仍然简洁规则，不仅有了多样统一性，而且有了重复、对称、平衡的特征，与之伴随的感受也与三角形不同，一个三角形只能激起一种单调的感受，而后面两种图形却更富于刺激力，因为有了起伏和变化。

在真正的艺术创造中，如何通过不完全的形造成更大的形式意味或刺激力，是艺术家创造能力发展的一个重要表现。真正有感染力的不完全形，不是看上去模棱两可，而是通过省略某些部分，将另外一些关键的部分突出出来，进一步使这些突出部分蕴含着一种向某种完形"运动"的"压强"或"张力"。例如，当某些高明的漫画家运用这一手法达到得心应手的程度时，仅仅几笔勾画，就可以画出活灵活现的形象，这种形象比之那些细节均具备的相片，看上去要更为生动逼真。

当然，省略造成的不完全，或是通过扭曲造成从规则形式的偏离，看上去总是或多或少地要模糊一些，但如果模糊程度适宜得当，反而会在那些有特定欣赏能力的人身上激起一股"探寻究竟"的潜在创造力量，对这种形，人们常常说它们富有刺激。举例说，有些形，虽然是完整的，但看上去仍然是不确定的、不规则的，当然也就不能被观看者毫不动心地立即划分到某某类型的规则几何形态中。这种模糊的形态会同时暗示出多种解决方向，但没有一个是确定的。例如，一个大体看上去是圆形的形式，假如它的曲线不规则、不流畅，看上去就会在多种完形中徘徊，时而成为一个椭圆，时而成为一个两边有点向外膨胀的长方形。还有的图形，是作者有意让其成为几种十分不同的，甚至是对立的图形的统一体。例如，在西方超现实主义画家夏加尔的画《我和我的村庄》中，画中心是一个大的圆圈，看上去像是一个肥皂泡，大圆圈又被切割成几个以圆心为顶角的三角形，一直扩展到圈外无限远的地方。三角形内展示出各种较写实的景象（如上工的农夫、挤牛奶的女郎、马头、儿童的脸、果树等）。这样的构图，从形上看，它处于几种可能性（或几种形）的交叉路口，因为它是几种规则的格式塔的结合体；从含义上看，它揭示出现实与超现实之间的转换和融合。很显然，它的内容与形式是相互对应的。但仅仅观看其形，就已经给人造成一种新鲜、奇妙、振奋的感受。这种感受有点像极力猜出一个谜语时的情况：注意力高度集中，潜力得到充分发挥，整个身心全力投入。这是伴随任何一种创造性知觉活动或创造性思维活动的特有的紧张，这种适度的紧张以及解决问题后的松弛，是产生审美愉快的重要源泉。

通过扭曲变形、上下颠倒或从空间的"水平—垂直"方向的倾斜，同样会造成另一种审美愉快的特有紧张。举例说，一个三角形如果其顶点向下，就没有其顶点向上时看上去稳定；一种稍稍从垂直方向倾斜的线条，看上去似乎正在从垂直线分离或正在向其靠拢；许多一向很熟悉的形，假如从另一个特殊的角度看，其相貌就会严重改变，甚至变得认不出来。所有这样一些感受，都证明了格式塔心理学的一个基本假设——每一个形都是紧张力的呈现，并且存在于某种特定的力场之中。许多实验证明，在大多数人的知觉中，这种力的变幻是能够被感觉到的，正是在这个意义上，人们才常常说，某种形是"稳定的"，某种形处于"危险的平衡"中，等等。这证明，一个形在空间中的定向和位置，并非无关大局，它们是一个格式塔的不可分割的性质，它们的"不规则"——不管是看上去偏离了正常位置，还是与绘画的主轴线不符合，都会使它具备某种紧张力，因而唤起纠正它的愿望。如果这种偏离很小，其紧张力可以忽略不计，但是当它偏离的程度已经大到不能忽视的程度，同时又可以暗示出它应有的正确位置时，这种紧张力便最大，其刺激力当然也就最大。

按照格式塔心理学，上面提及的各种不完全或不规则的形，本质上都是一些"紧张力的式样"，这种紧张来自一个想象中的或暗示的"好的格式塔"相对于一个真实呈现于眼前但又并非"好的格式塔"之间的对比和变化。或者说，来自于这种变化激起的大脑力场的相应的对比和变化。但是，一种式样究竟能否产生出紧张（或是否富有刺激性），除了看其本身的形态外，还要看它所处的背景或前后联系。一个圆，常态下总是被看作一个最简单规则的格式塔。与圆相比，人的脸部的形状当然是相当不规则的，它无论如何也不像一个圆那样简单、对称、规则和平衡。然而当这个比较不规则和不简化的格式塔与人体其他部分组合在一起时，便变成看上去最舒服、最规则、最好的格式塔。相反，在画一个人时，如果我们在一个呈现美的比例的人体顶端画上一个规则的圆形（而不是一张不大规则的脸），这个在其他背景中最好的形，就变成了最坏的形。在另外一些情况下，例如在立体派的绘画中，不管是规则的圆还是不规则的圆，也都会成为坏的形，正如在常态下属于好的形的正方形和长方形，在写实派的人物造型中也会变成坏的形一样。

4
重复、节奏、对称、平衡

在第一节中我们讨论过格式塔的变调性,即:一个格式塔,尽管其各部分的性质发生改变,但这一格式塔仍然存在,换言之,仍然能识别出它是这个格式塔。这样一种性质,其实已经在艺术创造中得到广泛应用,正是这种应用,才使格式塔的潜力得到最大发挥。

在艺术中,假如让某一主要形式(或是某种主题),发生一系列的变化,但在它变化的每一阶段上都能被识别出原来的或基本的格式塔,这种特殊的变换方式就被称为某一主题的发展或展开。由于其中每一阶段上的形都是最初的或最基本的形的变态,或者说,都保留着一种始终不变的基本形(格式塔),所以虽则有一连串变化,但它们之间还保持着紧密的联系。换言之,它们都是从同一母体中产生的,都属于同一血源,因而有着家族的类似性格上的统一与和谐。作为母体的格式塔,一般是一种好的形,即简单而又规则的形。如果以绘画为例,它就是一种规则的几何图形(或者,它仅仅是一条具有方向的规则的线,或是一个呈某种色彩的点等)。如上所言,凡是简单规则的形,即好的形都会引起一种矛盾的反应——既想保留它,又想改变它。想保留它,是因为它看上去舒服、自在、合理;想改变它,是因为它单调、一律、规则、无多大刺激性。但发展到最后,总是想改变它的趋势占上风。因此,由之产生的一系列变化或变形,实质上乃是上述两方面对立统一的结果。当然,从基本母形产生的任何一种偏离形成的变形,与母形相比都是一种较坏的形。或是不如原来规则,或是在原来基础上作了倾斜和扭曲，至少也有了位置的变动。如上所言，上述任何改变，都会唤起一种紧张或造成一种强刺激。这种由变动引起的刺激不是一次，而是多次；不是孤立的和不可理解的，而是连续的或有一定继承性的。因此，从总体上看，它是极为紧凑连贯的。当然，这种紧凑连贯性之所以能够保持，最根本的原因在于母体的简化规则性，如果它不是一个"好的格式塔"，就会因为变态或变形而变得面目全非，从而使一系列变态成为各自独立的单位，互相之间毫无联系。

在艺术中，母体作的最简单的变化方式是重复。所谓重复，就是换一个位置再来一次，换言之，最初的母体仅仅有空间位置的变化，其他则保持不变。在重复的形中识别母体是不困难的，因为它与母体间几乎相同，所以通过比较而产生的经验上的变化就很少，由于刺激力不大，追求有机统一的趋向相应也很小。因此，重复大都用在装饰艺术中，而很少用在艺术里。"在一件艺术品中，同样的一个式样是不能出现两次的，装饰艺术则不受这种限制，在一个任意大小的表面上，可以让一些具有相同特征的装饰式样重复出现。"①

在真正的艺术中，从母体出发所做的一系列变化，不仅仅是母体空间位置的变化，而是它的某种或某几种要素和性质的大幅度变化（或是大小、形式、方向、色彩、位置同时发生变化，或是其中一种要素如形式发生较大变化）。例如，如果母体是一个简单而又规则的角，就可以做出以下一系列变化：首先使它空间定向改变（倒置、倾斜），继而将其一边改变为曲线，紧接着增加或缩短其边长，最后改变它的角度，并以其他的线或形分隔它或切断它……有时，变化还可以"出格"，例如，在原来角的基础上，接合上一个与之相同的角，使之变成一个棱形或长方形。还是以超实现主义画家夏加尔的画《我和我的村庄》为例，它的最主要的母体是三角形和圆，这两种基本形态的变种可以说充斥了整个画面。三角形一会儿在房屋山墙上出现，一会儿成为晾晒在绳子上的衣物，一会儿又出现于帽檐上的装饰中，甚至还在人的鼻子、马的脸上和眼睛中出现。而圆形，则出现在气泡、果子、眼睛、云朵、仓库、教室、项链等事物中。虽然这两种基本形的变种构成了不同物体，但看得出是同一母体的变形体。在艺

---

① 参见［美］鲁道夫·阿恩海姆：《艺术与视知觉》第3章，四川人民出版社，2019年版。

术中，这种变体在写实画中很少见到，因为这种画受自然物之形的限制。但在描绘较大的场面和较深远景物的画中也偶尔见到，例如，在关山月的《新开发的公路》（1954年秋）一画中，构成盘山公路的弧形线就以各种变形由近及远依次出现，这种用法一方面较写实，另一方面通过由近而远的依次显现，造成广阔的空间感，从而很生动地描绘出人定胜天的宏伟气魄。

然而，变态手段的最主要的效果是赋予一幅画以戏剧性的情节。当一个完形的某些方面或侧面，通过该形的构成成分、所在位置或背景的改变而被突出出来时，这个形便有了新的意义，或者起码也使原来的含义更加深化和丰富。一个形在经历变形、变态或换位时，可能发生较大的变化，也可能因为遭到彻底的破坏而面目全非，有时还可以看到它由诞生到成长，再到解体消失的过程，其中有种种幸福美满的"婚姻"——与另一种形结合或交配，生出新的形；也有对抗与挣扎——对某种形变的对抗。所有这一切都可以大大提高绘画的符号象征能力，在尺幅之中映照出人类复杂的生活与命运。

形的变化速度对其效果也有决定性影响，因为变化的速度是很不一致的，既可以一步一步稳定连续地进行，也可以跳跃式地突然变化。二者比较，后一种变化速度为艺术中多用。艺术对这种变化的各个阶段展示得越多越详细，整个过程看上去也就愈是平淡和缺乏起伏，自然也就缺少刺激和振奋。究竟应该对哪些阶段大肆渲染，对哪些阶段绝对避免呈现，对哪些阶段触到即可，都要详细加以斟酌。举例说，人们常见的某些变形，或是不太奇特或预料之中的变形，就很容易引起厌倦情绪，就应该避免这样的变形。从总的趋势看，艺术（尤其是绘画）是朝着增加形变过程的含蓄性、模糊性的方向发展。换言之，那些为人们熟悉的变化阶段全被舍弃、隐蔽或越过，只让少数几个"踏脚石"呈露出来，让观看者自己去组合出一个完形。通过让观赏者自己去找出某一母体从诞生到消亡的变态过程，观赏者就成了艺术家的知音，参与到他的创造中。事实上，在一个母体显示不太明晰的构图中，找到母体（就像在一切变形中求出它们的公分母），这本身就是一种"创造"，当然也必定伴随着"创造者"应有的快乐。

变形的一种最特殊的表现是对称或变化。对称与重复不同，虽则重复与对称都是形不变而位置变，但对称基本上是由同一个母形的"左—右"或"上—下"并置而形成的一种镜式反映关系。重复则不然，它既不包含着对母形的反映，也不是严格的并置。

对称可以产生一种极为轻松的心理反应。它给一个形注入平衡、匀称的特征，即一个好的完形之最主要的特征，从而使观看者身体的两半的神经作用处于平衡状态，满足了眼动和注意活动对平衡的需要。从信息论的角度看，它为形灌入了冗余码（redundancy），使之更加简化有序，从而大大有利于对它的知觉和理解。既然对称是简约的完形或好的形的一个主要性质，它就毫无疑问地主导着一切原始艺术和一切装饰艺术。例如，从世界各地出土的古老艺术，尤其是古代波斯艺术，以及从古希腊到中世纪初的西方艺术等，都具有对称的特征。但是，随着艺术的发展，对称性在艺术中越来越少见。因为艺术之所以是艺术，主要在于它表达了人对世界的解释和看法，而对自然和世界的较正确的解释，不是用具有严格对称和秩序的图式去统一它，而是通过各种力量之间的复杂作用体现出其中的复杂关系。正如阿恩海姆所说："如果艺术过分强调秩序，同时又缺乏具有足够活力的物质去排列，就必然导致一种僵死的结果。而在装饰艺术中，这种单调性不仅是允许的，而且也是不可缺少的……严格的对称在艺术品中是少见的，而在装饰艺术中却是频繁出现的。"[①] 阿恩海姆认为，绘画构图的一个永恒的原则，就是避免使用规则性很强的式样。只有在特殊情况下，例如，只有那种意在揭示生活中某种呆板秩序的喜剧中，才允许严格对称出现。[②]

总之，艺术一旦脱离开原始期，严格的对称便逐渐消失，这一消除是在对严格对称的形的变态中实现的。开始时，从严格对称的脱离比较轻微，甚至是隐藏的，演变到后来，这种严格的对称，便逐渐被另一种现象——平衡——所替代。众所周知，平衡的构图不一定是对称的构图，平衡是一种心理体验。这一点为格式塔心理学的许多实验所证实，也被生活中的许多日常观察所证实。举例说，在一个平面的或二维的构图中，处在中心的人物或建筑，一定要比两侧的大一些，假如它们一样大，处于中心

---

① 参见［美］鲁道夫·阿恩海姆：《艺术与视知觉》第3章，四川人民出版社，2019年版。
② 柏格森在《笑》中曾说过，一切滑稽幽默都是出于对这个呆板秩序的揭示。

的就比两侧的显得小得多。在一幅画中，较大的和看上去较重的形应放在它的下半部，假如放到上半部，就会看上去轻重倒置，十分不稳定。同样大的形或物，左右的轻重也不同，实验证明，同样大的形，右边的要比左边的重一些，如想使左右看上去平衡（看上去一样大），左边的通常要画得大一些。在纵深度上，也有轻重之分，假如把远处的物体与近处的物体画得同样大，那么远处的物体看上去就显得大得多，因此，要想使它们看上去差不多大（例如看上去同样大小），越远处的就要画得越小。在色彩方面，红色看上去要比蓝色"重"得多，白色要比黑色"重"得多，因此，在绘画中，为了使红色（或黑色）与蓝色（或白色）平衡，红色（或黑色）面积应该小一些，蓝色（与白色）面积应相应大一些。在形状方面，越是规则、简单的形看上去就越"重"，例如圆形就比长方形和三角形显得"重"，垂直线比倾斜线"重"。因此，为了使它们达到平衡，圆形要比其他形画得相应少一些，垂直线要比其他线短一些。有时候，平衡还受到观看者的兴趣、爱好、欲望等心理作用的影响，对于那些观看者十分感兴趣的或使他十分吃惊的形或物，即使画得很小，也显得很"重"。另外一种特殊情况，是孤立物体（独立性）的超重性。例如，如果太阳和月亮处在万里无云的天空中，就显得比在有云朵和其他空中漂浮物时看上去"重"一些，在戏剧演出中，为了使主角"重"一些，常常把他（她）与其他人物分离开来，独自占一个位置。①

必须指出，在艺术的平衡现象中，所谓"轻、重"之说，完全是指心理上的而不是物理上的，对某种形式的兴趣愈浓厚或对它意义发掘愈深，其"重量"就显得愈大。在再现性艺术中，某种形的意义（或对它的兴趣）可以通过知识和联想而立即猜测出来；而在那些不具象的艺术中，却主要凭观看者的直接感受。因此，在对现代艺术的欣赏中（尤其绘画），其发展的趋势是越来越多地依靠观赏者的直觉去发现其审美价值，从而使观赏者也成为绘画的实质性作者之一。

---

① 上述材料参见［美］鲁道夫·阿恩海姆：《艺术与视知觉》第1章，四川人民出版社，2019年版。

5
"图—底"关系与深度

一幅画，它在经验中是否平衡，在某种程度上要取决于知觉中心的确定。所谓知觉中心，是指从中看到的三维幻觉空间的中心点，而不是指画布或框内平面的中心点。因此，确定了中心，也就等于知觉到了呈现眼前的诸形式之间、作为图与作为背景（底）的平面之间、直立的面与倾斜面之间的关系。其中最主要的或最基本的关系，当然是"图—底"关系。所谓确定"图—底"关系，就是判定哪些形从背景中突出出来构成图，哪些形仍留在背景作为底。背景的作用类似于电影影幕，被审视的图从中显现，并且看上去与之分离。至于景，又可以根据中心点的位置分离出前景、中景（中心点所在的位置）和背景（有时与底难以区分）。至于究竟哪些形处于前或中，哪些处于后，一方面取决于艺术家根据自己的意图运用平衡原理对形的铺排，另一方面要取决于观看者的知觉判断能力。观看者的判断主要根据某些形的突出程度，但突出程度又是通过加强某些形的色彩和轮廓线的清晰度和新颖度、内部质地的细密度，以及对其大小、粗细、正立和斜立方面的适当掌握等决定的。当然，形本身包含的意义以及对某些形的熟悉程度等，也在这种判断中起决定作用①。

---

① 按照鲁宾的说法，被围裹在一条轮廓线内的面总是被视为图，周围的围裹面总是被视为底；就质地来说，质地紧密的易被视为图，质地疏松的易被视为底；就上下来说，因下半部较重，就容易被视为图，上半部较轻，容易视为底；就颜色来说，红色、黑色易被视为图，蓝色、白色易被视为底；就图的形状来看，较为对称和规则的形，较易被视为图，其他则易被视为底。（参见〔美〕鲁道夫·阿恩海姆：《艺术与视知觉》第5章，四川人民出版社，2019年版）

图 4-1

在多数情况下,"图—底"分离是不困难的,但也有难以区分前景和背景的情况;尤其是当背景容易在知觉中转变为前景的情况下,就更是如此。这样一些图形,在一般心理学中,被称为"模糊图形"或"可逆转的图形"。这种图形展示出一种极为有意思的现象:前景与背景在知觉中频繁交替。或者说,在前一分钟被视为前景的东西,在后一分钟变成了背景,再过一分钟又变成了前景,反之亦然。这种可逆性在某些情况下会得到加强,例如,让最主要的轮廓线保持垂直,加强前景与背景之间的色彩和明亮对比等。这种由逆转造成的模糊现象,目前在艺术中还很少被应用。因为二者频繁交换,只能使知觉处于一种不稳定的状态。现代艺术中最常用的模糊手段,是让两种形式使用一条共同的边界线①,在这样的图形中,边界线究竟看上去是什么样子(是向外凸出的,还是向内凹进的),往往视观看者以哪一部分为基准,或者说,取决于把它看成哪一部分的轮廓线,正如图 4—1②中看到的那样。人们把中间那条共同边界线看成是左边女人脸部的轮廓线和看成是右边女人脸部边界线是大不一样的,立足点一改变,其中凸出部分立刻变成凹进的,原来凹进的立即变成凸起的。阿恩海姆认为,超现实主义画家运用这种现象于艺术创造之中,似乎是在同观看者玩弄一种捉迷藏的游戏,使人觉得,日常看到的现实并不是绝对可信任的。他们的画,就是明显的证明,其中有很多形,一分钟之前与一分钟之后相比,会完全变成另一种形象,而且看上去同样可信。这种现象会使一般人感到震惊,但又不能不信服。

---

① 最多使用这种手段的有超现实主义画家达利,莫瑞斯·艾什等。
② 选自[美]鲁道夫·阿恩海姆:《艺术与视知觉》,四川人民出版社,2019 年版。该画是从布洛克画中选取的。

在"图—底"关系的讨论中，格式塔心理学不仅注意到形从背景中分离出来的诸种条件和限制，而且还注意到底本身在艺术品中的重要作用。在普通人的日常视觉和低能的摄影家的眼中，底或背景往往被忽视。这些摄影家发现，在自己照出的某些照片中，背景中竟出现了某些与前景竞争的东西（如街景或树枝等），它们的出现不是有利于而是大大分散了观看者对前景中重要东西的注意。这种情况的出现，不是因为他们重视了背景的作用，而是恰恰相反。因为这类照片中背景中事物对注意力的吸引，仅仅是一种巧合和偶然，但可惜是在不应该突出的地方突出出来，因此只能成为干扰因素。由于这些人不重视背景的作用，所以背景的形态都未经过严格的考虑。事实上，不注重背景作用的主要表现，在于没有把图与图之间的间隔区域看成整个式样的不可分割的一部分。按照有些人的说法，在一个真正画家的眼里，这些间隔区域本身也应该成"形"，或者说，至少也应具有一个"形"的性质。有些人称这种间隔为与"正形"（或阳形）相对的"负形"（阴形），认为正是通过二者的相互作用，才构成了作品之整体，这种看法无疑是合乎格式塔原理的。虽则背景通常被认为是为了加强图或突出图，但若没有背景的扶持，图的特征必定显示不出来。正因为如此，同样一个形，找一个画框框起来，与放到画框之外，看上去就大不一样，前者构成了一个独立的世界，后者则散乱无形。总之，图与底之间有着不可分割的紧密关系，只有二者的结合才真正构成一个格式塔。这就是说，任何一个图形的显现都需要有背景，而背景之所以是背景又是指它与形的关系所言。

图与底之间的关系，在各种造成绘画之完美的空间效果的种种复杂关系中，仅仅是最简单的一种。按照格式塔心理学研究，造成空间幻觉的线索是多种多样的，如形与形之间的重叠①、倾斜、透视缩短、变形、模糊等。然而这一切不同的手法或线索中又有共同的东西——它们都是那个作为母体的"好的格式塔"（简法规则）的变态或变形。换言之，从这些变形了的图式中，明显可以看出它们是从某种比之更简单、更规则的图形转化而来。举例说，从几个不规则的四方形组成的立体结构中看出，它是人们从某一偏离的角度看到的正方形（实则是一个正方形的变形）；从某一模糊的图形可

---

① 重叠：如一个形遮住另一个形，被遮住者看上去位于远处，遮盖者看上去位于近处。

以看出，它是站在相当远的地方看到的图形等。在所有创造空间的手段中，最有效的是将"形"的各种"质"排列成梯度，如大小梯度——由大到小依次排列；明暗梯度——由明逐渐变暗或由清晰逐渐变模糊；间隔梯度——同类物体间的距离，由大逐渐到小。在绘画中，这一切"质"的极限就是没影点（或透视中心），它代表空间中无限远的地方。这个点一般位于地平线上，与整幅画的中心不重合。

在现代艺术中，多数展现的是从不同角度对空间进行的同时性再现，或是将同一个空间中的各种物体，用各种不同的透视规律描绘出来，如达利等超现实主义画家就是如此。这些画描绘的大都是从几个不寻常的角度看到的熟悉的物体（或物体的接合）——或是从几个不同的假定角度看到的物体结构上（骨架的）的混合（如立体主义绘画），或是将从内部看到的内在结构一个个叠加在一起。

综合以上各节所述，从某种意义说：格式塔艺术心理学的主要目的就是研究艺术的"形"，如形的本质、形的各种形态、形的效果和作用等。在本章的介绍中，我们并没有过多联系艺术内容谈形，而是将形独立出来谈，换言之，暂不谈形引起的联想、形的符号象征含义和再现内容，而是仅研究形本身会造成什么样的特殊审美经验。我们看到，形本身可以通过变位、变态、变形、对称、平衡、偏离等方式产生出一种完形压强，由此而让人产生不同寻常的经验。这种经验甚至比再现性的形（具象）产生的经验更强烈。举例说，康定斯基的画，虽然是由抽象的点、线、面而构成，但它唤起的经验并不比一幅忠实再现拥挤的战场场面的画唤起的经验弱；米开朗琪罗在其天顶画《创造亚当》中描述的上帝用手指给亚当输入生命力的场面，在现代画中完全可以用两个角和一个圆之间的关系来表现。

用这一套理论对照几千年的形神关系的讨论，我们能得到什么启示呢？最起码我们应该这样理解，艺术之形主要不是指头脑中或画面中出现的再现意象，而是绘画的各个组成部分和各种"质"之间构成的复杂关系；神不是再现内容，而是形本身的紧张力所暗示出的一种活力——或者就是这种复杂的紧张力的活动。这是与生命同形或同构的力，代表着生命本身。这样的理解，可能是比较切合实际的。

第5章

再现与审美经验

追求对现实的再现是艺术创造史上最主要的倾向之一，也是人类史上延续最久、分布最广、被人们谈论得最多的一种艺术形态。再现艺术之所以有如此雄厚的群众基础，为众多人所喜爱，是因为它具有独特的审美魅力。

　　"再现"同原始的模仿和现代艺术中的表现具有不同的形态和性质，因而造成的美感经验就很不相同。它不像原始的模仿艺术，仅仅是作为人们最关心的、最希望占有的事物的代用品，靠它的巫术魔力，为人们消灾祈福，而是现实中最美好、最奇特、最典型的事物之形象的再创造；它不仅有着合乎美的比例的外部形态，而且有深刻的内容。它也不像西方现代表现艺术那样，仅仅是对无意识中得不到满足的性欲或其他非理性本能的一种补偿，或是某种对现实社会的无意识的反抗情绪的表现，而是向人们展示最理想、最美好、最崇高、最悲壮的境界或艺术家对世间事物之最本质方面的观照。这种艺术造成的经验往往是难于用语言形容的，有些人在赞扬一件优秀的再现艺术品时，往往脱口而出："看，这画画得有多像！"这的确能够给人以愉快的感受，但这种感受多来自于对人的创造模仿能力的惊异，而不是来自对艺术本身的欣赏和对其意味的品评，因而算不上真正的审美经验。要想深入了解再现艺术的审美经验，首先需要了解什么是"再现"和如何进行"再现"，"再现"依据的心理机制是什么。只有在对这些问题做出回答之后，才能对再现艺术的审美经验有初步的认识。

1
再现不同于复制

"再现"有种种不同的含义,最基本的再现是指纯心理的再现和以艺术媒介进行的再现。这两种再现都不同于对外部事物作原封不动的模仿或复制。纯心理的再现是指根据回忆,对以往的记忆形象加以适当选择或改造之后,以意象的形式在头脑中复现出来。其中虽有"再次呈现"的意思,但往往并不是一种原封不动的再次呈现。例如一种曾经给人以痛苦的事件,当在头脑中"再次呈现"时,往往失去了那些极其令人不快的细节;而那些曾经给人以快乐的事件,在"再次呈现"时不仅会异常清晰,而且会闪耀着欢快的、明朗的或轻松的气息,因而比原来显得更加甜蜜、动人。另一种再现,即艺术的再现,则是在心理再现的基础上,将心中的意象用笔墨、文字或大理石等体现出来。不言而喻,这种再现更加远离了客观现实。清朝画家郑板桥说过一段话,对这个问题是很有启发性的,他说:"江馆清秋,晨起看竹,烟光、日影、雾气,皆浮动于疏枝密叶之间。胸中勃勃,遂有画意。其实,胸中之竹,并不是眼中之竹也。因而磨墨、展纸、落笔、倏作变相,手中之竹,又不是胸中之竹也。"(《题画·竹》)

这段话是对整个艺术再现过程的非常系统的概括,从中可以看出,整个过程分为三个阶段,每一个阶段都涉及着一个重要的心理现象或概念,对此,我们可称之为"表象""意象"和"再现形象"。它们分别对应于郑板桥的"眼中之竹""胸中之竹""手中之竹"。"眼中之竹",即"表象",来自于对外物的初步知觉;"胸中之竹",即"意象",产生于情感、想象和审美理想对知觉表象(或回忆起的形象)的改造;"手中之竹",即"再现形象",是艺术家以特定的媒介将心中意象外化出的形象。三种形象依次逐级远离外部实在,使艺术再现完全不同于机械的模仿或照相式的再造。或许有人会说,眼睛对外物的观看,难道不是一种最真实的反映吗?怎么能够设想人与人之间在观看同一件事物时会得到不同的知觉形象呢?如果眼睛果真是一种类似照相机的器官,而且所有人都在同一个视点观看,人们看到的东西当然应该是绝对相同的,但可惜事情并非如此。在日常功利性的活动中,视知觉是高度选择性的。例如,仅仅是由于人的职业、身份和实际需要不同,人们看到的竹就有可能极不相同,建筑家有可能看到的是竹的挺直、轻巧和坚韧的质地;钓鱼翁可能看到的是它的柔曲性或弹性;竹器工人看到的可能是它的匀称性等。这种选择现象在审美知觉中同样存在着,只不过选择了与此不同的另一种质罢了。竹在郑板桥眼中,就很可能与在普通人眼中很不相同。由于郑板桥同情人民、鄙视阿谀奉承的小人,具有正直无私的性格,所以他眼中之竹也都成了坚强挺拔在风雨面前不肯低头的形象。这种形象原是属于物的,视觉仅仅是从其中选取出来。这种选取出来的原始形象,进一步经由艺术家情感炉火的改造,就有了更加独特的个性,成为"胸中意象"。胸中意象与脑中形象相比,可以近似,也可以相差很远。一座看上去高耸云端的高山,在一个蓬勃向上、傲视一切的人胸中,可以化为小小的"泥丸",而只有鹅毛大的雪花,在诗人那充满激情的心中,会变得大似卷席。至于"手中之竹"(即竹的艺术再现)与"胸中之竹"又有不同,这种不同是由艺术家所处的传统、艺术风格和使用的特殊媒介决定的。例如:同样一种竹的形象,写意泼墨的再现就与工笔细描的再现很不相同。同是一种圆形形象,用毛笔再现,就可能是一个墨点;用铅笔再现,就能是一个圆圈;用大理石或黏土再现,就可能是一个球状体;用舞蹈去再现,就可能是演员就地转上一圈或绕舞台转上一圈;一个相声演员去再现,就有可能以手势加语言去再现它。再现形象还可以因为风格流派的不同而不同。一个圆形物,在一种现实主义风格的雕塑中,是以球体再现的;而在立体派风格的雕塑中,就可能以立体去再现。因此,不管从哪方面说,再现形象都不是对外物的忠实复制,它最多只能达到结构上的大体等同。在很多情况下,甚至还会远离原始形象。例如,原是某种诉诸视觉的画面,在再现时便有可能化为某种声音模式;原是某种复杂的活动或冲突,在再现时便可化为某种静止的线条图案;在现实生活中原是某种慷慨激昂或痛不欲生的场面，在戏剧中就完全可以化为一阵长时间的沉默；向四周辐射光线的太阳或蜡烛，在绘画中则可以用不发射光线的空白去再现；等等。

从总的历史发展趋势看，不同风格流派的艺术再现，似乎都经历着从拘泥于外形形态到逐渐远离外物形态，然后再到逼真地再现外物形态，最后到简化的再现形态的奇妙变化。英国绘画评论家罗杰·弗莱曾就此说道：从特定的角度上看，整个艺术史可以归结为一部对再现形式逐渐发现的历史。原始艺术（以及儿童艺术）以概念性符号作画，儿童在画脸时，仅用一个圆圈就代表了脸蛋，两个豆点代表眼睛，然后再用两条线分别代表鼻子和嘴巴。这种符号象征形象再经过进一步发展，便逐渐地接近事物的真实表象。然而，由于使用符号是生活中不可缺少的，而且已变成习惯，便使得艺术家很难用一双毫无偏见的眼睛去观察事物。事实上，对事物之不受偏见影响的样相的发现，整整经历了从新石器时代到19世纪的漫长历史时期。欧洲艺术从乔托开始，就时断时续地向这个方向发展着，线性透视的应用是这种发展的关键阶段，而对空气透视和色彩透视的使用，则是到法国印象派绘画时才最终得以实现。

不仅整个绘画发展的历史如此，同一个艺术家从初作画到他绘画的成熟，也要经历同样的过程。当然，在中国绘画艺术中，画家们心目中的最"正确"的形象，并不是西方绘画中那种具有透视、凹凸、光影层次、色彩变换的高度写实形象，而是一种极为简化的形象。那些不太成熟的艺术家花费很多笔墨完成的形象，成熟的艺术家只消几笔便能完成。齐白石老年时的画，看上去似乎不拘成法，随意挥洒，但由于其笔墨的浓淡干湿都恰到好处，所以看上去总给人一种栩栩如生、五彩缤纷的感觉。石涛，"生平画山水，屡变屡奇，至其晚年，凡署耕心草棠之作，多粗枝大叶，且用拖泥带水皴"①。然而最能说明问题的，还是郑板桥那首有关画竹的诗：

四十年来画竹枝，

日间挥写夜间思。

冗繁削尽留清瘦，

---

① 黄宾虹：《虹庐画谈》，引自《黄宾虹画语录》，上海人民美术出版社，1961年版，第23页。

画到生时是熟时。

郑板桥为了把握竹的本质，以便用它去表达胸中逸气，历尽四十年时间，白天不断练习，晚上睡在床上还要反复琢磨，最后终于达到了"我有胸中十万竿，一时飞作淋漓墨"的水平。在他画的竹子中，细节和多余的成分全部删去了，从表面上看，仅有"一两三枝竹竿，四五六片竹叶"，实际上乃是代表着竹之最本质的东西。或者说，是某种焕发着生命的活力、运动或人生目的的东西。这些东西不是让人去识认或辨别出一丛竹子或荷花，而是透过现象看到事物之本质。这些代表着现象之本质的线条或色彩，是艺术家在一阵心醉神迷中所感受到的东西的最精炼和最富暗示性的再现。

这种富有暗示性的再现，只有在对外部事物和内在心理状态作反复大量的观察和体验之后，才有可能实现。事实上，世界上有很多东西是不可能用艺术媒介达到原原本本的复制的。任何一种成功的再现，都带有浓厚的暗示因素。那一阵阵醉人的凉风，原是无形的，怎么可能复制出来呢？但在艺术中，只要艺术家用恰当的线条暗示出微风中树枝摆动的姿态、湖面的轻微波纹、飘动的长发或领带，就可以成功地将风再现出来；至于风那醉人的特性，则可以通过人们惬意的表情和舒展的神态加以暗示。再如物体或人体的种种真实运动，用绘画去复现，无论如何是不可能的，但我们的确能从很多绘画中看到"运动"，这种运动是通过对某些部位的大幅度倾斜、通过肌肉的紧张力、通过高速运动物体的特征（如车轮变模糊）等暗示出来的。如似空间的再现，绘画是二维的，真实的空间是三维的，用二维画面去再现三维空间，那简直是不可思议，但是当绘画采用线性透视、空气透视和式样的重叠遮掩等手段之后，就能使纸上出现比真实空间更深更广的空间。在很多时候，细节的忠实描绘不仅不会增加真实感，反而会使之看上去虚假。以主要是再现人体的雕塑为例，真正的人体，其头发、眼睛可能是黑的、黄的或蓝的，皮肤是白的、黄的或黑的，衣服更是色彩各异的；但大多数成功的雕塑作品却是通体一色的（或是白色的，或是褐色的），假如给雕塑施加色彩，就会给人一种十分不舒服的感觉，或是显得滑稽可笑，或是看上去俗气。这种色彩上的简化，有利于突出人的肌肉的健壮之力，有利于人们对生命活力的欣赏，在对这种更加本质的东西的欣赏中，较次要的色彩之感自然便被诱导出来。如果反过来给雕塑施以重彩，就会以色夺形，使人的内在气质和活力在表面的色彩中蒸发殆尽。西方雕塑家瓦尔特·帕特尔曾对米开朗琪罗的雕塑做过这样的评论：

  他总是以一种极其独特和极富个性的方式去创造，这种方式似乎总是带有偶然的性质，然而正是这种偶然性，才使他的作品获得了个性和丰富的表现，同时又避免了僵化的写实主义……类似这样的效果，米开朗琪罗是通过使自己的作品具有一种令人困惑不解的非完整性而取得的，这种雕像只是将真实的形象暗示出来，而不是使形象全部展现……这样非完整性是米开朗琪罗给自己的雕塑施加的色彩，是使纯形式变得空灵的独特方式。它防止作品顽固地照搬现实，向作品输入了生气、脉搏和生命的机能。①

  在色彩的简化方面，中国的水墨画大体依据了同样的原理。虽然我国绘画在初始阶段有过"随类赋彩"的说法，但随着这门艺术的发展和成熟，对真实色彩的再现愈来愈不重视，绘画渐渐讲究淡施色彩或不施色彩，所谓"唐重丹青，元人水墨淋漓"，即指此。然而奇怪的是，在那些有鉴赏力的人看来，这种墨色的再现形象却能产生万紫千红的色彩。那浓墨泼成的叶子，看上去似乎闪耀着绿色的油彩，墨迹间的虚白，似乎是凸起的彩色花朵，难怪笪重光说："墨之倾泼，势等崩云；墨之沉凝，色同碎锦。"（《书筏》）

  总之，艺术再现绝不同于复现，也不是一味摹写，而是充分运用审美知觉的规律，运用简化的形体、变形的处理、暗示的手法等，努力获得与现实在结构上对应的形象，从而取得以一当十、以少胜多、以小见大、以刹那见永恒的效果。

---

 ① 转引自［美］苏珊·朗格：《艺术问题》，《各类艺术的模仿和转化》一章，中国社会科学出版社，1983年版。

2
"再现"的变调原理

"再现"的成功有赖于以少胜多、以简代繁,然而这种"少"或"简"又不是任意的,而是按照人类心理活动规律做出的。最能说明这一事实的,是心理活动中经常见到的"变调"现象。"变调",是一个音乐术语,但在视知觉(尤其是对亮度的知觉)中也可以明显见到。我们知道,自然界中的某些事物,其亮度的绝对值是相当高的。太阳的光是耀眼夺目的,山顶的皑皑白雪是光洁照人的,还有那天鹅的洁白羽毛,一望无际的雪原或棉田……这一切几乎不可能以局限性很大的绘画色彩再现出来,因为世间找不到一种同太阳光芒或雪山同质的色彩。然而令人奇怪的是,在许多绘画中,太阳似乎在发光,雪峰似乎在闪耀,而且同真实的太阳和雪峰相比,不仅毫不逊色,反而更强烈,这究竟作何解释呢?

原来,人对事物之亮度的知觉是在对比中产生的。对此,我们可以用这样一个小实验证明:将一块黑色绒布悬置于暗室之中,然后用一束明亮的光线照射它(切勿把周围物体照亮),我们就会看到,黑色绒布成了发光的物体,向四周发射着明亮的光。但是,如果这时再在房间中点上一支蜡烛,然后再用与第一次相同的那束光线照射绒布,其亮度和发射光线的程度就会大大减少。这样一种变化,并不是绒布的客观亮度发生了变化,而是绒布与周围物体亮度上的对比发生了变化。这就是说,物体看上去亮还是暗,很多情况下与它和周围物体的亮度对比有关。这类事例在现实生活中并不乏见到。把一根白发放到白天鹅身上,丝毫不会显出它的白,然而当它夹杂于人的黑发中间时，它的白看上去就很刺眼。其实，在这两种情况下，白发反射到眼睛中的光线的绝对数量都是一样的。画家用色彩再现外物时，正是依照上述道理。高明的画家们都懂得，在我们周围的世界中，各种事物的亮度都是按照一定的梯度或等级排列的，例如，最亮的是太阳，其次是雪峰和白天鹅，再其次是棉花、冰块等，到达一定的限度便开始依次变暗，一直到最暗的煤炭、黑丝绒等。按照上述对比原理，如果画家想要把一种最明亮的事物（如太阳）再现出来，他就不必使用同太阳一样亮的媒介物，而只要将画面中出现的各种事物的亮度巧加安排，使它们与客观世界中同样事物之间的明暗对比相同就可以了。换言之，假如用某种比太阳亮度低一千倍的媒介去再现太阳，那你只要将其他所有事物的再现形象的亮度按同样的比例降低，它们便在画面上形成与客观世界相同的亮度梯度。而只要梯度不变，画中的太阳看上去就同客观太阳一样亮。这一效果，当然是视知觉本身的作用，对这种奇妙的作用，我们称之为"变调"。因为它就像音乐中一首曲子从 A 调转到 B 调或由女高音转到男低音时，其本身的调性在我们听觉中仍然不变一样。这就是说，在转变成其他音高的调子时，虽然所有音都发生了变化，但由于各个音之间组成的关系（或音高对比）未变，其整体结构（或西文中所说的格式塔或完形）就不变。这时，其中最高的音虽然客观上比原来高了或低了很多，它听上去就仍然是原来的样子。这种变调现象，是知觉在无意识中自动完成的，而不是由清醒的理智判断出来的。关于这一点，我们在观赏一幅古画中会有十分明显的感受：一幅名画，即使已变得发黄和破旧，但对一个真正沉迷其中境界的观赏者来说，竟会毫不觉察到它的古旧，他从中看到的一切都是清新明亮的；太阳在发光，草地洋溢着蓬勃的春意，湖水泛出蓝色的光，烟雾呈乳白色的光泽……只有当观赏者从这种沉迷状态中清醒过来时，他才会顾及使用自己的理解力，发现画中的太阳已经很灰暗、湖水的蓝色已褪了，等等，然而这时他已经不是在审美。鉴于上述事实，"变调"现象大都发生于审美知觉中，而不是发生于日常知觉中。假如有人提出下面一个问题：现实世界的月亮与绘画中的月亮相比哪个亮？就有可能得到两种回答：沉入画中境界的人，由于他是在把画中的月亮同画中出现的其他事物作比较，"变调"原理就不自觉地发生作用，从而回答说"其中的月亮同现实中的月亮一样明亮"；相反，对于那些未沉入审美境界的人来说，由于他们使用的是理智的判断，就会按照逻辑的模式，将画中月亮同现实月亮作比较，从而顺理成章地得出画中的月亮远远没有现实中的月亮亮的回答。当然，上面的问题一般是不成其为问题的，因为在一般情况下，眼睛总是凭自己本能行事，不自觉地将画中月亮看成同现实中的月亮一样亮，尽管在稍加思索后又会意识到这种亮度与现实的月亮无法相比。

"变调"原理是艺术再现时依据的主要原理，但不是仅用这一种原理便能取得令人满意的效果。更重要的是要配合其他一些心理规律，使用各种手段把它们调动起来，通过巧妙的配合和相互加强，以取得更真实的再现效果。还以亮度的再现为例，在画家试图把一个发光体（如太阳、烛光、火焰）再现出来时，除了要求再现体具备一定的绝对亮度，并且大大高于周围事物的亮度外，还要借助于其他手段。举例说，凡是向外发射光线的物体，其亮度必定是均匀的，而且看不到表面的纹理，因为对于一个明亮度大大超过周围其他物体的发光体来说，它的存在并不局限于轮廓线之内，而是有一种向周围散射的趋势，这就使轮廓线与周围的交接变得模糊和不确定。对这样一种发光体的再现，就必须运用一种烟雾般的涂料，以便使再现形象表面的纹理和清晰的轮廓线消失，这样它便看上去闪动变幻、摇曳不定，似乎向外散射着光线。相反，对于一个本身不发光的物体来说，就要求呈现其表面的质地纹理和阴影变化，从而突出其立体特征。经验证明，对于一个圆来说，如果使靠近轮廓线的部分变暗，中心虚白，就会造成中心凸出、周围收缩的球体效果。事实上，这种现象在自然界中也可以大量观察到。举例说，自然中有很多物体，它们本是立体的，但当我们在偶然的场合用光线去直射它时，其立体性便大大减弱。某些具有特定色泽的动物，便是利用这一知觉规律使自己身体的立体性消失，从而避开了从空中向它们袭击的鹰的眼睛。对此，心理学家休·B.考特曾这样说过：

那形状不同，色泽各异的不同动物，如猫和毛虫、鲭鱼和老鼠、蜥蜴和云雀等，都是因为其表面明暗搭配不同而看上去色彩各异。但它们还有一个共同之处：都是背部色泽最暗，腹部变浅，侧部则从上至下依次由暗变淡，形成一种变化梯度……这样，当我们从高空向下俯视这些动物时，它们便在均匀光线的照射下，失去了立体感。①

动物在进化过程中使自己的结构适合了某种视觉的规律，大大减低了自己的立体性，从而避免了敌害，使自己保存下来。艺术家则利用这些规律反其道而行之：为了突出物体的立体性，不是像动物那样中心暗、周围浅，而是中心浅、周围暗，这样便产生出强烈的立体效果。这既是艺术家向周围环境的效仿，也是根据知觉规律进行的一种创造。

由光线再现所揭示的这种"变调"原理，对整个艺术再现都是异常重要的。因为艺术再现的本义，就是以艺术的媒介构成一个特定的式样，当这个式样造成的知觉意象与真实的外部世界造成的知觉意象相同或接近时，我们就说这一艺术式样再现了外部世界。我们知道，标示外部世界之存在的最主要的因素是空间和时间，无论是静止的或变化的自然事物，还是人体的姿态动作，都以特定的空间或时间式样存在着，对于艺术再现来说，如何才能使局限性很强的艺术媒介（空间与时间方面）产生出与真实世界相比美的大小感受、层次感受和距离感受呢？怎样才能在有限（如一尺见方）的画面中感受到千里原野和万丈高峰呢？这就必须利用"变调"原理。很明显，如果不"变调"，无论画的尺幅多大，也不能再现万里江山；无论电影放得多久，也不能再现一个人的一生。而在使用"变调"原理之后，事情就不一样了。如上文所说："变调"，就是要使绘画内呈现现实世界中各种事物具有的各种梯度和层次，如果画出的一排楼房以大小层次排列下去，就能见出它们的远近和空间深度。在绘画中，这种大小的梯度排列还往往同色彩的浓淡梯度、亮度梯度、轮廓线由清晰变模糊的梯度等不同的梯度系统配合起来，造成强烈的空间效果。例如，由达·芬奇首次创造的所谓空气透视，就是通过使绘画中出现的各种事物的色彩由近而远逐渐变淡的手法而产生出的一种色彩梯度。在自然中，由于空气的稠密度随着距离的增加而增加，因而色彩愈远愈淡，形成一种梯度。绘画中使用的空气透视法则不必把自然的这一梯度照搬，只要

---

① ［美］休·B. 考特：《动物之形式同它们的外貌的关系》，转引自［美］鲁道夫·阿恩海姆：《艺术与视知觉》第 6 章，四川人民出版社，2019 年版。

自身去创造一种梯度，就可以达到同样的空间效果。这一新的绘画梯度，就是"变了调"的梯度。使用这种梯度，即便是使用非再现性的几何形体，也能创造出空间深度。

在电影艺术中，则是利用物体的速度梯度产生强烈的空间效果。谁都知道，在行进的火车上观看外部风景时，离车辆最近的事物，向后位移的速度也就愈快，再远一些的事物看上去就似乎不动，更远地方的事物则又开始动了，只不过是在与近距离的事物正好相反的方向上移动。例如，从行进的火车上观看远方山顶上的建筑、云朵、月亮时，就会觉得它们在随着火车一起前进。按照这一规律，如果在摄影中设法呈现出这种速度变化的梯度（不一定同真正火车上看到的梯度等同），就会产生出特定的空间深度。

以上的事实告诉我们，艺术再现并不需要照搬现实，只要摸清知觉活动的规律，将现实中存在的各种知觉梯度加以"变调"处理，就能产生出满意的艺术再现效果。"变调"的心理现象使艺术再现成为可能。

3
"马赫条带"与"生发作用"

以少代多、以小见大的再现效果,还可以通过某种具有生发性的线条、色彩或形状获得。所谓"生发性",就是通过某些特殊线条或色块的出现而引起知觉发生某种微妙的变化,从中看到更多、更远、更亮或更大的东西。最能说明这种生发作用的现象是"马赫条带"。

"马赫条带",原指某种事物的影子中与光明区交接处的那一部分出现的一种特异的条带,这一条带由一条更窄的明亮带和一条更窄的黑暗带合并而成。对这样一条条带的产生原因,人们一直无法解释。由于奥地利物理学家马赫于一百多年前对它首次作了系统的研究和解释,所以被命名为"马赫条带"[①]。

在人类史上往往会发生这样一种事情:人们对某些现象尚不能做出解释,但并不妨碍对它们加以巧妙利用。"马赫条带"便是一例。这样一种引起如此多现代人关注的现象,其实在我国一千多年前的宋代,就已经得到巧妙应用了,这就是宋代的"丁白

---

① 对于"马赫条带",普通人可以通过下述方法观察到:在一间黑暗的房间里,打开放置在桌子上的日光台灯,在桌子上铺上一张白纸,然后再在台灯灯管下方遮上一张不透明的纸板片,让这纸板片的影子落到桌面的白纸上。这时我们便会看到,白纸的一半被阴影遮住,另一半仍受光线照射,从而在光明与黑暗的交界处出现了一条半明半暗的半阴影条带。按道理说,在半阴影区应该是从黑暗逐渐过渡到明亮,实际却不然,人们实际看到的是:在半阴影区与光明区交界的地方,出现了一条狭窄的、更加明亮的亮带,在半阴影区与阴影区交界的地方,则出现了一条狭窄的、更加黑暗的暗带。由这两条带子结合而成的半阴影区,就是人们所说的"马赫条带"。这两条带子看上去是那样显而易见,以至于在开始时人们误把它当成是多种阴影相混或衍射的结果,大量测验证明,它们根本不是由于阴影的交混或衍射而成,而是视觉的主观解释。

瓷"。这种瓷器具有很优美的造型和工艺，瓷器表面的再现性花纹，看上去具有栩栩如生的逼真效果。这种效果是如何产生的？仔细观察，原来在它那凸起的花纹部分，并没有施加任何特殊的色泽，也没有进行特殊的加工，整个瓷器表面涂的是同一种色彩，花纹内部的区域也没有打磨和修饰。但是为什么花纹之轮廓线以内的区域看上去要比线条外部的区域明亮得多呢？很明显，正是这种明亮度的明显对比，才使得花朵看上去从周围背景中突出出来，成为一种立体感很强的、同真实花朵一样生动的再现图案。这种亮度上的明暗对比究竟是如何形成的？仔细观察，其巧妙之处就在花纹的轮廓线上。这条轮廓线原是雕刻而成，其外侧有一个坡度，这样就使得轮廓线外侧部分显得暗一些，内侧则显得亮一些。这就无形中使轮廓线变成了一条"马赫条带"，正是这样一条特异的条带，才将轮廓线之内的全部区域变得比外部明亮得多。实验证明，如果把这一条带（即轮廓线）设法遮盖起来，内部和外部在明亮度方面的巨大差别便即刻消失。

这种条带不仅在宋代丁白瓷中有所运用，在以后的大量朝鲜、日本瓷器中也得到广泛运用。在一种表面绘有水墨画的朝鲜瓷器中，有一种意在把月亮的明亮光辉再现出来的图案。我们知道，这对于不能施用色彩的黑白画是极难的，因为不管怎样画，那圆形轮廓线之内与轮廓线之外的区域都是同质的，怎么可能使它显得比周围区域亮得多呢？然而当我们观看这种瓷器时，奇迹出现了：在朦胧的夜色中，一轮明月悬挂在中天，看上去正向四周放射出银白色的光辉，相对说来，其周围的天空和其他事物便显得暗淡得多。仔细鉴定，月亮轮廓线内部的釉彩与外部的釉彩的确是同质的，丝毫没有比外部的釉彩亮一些。因此，这种效果必定是由月亮的轮廓线造成的。这条轮廓线不是一条粗细均匀的线条，在它的靠外侧的部分，墨迹十分浓重，而且向外部延伸出一定的宽度；而它的内侧部分，则显得浅亮一些。很明显，这是一条典型的"马赫条带"。正是"马赫条带"的奇妙作用，才使这轮月亮变得明晃晃的。

"马赫条带"的这一特异功能，在现代科学中被称为"克莱克—阿布雷效应"[①]，这

[①] 这一效应首由剑桥大学肯尼斯·克莱克于1940年的博士论文中作了描述，但后来才知道在他的论文未发表之前，约翰斯·霍普金斯大学的阿布雷也发现了同样的现象，故而被命名为"克莱克—阿布雷效应"。

真是一种奇妙的效应！它似乎有一种不可思议的魔力，影响着离它相当远的大片区域，改变着与它相邻的整个区域的形态。这就是说，原来是一片光线分布均匀的区域，只要这种条带出现，就会使它变成看上去是完全不同的区域；而原来光线分布不同的两片区域，当用这种条带将其分隔开时，又有可能变得似乎相同的区域。值得赞叹的是，我们的祖先不仅在生产实践中认识了这种效应，而且将它巧妙地加以运用，生产出光辉灿烂的艺术品。要知道，在一向注重忠实再现外物的西方艺术传统中，一直到19世纪印象主义艺术出现时，才有人开始把这种效应运用到作画中。①

目前，西方兴起的脑神经科学正在对这一效应的根源做出较有成效的研究。许多迹象表明，这种效应主要同视知觉自身的活动规律有关。事实证明，视知觉并不像一架照相机，将外物原封不动地投射在底片上。它是一种高度灵敏的、积极主动的感受器，外部刺激为它提供的仅仅是一些线索，真正的制造加工活动还是要在内部进行。至于"马赫条带"造成的特殊效应，据说与大脑细胞内的"兴奋—抑制"作用有关：当光线刺激感受器时，它便产生放电活动，微弱的刺激产生低频放电，强烈的刺激产生高频放电。放电即兴奋，兴奋程度愈高，主观感受到的亮度愈高。但兴奋作用又总伴随着一种抑制作用：当某一感受器因受刺激而放电时，它就会抑制相邻感受器的放电活动，反过来，它自身又受到别的单位的抑制。这实际上是一种相互的效应。抑制力的大小一般取决于相互作用的单位之间的兴奋水平和它们之间的距离。兴奋程度愈高和距离愈小，抑制力就愈大，反之则变小。上文提到的"马赫条带"的特殊效应则与"抑制消除"现象有关。所谓"抑制消除"，就是当两组感受器接近到可以相互抑制的距离，从而可以相互抑制时，如果又有第三组感受器与前两组中的一组发生相互抑制作用，就会使这组感受器受到新的抑制，从而大大减低它的兴奋作用，而它的兴奋作用的减低又继而减弱了对相邻的另一组单位的抑制，继而使这另一组单位变得活跃起来。"马赫条带"之所以能使相邻区域变得明亮，恰好与上述作用有关。总之，在外物中的明和暗的变化，实则是内部神经系统各单位间相互作用的结果。

"马赫条带"的奇异效应作用再次证明，艺术再现决不是去照搬现实，只有通过实

---

① 西方19世纪新印象派画家鲍尔·西格奈克曾利用这种效应，创造出不同区域之间的亮度对比。

践掌握人的内在知觉和心理规律,并按照这些规律创造出再现形象,才能够谈到艺术的再现。机械地照搬现实,不仅笨拙,而且会大大冲淡艺术形象的真实性和生动性。事实上,人们为了取得满意的效果,不仅不能照搬,反而需要违背表面上的真实,而这种对表面上的现实的违背,正是为了接近现实。对于这一点,歌德曾经给予了特别重视,人们记得,歌德在评论鲁本斯的一幅画时,曾经这样说过:在鲁本斯的这幅画中,大部分事物被位于前方的一个光源照射着,其最明亮的部分是正对着观看者的。但其中最突出、最惹人注目的那一组劳动者却不是这样的,照射到他们身上的那束光线明显地与前方光源的投射方向不符。因为他们的阴影不是投向后方的,而是投向观看者的,表面上看,这是违背了自然,但正是由于这种违背,才使最亮的部分与最暗的部分形成奇特的对照,造成奇妙的真实再现效果。对此,歌德赞扬说:"这种自相矛盾的光线照射作用所造成的效果的确是极其生动的,你们也许以为这是对自然的违背,但是我却要在你们指责它违背自然时插上一句——多亏了这种违背,它才大大高于自然。"[①] 歌德肯定这种对自然的违背,正是为了适应审美知觉规律。换言之,在再现艺术中,只要知觉感受到它是真实的,它便是真实的,而不必用理智去推理。艺术高于自然,因为它是人化的自然。

[①] 参见《歌德谈话录》中歌德与爱克曼 1827 年 4 月 18 日谈话,人民文学出版社,1978 年版,第 136—137 页。

4
暗示、呈示与"不动之动"

暗示原理，就是以少量的线索，通过心理的联想或对整体的知觉趋向获得知觉整体的原理。它多用于对人和物体之运动的再现中。生命在于运动，要想使某些再现形象看上去富有生命的活力，具有一种不可名状的亲切感和愉悦感，就要使它们看上去似乎是动态的。那么，在雕塑、绘画和建筑等静态艺术中，如何才能使再现形象具有动态呢？

按理说，动态是不可能用静的媒介再现的，但是，如果掌握了对运动知觉的主要心理规律，便能够用静的媒介成功地产生出动态的再现形象。在艺术中，对"动"的再现主要靠暗示手法，换言之，要想使再现形象看上去似乎在"动"，就必须为视觉提供暗示运动的信息，而不是像照相机那样，从某一个固定的角度拍摄下运动物体的几十分之一秒的偶然现实。照相实践一再证明，即使用照相机拍摄正在高速运动的物体，如果选择的时机不当，拍出的照片就不仅无动感，而且看上去僵化、呆板、毫无生气。之所以如此，完全是因为这种相片中根本不包含暗示运动的信息。究竟什么样的信息才能暗示出运动？很多艺术家不能做出明确回答，他们觉得似乎仅凭一种无意识的挥洒，便很自然地创造出了动态形象。事实上，其中还是有一定的心理规律可循的。莱辛曾经提出过积极追寻"暗示性顷刻"的主张。他认为，绘画和雕塑在再现运动的物体时，不应该选择某种运动的顶点，而应该选择运动到达顶点之前的那一刹那。只有这样，才能起到充分的暗示作用，使观赏者通过自由联想去把握物体的运动状态。

对于大部分模仿艺术和再现艺术来说，莱辛的上述主张无疑是正确的，因为对那些不能在空间中扩张和不能在时间中位移，但又试图再现运动的雕塑和绘画来说，选择运动到达顶点之前的那一瞬间的姿势，的确能把这一潜在的运动之前后发展过程暗示出来。如果我们仔细观看某些再现某种运动过程的优秀艺术品，它们的确不是呈现运动过程的顶点：希腊雕塑《掷铁饼者》并没有把铁饼掷出去，罗丹塑的《施洗者约翰》还没有把腿抬起来，丢勒的天使没有把宝剑刺入对手的胸膛，米勒绘的播种者还没有把种子撒出去。它们虽然不像舞蹈演员那样时时在动，而仅仅是选择了运动过程中的一个姿势，且是运动到达顶点之前的姿势，但是看上去却有着强烈的动感。这样一种动感很明显是通过心理联想完成的。因为在每个人以往的实际生活经验中，凡是处于上述姿态的人，都处于激烈的运动中。所以当再次看到这个姿势时，即使它是一个静止不动的姿势，没有实际变化的过程，联想机制也会把位移的因素自然地与眼前的再现式样联系起来，从而形成生动的动感。在很多情况下，某些暗示性姿势不仅会作用于联想机制，还会诉之于知性的判断。例如：人们凭自己学到的知识知道，凡是运动速度很快的事物，如鱼、船、箭、鸟、飞机、小汽车等，通常都有着楔形或流线型的结构；凡是正在快速运动的事物，如车轮、旗帜等，看上去都模糊一片；当大队人马行军时，必定是烟尘蔽日；当快艇在水中运动时，尾后一定拖着一条楔形的痕迹……既然任何一个观赏者都有可能具备这样一些知识，对运动物体的艺术再现就要充分对其加以利用。它们的出现不仅能使物体看上去是运动的，而且能够使人迅速判断出其运动的激烈程度、运动方向以及运动速度等，从而更增加了其动感的具体实在性。然而，在静态的造型艺术中，并不全都是再现运动着的事物，有很多物体，例如岩石、山峰、花果、树木、静坐的人等，它们在现实生活中本来就是不动的，但是在成功的艺术再现中，它们看上去也应该是具有生命的，因而也应该使之具有动感。很明显，我们不能再使用"选择运动到达顶点之前的顷刻"的手法，那么它们的"动"应该怎样去再现呢？

必须清楚，这类事物的动，并不是某一运动事物在某一特殊的时刻的具体运动，而是对运动本身的呈示。我们都看过海潮过后那起伏不平的海滩和狂风过后整个沙漠造型上的变化。那起伏的波纹本身是不动的，但却呈现出不久前发生的那种惊心动魄的运动。事实上，不管是曲折有致的花木造型，还是怪状的岩石，它们本身都是对运动的呈示：前者是对肉眼看不到的生长力的呈示，后者是对自然界中风、雨、阳光、山洪等多种力之相互作用的呈示。因此，从这个意义上去说，艺术再现所涉及的任何事物，都是某种具体运动的痕迹，按照中国古典哲学术语，宇宙万物中都有"道"的呈示。

对于这种运动的再现，再不能使用前面所说的诉诸知性的信息，而应当直接展示活生生的力的作用。以中国古建筑的大屋顶为例，它的动感是很强的。紫禁城内的大多数宫殿，看上去都像是在飞升，这种强烈的动感是如何取得的呢？仔细分析，这种飞升之感至少是由两种力（重力与上升力）之间相互作用造成的，这两种力相互作用的结果，往往使物体呈现椭圆形曲线（就像炮弹在夜空中划出的曲线）。正是由于这个道理，凡是呈现这种曲线的物体，都会不自觉地在我们的知觉中激起一种复杂力的相互作用，从而产生出强烈的运动感。花朵纹理之曲折的变化、岩石的凸凹不平、古树树干的粗糙错落等，都暗含着不同方向上的力之间的相互作用，在再现这类事物时，如果经过适当的抽象，把这些力的作用体现于线条的浓淡干湿、起伏错落之中，就可以使这些事物看上去具有动感。

不同的力的作用模式，往往具有不同的动感，而力的作用模式又常常与再现形象的形状位置，甚至与色彩搭配等因素有关。举例说，如果再现式样是一个方方正正的正方形，那么它各个方向上的力便达到平衡，因而看上去静止和稳定；假如再现式样的形态是长方形的，其水平方向的力便大于垂直方向的力，从而看上去有了向水平方向运动的趋势。以此类推，一个椭圆形式样与一个圆形式样相比，椭圆形式样的运动感就强得多；一个等边三角形式样与一个等腰三角形式样相比，等腰三角形的动感就大得多。等腰三角形也称楔形，这种再现式样差不多是所有再现式样中动感最强的，如果我们仔细注意，就会发现，人类使用的某些武器或工具（如长矛、犁头等）、人们建造的尖塔、金字塔、方尖碑、教堂尖顶等，差不多都是楔形的。楔形造成的动感，看上去就像是升腾的火焰，似乎要把空气劈开，向上伸展到无限远的地方。我们看到楔形的这种强烈的动感，仍然是与其特殊的力的作用模式有关。它的底边就好像是运动由之展开或出发的坚固基础，两侧的力从这儿开始向上集聚，丝毫见不出向下的可能。人们在建造某些建筑和宝塔、金字塔、方尖碑时尽力使其基础厚实，也正是这个道理。除外部形状外，有些建筑还把内部空间也塑成楔形的，这样一来，不仅空间中容纳的事物具有动感，整个空间本身也变成运动着的。我们知道，西方各种以中心透视法作的画，其中的空间就是一种从近景向远景伸展的大锥体（或箭状体），锥底的基底位于前景，顶端则位于地平线上的没影点。正是这锥体的空间造型，才造成了从前景向远景延伸和发展的运动趋向。

运动感还可以通过偏离事物的稳定位置而得到。经验告诉我们，一切与空间主轴（即水平轴和垂直轴）相一致的物体都是稳定、静止的。一个平躺在地上（因而与水平轴相一致）的物体会造成一种安息感；一个垂直而立（因而与空间垂直轴相一致）的物体则具有一种稳定感；假如稍微偏离这些位置，即刻便呈示出运动的迹象；如果偏离到最大程度，便说明运动达到高潮。我们知道，原始艺术和某些儿童艺术之所以看上去僵直生硬，就是因为他们画出来的物体大都与"水平—垂直"轴重合（儿童在画人时，手臂和躯体之间大都垂直）；而热里柯在《爱普松赛马》图中画的马，之所以看上去是飞奔的，主要原因之一就是马腿最大限度地偏离了静站时的垂直位置。正如西方雕塑家罗丹所说，为了使雕塑暗示出运动，"甚至是胸像，我也常常做得斜一些、偏一些、带些表情，来加强相貌的含义"①。这说明，不同的艺术再现中，偏离主轴是赋予物体动感的十分重要的表现手法。

总之，诉诸经验联想的暗示信息和促使事物运动的力的呈示，都是再现运动时必不可少的，假如二者能巧妙地配合起来，便能最大限度地给不动的物体注入展示出生命的动，这就是不动之中的动。

---

① 参见［法］罗丹：《罗丹艺术论》，人民美术出版社，1978年版。

5
音乐再现与联觉

绘画、雕塑和文学等，都能通过具体可感的再现形象反映现实，抽象的音乐艺术有没有这种再现的功能？按照某些人的说法，音乐的确有一种奇妙的再现功能。在倾听某些音乐片断时，他们似乎看到了微风吹拂的草地、广阔无边的草原、被累累果实压弯了的枝头、在起伏山谷中流淌的小溪……他们觉得，这样一些视觉的意象并不是由于音乐模拟了浪涛、号角、鸟语、风吼、蹄声等，自然界的声音形象，最主要还是由总体的音乐旋律所造成的一种奇特效果。

谁都知道，音乐是一种极为抽象的听觉艺术，它对现实的再现根本不可能靠绘画艺术中使用的那些与现实有些近似的色彩、光影、轮廓线等媒介去实现。它唯一能使用的媒介是乐音，而靠乐音在时间中的连续和变化，无论如何也不能把一幅在阳光照射下广阔草原的景象再现出来。即使作曲家和演奏者穷尽其所有的手段，也未必能做到这一点。上述事实的确是无可争辩的，但是，我们最好不要对音乐再现作机械的理解，认为一提到再现，就要像逼真的绘画那样，达到活灵活现的程度。欣赏者说自己在倾听音乐时看到了种种画面，并不是说看到了绘画造成的那种清晰的意象。音乐意象，大都不是直观的视觉意象，而是一种较模糊的联觉意象，这种特殊的意象是靠声音的动力模式与某种景物所固有的力的作用式样之间的同构实现的。通过通感作用由某种音响很快过渡到某种模糊的视觉意象，这一事实可以在日常语言的使用中得到说明。例如，当人们听到某种声音时，往往说它是"圆润的"或"尖利的"。"圆"与

"尖"不正是一种模糊的视觉意象吗?虽说这是一种简单的暗喻,但任何暗喻都不是随意的,而是以大量的真实感受为基础的。日常语言中充满着大量的这类用语,在描述声音时不仅借助视觉意象,有时还借用味觉、触觉等感受。例如,在我们听到某悦耳的声音时,会脱口而出地称它是"甜蜜的"(听觉与味觉相连)、"响亮的"、"细细的"或"粗声大气的"(听觉与视觉相连)、"震颤的"或"软绵绵的"(听觉与触觉相连)等。这些都是由诸感觉或意象之间的交错、混合而实现的,这就是典型的联觉作用。除日常语言外,文学和诗对此机制也有一定揭示。在我国古诗中,这类例子不胜枚举,有些是以声音感受描写视觉感受,有些则相反。例如,在阮大诚诗句"香声喧橘柚,星气满蒿莱"中,声、色、味感同时交织在一起,不可分辨,在这里,香气如同喧闹的声波,不是飘散在橘柚林中,而是直冲过来,给人以更强烈的感受。马子严的诗句"番腾妆束闹苏堤,留春春怎知",宋祁《玉楼春·春景》中"红杏枝头春意闹"等,都利用了听觉感受与视觉感受之间的通感,达到了奇妙的效果。

上述事例证明,声音同画面形象是完全可以互通的。这种互通主要不是经验的联想,而是靠各种感受之间的相通或混淆;这种混淆又往往是因为构成声音的"力的作用式样"与构成某种视觉画面的"张力式样"大体上同构,而不是细节上的等同。按照这一道理,如果某种声音模式的"力"的作用式样与"杨柳依依"的视觉意象达到同构,就有可能通过通感作用,在大脑中激起一种模糊的"杨柳依依"的视觉意象。事实上,这样一种原理在音乐创造中不断地被应用着,据说,西方自17世纪幻觉派代表人物阿尔钦博托起,就一直流行着"用钢琴奏出绘画"的说法,一直到瓦格纳、斯克里亚宾、迪士尼等人,上述说法仍然被频繁使用。与此相对应,美术界也流行着用色彩和线条奏出音乐的尝试(如惠斯勒)。但是,我们指出音乐与绘画的互通,并不等于承认它们等同,如果因此而得出"音乐可以代替绘画"或"以绘画代替音乐"的结论,那就大错特错了。音乐激起的视觉意象与视知觉直接获得的意象是有很大区别的,后者是经由视网膜向大脑皮层的传导而获得,前者则是大脑听觉区与大脑视觉区之间的某种合拍或接合。由于视觉意象往往是由对象直接投射而成,因而具有较大的稳定可靠性;相比之下,听觉产生的意象则具有较大的流动性,它往往只能在较短时间内保持,随后便会发生改变和转化,而且一会儿清晰,一会儿模糊。举例说,如果听觉意象是一种大海的表象，它就不是某一次在某地看到的大海，而是生活经验中多次见到的大海的混淆。在音乐声响的诱导下，联觉会使人一会儿听到大海的波涛，一会儿"嗅"到它的气味，一会儿似乎经受到海浪的颠簸和冲击……因此，这种再现虽然算不上是一种忠实的视觉再现，但仍然具有真实可信性。

有时候，音乐家为了使再现形象得到更明确的呈现，还给曲子加一个标题，以加强联觉的作用，如《维也纳森林的故事》《醉酒》《南方的玫瑰》《一个农牧之神的下午》《该死的鞋匠》《卷发的姑娘》《蓝色的城堡》等，都是极好的例子。有时候，标题指示的事物会极为具体，如德彪西的《欧石楠》《焰火》《月光》等。当然，在大多数情况下，标题仅仅是为音乐形象的形成提供某种方向，或规定某一大体的范围，而不是提供更多的信息。除此之外，某些作曲家还尽量运用声音模仿手段，如在音乐中夹杂鸟儿的叫声、风的吼声等。在某些田园交响曲中，人们还间或听到鸡鸣狗叫声、城堡中的钟声、马蹄的嘚嘚声、小溪的淙淙声等。当然，当它们出现于乐曲中时，大都已经离客观现实中的声响很远，因为它们只是有机地融化于乐曲整体之中。但不管怎样，它们是促使音乐再现得以成功的一个因素。

真正的音乐再现形象是由乐音在特定时间内的运动或变化暗示出来的，被再现事物，不管它们是静止的还是运动的，都具有自身特定的结构。静止的事物虽无运动呈现，但它们总有某种充满变化的轮廓线，有某些部分的重复，有一定的间隔等，这些都可以转化为动态的声音过程。至于动的事物，它们的动作必定有速度、强度、起伏、变化、连续、中断等性质显示出来。这些性质又正是声音过程本身所具有的，因而完全可以用乐音将它们十分恰切地再现出来。其实，这类例子在音乐中能找到许多。在柏辽兹的交响曲《哈罗尔德在意大利》中，其中有一章（第二章）被定名为《香客进行曲和晚祷》。李斯特认为，这一进行曲十分完美地将香客们的活动再现出来了，倾听这一进行曲，脑海里便会闪现出一幅幅生动的画面。从中可以听到，人们在左一遍右一遍地唱着赞美诗，还有模糊不清的晚祷对唱曲声，再加上其中穿插着具有严谨而美妙的和声的宗教颂歌，听上去"仿佛是炉中神香余烟袅袅，在空中散发出无比的清香"。再加上中提琴那优美的琶音伴奏，似乎就使人隐隐地听到"朝拜的香客们在山中行走，像是赶到一座乡村教堂去"。长笛、竖琴和圆号组成的声部最后以渐弱的音程奏出,"仿佛是表现渐渐远去的歌声和暮色渐浓的黄昏。夜终于来临,气氛宁静,天空现出最初的星光,花朵合上叶瓣,沉睡中的植物散发出芳香的气息,空中一片宁静,大自然也进入梦乡"。当乐队那极为轻柔的、微微颤动的声音完全消失之后,"我们仿佛真是置身在愈来愈暗、愈来愈静的温暖而宁馨的黑中了"。李斯特还认为,从这一交响曲的某些章节中甚至可以感受到十分具体而又细腻的再现形象,例如,第四乐章中那些描绘酒神节的独奏乐句,就极为形象地再现出"一个消瘦的、疲惫不堪的、勉强能站立得住的烂醉如泥的人,他满脸血丝、一口酒气,无力地从石桌边站起,而他的那些粗野的同伴们却仍在狂饮"。这种再现甚至直探酒神的内心状态,例如,当旋律失掉了清晰的线条,变得像一根游丝时,就十分恰当地再现出"酒神脑中那毫无联系的思想"①。

　　从以上所引的各段落中可以看出,音乐的确有着一定的再现功能。它再现出的具体而又生动的意象,不是靠一种自由的联想,而是通过音乐本身的运动同现实生活和自然事物本身的动态结构上的对应或同构来实现的。例如,音高上升下降的旋律,就有可能使人感受到一种上升和下降的运动;而特定的轮唱或重复,则可以再现出真实生活的节奏、速度和运动规律。假如一种热情的基调高出六度出现,然后再降到最低音,并使这一过程以不同的乐器在不同的高度上重复,就可以激起类似火焰冲上天际的戏剧性画面。当然,这些画面并不像绘画形象那么具体,也没有细节上的刻画,而是像高明的国画那样,把事物的本质以似又不似的形象捕捉住。有时候,具体的音乐再现也需要联想的补充,但这种联想决不能脱离开音乐本身的结构,自由地进行。任何从基本结构的脱离,都不是真正的欣赏,它最多像纯粹的回忆活动一样,重复自己原来的某些经验。

　　当然,对于主要目的在于表现情感的音乐艺术来说,再现并不是必不可少的,但为了更加成功地表现感情,将再现形象穿插其中,不仅无害,而且有益。

---

① 上述各段落均见《李斯特论柏辽兹与舒曼》,人民音乐出版社,1979年版,第76—86页。

6
由再现激起的审美经验

在观赏一件再现艺术品时，会激起一种独特的、不同于欣赏其他艺术的经验。面对着这样一件艺术品，会有两种现实同时出现：一种是线条、大理石、语言描绘、乐音等透出的再现形象；另一种是由这一再现形象想到的外部客观现实。从前者到后者，是一种跳跃或突现，甚至会穿梭似的往复多次。其实，像这样一种大幅度的扩展和变化活动，本身就是极为愉快的。当我们从一幅平面的绘画迅速过渡到三维世界中的一种景象时，当我们从一尊大理石雕像中看到一个有血有肉的健壮的人的躯体时，这种倏忽间的跳跃是多么奇妙和振奋！由艺术所再现出的种种曾经存在过或未曾存在过的景象，那种种遥远的或眼前的、历史的或现代的景象，使我们的经验一下子变得丰富起来，我们同意象世界中各种性情奇特、神态各异的人物和情景交流着，从大观园的男女到大篷车上的吉卜赛女郎，从北国草原上的军垦战士到大桥下面的知青……我们进入了不同的世界，参观着不同的国度，接触着不同的风俗，面对着种种新鲜有趣的环境，同它们进行着非同寻常的交流。这种交流增加了我们的经验储蓄，丰富了生活的内容，使我们参与到自己那局限的生活场所所不可能接近的现实之中。

当艺术再现的典型现实同自己个人经验的现实相比较时，多数人都可能有新的发现，似乎觉得这些再现形象有着自己亲自经验的现实所没有的许多重要特点。它或是呈现出被一般人忽视的一个或两个新的方面，或是让我们窥测到事物的本质和生命的核心。由这种对新奇方面的认识和本质的发现所造成的体验是极为神妙的。有多少次，我们自己也曾在大雾中穿行，在大海中行船，在果实累累的园林中散步，在茫茫林海覆盖的山路上登攀；可是，由于那时我们有着比停下来审美更急迫的事情，或者由于我们还不具备一个艺术家的敏锐眼光，所以并不觉得它们有哪些特殊的美。我们往往漫不经心，匆匆而过，即使有时去做专门的观察，也往往选不准角度和时机。但是，在艺术家描绘的形象面前，我们顿然醒悟了，艺术家为我们提供了平时看不到的东西。他们通过自己的杰出艺术再现，使普通人得以经验到他们曾经捕捉到的美好印象，感受到他们曾经有过的那种狂喜的心情。在兴奋之余，我们真切地感受到，这种创造是一种多么有意思的行动。这一分钟、一刻钟或几个钟头的艺术展示，是艺术家经过整整几个月或几年时间熬炼出来的现实精粹。在欣赏的时刻，这种精粹像一种特殊的营养（精神上的营养）流入我们的神经和心房，变成了我们生活的动力，成为我们终生的财富，在我们心灵深处竖起了有关这些美好事物的高贵的纪念碑。

但是，由于不同时代、不同流派和不同门类的艺术再现都有着微妙的不同，所以它们造成的审美体验也就不能一概而论。

那种忠实再现个别事物已有的某种偶然形态（或是选取现实中某一片断加以细致地再现）的艺术，可以造成一种酷似实物的幻觉。在这样的再现中，再现形象与现实之间，不仅轮廓上相同，甚至极细小部分（如质地等）也都似乎与现实相似。它们之间色彩上的相似是通过多彩画法获得的。在观看著名英国画家（再现画家）康斯太布尔的画时，人们会看到与现实酷似的景致：那一望无际的碧绿草地、蔚蓝色的天空、银白色的云朵、悠闲地啃食青草的牛羊，这一切景物，看上去比现代的彩色照相还生动逼真，这种画正是幻觉主义绘画的代表。任何一个观赏这种艺术的人，都好像亲身置于五彩缤纷的美好大自然之中，似乎嗅到草地的清香、大海的气息，感受到风的吹拂，觉得浑身无比舒畅，仿佛进入了一种无比清新的、生机勃勃的境界之中。这真是一种不可言传的美的享受。

某些幻觉主义的再现，常常被它的反对派攻击为照相式再现。按照这些人的意见，真正的再现不是把现实事物所有可见的细节都搬到画面上来，再现的关键不在于外观上的绝对一致，而在于通过创造，用简约的笔墨和色彩，创造出使知觉感到真实的形象。在他们看来，用少数几条线条勾勒出的画面和人物肖像，比一幅优秀的照片式再现更加接近实物的本质,因而更加逼真。这样一种倾向发展到极端,就是自然主义再现。

自然主义再现的内容,不是现实的一个偶然性片断,而是一种特别组织起来的典型;不是已有的实在,而是应该有的存在。这种存在具有广泛的代表性和典型性,它比已有的实在更加独特和奇妙,更为深刻和广泛。自然主义艺术家大都有科学的头脑,觉得艺术不应该脱离科学,它所再现的内容,应该是自己多次体验之后的结果,他的作品应该揭示支配自然外物的内在规律,它的真实不应该是个别的真实,而应该是艺术家把握到的普遍真实。这种真实带有一定的虚构性,就好像蜜蜂采集了花粉,经由一定的消化后酿成甜甜的蜜。

从这一基点出发,自然主义内部也有分化,其中有些是不正常、不合理的。例如,有一种专门强调艺术应再现某类事物中那些最经常出现的东西的平均主义再现。这样的艺术往往使人丧失兴趣,因为它不能引起观者对现实事物中某些新的方面的洞察和注意,没有独特的个性,也没有奇特的外表,一点也不能为想象增加刺激力,连智力也处于一种舒舒服服的消极状态。总之,观赏者在观赏这类艺术时,其感情往往处于一种极为平缓(似乎是无动于衷)的状态,这样的艺术造成的审美愉快显然是很微弱的。还有另一种自然主义再现则正好相反,它不是从生活中发现所谓具有普遍意义的主题,而是揭示生活中某些前所未闻的或完全被普通人忽视的特征、方面或角落,甚至去揭示一般人不愿想、不愿看或感到难以启齿的东西。如果我们注意齐白石的画,就能发现这种特征。在齐白石成熟期的艺术中,见不到广阔的山水和英俊的人物,而是人们不常注意的虾、虫、小鸡、蚯蚓等。这样一些题材的选择,本身就代表着一种独特的再现倾向。按照这一倾向创作的文学作品,也具有同样的特征,鲁迅先生的《一件小事》《阿Q正传》,老舍的《骆驼祥子》等,都属此类,它所再现的不一定是一些最崇高、最惊心动魄的事件,不是巨人和英雄的十全十美的心灵和品质,而是一些在表面看来微不足道的题材和人物。有时候,它还常常深入某一英雄或卑劣人物的心理状态中,不管它们是高尚的还是卑鄙的,甚至日常生活中隐蔽很深的,都让其在阳光下得到清晰展示。这样一种再现,常常给人一种新奇之感,而且有一种净化情感的作用;当丑的心理被揭示和鞭挞时,会使人有一种痛快淋漓之感。

西方再现艺术发展到最后一种形态，是印象主义的主观性再现。印象主义极力反对传统再现艺术的那种观看事物的方式，它不关心再现是否忠实，也不主张再现事实的全貌，而是主张按照艺术家某一时刻的主观印象，对现实做出简化处理。在印象派看来，世界给人的印象在不同时刻是极为不同的，如果抽取所谓最本质的和永恒不变的东西，就会使世界变得僵化，因此应该再现世界某一顷刻的印象。这样，在再现时，他们就要打乱或取消对象的轮廓，不作细致入微的描绘，在现场写生中捕捉事物在顷刻中的变化形态。他们努力追求的是闪烁的光，变换的色，跳动不安的空气。他们尽量使事物的轮廓变模糊，让它消融在色彩的迷离变幻之中。至于用色，也不再遵从以往的公式：树叶不一定是绿的，而有可能是蓝的；水不一定是蓝的，而是粉红色的；阴影不一定是黑的，在蓝天的返照下，它也可能变成彩色缤纷的。总之，画中呈现的一切，都不再是人们固有观念中应该有的样子，不是理性认识到的真实，而是眼睛在某个特殊瞬间的印象。在印象派发展到高峰时，有人还仅以彩点作画，在这种画中，线条全然不见了，远远看去，画面上不同的彩点似乎在闪烁颤动着，就在这种闪烁不定中，不同的彩色自动地调和起来，构成一种富有动态的印象。

由印象派绘画达到的再现，有点儿像中国画中那些"似又不似"的造型达到的再现。在这儿，我们既见不到绘画形象与确定的（理性确定的）现实之间的完全一致，又不像抽象艺术那样，抹去现实世界一切可见可触的形体，而是对世界的某些新的方面的发现。这是艺术家通过自我的真实感受发现的新世界，而对于观赏者来说，这新的世界为自己的生命增添了新的价值，艺术家教会了观赏者观看世界的新的方式，就像透纳教会了英国人如何观看伦敦的大雾一样。

第6章

表现与审美经验

1

什么是表现

什么是表现？表现与内在情感活动有关，简单说来，表现即内在情感的外部呈现。在心灵内部的情感过程是隐蔽的，然而并不是绝对看不见、摸不着的；是复杂的和瞬间即变的，但并不是不可以将之简化和抽象的。最简单的感情可以通过种种简单有趣的身体动作和面部变化表现出来，较复杂的感情则要通过复杂的情势才能表现出来。例如，通过一种有起始、有高潮、有结尾的活动去表现，通过一幅复杂的绘画、一首诗、一幕剧或一部乐曲去表现等。在我们的日常语言中，有许多字眼和成语都不仅仅是给外部客观事物赋予名称，而是指内在情感的外在表现，如"咬牙切齿""张口结舌""泣不成声""点头哈腰""昂首阔步""卑躬屈膝"等。它们刻画的动作，发生于身体的不同部位，有的是眼睛、眉毛、嘴唇和脸蛋等，有的是四肢、肌肉和毛发等。它们的表现不同，代表的内在感情亦不相同，有的是怒，有的是喜，有的是悲、烦、愁、闷等。但在这些不同的表现中又有一种共同的东西——它们都是身体从正常状态的偏离。在不动感情的时候，身体各部分往往保持和谐、平稳、对称、规则的状态，一旦内心感情集聚或爆发，身体的某些部分（或全部）便变得"紧张"起来。如果注意观察，就会发现，内心感情愈是激烈，身体从正常状态偏离得就愈厉害，在感情激烈到极点时，就要"双眉倒竖"或"怒发冲冠"了。

内在感情不仅可以通过身体媒介直接表现出来，还可以通过人对生活环境的安排，或是通过人制造的器具和其他产品间接地表现出来，在更高的水平上，还可以通过书法、语言（文字）和艺术创造等表现出来。举例说，他住的房间是整齐有序还是肮脏零乱，他的墙壁涂成冷色还是暖色；甚至他的穿着上的微妙变化，语言吐露时声调的高低起伏；他为某幅画、某段音乐或墨迹赋予的意义，他见到一个木偶时为它编造的故事情节，他对戏剧中某一角色的解释，他选择来吟诵或书写的诗句，他创造的绘画或诗篇等；这一切活动或活动留下的产品，都会或多或少地表现一个人内心的感情。

可见，人类的表现活动是极为复杂的，它有形形色色的种类和方式，有的明确、有的隐蔽、有的直接、有的间接。但是，从人类情感表现的总体发展过程来看，我们最好把它们分成情感的自然表现和艺术表现。情感的自然表现是人类生存活动和竞争活动的工具，情感的艺术表现则是人类对自我内心生活的认识、丰富和发现。在历史发展过程中，这两种表现相互支持和作用，从而使人类内在心理结构不断发展丰富。为了使叙述明确，还是让我们分别对其作一番分析吧！

2

情感的自然表现

情感的自然表现是日常生活和交往中的一种手段，它与情感的发泄不同。虽然表现与发泄都是由内部的一种躁动不安所激起，但在效果上却不相同。所谓情感的发泄，就是为内在的躁动不安寻找一条渠道，使之流泄出来，一旦这种躁动通过身体活动（或其他方式）释放出来，它们二者（内在激动与身体活动）便一起消失。所以杜威说："发泄即解脱和消除，表现却是保持、向前发展，不断加工直至完成。"这二者的区别是很明确的。表现既然是用于人与人之间的交往，或是以自己感情影响别人，它就不能仅仅是发泄。失声痛哭固然可以使人轻松，疯狂地打碎家具固然可以使心中一腔怒火消灭，但对发泄者本人而言却没有想要用这种行动去影响别人①，因此，在发泄中就没有对客观条件的控制和对体现激情的材料的组织，更不会使情感成形和得到保留，发泄一旦结束，情感也就消灭了。杜威称这种发泄为"自我暴露"，人们常常把这种行动误称为"自我表现"，我看称之为"自我暴露"倒更恰切一些，它只是对另外一些人暴露出一个人的本性，而在这个人本身却是一种不自觉地泄露。杜威称为"自我暴露"的活动，往往是在失去理智或不具有理智的情况下进行的。一个刚出生婴儿的哭声，对母亲和保姆可能是一种表现。但对小孩子个人来说，他根本就不是在表现，

---

① 当然，有时二者很难区分，在很多时候和许多情况下如夫妻吵架，打碎家具是一种向对方的示威性行为，表示愤怒已忍无可忍，这时家具只不过是被"恨"的人的替代物，这种行为已发展成"表现"。

他的哭同打喷嚏和喘气一样,都是一种本能活动。对于成年人来说,这种"自我暴露"活动一般容易在一种暴风雨般的激情中发生,这种激情是淹没一切和横扫一切的,它只是按照自己的生理惯性发泄,根本不容理智插手。因此,对行动的人来说,只有发泄,没有表现。对于旁观者,则要区别各种情况,有些人(了解底细的人)会把它看成暴露,多数围观者会把它视为表现,甚至带有欣赏的态度说"这愤怒的表现多么有气势"。但从总体上讲,这种本能的或习惯性的感情冲动,还算不上什么表现。

总之,在情感表现与情感发泄之间,既有共同的东西,又有较大的区别。相同之处是,它们都是将内在情感表露在外的活动,但是这种外露的等级却不同。情感发泄是身体之自卫机制的一部分,内在情感一旦集聚,身体便感到某种"紧张",只有寻找某种渠道流淌出来,身体才感到轻松。因此情感的发泄往往是不可避免的,即使那些受过特殊训练的人或饱经风霜的人,也不能将自己的内在情感完全掩盖住。即使找不到直接的渠道发泄,也会以间接的渠道去发泄。举例说,内心有一种仇恨的感情,如果因仇人不在场而不能直接发泄,也要在梦中或白日梦中导演一场复仇行动。情感的自然表现便不同了。当某种情感在心中积聚时,表现者并不是不加克制地发泄出来,以求痛快,而主要是想到以何种方式去外化出来,使别人分享,人们常常用"奔走相告"形容一个人在极端高兴时的情景,极端的高兴会使人再也坐不住,极力想把这种高兴传达给别人,于是跑到邻居或朋友那里,但怎样才能使别人感受到同样程度的愉快呢?这就要采用绘声绘色的描述和各种愉快的表情。

大量材料证明,不同的内在感情有不同的外在表现方式,而大多数表现方式在世界各民族当中又是通用的。比如,痛苦时要流泪,高兴时要发笑,忧郁时要皱眉。这样一些表现方式似乎是人生而有之,不学即会的。如果果真如此,发泄与表现就没有区别了。究竟如何解释这个问题呢?这样一些看上去巧妙的表现方式是怎样来的呢?

对这个问题,达尔文曾经做过较为细致的研究。[①] 达尔文以进化论的观点,反驳了

---

① 西方对表现问题的研究,自文艺复兴时代就开始了。拉玛佐在其论文《论绘画》(1584)中,曾首次对人类的各种情感表现进行了较详细的分类;继而又有布鲁恩的《论情感表现的不同特征》。这部著作在其发表之后的两个世纪之内一直被誉为研究表现问题的经典著作。进入19世纪之后,表现问题又受到了一批哲学家和自然科学家的注意。尤其是查理斯·贝尔(1806—1884)在其《艺术表现的解剖和哲学》中对表现作的科学分析,更为系统和详细。

前人在表现问题上的种种糊涂见解，尤其是对过去的一些权威人士（尤其是查理斯·贝尔）的看法——认为"人天生就有一部分肌肉组织用于表现情感"的看法，他对此进行了激烈批驳，并提出了一套新的看法。他花费多年时间搜集这方面的资料，对各地人类的情感表现作了比较性研究。最后声称：人类现有的表达感情和情绪的方式，乃是由进化而来。开始时，情感表现完全服从于一种生物学的目的。到后来，由于这种生物性功能愈来愈频繁地在一种更为复杂的社会生活圈子中使用，使其逐渐成为遗传。达尔文为了证实这一观点，曾对"蔑视"这种感情的外在表现作了具体分析。他指出，这种感情的通常表现是把鼻子皱起来，上嘴唇呈卷起状态。但有趣的是，这样一种脸部变化在一些生物性反应中也不乏见到，例如，当动物或人在嗅到一种难闻的气味时，脸部也会发生这种变化。达尔文由此推断说，人用来表现"蔑视"的这一脸部表情，很可能是由那种因坏气味引起的恶心状态逐渐衍化而来。①

达尔文还用相同的方式研究过其他一些比较典型的情感表现。这些研究都证实，人类现在使用的大多数情感表现方式，均可以在其生物性的"刺激—反应"活动中找到痕迹。有些材料还证明，那些引起某种生物性反应（如引起恶心）的刺激物，在特性或结构方面同那些引起相应的情感表现（如蔑视）的刺激物有类似之处。当然，这些原始的生物性反应究竟会不会遗传到今天，还要取决于进化的环境，但不管怎样，它们的痕迹仍然保留在许多自动的情感表现——如微笑和皱眉中。由于这些经遗传而形成的自动情感表现在人类分成各个不同的种族之前就已经具备了，所以它们均有着相当大的普遍性。

达尔文所进行的认真研究，对回答这一"自然之谜"做出了应有的贡献，但是其片面性仍然是显而易见的。大量人类学和社会学的材料表明，仅以自然本能的遗传来解释情感表现，在很多地方是说不通的，何况有许多感情表现并不具有普遍性。仅以"惊奇"的情感表现为例，在西方文化传统中，它一般表现为"瞪大眼睛"，而在中国则是"张大嘴巴"。假如一个中国人两眼圆睁，那不是表现惊奇，而是表现愤怒。这说

---

① 在《人和动物的情感表现》中，达尔文这样描述说："极端的蔑视和厌恶是通过某种类似想呕吐时的脸部活动方式表现出来的。人在想呕吐时，他的嘴便张大，上嘴唇强烈收缩，继而引起鼻侧皱起来。与此同时，下嘴唇也最大限度地突出和外翻。后面这一动作又要求肌肉收缩，其结果是使得口腔中央下垂下来……从我在世界各地的通讯员对这一表情的调查中可以看出，世界各地的人在表现蔑视和厌恶感情时，脸部都会经历这种变化。"

明，情感的表现至少还要受社会文化因素的影响。正因为如此，达尔文对于表现之先天遗传性的强调，后来又受到了另一派人的反对。这一派人认为，现存的这一套情感表现方式主要应归之于特定社会中的学习行为。奥托·克里乃堡曾指出（1938年），情感表现并不一定是世界通用的，例如，中国人和西方人在表现同一种感情时，其脸部表现便大不相同。这种不同可以从他们各自的文学作品的描述中得到证实。很明显，这种见解又走向另一个极端。学习固然重要，但人类具有的许多情感表现并未经过特别的学习，这一事实同样是不能推翻的。究竟怎样看待这个问题，保罗·艾克曼于1971年提出的见解具有一定的参考价值。艾克曼认为，任何一种情感表现，都是两种不同的活动（学习和遗传）共同作用的结果。艾克曼指出，似乎存在一种由先天规则指导的"脸部感情表现程序"。所谓先天的或内在规则，就是当人们具有愉快、发怒、厌恶、恐惧、悲哀等内在情感状态时，由内部产生的一种指导脸部变化的规则。这种规则在人与人之间是相同的，因而是普遍的，也是不管生活在哪个文化传统中的人都遵守的。但是，这些先天的规则不可避免地还要受到特定文化中学习行为的修正或改动。学习行为可以使内在感情按照先天规则表现出来，也可以通过不同的方式将这些直接的和自动的表现加以伪装、削弱、中和或加强。以某种葬礼为例，在不同的文化中，有的用它来表现悲哀，有的则用它来表现欢乐，这主要取决于人们学习到用葬礼这一特定情势去表现什么？再如一种张望的动作，有时可用于表现恐惧或焦虑，有时又用于表现盼望，它究竟表现什么，要取决于人们学习到的规则。总而言之，人们的表现及其对表现的反应，是由上述两种因素共同决定的，任何单方面的解释都是片面的。我们看到，艾克曼的解释兼顾两个方面的作用，因而是比较全面的。

但是，这一学习过程究竟是如何进行的？杜威在这个问题上的研究有一定的启发性。杜威认为，现有的许多情感表现模式，是在不断被人类当作达到某种目的之手段的过程中逐渐完备的。感情的发泄是盲目的，初生婴儿的啼哭，完全是一种生理反射活动，幼婴没有把它当作手段，更谈不上对自己的活动进行组织和控制。当幼儿一天天长大时，便发现自己的行为会产生某种效果。例如，他的哭泣会引起别人注意甚至使别人走近他，他的微笑会引起别人同样甜蜜的微笑。这时，他便开始认识到自己动作的含义，从而使这种开初时仅仅是由内驱力激起的反射动作转变为表现。只有这样，他才真正具备了以自己的行为为表现的能力。"这就是说，表现之所以是表现，就在于它已变成达到某种目的的手段。表现的种种模式，是人类在进行种种有目的的情感流露活动中逐渐形成的。一个孩子（或一个原始人）观察到自己的某些自发活动（如哭和笑）会在周围的人身上产生某种效果，便开始有目的地重复进行这种在以往是盲目的活动。也只有这时，他才开始按照这些活动可能产生的效果来蓄意地安排和组织它们。在这种情况下，孩子（和原始人）的哭便成了有的放矢的活动，例如，用啼哭引起他人的注意和安慰，用微笑来讨好别人；在这种情况下，上述活动便由一种本能的、自发的和无目的的发泄本能转变成一种用来表达某种效果的手段，例如，表示欢迎的动作要用微笑，有时还要握手或鼓掌，表示尊敬或崇拜要点头屈膝等。这样一些作为手段的表现活动逐渐演变成某些情况下不言而喻的活动，似乎成为遇见朋友或师长时的基本情感表现方式，其实这不过是由习惯转变成的自然。但即使是自然的，其中也已经有了技巧性的东西。换言之，任何作为手段的表现都要比本能的情绪发泄更加微妙。比如一种笑，对于初生婴儿来说，不论什么样的刺激，只要他感到愉快，都会做出"笑"的反应，而在作为手段的笑中，就有了"讨好的笑""寒暄的笑"等区别。这样，那种最初的无区别的笑，便变成了人类之间交往的更加文雅和普遍的方式。所以杜威认为，只要表现成为达到某种目的的手段，它就超越了本能阶段，进入艺术领域，艺术的表现包含着一种根本态度的转变——人们在做出某种巧妙的举动时，开始考虑到他在人类交往活动中的地位和关系，从而使初时的盲目冲动成为一种艺术冲动。

当然，杜威在日常情感表现与艺术表现之间不加区别的观点，我们是不能同意的（后边还要谈），但是他以"手段"来解释情感表现的形成却是不无道理的。手段，在一定程度上说来，就是一种有目的的实践活动，无数手段加在一起，便构成了人类整体的社会历史实践。而各种表现行为便是这整体人类实践中的最微妙的成分。因为人类对它们的使用不是随意的，而是根据它们在一个变化无穷的环境（即其他事物和其他人群组成的环境）中的作用和地位而使用着。因此，表现作为手段，既是实践的构成成分，又是实践的丰硕果实，它同人类的知觉能力、思维能力和想象能力一起成熟起来，都是人类无数实践活动在心理结构中的积淀，虽然它的外在表现是本能的、无意识的，但实质上却是实践的光辉结晶。

3
情感的艺术表现

　　人类的自然情感表现已发展到相当完美的状态，它作为人与人之间交流的手段，极其有效地推动着人与人之间的交往和理解活动，从而推动人类生产和社会实践活动不断向前发展。但即使如此，我们仍然不同意像杜威那样，把情感的自然表现等同于艺术表现。不可否认，自然表现与艺术表现有着相近的地方，但从自然表现到艺术表现仍然有着相当一段距离。它们的区别究竟在哪里？这正是本节所要探讨的。在艺术刚刚发源的远古时代，艺术表现与自然表现似乎是交融一体的。那时，人类的语言文字还未发展，人与人之间的思想与感情之间的交流、人对大自然和上苍的膜拜，大多是用手势动作进行的。一个手势动作，既可以把某种事物的形状、距离、大小和神态表现出来，也可以把一个人的爱憎感情传达出来。在原始的歌舞动作中，既有模仿生产劳动、秧苗生长、狩猎捕鱼的动作，也有直接发泄内心的欢乐、愤怒、崇敬、恐惧、希冀的自然感情动作，而现代歌舞中见到的那些规则，优雅、轻盈的步伐和动作，在最初的舞蹈中只不过是直接抒发感情的茫然动作，或是声嘶力竭地狂喊，或是疯狂地旋转和跳跃，或是激烈地摇摆。这样一些自然的情感表现动作，经由人们的选择和整理，便逐渐演化成艺术的表现。举例说，在古印度的那些有关古代祭礼、舞蹈、戏剧和歌曲的书籍中，就曾经对自然感情表现如何进入艺术作了详尽的规定和描述。有的书区分出九种主要的人类感情，而且为每一种感情都规定了特殊的身体表现（手势或其他身体表现），例如，有50种布哈瓦动作（各种持续的或短暂的较高雅的动作），14

种哈瓦动作（少女用于吸引年轻男子并使之屈服于爱欲的姿态动作），还有无数种其他表情动作。这些动作不仅引进了各种不同的以四肢表现感情的自然动作，还引进了14种不同的头部表情动作、71种不同的手部自然动作。这些动作大都保存了自然感情表现的原色，即使有改造，也仅仅是对其作了少许的规范和整理。

然而，即使原始艺术对自然表现进行了大量引用，这些引用仍然是根据具体情势有选择地进行的，而且一旦某种自然动作进入艺术，它便成为艺术整体的成分，与日常生活中的自然感情表现有了较大区别。当艺术进入比较高级的阶段时，这种情况就变得更加明显。因为愈到高级阶段，对自然感情表现的改造、选择和修正的程度就愈大。与艺术表现相比，自然表现毕竟是模糊的、微弱的和不完整的，如果原封不动地把它们放到艺术中，就不可能与艺术整体融为一体，从而无法让人理解，更无法起到很好的交流作用。我们暂以最常见的自然感情表现——哭和笑为例。在日常生活中，这两种表现是经常发生的，但在艺术中就不能照搬，如果在戏剧舞台上让日常生活中的号啕大哭或狂笑动做出现，不仅不会引起观众的感动，反而会引起一片笑声。舞台表演（尤其是戏剧）必须仔细研究这两种感情的实质，分别在不同情况下以最简练和最具暗示性的动作把它们传达出来，否则就会闹笑话。我们知道，痛苦和欢乐，本身有各种不同的表现，号啕和狂笑仅是其中一种，且不一定是最典型的或通用的。如果在不该使用它们的场合使用，便会给人以虚伪的印象。在日常生活中，许多内心不太痛苦的或不欢乐的人，不是同样可以做出大哭或大笑的动作吗？相反，许多真正陷入极度痛苦的人，反而默不作声，有的甚至在痛苦的煎熬中仰天大笑。因此，单凭自然表现而没有艺术地整理和加工，以及背景的衬托和交代，是很难做到明确表现的。在这方面，西方作家奥维德对萨比纳女人的"恐惧"情感的各种不同表现的描写，给我以很大启示，他写道：

她们的恐惧都是相同的，
但她们的表情却大不一样。
有些人在撕扯着自己的头发，
有些人则呆坐在地上一动不动；

>   有些人绝望地喊爹叫娘，
>
>   有些人却默不言声；
>
>   有些人在向上帝祈祷，
>
>   有些人则听天由命；
>
>   有些人准备逃离险地，
>
>   有些人却呆若木鸡，不能行动。

每一种感情都有如此之多的自然表现，艺术究竟应该选择哪一种呢？这主要取决于由时代、环境、场合和艺术的风格、内容等因素造就的主要情调或氛围。这种根据主要情调或氛围进行的选择是极为严格的。任何主导情调都会自动地排斥异己的东西，假如异己的表现进入，那无异于将沙子揉进眼睛。在大多数情况下，艺术家体验到的主要情调（氛围）比得上尽职的哨兵的机警和主动，他总是主动寻找问题，寻找支持自己和完善自己的东西，只要进入他的圈子的东西稍有异物，就会立即引起紧张。可以说，只有当艺术赖以存在的整个情调不存在时，与之相异的东西才能进入，而这样的艺术也就不成其为艺术了。

自然表现不能随意进入艺术，还有另一个原因。达尔文曾注意到，虽则同一种情感的自然表现有多种多样，但不一定能反过来从这些表现中准确地推断出它们究竟表现了什么样的感情。感情本身是一种极为细腻、微妙的变幻莫测的东西，仅以"不喜欢"这种感情为例，由于它"仅差一点"便转变为"恨"，因此很容易与"恨"相混；再者，当人们内心具有"恨"的感情时，一般不愿意（或不容易）在自己的身体动作或脸部表情中显示出来，除非在严肃的场合或是不能控制的时候。由于上述原因，人们一般不容易通过某些外部身体动作准确地推断其内在感情。达尔文这样说："发怒、愤慨与狂怒，这三者之间存在着极小的差别，同样，它们的一般外在表现也无多大差别，正如很难把轻蔑、鄙视以及蔑视几种内在感情的外在表现区别开来一样。有时候，甚至连嘲弄、挑衅和厌恶的外部表现也难于区分。"

从总体上看，仅仅对感情的自然表现（尤其是身体表现）进行加工、修补和选择，还不能很好地刻画内在感情。在细腻性、准确性方面固然做不到，在整体结构方面就更差。因为身体作为一种表现媒介,是笨拙的、粗糙的,它不可能再现内在感情的微妙性和瞬间万变性,也不能把内在感情完整的动态结构清晰地呈现于人们眼前,它们最多只能把内在感情中的一些突出部分(或是最强烈的部分,如愤怒、欢乐、羞愧等可以叫出名字的高潮或高峰部分)"孤立"出来,但这样一来,表现也就不具有吸引力了,一方面是因为它们与日常生活表现无多大区别,另一方面是其模糊性。正如苏珊·朗格所说,一个孩子号啕大哭时的表现,比一个艺术家歌唱时的情感表现不知强烈多少倍,但又有谁愿意花钱到剧院去欣赏一个孩子的号啕大哭呢?这说明,情感的自然表现距离艺术表现还相当远。正因为如此,真正的艺术表现(注意,不是再现)都不愿意以人体为媒介。这也许是我国艺术历史上喜欢以山水画(花鸟虫鱼)或抽象的笔墨书法表达内在感情,而不喜欢以人体的自然动作去表达的重要原因吧!

情感的自然表现与艺术表现之间的差距,还可以通过语言的使用加以说明。① 我们知道,语言不仅能表达思想,描述事物的状态,还可以用来表现感情。但是,语言的自然表现与艺术表现是有极大区别的。举例说,当一个人发怒时,如果以日常语言去表现,他最多会说"气死我了"或"真把我气坏了"。而在艺术的语言表现中,一个发怒的人就不好用这几个字去表达愤怒了。而是通过形象和比喻,例如,"就是上刀山下火海,我也要报仇",或者是"气得我七窍生烟",等等。比较上述两种表达,前一种是抽象的、概念性的表达,后一种却有了比喻和描述,是在用一种意象表达。类似"生气"或"发怒"等字眼,它们的含义是固定、明确、单一、不变的,是一种"死"的东西,而内在情感本身却是动态的、变化起伏的、模糊的和活生生的东西,用前者去表现后者,无异于用"死"的东西去体现一种"活"的东西,用一种固定不变的、公式化的东西去体现具体灵活和富有个性的东西。这样的字眼当然不容易把内在的感情生动地表现出来。真正的艺术语言,一方面要有语调语气方面的起伏变化,有押韵、有气势、有节奏;另一方面还要用明喻、暗喻等去唤起一种意象。这种意象同内在情感有着相同的动态结构,因而能生动地传达出内在感情的发展过程。

其实,有没有意象出现,不仅是日常语言(自然)表现同艺术语言表现的区别所

---

① 当语言发展起来时,它除了交流思想,也能表现感情,从而会进入艺术。

在,也是一切艺术表现同自然表现的区别所在。对此,西方古代的奎特利安曾有过这样一段生动的表述:

> 重要的是,欲想使艺术表现的感情使别人信服,首先需要自己信服;要想感动别人,首先必须感动自己。但是,一个作家怎样才能做到这一点呢?他怎样预先在自己心中滋生出使自己受感动的感情呢?感情难道不是很不容易受自己控制的吗?对于这一点,我的看法是:有一些经验,它们被古希腊人称之为"幻觉",被罗马人称为"梦象"。在这样的经验中,那些不在眼前的事物会栩栩如生地呈现出来,以致看上去如在眼前。我认为,只有那些能在瞬间滋生这种幻觉经验的人,才能最大限度地支配自己的感情。有些作家曾生动地描写过具有这种生动想象力的人,说这种人能够使事物、言谈和行为以一种最真实的方式呈现于眼前,他们称这种人为 euphanlasiotos。如果愿意的话,这些人可以随时使自己进入想象世界。普通人有时也有这样的经验,当我们的头脑空虚或被白日梦中的幻象吸引时,我们的眼前便会呈现出一连串的幻觉——我们想象自己到国外旅行,在横穿大海时与海浪搏斗,与异国人交往,享受着不属于自己的财富,等等。这时,我们觉得自己似乎不是在做梦,而是身临其境。我可以肯定,人们随时都可以利用这些幻觉去表现某种感情,举例说,当我可怜一个被谋杀的人时,眼前会不会立即浮现出谋杀时的种种情形呢?谋杀者突然从某个隐蔽的地方跃出来,被杀者吓得发抖,继而是喊叫救命、乞求饶恕或企图逃走,继而是致命的一击,翻身倒地、鲜血涌出……这些情景难道不会进入我们的脑海里?

很明显,奎特利安强调了艺术表现的一个最主要的特征,或者说点出了艺术表现与自然表现的主要区别所在,这就是艺术家在表现一种感情时,并不是像常人那样,不由自主地将它发泄出来,在发怒时不一定暴跳如雷,在欢乐时不必蹦蹦跳跳、手舞足蹈;而是首先进入想象境界,将情感化为意象——一幅画面、一种情景、一桩事件等。这些意象不是随意的,而是与他表现的情感有着极为密切的关系。[①] 正因为这样,

---

① 用格式塔心理学的话说,这是一种异质同构关系。

当这种意象以各种媒介（绘画、雕塑、诗歌、音乐……）体现出来时，便能迅速在观众心中唤起同样的感情。奎特利安所说的"要想感动别人，首先必须感动自己"也正是这个含义。当然，奎特利安想到的意象，也许仅仅局限于一些再现性的写实景象或事件，而不包括现代人所说的抽象的几何线条或构图。说到底，就是通过再现达到表现。表面上看去是在描述景物和事件，实则是表达自己的感情，或是对自己的内心感情进行解释和披露。①

　　奎特利安的这一思想，在近代的克罗齐与科林伍德那儿得到了系统的发挥。克罗齐用"直觉"一词划分了艺术与非艺术的界限。所谓"直觉"，就是使尚未获得任何形式的内心感情获得形式，而感情转变成形式之时，亦即头脑中涌现出某种意象之时（头脑中一旦形成情感意象），情感就得到了表现。因此，直觉就是情感的表现，直觉中产生的情感意象就是艺术，当然，直觉是一种心灵的综合活动，它有时能获得成功，有时也会失败。成功的表现，就是给内在情感找到一个恰如其分的意象。如果二者合拍或对应，便产生快感，就价值来说，便是美；如果二者不合拍、不对应，便产生不快，便是丑。这样一来，克罗齐便对艺术的表现做出了规定：只有当情感在头脑中转化成意象时，才算得上艺术的表现。在克罗齐之后，科林伍德对这一表现说作了进一步的详尽发挥。按照科林伍德所说，情感的存在与自我对这些情感的发现和认识是两回事，而艺术表现就是对自我内心的感情状态进行清理和认识。这就是说，在艺术表现之前，存在于自我内心的各种感情和情绪，不管是真实的、回忆的，还是想象的，总体上是一种模糊的兴奋或躁动，因而不可能在自我的经验中清晰地显现。换言之，对艺术表现来说，并不是由自我预先知道了它们是一种什么样的情感，然后再去寻找机会为它觅得一个合适的意象，而是情感与意象同时出现。确定意象就是对自我情感的发现，只有确定了以何种意象表现这种总体的兴奋状态，他才能真正地同这种情感相会、见面。这种初次的相识也同人与人之间的初次相识一样，是通过对它的意象的形状、轮廓、运动、张力的观照而实现的，只有这样，这种情感才能得到真正的理解、领会和把握。科林伍德强调说，一个作家，如果在写作之前，就已经意识到他要在读

---

① 西方古代的戏剧理论就是立足于这一假说。

者中唤起什么样的感情，他就什么也表现不出来。因为在这种情况下，他只是运用理智去唤起别人的感情，而自己却无动于衷。而一个真正的艺术家却不是这样，他在表现之前，并不知道这是一种什么样的感情，也想不出这种感情的效果，如果他能想出，他就不必去表现它了。事先想好会在观众中唤起什么感情的人，不配为艺术家，艺术家做的事情是表现感情，而不是唤起感情。唤起感情是聪明的手艺人或世故的普通人做的事情。这样一来，科林伍德便在艺术表现与熟练的自然表现之间清楚地画了一条线。他反复强调，艺术表现就是某种内在情感得到"明朗化"的过程。所谓"明朗化"，也就是"意象化"。在我们的审美活动以及同外部世界的其他交往活动中会产生种种莫明其妙的心境、情绪，这些东西不是人们日常生活中（普通人）所感觉到的那些确定的感情（喜、怒、哀、乐等），而是与某种情景、某种遭遇或某种意象融合在一起的一种流动的、微妙的、无法言传的感情，这些东西一经艺术表现的"明朗化"过程，便得到确定。科林伍德由此认定：艺术家表现自己情感时的那种着迷的形式冲动，并不是来自于一种想传递日常生活中种种确定的感情的愿望，而是来自于自身想理解自己尚未理解的微妙感情的需要。通过将这些感情化为形式，就能对这些感情消化和理解，与此同时又把它们保留下来，只有这时，那种因为对这些感情的无知（或因为不能捕捉到这些感情）而造成的压抑感才能得到释放或放松（亦即使内在紧张消除），人才能感到愉快。

"克罗齐—科林伍德表现说"，是西方一度兴起的浪漫主义艺术思潮在理论上的总结。在我看来，它的主要贡献是澄清了情感的发泄、情感的自然表现与情感的艺术表现之间的区别。情感的发泄，大都是在失去理智或失去控制的情况下进行的，一个人在极为愤怒的情况下，可以把家具打坏，甚至把仇人杀死，这固然是一种情感的表现，但绝不是情感的艺术表现。情感的自然表现，则是一种生活的手段，大都是预先想到要用某种情感达到某种效果（如引起别人什么样的反应），而情感的艺术表现却带有创造、发现、整理、组织或探索人类感情之奥妙的性质，因此，它的主要着眼点不是放到情感的发泄上，而是对自我内在情感的形态或本质进行发现、认识，最后使它的完整形式呈现出来的活动。正因为有这样一种根本的区别，人们才把情感的艺术表现说成是一种想象的情感表现，这是不无道理的。

4
是符号性表现还是自我表现

认定艺术表现就是一种自我表现，这种看法同样带来一连串无法解释的现象。按照这种说法，艺术家表现的感情是完全属于他个人的，假如他表现人人都常常感到的那些喜怒哀乐之情，那他的作品就没有多大分量了。这种说法虽然在某种程度上说是对的，但又有明显的漏洞。人们会问，如果艺术家表现的仅仅是属于自己的那些感情，为什么许多男性的艺术家会在艺术品中成功地表现出许多女性才能经历的微妙感情呢？如果一个诗人在诗中表现了一个奴隶的感情，那他是否首先应该是一个奴隶呢？在莎士比亚写的戏剧中，曾成功地表现过形形色色人物的感情，有国王、王子、奴仆、勇士、少女、妇女，这些表现都描写得那样深刻、实在和惟妙惟肖，我们能否因此说莎士比亚本人一定亲身经历了这种种的悲欢离合呢？这显然是不可能的。人们还会反过来问，即使有一个人能亲身经历过许多复杂微妙的感情，他是否就一定能成功地将它们表现出来呢？据说，有些人在写作时常常激动得不能入睡，有时甚至泣不成声，但是看他的作品，却仍然是干巴巴的，毫不感人。在艺术进入现代之后，继而又出现了这样一种奇怪的现象：虽然有些音乐是用电子创作和演奏的，但在表现感情方面却与某些有名的音乐家的作曲不相上下。这种现象又怎样用"自我表现说"去解释呢？如果不能解释，就需要重新考虑艺术表现问题。艺术表现的感情究竟是什么样的感情？——是个人的还是人类的，或者说，是个人在其有限的生命中亲身经历过或感受过的，还是他通过许多简便的、间接的方式领会到的（尤其是符号认识）？它们仅仅是几种叫得出名字的人类感情，还是指整个内心生活之流？表现这种感情的最主要的方式和媒介是什么？它与人类内在感情之间是什么样的关系，是象征关系还是同构关系？这都是 20 世纪以来美学中经常讨论的问题。人们比较一致的看法是，艺术表现本质上是使内在感情获得形体（或以特定的媒介去体现）的活动，这些感情不一定需要艺术家亲身体验到，在很多情况下，它们是通过一种"想象的同情"活动领悟到的。T. S. 艾略特认为，对感情的领悟，就是对能体现某感情的一套客观关系（或结构）的领悟。以艺术形式表现感情，唯一方式就是为之发现一套客观关系。所谓一套客观关系，是指相当于这种感情之结构的一组物体、一种情势、一连串事件等。① 莫瑞斯·琼斯则从语言学角度看待艺术，认为艺术本质上是一种情感语言。他在《情感语言》一文中提到，通过这种语言，艺术家对变幻不定的情感进行探索和发现，并赋予它们以名称和栖身之所。他还进一步指出，感情一旦在艺术中栖身，它便变成一种非个人的东西，正如对"真"的发现一旦获得逻辑形式，便成为非个人的一样。如果人们要问：一种艺术品究竟表现或体现了谁的感情？我们的回答是：它们就是那些使用着共同的（艺术）语言的人们的感情。这些人对自己存在的社会所使用的特殊艺术语言的特征、规则、技巧和风格传统，都了如指掌。这些感情不是艺术家和欣赏者个人生涯中经历的个人感情……认识一种感情就像理解某一种陈述的含义，而这种理解所赖以进行的条件同领会一种感情的条件相同。按照这种见解，感情不再是某个创造者或欣赏者亲身经验到的，而是通过一个社会中共同使用的艺术语言（情感语言）间接认识到的。正如人们对大部分科学知识的掌握可以通过语言间接掌握而无须亲身试验一样。这意味着，当人们欣赏一件艺术品时，就是在领会一种具体的情感语言。通过对这种语言具体情调的领会，可以观察、体味和直接把握它的情感内容，而不必把自己同扮演的角色等同起来，至少不会出现日常生活中的那种真实的情感反应。很明显，欣赏艺术是一种带有情感色彩的认识，而不是一种情感的反应。

这样一种基本的见解，在苏珊·朗格的符号美学中得到更加详尽全面的阐述。② 朗

---

① 对于艺术品中的一件物体或事件如何成为体现某种感情的"结构"或"客观关系"的问题，在维特根斯坦哲学学派中被进一步作了较详细的阐述。

② 苏珊·朗格的思想又是在德国哲学家卡西尔的影响下发展起来的。

格认为，艺术是一种表现人类情感的符号，它并不是直接表达艺术家个人的情感，而是表现他领会的某些人类情感的本质，或者说，是经由符号抽象了的人类感情，他表达的是一种对情感的认识。但是，说艺术是一种符号，并不意味着把它等同于普通语言。这两者有着重大的区别。① 朗格认为，艺术乃是一种类"肖像符号"。一个人的肖像，当然是经由艺术家对所画之人深刻的观察，捕捉其最有代表性的特征（抽象）之后画成的，肖像不同于相片，但在基本结构上却相似，这正如交叉路口的十字牌，它是一种符号，有很高的抽象性，但又与它代表的东西的形象有结构上的相似。这种符号同代表医疗卫生的红十字符号不同，红十字本身也有一定的结构，但它的结构与医疗本身之间没有什么相似之处，它们之间的联系是人为的、习俗的，是人们从外部强行加于它们的。朗格认为，艺术符号不是普通的语言符号，而是一种特殊的"肖像性符号"，换言之，是为情感画的肖像，或者说提供了一种与某种感情或内心生活在感性结构上相同的式样，这种式样不是模仿或再现，不是某种具体感情状态的再生。而是将这些感情的式样形式、节奏或某种感性状态的完型结构呈示出来。在《心灵》一书中，朗格进一步将这种情感的肖像说成是"情感形式的意象"。所谓"情感形式"，是指内在情感生活的涨落，例如情感的产生（升起）、发展、纠缠或逆转、中断、沉落的方式，如何在外部活动中逐渐耗散的，或如何在隐蔽活动中被掩盖的等。对于这种情感的形式，艺术家是凭借一种直接知觉认识到的，而不是像心理学那样通过心理试验而认识到的。这种直觉认识的结果就是这种情感形式的"意象"，而不是它的"模型"。"模型"与"意象"之间是不同的：一个"意象"能具体显示出客体（在这儿指情感）的具体样相（或看上去像什么样子），而"模型"却仅是呈示出客体的一种模式或活动原则，在外部相貌上不一定与之相似。艺术正是情感生活的意象，它不是抽象地，而是十分具体地呈示出生命之活力、情感或思想活动的式样。正如她在《艺术问题》中所说，这种意象是一种动态的生命形式的意象。一切运动着的事物——河流、海浪、瀑布、烟云、生物的生长活动等——都有自己极为具体的形式，这种形式是由它们各自之特殊的运动造成的，艺术家领会各种人类情感的运动或变化规律，找到了它们的

---

① 详见本书第7章。

具体活动式样，将它们体现于不同的媒介之中（绘画的空间、色彩，音乐之乐音的流动等），这就构成了艺术的表现。

朗格的符号论在 20 世纪 50 年代曾引起强烈反响。但是与近年来涌现的美学新思潮却不怎么合拍。人们感到，朗格所论的"内在情感生活之流"，只不过是一种巧妙的比喻，心理学实验固然无法证实或描绘它的存在和形态，靠内省就更无法接近它。说艺术家能靠直觉领悟它，这未免有点神秘的味道。谁能说一切艺术的结构、性质或形态模式都呈示了人类已经经历过的内在情感生活呢？这样一些问题是一时无法确定的，因此现代美学中倾向于"表现说"的人，也不再满足于将艺术看成是早已存在的人类情感生活（不管是艺术家个人以往的情感，还是整个人类以往的情感）的呈示（投射、体现或符号化），他们更看重的是艺术的创造功能，它创造了一种前所未有和全新的东西，这种东西当然不是一种新的图像，或者说不是为人类已有的某些情感生活画的肖像，而是一种在创造过程中新发现的情感方式，不管是艺术家在想象的创造中，还是欣赏者在欣赏中，他们所获得的东西都是一种全新的情感体验。[①] 根据朗格对艺术普遍表现人类感情的反复强调，有人指出，她只不过是以现代美学术语恢复 19 世纪德国浪漫主义的基本态度，这样一种态度未免有点走极端，因为时代的气氛变了，再像浪漫时代那样强调艺术表现情感，把情感表现看成是艺术的本质，是不符合 20 世纪的时代潮流的。因此，用朗格的理论指导浪漫主义艺术还可以，用它来指导一心一意创新的现代艺术，便不适宜了。

[①] 请参阅《英国美学杂志》1968 年 10 月号露易斯·阿纳德·理德的文章《朗格新评》。文章说："如果说艺术揭示了人类感情，这种感情并不是艺术家创造艺术之前的感情，也不是一种普遍的感情（或人类感情的形式），人们从中经验到的，只能是一件作品自身特有的一种情感意味。"

5

东方人的"表现"观

然而，就艺术表现来说，不管是自我表现，还是普通的人类情感表现，东方人都对其有着一套不同于西方人的独特见解。众所周知，西方浪漫时代所推崇的自我表现，其主要支柱是该时代所推崇的天才论。按照这种论调，凡真正的艺术家都是超人和天才，而天才之所以是天才，就在于他的思路敏捷、感受深刻和与众不同；因此，他们表现的任何感情和思想，都会对人类有所启迪和鼓舞，且都是有价值的。别林斯基在讲到艺术家的自我表现时，曾经有过一段有名的论述。他说："在天才的艺术家本人的个性中总是包含着普遍性的东西。伟大的诗人在讲到'我'时，这个'我'其实代表着普遍的人类，他的本性中具有人类的一切。因此，每个人都可以在他的忧愁中看到自己的忧愁，在他的心灵中看到自己的心灵。在他的身上不仅看到诗人自己，而且看到人，或者说，看到他的人类兄弟。"这种看法是极有代表性的。它所遵循的逻辑是，只要艺术家本人有价值，他说出的话、表现的感情或创作的作品就必定有价值[1]，艺术本质上是艺术家之随心所欲的自我表现，用不着特意安排和修饰。[2] 这样一种论调曾经在很长一段时间内将艺术和美学理论引向一个错误的极端，它引导人们每当分析一件作品时，不是根据作品本身的结构和表现性质评论它，而是根据作者的经历（甚至名

---

[1] 西方作家弗农曾说："一句话或一件作品之所以有价值，那是因为艺术家本人有价值。"
[2] 这种理论在西方现代美学中已受到根本的批判。

气)、个性、性格、背景等,对它进行评价,这些因素固然重要,但用它们代替对作品本身的分析,就偏离了主要的目标,这种倾向只是在近十几年来才受到系统的批判。

然而,当我们考察中国古代和印度的一些有关艺术表现的理论时,就可以看出,它们自开始起就与西方的自我表现论有着根本的不同。按照中国道家学说(我认为,只有道家的表现论才真正代表中国的表现论),并不是任何艺术表现都是有价值的,艺术家欲想达到成功的表现,必须首先与宇宙精神,即"道",达到完全的合一(即在天人合一这种情况下,艺术家表现自我,就等于表现了宇宙的"道",因为自我的一切都已升华为道,二者已达到一而二,二而一的境界)。

在印度古代文论中,艺术与情感的关系被阐述得更为具体和详细。印度美学在艺术表现问题上注重的是某些"永恒的情感程式"。这些程式合并在一起构成了人类情感的全部,并且时时作为潜在的痕迹存在于每一个人身上。在日常生活中,它们会因种种不同的原因被激发出来,并且伴有种种不同的典型表现(虽然包括我们上节中说的种种自然表现)。这就是说,这样一些永恒的程式会在一次一次短暂的自然表现中呈示自身。然而这种在个别人身上的瞬间情感呈示却不能进入艺术中。它们在作为艺术的表现之前,首先必须预先被概括为一种普遍的人生意味的情趣,然后再通过暗示的方式呈现出来。但是,将普通情感上升为情趣并不是轻而易举的,每一个艺术家在创作之前,都要通过自我强制经历一种心理上的惩罚或精神上的瑜伽(类似于西方的自我惩罚)。"印度艺术家,通过其超然的瑜伽式的冥想,便使自我得到彻底的超脱,从而成为一个代表着普遍的自我,只有这时,他才能征服不时涌现出的欲望和个人感情,用一种抽象的或普遍性的心境或性趣装备起来。"由此看来,印度人心目中的自我表现,实则是一种普遍的情感表现,要想取得普遍性的情感,必须使个人超越短暂的人生世界,这就要经历瑜伽式的沉思冥想。这种看法与中国"天人合一"的道家思想又稍有不同,在道家看来,主宰内在感情的规律与主宰大自然的"道"本质上是一回事,所以体验到自然(天)的真谛,也就体验了人的内心生活的真谛。印度的美学则认为,存在一种"永恒的情感模式",艺术创造之前的瑜伽式的冥想,就是意在超越个人感情,领悟那"永恒的情感模式"。然后把这些模式体现于种种暗示性的媒介中。由这种"永恒的情感模式"激起的经验,完全不同于日常感情激起的经验,欣赏者通过直观的品赏，体验的是一种升华了的情趣。对于这种特异情趣的品赏，印度人称之为 rasa，它主要指审美经验特有的一种愉悦。"所谓 rasa，乃是指情感得到客观化和普遍化之后的一种升华状态，是一种清澈透明的非功利的观照状态，在这种观照中，普通情感被转化成为宁静安详的愉悦。"[1] 它之所以是愉悦的，是因为它早已超越了日常的痛苦与欢乐，而达到了一切情感的本质。我们看到，这样一种观点与苏珊·朗格的符号美学是接近的。总之，在东方美学中，"情"与"真"是同一的，艺术只不过是以美丽的感情服装将绝对的"真"装扮起来，使人在与它接触时感到更大的愉快。

---

[1] 参见［英］克里什那·拉扬：《Rasa 与客体的关系》，《英国美学杂志》1965 年 7 月号。

6

深刻表现的标志

　　表现感情的艺术并不都是成功的,它们均处于不同的深浅层次上。克罗齐曾指出,如果艺术直觉活动中获得的意象与内在情感相符,就是成功的表现,艺术便是美的;假如二者不符,或者意象不能恰当地体现内在情感,艺术便是丑的。从表面看来,这种划分似乎界限分明,实则是把一种复杂的东西过于简单化了。我们不禁会问:假如有两种内在感情体验,一种复杂、曲折、微妙和深刻,另一种则简单、平直、浅薄和直接,且二者都在直觉中获得自己的意象,都得到成功的表现;那么在这种情况下,二者相比究竟哪个更美呢?如果说二者都是美的,那就必然忽略了它们之间的巨大差别;如果说二者美的程度不同,那这种差别又如何寻找和衡量呢?

　　我们肯定不能进到艺术家的心灵中去窥探他的内在感情是什么样子,然后再对照一下他创作的艺术意象,看其是否相符。我们唯一能够接触到的是艺术品本身的表现性质。通过上述几节的论述,我们已经知道,存在着各种各样的表现,有杜威的作为手段的日常感情表现;有将自然感情表现稍加整理的原始艺术表现;有直抒自我之瞬间感情体验的自我表现;有通过再现或真实事物的形象达到的表现[①];还有以抽象的线条、色彩、形式等达到的表现;更有中国式的"天人合一"的表现和印度的瑜伽式的

[①] 有些艺术品,它们看上去十分客观地再现了现实的某一片断,实则是为了表现某种人类感情,如果把这样的艺术品比作镜子,透过这面镜子看到的不是客观现实本身,而是艺术家对这一现实的情感态度。在这种艺术中,现实的某些片断只能成为表现艺术家本人主观感情的中介。

表现。它们各自都为某种内在情感找到了自己认为适合的意象。或许这些表现都是成功的，但表现的深刻程度或普遍程度却相当不同。那么，怎样的表现才算是有深度的呢？我们不能单纯到艺术家本人的经历、性格和情感生活中去寻找原因，一件作品有没有深刻的表现，主要还要看作为审美对象的作品的表现性质。换言之，我们必须从它的结构和表现性质等客观方面去寻找答案。

什么是表现性？我们可以拿它与一个人的某些"品性"作对比。一件作品的表现性质，是审美对象之最深层的东西，正如一个人那隐藏在内心深处的某些情感是他最深层的东西一样。真正的审美经验，就来自于欣赏者以自己内在储藏中最深层的东西去触动或拥抱审美对象之最深层的东西。正是这两个深层的东西达到相互印证或交合，对象才会使审美主体感到无上亲切，产生出一种似曾相识的感觉，或者说，感到它就是自我的影子。因此，决定一件审美对象是否深切感人，最终还要看其是否有深刻的表现性质；而能否获得深刻的审美经验，还要看审美主体内心深处有没有与作品之表现性质相对应的感情体验（或存不存在这种可能性）。

表现性在再现人物的艺术品中（雕塑、肖像画），或许是通过人物的外在表情直接呈现出来的，但在抽象的艺术中，却只能通过线条、色彩、形状中展示的特殊力感和复杂的组合关系去呈现。人们常常说，蒙娜丽莎面部有一种不可捉摸的微笑，看上去似乎深不见底、无限神秘，就像在微微翻动的大海表面能隐约觉察出下面埋藏着丰富的宝藏一样。对于这种特殊的微笑，我们称之为表现性，因为它表现了某种深层的东西。当然，人的神情姿势有所表现，那宇宙中的其他事物——花草、树木、岩石、山水、动物等有没有表现呢？我们常说，风在怒吼、树叶在沙沙耳语、流水在潺潺歌唱、浮云匆匆而过、花朵枯萎飘零；它们似乎包含着人类的情感，所以看上去也具有表现性质。

由于表现性是一种专门与人类内心深层发生关系的东西，所以一件自然事物或艺术品也可以同某些人一样，有形象而不一定有所表现（如行尸走肉），而一旦有了某种表现，它们看上去就有了深度。当然，这里所说的"深度"，与物理深度又不尽相同。一个岩洞，无论它多么深邃和神秘，人们都可以设法到达它的底层；一条曲折的路，无论它多么遥远和艰难，只要敢于跋涉，就可以到达尽头。审美对象的表现就不同了。

如果它是深刻的，它就很难一目了然，甚至绞尽脑汁也难穷尽它的意味。对于蒙娜丽莎那神秘的微笑，对于毕加索《格尔尼卡》中牛头马面的神奇形态，有谁敢说自己能曲尽其妙？对于李白、杜甫的许多伟大诗篇，有谁敢说他能对其中的意味一目了然？但尽管如此，人们对这些意味和表现还是有所领会的，这主要是从其形态或内在奇特的字词组合中寻觅到的。在古今中外的诗歌中，许多奇怪的字词组合会产生出极为深奥的表现性质。例如，一个女人的眼睛不说是明亮的，而说是"一汪清水"；海洋不说是蓝色的，而说成是"海洋的蓝色皮肤"；杏花开放时，不说是红通通的一片，而说成是"红杏枝头春意闹"。这种种离奇的表达方式，既深奥，又亲切。初看似乎扑朔迷离、暧昧模糊，细细咀嚼又觉得似曾相识。这就是说，我们虽然没有一把精确的尺子去丈量其表现性的深度，但其深刻与否还是有一定的标志。

这些标志是什么呢？

综合起来，大约有以下几种：

第一，从审美对象本身的结构复杂度和其中各种相互作用力的强度去衡量。正如一个人的浅薄和深刻很容易通过自己的行为模式展示出来一样，审美对象同样可以通过自身结构的特征呈现其表现性的深与浅。以雕塑、绘画、音乐等艺术为例，怎样才能使其结构充满复杂的变化和多种力的相互作用呢？如果偏于模仿和照相式再现，就会大大限制其中力的变换，因为一个首先考虑被再现物体形象逼真与否的作品，是很难将人类情感的节奏、变化、重复、平衡、对立等特征表现出来的。比较抽象的视觉艺术与音乐艺术就不太受这种限制，因而较能灵活、自由地呈现内在感情活动的复杂、曲折和变换，呈现其强度上的起伏变化，呈现它们由产生到高扬一直到消失的发展过程。上述情况在文学和诗的语言描述中也不乏见到。例如，再现性的或纯描述性的文学语言，听上去就比暗喻性的或表现性的语言显得浅薄得多。以"欢喜""欢欢喜喜"和"欢天喜地"三个词作比较：第一个词，即"欢喜"，它只是粗略地提及某种内在感情；第二个词，即"欢欢喜喜"，便开始有了变换和重复，通过重复，其表现性的强度和深度均有所增加，所以其表现的情感意味便进入较深的层次；第三个词，即"欢天喜地"，其中有了夸张，这种欢乐听上去不再是一般的欢乐，而是一种四处放射充满天地之间的快乐，因而不管在广度上和强度上都大大上升了一步。在中国语言中，这种通过重复、两极对立和比较（尤其是两极之间在域限和距离方面的比较）来增加其表现性的例子，数不胜数。重复的词语如高高兴兴、服服帖帖、风风雨雨、卿卿我我等，两极对立的例子如山高水深、刀山火海、水深火热、海枯石烂等，这样一些词语，都不是在描述或形容某种客观事物，而是表达情感所要达到的深度。要做到这一点，就必定会涉及重复、变换以及几种相互对立的力量之间的相互作用等；也只有这样的结构，才能将较深刻的情感呈示出来。

第二，从审美对象的简化程度去衡量。这里的简化，并非简单，因而不是复杂的对立面。简化的真正含义是删去一切多余之笔，仅以洗练、简洁和有力的笔触或图式，直透人的情感的深层。有些艺术形式，尤其是达到炉火纯青的艺术形式，其结构乍一看相当简单，但仔细揣摩，却觉得深不见底，这样的艺术不叫"简单"，而叫作有"深度"。世界上有很多事物（包括人），他们让人一看便知是浅薄的，造成这种浅薄印象的主要原因，是由于构成它的绝大部分成分是多余的。我们知道，在戏剧表演中，如果要表现一个人的浅薄，最好让他絮絮叨叨乱说一气，而一句话也说不到点子上。一个浅薄的家庭妇女，之所以浅薄，就在于她的唠叨。深刻的人往往不多说话，但只要说出一句，便很有分量。艺术品同样如此。一件浅薄的自然主义或照相写实的艺术品，它之所以给人以浅薄的印象，就在于它过于细致入微、面面俱到。人们欣赏这样的作品，多半会不知所云，更不会即刻触及内心之深层。如果这是一幅风景画，你最多可以从中识别出这是山，那是水，这里是花草牛羊，那儿是云朵，如此而已。除此之外，便无更多的东西了。换言之，其表现性完全被一些多余的东西冲淡了。"多余"，有时还指事物不能以自身的结构揭示出自身的目的性和存在价值。用叔本华的话来说，就是不能展示出其自身存在的基本意志。一种无意志推动的存在，就是一种无生命的存在，既然连生命的多样统一和目的性都不具备，当然就更谈不上体现人类的内在情感。总之，在艺术中，多余的东西就是不能以自己的呈现证明其存在之合理性的东西，这正如一汪无波澜、无颜色的清水，人们从中看不到水自身，而是天空和云朵的倒影。在这里，最主要的东西丢掉了，多余的东西却留下来，而且还很显耀。因此，作为一种艺术品，它要深刻，就必须把多余的东西删掉，使剩下的东西与人的深层情感息息相通或达到异质同构。历史事实一再证明，凡是成熟的艺术家，其作品都是简化的。

简化就是抽象化和典型化，愈是简化的东西，表现的人类感情就愈普遍，看上去也就愈深刻。

第三，衡量表现性深浅的第三个标志是其怪诞性。还是以人为例。行为怪诞的人不一定是深刻的，但深刻的人大都有点儿怪诞和不入俗流。郑板桥曾以"难得糊涂"四个字自勉。大事清醒，小事糊涂，大概是深刻的人的一个标志吧！一个深刻的人，往往纵观全局，不拘小节，在他人眼中是十分看重的事，他感到无所谓，甚至糊里糊涂；而在他人注意不到或感到无所谓的事，却会引起他的高度注意。总之，凡是深刻的人，都能摆脱惯性，脱出俗流；看上去与别人格格不入，实则已进入更高的精神境界。屈原的"举世皆浊我独清，众人皆醉我独醒"（《楚辞·渔夫》），"哀吾生之无乐兮，幽独处乎山中。吾不能变心以从俗兮，固将愁苦而终穷"（《楚辞·海江》），就是这种怪诞性的写照。造成人的行为之怪诞性的另一个原因，是他的特殊经历造成的特殊行为方式。曲折、痛苦的经历和压抑的环境，往往激发人的创造性潜力，使人进入自我意识的彻悟状态，这种彻悟状态会使他经常冲破已有的意识形态框架，伸展到更新的意义领域之中。与此同时，他的作为就表现得古怪、离奇。这正如一棵幼苗，如果成长中遇到一块硬土，它就会积攒力量，奋力冲破它，因而使自身看上去畸形发展，但其生命活力却由此而变得更加旺盛了。长在高山岩石上的青松，之所以看上去奇态百出，其原因也正在于此。这种道理同样适合人类。某些经历过曲折和艰险的人，总是有一些奇异的想法和一种与普通人之间的距离感，或是一种不为别人理解的孤独感。他的思路显然与别人不同。这就必然会导致现有的绝大多数人（或整个社会）的意识模式发生冲突。这种冲突愈明显，就愈会激起他的那种反潮流、反限制，争取个人自由的激情，这种激情和反抗不可避免地会引起新的苦难和厄运，至少会使他体验到别人体验不到的焦虑、烦闷、孤苦、绝望等内心体验。这样一些痛苦体验，显然不愉快，但正可以使一个人真正体会到做人的要求和责任，激起他对更美好更自由的未来的更大向往，从而使生命的价值和实现自己的潜力成倍增加。这就是"天将降大任于斯人也，必先苦其心志，劳其筋骨"的道理。真正深刻的艺术表现，也同上述深刻的人的内在精神境界一样，看上去是不入俗流和怪诞异常的。在结构上固然不会故意炫耀技巧，一味去追求浅薄的对称、重复、平衡，在结局上也不一定追求大团圆的局面。这种艺术在历史上是一再出现的,从古代的屈原到现代的鲁迅,从扬州八怪、八大山人到现代的白石老人;从曹雪芹到茅盾,从塞尚、毕加索到康定斯基,其人和作品,无一不具有怪诞奇异的性质。这种怪诞性,是其艺术表现进入特定深度的标志。

第四,由怪诞性必然滋生出另一个性质,即难于理解性。难于为常人理解,或不为同时代人理解,是深刻的人的一个重要标志。同理,具有深刻的表现性的艺术品,也常常不被当代人理解。事实证明,许多伟大的艺术作品,其深刻的含义都是在下一代才被人们发现的。产生这种不可理解性有两个重要原因:第一,许多大艺术家所开拓和发掘的情感和精神领域,往往走在时代的最前面,是一个全新的时代精神的风雨表,有时甚至是一种新的时代精神的创造者。西方现代某些流派如立体主义、未来主义,甚至印象派,都属于这种类型。这样一种表现,当然会使一般人的习惯感受方式和思考习惯受挫,觉得它不可理解。第二,表现深刻的艺术品,往往具有相当的模糊性。我们知道,在语言运用中,为某种固定的概念发现一个字眼是容易的,而为一种活生生的、曲折多变的内在情感活动(或力)发现一个恰当的字眼则要难得多。而诗和其他文学语言的最主要任务,就是运用恰当的字眼或字词组合,把某种复杂多变和多层次、多方面的内在感情表现出来。如果使用的字眼很清晰固定,或者说为这个词加上很多严格的逻辑限定,那就只能表现一种固定的含义,这样的字词组合虽固然清晰,但表现的感情色彩、意义层次,就少得多。相反,如果使用的字眼较模糊,不给它较多严格的逻辑限定,只给它一个大体确定的目标或意图,它就会表现出更深刻的感情和含义。威廉·燕卜荪曾专门著述,列举了诗歌语言中七种典型的模糊类型,他指出,这些模糊的本质,无非是以不同的方式,将丰富的感情和含义压缩到不多的字词组合或句式中。我们认为,在某种意义上说,这样的字词组合的感情表现力就像一个深刻的人。一个感情思想深刻的人,就像是一个放射出强烈的磁力线的磁体,他走到哪儿,就把一个大的磁场带到哪儿——它能煽动和激发其他人的感情,把他们的感情调动起来,按照自己的特有模式运行。或者说,使任何一个处于这个磁场范围的人都在其强大的磁场中被磁化。一件"模糊"的作品同样会产生一种情调或氛围,这种情调或氛围是不可分析的,你不知道由作品的哪一个部分产生出来,它只是朦胧模糊的一片,你能感觉到它,而不能理解它,你能直接受其感染,但找不到确切的原因。

第五，表现相对于再现的优先性。所谓"表现优先于再现"，就是将一件作品的表现性置于突出地位，而使其再现的东西为表现服务。在欣赏这样的作品时，其表现性质总是具有先声夺人的气势，首先为知觉把握。这时，形象究竟再现了什么，就显得不那么重要了。在艺术中，欲想达到这样的效果，就要将事物的寻常形象加以变形或使之变得模糊，在"似与不似"的状态中将某种与内在情感同形的力度变化展示出来。这种情况，可以在我们对某一个老朋友的回忆中出现。一个多年未见的老朋友，他的头发、脸孔、鼻子的具体相貌，会随着时间的久远而在记忆中变得模糊和变形，然而他走路时的某种神态、他嘴角上那令人难以捉摸的笑容、他看人时的眼神等，却可以在我们的脑海中留下清晰的痕迹。同样，任何一件具有深刻表现力的作品，首先占据人们注意力的，也是它的表现性质。我们观察一幅以红色为基调的现代画，首先抓住我们的是他表现的热烈而又高昂的情绪；一幅以正方形、圆形或椭圆形为主的几何式绘画，最先抓住我们的则是它表现的某种稳固、圆满的情绪。我们欣赏自然界，并不是把这块岩石看成一只狮子，把那棵弯曲的树看成一条飞龙，把那一片湖泊看成一面镜子，而是首先注意岩石的险要和峥嵘、松树的不折不挠和湖泊梦一般的心境。我们欣赏罗丹雕塑中一只爆满青筋的手，它那强烈的表现性质使我们不会首先把它同现实世界中某些人的手相比，我们不是去注意它是否与胳膊相连接，也不太想到它在现实世界中的种种功能——抓取东西、抚摸、祷告等，而是从中直接看到人间的苦难和辛劳。在我们体验到这种感情的表现之后，这只手就再也不是一只普通的手——不是我们游泳、写字、劳动时的那只手，它已经转变为一种特殊的情感存在（或特殊情感的存在物），一种渗透着人类情感的实存。这种实存只有在审美知觉中才能发现，而且本质上是一种经由表现达到的再现。

7

表现艺术的审美经验

表现艺术会造成较为独特的审美经验，它主要不是提供外部世界那万花筒般的表象，让人感受其实质，而是无意识深层中的情感生活，这种深层情感引起的感受同日常生活中的情绪不同。普通的情绪，虽然也由特定的刺激物引起，但毕竟是一些与生存活动息息相关的东西，因而只不过是一种刺激——反应罢了。表现就不同了，它本是深层的东西，所以造成的体验也是深沉复杂的。要想了解深层事物的魅力，最好还是先看一看自然界中埋藏很深的事物的魅力吧。那幽深的峡谷、深邃的森林、神秘的海底、曲折的岩洞，它们会激起多少连绵的情思和遐想，它们曾引起了多少冒险的行为和壮举，它们激起的遐想又被编成多少美丽的传说和故事。看起来，凡是幽深莫测的事物，似乎都有一种永恒的魅力。这也包括一种遥远的童年经验或艺术品的深层表现。它们虽然是一些心理的存在，但激起的感情体验在深度上并不亚于物理世界的深层事物。一种童年时代的经验，不是会引起人们一次次回味和咀嚼，甚至在睡梦中也会感受到它的甜蜜和辛酸吗？

那么作为艺术品之深层的表现性质，它所引起的深刻体验究竟包括哪些类型呢？它们大体都是什么样子？将它们分门别类并加以具体描述，的确并非易事。幸运的是，前人在这方面已经有了若干探讨，我们只要把这些零散的表述略加整理，便可见其端倪了。

按照弗洛伊德及其他一些心理分析学者的看法（心理分析，又名深层心理学，可见它主要是研究深层的心理存在），表现艺术造成的深刻体验，主要来自它对遥远的、记不清的童年时代的某些经验的触动。我嗅到一朵玫瑰花的香味，这种香味会突然给我造成一种异样的亲切感受，引起一种似曾相识的情绪体验。这种莫名其妙的深切经验，乃是儿童时期经历过的一连串情感体验的再次萌发。很明显，这种体验是极为个别和独特的，因为它无论如何是别人无法感受到的。同样的花香对别人来说也许引不起这种深刻的体验，即使引起，也许是另一种样子。总之，这种特殊的体验，不单单是花香引起的愉快感受，而是这种愉快感受与童年时代模糊记忆的混合物。普鲁斯特在其《追忆似水年华》中，曾提到过一本小说的主人公的深沉的感情体验。这种体验是她在品尝一块点心和品一口茶时突然感到的，因为它激起了主人公童年时代在某一个城市休养时的特殊印象。"一种异常甜蜜的感觉突然像巨浪般地向我扑来，仿佛没有任何缘由。它即刻使我断然漠视人生的富贵荣禄，使人间的困危也变成无所谓的东西，这短促的人生似乎成了一场幻梦……这种强烈的愉快是从哪里来的？我感到它似乎同茶和点心的特殊滋味有关。但同时我又明显地感到，我正在寻找的这种特殊经验的源泉并不在茶和点心里边，而是在我心中。茶与点心的滋味可能在我心中唤醒了它，可是我却不知道。"

弗洛伊德认为，通过某种刺激物引起的无意识的童年回忆同成年时对儿童时代的有意识的回忆是不同的。后者往往不是过去的真实的图画，而是目前的信仰和愿望的表达，它们同幻想有时无法分开。因此，要想寻找真实的童年经历，就要运用所具备的知识和通过艰苦的工作来消除这种有意识的回忆造成的歪曲，这就是精神分析的技术。弗洛伊德曾分析了成年的达·芬奇对秃鹫的一段有意识的回忆——"看来，我注定会永远对秃鹫怀着深深的怀念，因为我记起了很早以前发生的事情。当我还在摇篮中的时候，一只秃鹫飞到我身边，它用尾巴撬开我的嘴，还用它的尾巴多次撞击我的嘴唇"。弗洛伊德认为，一个人不可能保留他吃奶时的记忆，秃鹫用尾巴撬开孩子的嘴，这也太有点寓言化。因此，这种场面肯定不是一种真实的回忆，而是达·芬奇的幻想。尽管是一种幻想，却毫无疑问掩盖着他幼年生活中最重要的一些事情。弗氏根据心理分析技术，认为秃鹫的尾巴在女人和同性恋者的幻想和梦中，都代表着男性生殖器官，如果梦见秃鹫尾巴在嘴里出现，这实际上是未得到满足的性欲的替代。而对达·芬奇而言，这一幻觉场面掩盖的则有可能是他在自己母亲怀中吮吸奶头的情景，是一种被母亲哺育的情景。但是，为什么秃鹫的形象会代替母亲？根据弗氏的考察，在古埃及的象形文字中，秃鹫就代表着母亲，因为在古代的意识中，秃鹫没有雄性，只有雌性，正如甲虫只有雄性的，没有雌性的一样。秃鹫的生育是它在空中飞行时张开生殖器，风使它们受精的结果。因此，秃鹫就成了母亲的象征。事实证明，达·芬奇通过阅读，大量接触过这些寓言传说，即使他没有阅读，也会从神父那儿经常听到，因为这样的传说常挂在神父的嘴边。更重要的事实是，达·芬奇乃是私生子，在最初的年代里，他的父亲不在跟前，他是同自己的生母在一起的。这一事实，对于达·芬奇的内心生活的形成给予决定性的影响。他可能从很早的童年就开始思考人生之谜——婴儿来自何方，父亲为他们的出生做了些什么等。把这一切因素联系起来，我们才能理解，为什么他会在后来大声说，他在摇篮的时候就被秃鹫访问过。

达·芬奇儿童时期所得到的母亲的抚爱，在其后来的艺术作品中多次被表现出来。弗洛伊德曾写道：任何一位关心列奥纳多（即达·芬奇）绘画的人都会注意到一个显著的微笑，这微笑是迷人的，是谜一般的微笑；他把想象出的这个微笑画在他的女主角的嘴唇上。这是一个在又长又弯的嘴唇上的不变的微笑，它成了他风格的标志。但是，为什么这个微笑会对观赏者有如此大的魔力？为什么数以百计的诗人和作家描写了这个女人（这个一会儿向我们投以富有魅力的微笑，一会儿又冷静地、无精打采地凝视着空间的女人），而没有人能真正解答她的微笑之谜！也没有人看到了她的思想意义，没有人真正能解释为什么其中每一件事物，甚至风景，都神秘得像梦，在一种狂暴的淫荡中颤抖。弗洛伊德认为，以往的解释都没有抓住问题的根本，因而都是肤浅的。还有人在这一表情中发现了控制妇女性生活的矛盾——节制和诱惑之间的矛盾，最诚挚的温情与淫荡之间的矛盾，认为在这"微笑的诗歌"后面隐藏着征服本能、诱惑本能及残酷的仁慈；它是好与坏、残忍与同情、优美与奸诈的混合。有人则认为，这是一种特殊的风采，即一千年来男人们期望着的、富于表情的风采。这是作者心目中理想的夫人的神态。还有的人认为，这微笑代表着作者本人的某种同情心，它曾迷住列奥纳多，因为它唤醒了他心中长久休眠的东西。这种记忆一旦复生，就再也忘不掉了，因为它对他有特别的重要性。弗洛伊德则对达·芬奇的身世调查之后认定，"只有列奥纳多能画出这幅画,这就像只有他才能创造出秃鹫的幻想一样"。蒙娜丽莎的微笑唤醒了列奥纳多对他童年时期的母亲的回忆。他那被遗弃的母亲对他的爱是特殊的——这种爱是为了补偿她没有丈夫的苦,同时又是为了补偿她的孩子所得不到的父亲的爱抚。他的母亲像一切得不到满足的母亲那样,把小儿子当成丈夫去爱,这是一种既有父亲又有母亲的两性同体的爱,因而是一种对两种对立的东西掺杂在一起的爱。这种爱在他塑造的蒙娜丽莎的微笑中明显地被复现出来。谁都可以看出,这是一种同时饱含着无限温情的允诺和邪恶的威胁的微笑,这正是他早年曾感受过的那种爱的化身。他只有母亲对他的温情的诱惑,他是他母亲唯一的安慰。他由于被她亲吻而过早地性成熟……童年时的早期印象刺激着他的求知欲,嘴的性欲发生区被强调了,这个强调从此再也没有被放弃过。在他 50 岁的时候,他遇到了一个女人。她唤醒了他对她母亲的使人着迷的幸福微笑的记忆。总之,弗洛伊德主张,要到一个人的遥远的童年去寻找审美快乐的源泉,正如他一再宣称的,在审美经验中,我们童年初期的相当确定的重要性再不要受到怀疑。

按照弗洛伊德的学生荣格的看法,弗洛伊德对童年时期个人经验的强调是片面的,因为他把审美经验中深沉的个人体验同它的普遍有效性对立起来。他认为,审美经验之所以是深刻的,主要不是因为它触及了个人遥远记忆中的经验,而是因为它触及了整个种族的集体无意识,这个集体无意识处于更深的心理层次上,因而不仅更深刻,而且更普遍。他解释说,某些相同类型的经验在我们祖先的心理中经过无数次的重复后,便积淀在人类的无意识深层中。艺术家在无意识状态中的艺术表现,会不自觉地将这种经验揭示或体现出来,这就是被荣格所称的"原型"或"原始形象"的一些特殊意象。每一种原始意象都是关于人类精神和人类命运的一块碎片,都包含着我们祖先在历史中重复了无数次的欢乐和悲哀的残余,并且总的说来始终遵循着同样的路线生成。它就像心理深层中一道道深深开凿过的河床,生命之流在这条河床中突然奔涌成一条大江,而不是像从前那样,在漫无边际而浮浅的溪流中向前流淌。很明显,所谓"原型",不是一些静止的图画,而是活生生的人生经验的模式,人生经验就像长流不息的水流,它可以世代更换,但由这经验之流冲刷成的深深河床(即"原型"),却是相对固定的,它只会愈来愈深,成为深刻的生活经验都必须流经的地方。在其他场合，荣格还把这种原型称之为一种无形的秩序或构架。如同一种晶体的无形构架，它预先决定了某种液体饱和之后所要出现的结晶体的形态。当然，构架本身并不具有任何物质存在……它确定着晶体之结构，具有一种永恒不变的含义。换言之，它决定的是意象出现的原型，而不是具体的显现。由于这种原型在人类心灵深处普遍存在，所以每当与之同型的这类刺激物（如艺术家的画，小说中的人物、故事）出现时，便会激起一种激烈、持久和普遍的深刻体验。它激动着我们，因为它唤起一种比我们自己的声音更强的声音。一个用原始意象说话的人，是在同时用一千个人的声音说话，它吸引和征服我们，与此同时又提高了它正在寻求加以表现的观念，使这些观念超出了偶然的和暂时的意义，进入永恒的王国。它把我们个人的命运转变为人类的命运，它在我们身上唤醒所有仁慈的力量。正是这些力量，保证了人类能够随时避开灾难，渡过漫漫长夜。在这一瞬间，我们不再是一个人，因为整个种族和全人类的声音都在我们心中回响。很明显，在荣格这里，经验的深刻性是与其普遍性联系在一起的，深刻就意味着久远，愈是久远，就愈普遍。因此，普遍、永恒、深刻都是同义的，这正是真正的艺术表现所追求的。

　　上述两种看法，分别在各自的领域做出了贡献，但由于它们各持一端，一种认为深刻的审美经验是由属于个人的遥远记忆唤起的，因而是属于个人的；另一种则认为它是普遍性、永恒性的，是由人类集体无意识决定的。对这两种见解，我们究竟应相信哪一个呢？我们主张，还是应该用多因论去解释各种艺术表现所造成的深刻体验，即不仅应看到先天无意识（或集体无意识）的作用，也应看到后天的、个体的无意识的作用。先天的无意识，提供的是种种特定的经验模式（在艺术创造中，就是各种形式冲动），后天无意识则是为这种模式注入生气或血肉之躯，前者造成经验的深刻性和普遍性，后者造成经验的丰富多样性。但是，假如我们仅仅停留于此，而不提高到理论高度认识，那就不过是上述两种解释的折中。因此，我们认为，不管是先天的集体无意识，还是后天的个人无意识，无意识都属于实践生成的整个心理结构的组成部分。心理结构是社会历史的积淀，是无数人类实践过程的结晶，是人类创造外在文明的同时生成的内在文明。人们运用这个结构去感知、认识世界，同时又通过它获得各种不同水平和深度的个人体验。这就是说，有没有愉悦和满足的审美体验，主要取决于心理结构与外部刺激物的不自觉的同形或同构；而体验的深刻与否，则取决于这两种结构（外部刺激物与内在心理模式）的复杂性、丰富性或普遍性程度。可以说，人的心理结构愈复杂，通过审美中的"物—我同构"达到的自我意识以及自我内在潜力的实现程度愈高，这种经验就愈复杂和深刻。① 我们知道，在人类发展的不同阶段，人的自我意识（自我是指人类心理结构的寄存者）和自我实现的内容及其复杂水平是不同的。在人类发展的初级阶段，人类自我意识力不强，他们生活的主要内容是生存，因此，凡是使人觉得有用的事物，便给人一种愉悦感。随着生产力的发展和人的自我意识能力的增强，人类便逐渐在看到事物之有用性的同时，又从中看到自然和自身的某种力量。以某些原始狩猎民族为例，他们往往以虎皮、虎爪、虎牙作装饰，促使他们这样做的原因，并不仅仅是因为这些东西有用，还因为它们似乎有一种魔力，佩戴了它们，会使原始人感到自己出类拔萃、力量倍增——虎是勇猛的，战胜了这种勇猛动物的人更加有力量。很明显，原始人在观照这些装饰时的愉快，已不纯粹是功利性的，其中既有对这些事物之形态和作用的欣赏，又有对自我之创造能力的确证，这样一种朴素的自我意识，也是一种较简单、较淳朴的美感经验。随着生产力的发展和生活方式的变化——如从狩猎到农牧，从流动到固定，原始人开始了制造复杂的工具和丈量土地等简单的设计和生产实践活动。这些活动不再是仅仅模仿写实，而需要几何形态的抽象，因而需要更多的想象力和抽象能力。② 抽象的几何形态③，满足了人类追求秩序、对称和谐、平衡、节奏等性质的内在需要，也是人类自我意识的进一步发展。这样一些形式既是理性对外部自然事物的抽象，又符合内在感情的规律，它能给人以愉快，又初步表现了人类的某些感情。在经过这两个原始阶段之后，艺术又经历了更高水平的模仿、再现、自我表现、抽象性表现、符号性表现等阶段。不同阶段，有不同类型的经验。就表现型的艺术来说，不同的表现，引起的审美感情的深度也各不相同。那

---

① 当仅仅适合感官的物体结构呈现于眼前时，会造成一种愉悦经验，人们感到它是美的，但是美与艺术不是一回事，美与深刻的艺术表现造成的深刻审美体验更不是一回事。原始艺术中包含的大量东西是巫术意味，深刻的艺术表现则是一种发达的自我意识。我在这儿只谈审美意识的发展。
② 艺术史家霍尼斯曾说："欧洲第一类高度专门化的艺术是旧石器晚期游猎部落的作品，第二个是新石器时代、青铜时代和早期铁器时代农业民族的产品。一类是自然主义的，另一类是几何化的。"——见马克斯·德索《美学与艺术科学》中"艺术起源"一章。
③ 在原始时代，这些形态大都出现在工具、器皿的装饰图案中。

么艺术表现达到深刻的审美经验究竟应该是什么样子呢？笔者认为，仅有（形式造成的）感官上的愉悦，或仅仅触动了儿童时期的回忆，还称不上深刻。真正深刻的审美经验，是那些既符合人的知觉规律，又积淀着特定时代社会情感之主流的艺术表现造成的。换言之，造成深刻的审美经验，必须满足两个方面的条件：一是其形式高度适合审美主体之机体活动和精神活动的速度、节奏、强度和规律；二是似乎以一种简洁的符号，向人传达着某种适合主体所在时代主流的社会内容，或它所在的阶级的愿望、理想和思想情趣。这两个方面（也可以说形式和内容两个方面或先天无意识和后天无意识两个方面）必须相互协调、相辅相成或相互补充。如果二者不协调或相互冲突，就会影响审美经验，使之变得肤浅或使之消失。举例说，古典艺术中充斥的种种平衡、对称、统一、圆满的形式，应该是高度适应人的感官构造的，然而在现代西方人眼里就不再有兴趣，也很难激起深刻的审美感情。相反，罗丹雕塑中的妓女形象、毕加索立体画中的牛头马面，凡·高画中那些激烈旋转的线条，或许不那么令感官愉快，但却能深深打动现代人的心，引起强烈的共鸣。这说明，代表某种时代精神的艺术，总是要千方百计寻找合乎自身的形式，这些形式最初也许不符合心理结构中基本的感知、情感方式，不符合心理中的"原型意象"，因而看上去或许有点怪诞，令感官不舒服，但由于合乎内在需要，就逐渐看上去够刺激或过瘾了。这种合乎或印证内在感情需要的形式，就是"自由"的或"可塑性"的形式，它冲破了功利性或感官构造的局限性所造成的限制，使自身按照审美的理想，进行自由塑造，从而成为较自由的形式。自由形式，是使创造力和想象力得到尽量发挥的形式，是在人类认识到必然的基础上创造出来的，原始人为了房屋牢固，模仿树木，把屋顶造成锥形的，底下用柱子支起来，这是为了生存；原始人为了诅咒敌人，模仿敌人的相貌刻成木偶或塑成泥偶，这仅仅是达到某种功利性目的的手段；原始人在荒地里跳起野牛舞，模仿打猎的种种进击、防御动作，这仅仅是为了使野牛更容易捕获。然而就在这些模仿活动中，已初步有了创造的痕迹：房屋不完全呈树状，它的支柱是几根而不是一根；木偶或泥偶不完全像敌人，他们中有些的头和肚子都是圆形的；在野牛舞中，没有真正的射击与击打动作，没有真正再现狩猎的场面，它仅仅是把狩猎场面中某些突出的东西抽象出来，而且更富有节奏性和戏剧性。很明显，即使在这一原始阶段上，艺术造型也在不同程度上初步冲破了功利性和个人感官的限制（他们的模仿，与眼睛看到的形象相比，已有了歪曲），运用了自己的想象力。在想象力指导下的创造，就是一种自由的创造，或者说是人类按照特定的审美理想的自由创造。正如马克思所说，"自由的王国只是在由必须的和外在的目的规定要做的劳动终止的地方才开始，因为按照事物的本性来说，它存在于真正物质生产的彼岸"①。原始人在创造有用物件和巫术表演中展示出的初步自由，表明其自我意识向精神事物的欣赏发展了，他们从中得到的审美体验也确实向纵深迈进了一大步。

从整个人类历史看，艺术和审美能力的发展与生产力的发展有时并不平衡，这种不平衡是由社会对人的内在创造能力的限制造成的。在很多时候，统治者并不允许人们按照自己的审美理想创造，有的让艺术为宗教统治服务，有的则对艺术行使其他一些限制。这样一来，某一时代的艺术便与这一时代的审美理想脱节，成为不自由的形式。

就我们本章所说的表现艺术来看，情况是极为复杂的。现代表现艺术，有的是严肃的，是按照时代赋予的审美理想进行的自由创造；另外一些则是随意的，按照个人一时兴趣进行的随意创造，前者会造成深刻的审美体验，后者则使人付之一笑。

从总体上看，艺术是一个时代精神的索引，任何一个时代的特殊感情，都会诱导出与这些感情相合拍相一致的形式。表现艺术有着独特的形态，它们不像再现艺术那样，利用生活中的某一现象去揭示另一些现象；也不像印象主义艺术那样，使生活中得到的种种瞬间意象相互融合和碰撞，发出更加绚丽的火花，以新的灿烂的光辉照耀生活；而是对现实生活的形象作大幅度的扭曲、变态，以内在情感的形态为准去塑造形象。从这个角度看，它总是断然否定过去的精神，进入到一块更加自由和清新的土地上。这就是那种极力否定理性作用，热衷于非理性，认为非理性（无意识）代表着人的本质和主流的时代精神。②这种精神产生了一种特异的内在情感需要，由此而有了独特的审美理想，这种理想要求艺术的形态和形式不受外部事物自然形态的限制，以便自由地表现梦中或无意识幻觉中洞察到的情感生活。很明显，梦境或无意识中闪现

---

① ［德］马克思：《资本论》第3卷，人民出版社，1975年版，第296—297页。
② 这种精神的形成有复杂的原因，如世界大战的破坏引起的对理性的失望感等，精神分析学对无意识世界的深入描绘等。

出来的意象与清醒的理性生活中见到的意象相比，是奇异的和怪诞的。这种奇异与怪诞，是对理性以及理性创造的文明的否定和挑战，是对秩序、统治、圆满、公正、一致的挑战，因此，这种怪异与西方及埃及的某些原始艺术中的怪异又很不相同。埃及艺术中的狮身人面像、西方某些文化中见到的猫头人身像、羊面人身像，等等，看上去固然怪异，但这种怪异中仍然有着理性参与的精心策划。以狮身人面像为例，它既不是狮又不是人，而是这两种生存物的有机融合，人所具有的狮子的东西与狮子具有的人的东西都归并为一体，于是便产生出自然界中不存在的怪异之物。它虽然怪异，但其构成部分却是现实中具有的，是理性有意通过人与兽王的离奇结合，来揭示人的巨大威力。因此，它基本上仍然是现实主义的。表现艺术的"怪异"便完全不同了。这种形态上的怪异，是对理性建立起来的一切作彻底摧毁之后而产生的，是一种相对于理性秩序的自由形式。① 当然，任何自由都是相对的，但是，真正的自由并不是随意的活动，也不是按机遇创造，而是通过深刻的精神上的革命和变革得到的。因此，自由的形式往往给人一种较深刻的审美经验。它或是给人一种摆脱了实用需要之后的解放感（原始艺术），或是给人一种沉没于变化、多样统一和节奏之中的奇妙感（再现艺

---

① 对理性建立的传统和文明的摧毁，首先是从它的最基本概念——时空概念开始的。

某些西方现代艺术的先驱，如20世纪初的某些画家和诗人，都宣称自己的作品是"超越物理世界"的（原译为形而上学，这儿的译法是为清晰起见），或者说，他们的所见、所闻、所思、所写，完全无视现有世界的所谓物理时空，只受无意识深层本身的规律所支配。这一点，只要看一看他们为自己的艺术所起的名称，就很清楚了。例如，仅从字面上讲，"未来派"这一名称，明显包括对时间的超越，"立体主义"则包括对传统的空间概念的革命，而"超现实主义"，则是对传统的"时—空"概念的一起革除。未来主义在其1912年的宣言中，有下面这么几条，专门涉及这种对理性的基本概念的革命：

(1) 要彻底解决绘画中有关体积再现的问题，反对印象派绘画的那种特殊的视觉效果——即仅仅使物体体块消融在色彩中的那种视觉效果。

(2) 对物体的变形，要依照这些物体所有的力度线进行，通过这种方式，获得一种全新的动力性造型。

(3) 第三方面改变是上述两方面改变的必然效果，这就是要产生一种特殊的情感氛围，这是以往艺术所不能达到的氛围，也不同于作为绘画抒情主义之源泉（自我表现）的那种情感氛围。

（以上内容转引自［美］R·古尔德瓦特、特里维斯：《艺术家论艺术》一书，第436—437页。）

很明显，上述三方面的转变是互相联系、相互牵制的，绘画既然要表现内在情感生活，就不能利用现实世界的时空，因为这种固定、清晰、条理的现有时空会完全限制、窒息，甚至扼杀了生命的表现。但是，如果不用现存时空，就要创造一种新的形态。开始时，表现艺术仅仅是对现有事物的变形，后来逐渐演变为抛弃现实事物的样相，只以抽象的力的形态出现，康定斯基曾引用过王尔德的一句格言："艺术始于自然的终端"，宣称应以色彩等抽象绘画特征，如动态节奏等去表现生活。许多抽象派画家为了表现自己的情欲、精神上的不安或自身生命发展过程，往往把画面变成一种符合情感之起伏、运动、变化、节奏的线条或色彩图案，情感生活完全融合于绘画材料的动作之中，这些动作与宇宙间的能或力的运动是同形的，因此，它们看上去也同人类一样，进入了一个永恒的、无止境的运动、发展和变化过程之中。

术），或是给人一种与宇宙中巨大的力量合并在一起，使个别与普遍、有限与无限、暂时与永恒融为一体的崇高感（中国山水画）；现代表现艺术（就成功的表现艺术来论）给人的体验，不仅仅有成功、圆满、希望，而且有失败、分离、黑暗、失望的成分，孤独与交往，分离与团聚，上升与下降，失败与胜利，进步与消亡，等等，这两个方面似乎在激烈地斗争，有时不相上下，当它们以各种对立在抽象的形式中用力的形态呈现出来时，便给人造成一种更加完整和深沉的人生体验。总之，它将人的内在心理结构中最激烈的冲突展示出来了，它触及的不是浮在水面上的冰山，而是冰山下面旋转运动的潜流。

第
7
章

符号与符号性体验

1
什么是符号

什么是符号？韦布尔英语字典解释说：英语中"符号"一词（symbol）来自希腊字 symballein，意指把两件事物并置在一起做出瞬间比较。这个词延续到今天，已有了更加复杂的含义，归结起来主要有下列几种：（1）符号指某种用来代替或再现另一件事物的事物，尤其是指那些被用来代替或再现某种抽象的事物或概念的事物，如用来代表"和平"的飞鸽，代表基督教的十字架等。（2）符号指一种书写的或印刷的记号，如某种字母或简写字等。它们多用来代表某件事物、某种性质、某种过程、某种具体的数量等（如数学、音乐、化学中那些约定俗成的统一公认的记号）。（3）在精神分析学中，符号专指那些代表着被压抑到心理深层的无意识欲望的行为或事物。（4）在神学中，符号是指某种抽象的教条或概括。很明显，对符号的上述解释，是相当简单的但也指出了符号的最根本的含义：它是一种用来代替其他事物或含义的东西。那么，人类为什么要发明符号？对符号的解释、应用及引起的心理体验究竟是怎样的？它仅仅是给人类思想情感的交流带来方便，还是其理性认力发展产物？它与艺术和审美的关系怎样？这些问题都是值得探讨的。

追溯其源，符号的产生和运用与人类的信号反应能力有一定的亲缘关系，但符号又不等于信号，二者既有联系又有区别。

从大量心理学试验可以看出，信号反应是人与动物共有的能力。从逻辑上说，信号与其代表的东西之间是一种极简单的一对一的关系。换言之，每一种信号只代表着一件确定的项目——一个即将出现的人或物体，一件即将发生的事件或事态等。对于识别信号的主体来说，当他（它）看到信号时，并不在信号本身的形态上做过多停留，而是瞬间联想到它代表的另一种东西。当然，信号与其被代表者虽则是一种一对一的关系，但在主体眼里还是有区别的。二者相比较，信号所代表的东西必定比信号本身更重要、更迫切或更有趣，但信号本身又比它代表的东西更接近和更容易把握。

信号有两种基本类型：一是根据两种自然现象之间的必然性的关系（或征兆与实际发生的事情间的关系）组成的对子；另一种是人类社会根据习俗硬性规定的对子。

在自然现象中，如果一种现象的发生会引起另一种现象的发生（或紧跟着另一种现象发生），其中一种现象就成为另一种现象的征兆。例如，月亮周围见到风圈，预示着明天将会有风；雷声响过必然是闪电；燕子低飞预示着将要下雨等。很明显，在这种一对一的关系中，假如没有主体，即这种关系的解释者，发生关系的双方便是平等的，因而是可以互换的。雷声预示着闪电，闪电反过来又伴随着雷声。但在有主体的情况下就不一样了。他（它）可以将这种平等的关系随意转化，即转变为用其中一个预示另一个的不平等关系，从而使一个成为另一个的征兆。举例说，假如我们感兴趣的是明天的天气，但又无从接近它，我们便要寻找能预示明天天气的征兆，如果这种征兆多次灵验，它便成为信号，而明天的天气状况便成为这种信号所代表的东西。另一种信号，则是人类习俗硬性规定的，换言之，在某两种现象之间的代表者与被代表者间的关系，是某一社会圈子硬性规定的或由他们的习惯决定的。人们只要认为合理，就可以任意选取一个物体或事件去代表另一种他认为更重要的东西。例如，汽笛长鸣意味着火车就要启动，以戴黑纱的方式表示亲人死去，用开绿灯表示车辆可以通过路口等。

可以说，对信号的解释不仅在人类生活中有重要意义，而且也是动物性理解的基础。虽则动物还分不清哪些是自然信号（征兆），哪些是人为的信号，但同样可以用这两种信号去指导自己的生存活动——听到铃声便去进食，看到警告的信号便走开，乌云积聚时便躲进洞穴等。当然，人在使用信号时是更为自由和更富选择性的。例如，同一种现象，在不同场合可以代表不同的事件，一声枪响可以成为起跑的信号，又可以成为危险到来的信号，还可以成为欢迎的信号，究竟代表哪一种，便要进一步对周围环境和情势做出判断。从另一方面说，当人们选择某一现象或图像作为信号性标志时，这种标志本身必须具有鲜明的特征或特殊的样相，以便使人一眼就能注意到它，或一眼便把它与周围其他事物或现象区别开来。例如，1926年国际路标会议在确定用于危险警告的交通标记时，规定用三角形。但为什么要选择三角形？这也许是因为，一个三角形使人看上去比其他形状更具危险性，但选用此形状的主要原因却不在此。根据当时的动议，人们选取这一形状，主要是因为它极容易与其他标志相区别，最容易引起注意等。总之，凡是作为信号的意象，其本身只不过是一种间接的媒介物，它的作用就是使人一看到它就知道它指向什么事物，因此，它本身不必是它所代表事物的模拟，也不一定与之相似。只要能以醒目的形态指导人们的活动，将其引向正确的方向和目标，就算达到了目的。

明确了信号的含义，我们就可以更深刻地认识符号的特性。符号与信号有一定的相似之处，它同样也是以一方代替另一方。但由它的外部形态所代表的内容以及它引起的反应，却与信号有根本的不同。

我们首先讨论它们各自引起的反应方面的区别。一个名称、一种声音或事件，当它作为信号时，会立刻引起主体的相应的机体反应。如枪响会立即引起运动员起跑，铃声一响会使教师立即下课，咚咚的敲门声会使人停止做事外出迎客等。然而符号便不同了。面对一个符号，主体知道它代表另一种东西，但并不认为这种东西就会来到眼前。例如，当我们在课堂上或日常讲话中提到一个人的名字时，假如他是一个令人敬佩的英雄，我们不会立即作鞠躬致敬的动作，而仅仅是想到这个人：他的具体形象或他的英雄壮举等；假如他是一个杀人恶魔，我们不会立即准备逃跑或吓得发抖（除精神不正常者），因为我们并不觉得他就要到来，而是想到他凶恶的面目，想到他所做的坏事，甚至还要说上一两句诅咒他的话。

为什么符号会引起这样一种极为不同的反应？原因很复杂，但主要是因为符号代表着与信号完全不同的内容。除此之外，符号的形态与它代表的内容之间的关系，以及符号本身的样相等，也都与信号有较大的不同。我们看到，信号代表的东西，与信号在空间与时间上处于相同的维度，而且非常接近。符号则不然，它代表的是一种观念中的东西。有时是一种抽象的概念，有时是一种意象，它们处于想象世界中，与符号本身不属于同一个维度或系统。这就是说，符号本身是某种概念或意象的载体。当我们提及某一个符号时，我们头脑中会闪出有关某物的轮廓、概念、意义、特征，总之，它代表的是某种想到的或观念中的事物，而不一定是真正就要到来的事物；它不是像信号那样，宣布某物的接近或到来，而是在观念中把这个事物从别的事物中分离或突出出来，去体味它、观照它。

在所有代表某种意义的符号中，最简单的莫过于名称。在名称作为符号时，它会引起关于某人或某物的印象，但有时也可以作为信号使用，如果提到一个名字，我们会立即注意它代表的物或人是否出现。因此，名称常常被人视为从动物性语义（信号）向人的语言（符号运用）过渡的桥梁。举例说，当我们向一只狗喊出它的主人的名字时，这个名字仅仅代表着它主人的特殊气味、脚步或主人呼唤它的摇铃声。它虽然会做出寻找主人的动作，但不会出现主人的完整意象。对人来说便不同了，当我们喊出一个名字时，或许会马上做出探视动作，或许仅仅"想"到这个人。但不管怎样，头脑中却可能伴随着这个人的完整形象——如他的外貌及性格等。苏珊·朗格曾经指出，在名称作为信号时，仅仅涉及三个基本的项，即主体、信号和信号指向的物；而在名称作为符号时，却有可能涉及四个基本项目，即主体、符号、概念（意象）和物体本身。这就是说，当名称作为符号出现时，它并不是首先指向它代表的某个具体的物本身，而是指向有关这类物的概念，然后才有可能从抽象的概念指向某个具体的物。指向概念的过程，被她称为内涵；而由概念指向某个具体物的过程，则被她称为外延。按照这一道理，对人来说，同一个名称（或名词）就既可以成为信号，又可以成为符号（在符号上又有内涵与外延的区别）。举例说，当我们在某一种活动，或某个特殊场合喊出"水"这个名词时，就很有可能立即把它同某一片具体的水联系起来，如果我们在海边游泳，它就有可能指那里的海水；如果是另外的场合，它也可以指湖水、井水、河水、淡水、苦水等。但是，当我们在物理或化学课上讲到"水"这一名称时，这个水就很有可能代表着水这一类物质的概念，即一种分子是 H_2O 的无色无味透明的液体。有时候，我们还会进而把水的概念同某处见到的水或试管中装的具体的水联系起来，这便是概念如"外延"了。有时候，还可能出现内涵和外延不符合的情况，例如当我们把某一名称作为思想工具时，这种情况就有可能发生。以"张三"这个名字为例，它本指隔壁一个男人的名字，但在文章或言谈中，我们就有可能把张三作为一种"没有骨气的人"的代名词。这就是说，名词作为符号，其内涵和外延常常是不固定的，这也是文明社会中常见的情形，在中国的人名中，我们常常见到"雪莲""宝玉""石头""铁柱"等名称，这些名字的内涵与外延是不一致的。这就是说，一个名称的含义往往具有人为的和随意的性质。因此，只凭一个名字，人们无法区别出真假。

符号如果真正要将某种抽象的含义或某类抽象的情感体验提供给人们的思考、观照或做出深刻的体验等，它就不能仅靠一个单一的名称，一个单独的名称不能展示一件事实的复杂变化过程，也不能把一件事物产生的前因后果和它存在的可能性和非可能性表述清楚，更不能把主体对它的看法表示出来。而要达到上述目的，就要把这种简单的名称加以复杂化。在符号发展史上，这种复杂化的过程基本上是按照两条路线进行的：一条是将代表不同事物或动作的单一的名称用某种语法规则联结起来，造成一种推论性的符号系统（即语言陈述或描述）；另一条路线是将简单的记号发展成较复杂的表象符号，即展示出各个部分间的相互复杂关系和作用的符号形象。第一种符号系统，一般用于客观地描述各种具体事物之间的关系，它们的性质以及主伴对这些事物的看法、反应和感觉等。这种以特殊语法规则联系起来的符号体系（或陈述），有的可以传达事实（如客观描述）；有的不一定传达事实（如陈述己见）。它之所以能够传达事实，不仅在于它包含着与事实有关的物体和事件的不同名称，还因为把这些名称结合成一个式样——一种与这些名称所指的事实之实际排列式样相类似的式样。因此，一种符合事实的描述，实乃是关于事实本身之结构的简图。至于那些表达"己见"的陈述，就不是与事实有关，而更多的是自己的一种感觉或推论。如"我喜欢游泳"，"金钱是万能的"等表述，它们并不是传达事实，而是表达某种看法。正如苏珊·朗格所说，这种陈述"涉及的是某种更为深层的心理过程，即思想或概念本身的形成过程。所谓概念，就是给我们的印象、记忆或对于对象的判断提供形式和联系，使其更加明确和合乎比例。它是理性认识的起点，因为概念之中包含着基本的认识原理——关于思维与对象保持同一性的原理（即亚里士多德的 A＝A' 的原理）、思维与其他事物发生多样性联系的原理、各种不同的可能性相互排斥的原理以及一种结果可以招致另一种结果的原理等。总之，概念是思想的第一需要。"① 很明显，操作这种符号乃是一种在联系之中想象事物的基本理性活动，它所需要的智力水平已远远超出了动物式的信号反应。朗格认为，迄今为止人类创造出的一种最为先进和最令人震惊的符号设计②便是"语言"。人类一旦有了语言，就可以把某些不能触摸和没有形体的"观念"表达出来。有了语言，"人类才能够思维、记忆、想象，才能最终表达出由全部丰富的事实组成的整体；也正是有了语言，我们才能描绘事物，再现事物之间的关系，表现各种事物之间相互作用的规律；有了语言，我们才能进行沉思、预言和推论（一种较长的符号变换过程）。更为重要的是，我们还可以运用语言进行交流，这就是要求将那些可听的或可见的词排列成一种为大家理解的式样，通过各种式样人们就可以反映出自己各式各样的概念、知觉对象以及种种概念和知觉对象之间的联系"③。在语言中，由于各个组成部分（即单词），是一个个按时间顺序排列的，所以朗格称之为"推论的符号"。

另一种符号，即表象的符号，是由简单的符号发展成的另一种复杂符号体系，是由线条、色彩、体块等直接接合（或是以复杂的方式结合）成的视觉形式，还有由比喻性的和具有节奏及韵律的诗的语言接合成的"意象"。总起来讲，这种"接合"同支配推论性语言的语法规则是极为不同的，它不是将代表各种事实的符号按时间顺序排列，而是将一种完整的意象一次性地呈现出来。因此，这种符号被朗格称为"同时性的符号"。

概括起来，这两种符号体系有如下几点区别：

（1）每一种语言，都有自己的词汇，每一个词都有自己单独的意义，所有的词义加到一起，就构成了整句话的意思；表象性符号则不同，一幅画，虽有色彩、线条、光线、阴影等不同要素，但这些要素都不像语言的词汇那样有独立的意义，整幅画是一种单一的有机结构体，其中每一个要素都不能离开这个结构体而独立地存在，所以每一个单个的成分的意义都是由整体赋予的。就整体的意义来说，也不像一个完整的句子的意义——一幅绘画的真正的意义就像一个机体的"生命"，而生命与机体是密不

---

① ［美］苏珊·朗格：《艺术问题》，中国社会科学出版社，1983年版，第126页。
② ［美］苏珊·朗格：《艺术问题》，中国社会科学出版社，1983年版，第20页。
③ ［美］苏珊·朗格：《艺术问题》，中国社会科学出版社，1983年版，第20页。

可分的（语言则是一种外壳，它与意义是可以分离的），我们不可能将它单独剥离出来。正如朗格所说，"有谁能够分清自然界中各种有机体的生命有多少是存在于它们的肺部，有多少是存在于它们的腿部？假如我们给某有机体增加一条可以摇动的尾巴，又有谁能够认出它因此而增加了多少生命呢？因此，艺术符号是一种单一的符号，它的意味[①]并不是各个部分的意义相加而成"[②]。这说明，表象性符号是没有词汇的。

（2）语言有自己的句法，可以将数目有限的几个词编织成句子和文章，传达出较固定的意思。而表象符号却没有固定的"语法"。一幅画或一幅照片，它的构成要素的数目要比一个句子的词多上一千倍。它的微妙的含义是通过这些要素之间复杂的作用（或关系）获得的，人们很难编出指导这些"关系"的固定法则。谁能说，某种意味必须由某种特定的阴影和某种特定的线条获得呢？一条曲线，在这幅画里是这个意思，到那一幅画里就完全变了。然而正是这一特征，才使得这种符号有了非同寻常的本领。一种极为微妙的"观念"（某种印象、某种奇妙的想法或感受），假如包含着太多的相互间有紧密联系的细小部分，或者说在无数大关系中又套着无数细小的关系，那就不容易用推论性的语言去表达，因为这对语言来说是太微妙和太难以捕捉了。更有甚者，有些人生的意味，是一种活生生的东西，它像"生命"一样，本身有一定的节奏，一会儿强，一会儿弱，一会儿流动，一会儿凝固，一会儿爆发，一会儿消失。这更是推论性符号望尘莫及的。然而这样一些东西却正是表象符号所能达到的。因为一个同时性的表象符号，包含着"力"的相互作用，有节奏和起伏，有特定的冲突和缓解，因而可以造成微妙难言的关系。这些东西不能通过固定的"语法"去指导，但却可以通过直觉感受去把握。

（3）语言是可以翻译的，同种或异种语言中的某些字词组合可以等同于另外一些语言中的字词组合。这样，某种意义就可以用几种方式表达出来，从而可以编出各种各样的字典。表象符号则不然，我们找不到一些标准的"用语"把雕塑翻译成绘画，也不可能有专门术语把绘画变为音乐。换言之，它们的等同或相似，不能按照各自组

[①] 为了与语言传达的"意义"区别，朗格用了"意味"一词。
[②] ［美］苏珊·朗格:《艺术问题》，中国社会科学出版社，1983年版，第130页。

成部分中的一一对应而达到（语言则可以），而是靠总体的联系和作用粗略地达到。

从以上几点区别中，我们可以看出，这两种符号系统之间似乎有一道不可逾越的鸿沟，它们各自有不同的使命，因而不能相互代替。用一句普通的话来讲，诗和艺术的"语言"（一种特殊的语言）不能翻译成普通的语言；而用普通语言能表述的东西，如果用诗或其他艺术去表达，就很可能使其不能成为艺术，因为这样的东西最多只能是概念的图解。

至此，我们通过描述"什么是符号"的问题，大体明确了符号的本质、符号与信号的区别，符号的种类等问题，那么究竟怎样使用符号呢？符号本身理想的形象应该是个什么样子呢？这正是下面要回答的问题。

2
符号的形象特征

符号本身是形象化的,但并不是说一切具有形象的东西都可以成为符号。一个三角形,虽然是一个具体的形象,但并不是在任何场合都可以成为符号:假如它出现于交通牌上,那只不过是一种起信号作用的记号;假如它出现在再现性的绘画中,它就有可能成为一座山峰的再现形象;而在有些艺术品中,它就可能是象征某种等级观念,或某种无坚不摧的力量的符号。那么究竟在什么情况下,一种形象才能成为符号性的呢?我们说,对于符号性的形象来说,它之所以是符号,并不取决于其自身的形态或样相,而是要看它与自己所代表的东西之间的关系。如果仅仅是一种由人的习俗规定的"代表者与被代表者的关系",那它最多是一种信号;如果它仅仅与自己代表的东西之间有内在的相似或结构上的同形,那它最多是从信号上升到一幅模仿现实或再现现实的"图画";假如它的形象不仅与其代表的东西之间有内在的相似,而且比它代表的东西更为具体、鲜明、生动,那么它就不再是一种模仿或再现性的图画,而是一种具有符号象征意义的图画。也只有这样的"图画"(在诗中,是意象),才能称之为符号。

我们在上面表达的意思,是与苏珊·朗格关于艺术的定义相符合的。按照朗格的说法,艺术就是表现人类情感的符号。

这就是说,她称艺术是符号是有一定的前提的,这就是:它必须是表现人类情感的,而不是再现某种现实的。表现情感的艺术之所以是符号,就在于它本身的形态比其表现的东西更为具体,"艺术品是将情感(指广义的情感,亦即人所能感觉到的一切)呈现出来供人观赏的,是由情感转化成的可见的或可听到的形式……是情感生活的空间、时间或诗中的投影"①。按照这一区分标准,我们就不能将历史上出现的一切艺术都称之为符号②,因为对于模仿性的艺术或再现性艺术(乃至抽象艺术)来说,它们的形象不是像表现艺术那样,表现一种看不见摸不着的内在情感,而是再现各种看得见、摸得着的东西。换言之,它的形象不是比其代表的东西更具体,而是比之抽象得多。这显然是与符号本身的含义相违的。当然,在某些人眼里,某些再现性绘画形象和自然主义的小说是极为具体和逼真的,怎么能说这样的艺术比其代表的东西更抽象呢?其实,这种看法完全是一种误解或无知。就绘画而言,凡是再现性绘画,不管怎样逼真,都经由了作者的选择和抽象活动,它们最多能达到与现实事物相类似,而不能做到完全等同,更何况在绝大多数情况下它们都远离了现实,只是现实的一种简化的图式。这种情况是随处可见的——在现实中是白的东西,在绘画中可能是黑的;在现实中是三度的(立体的),在绘画中可能是二度的;在现实中是蓝的,在绘画中可以变成红的。我们要再现一只兔子,不必像照相那样面面俱到,只要把兔子的主要特征(如短尾巴、长耳朵等)呈现出来就可以了。我们要再现一个人,即使没有画出皮肤上的毛孔,即使头发是白的,脸是青的,但只要头、身、眼的比例正确,它就代表一个人;在黑板上用粉笔画一个黑人,只要它的头发是鬈曲的,嘴唇是厚厚的,眼睛大一些,它就是一个黑人,尽管他的脸被粉笔画成了白的,也无所谓。在现代绘画中,绘画形象与现实的远离就更为严重。例如,在印象派绘画中,一个女人的脸可以是青的,晚霞可以是蓝的;在一幅立体画中,马的身体可以是长方体,眼睛可以是三角形;在儿童画中,以大圆代替躯体,小圆代替头部或四肢,以基本的垂直——水平关系代替躯体与四肢的关系等。尽管如此,我们仍然能够认出它们画的是什么东西——只要分出哪个要素代表的是头,哪个要素代表的是眼睛,哪个要素代表胸脯,视觉便可以在瞬间将这许多方面集合在一起,使你得到有关事物的整体形象。

---

① 参见[美]苏珊·朗格《艺术问题》,中国社会科学出版社,1983年版,第24页。
② 有人批评说,朗格的符号论,将再现艺术和模仿艺术排除在艺术大门之外,是有道理的。说艺术是表现情感的符号,历史上出现的很多艺术就根本不成其为艺术,因为它们没有符号表现功能。即使那些有符号功能的艺术,如西方中世纪宗教艺术,由于它们不是表现情感的,同样也不是艺术。这样说肯定是片面的。但由于我们在这里主要是解释符号形象的特征,所以不能深入追究这些。

总之，一切再现性绘画，即使是那些声称逼真地再现了现实的绘画（如康斯太布尔的那些有名的风景画），也都处于比现实本身更加抽象的水平上。因为即使这样的画，也只是对现实某一瞬间、某一季节，或从某种"观察点"上的选择，更何况还经由了作者个人风格上的改造。至于那些更加抽象的画，如康定斯基和蒙德雷的某些画，它们简直就是给现实画的简图。在这里，任何试图模仿现实的努力都放弃了。现实的各个部分均用传统的记号（如圆点、线段、方块等）标示。很明显，在这样的一些"简图"中，现实事物被"画"出的唯一东西是其中部分与部分之间的关系，一幅这样的"简图"，实际上乃是一幅有关事物之"形式"的画，所谓"形式"也可以说就是主体所持的关于某种事物的"概念"。如果它较为"正确"，就可以使每一个见到它的人从中得出这类事物的"意象"，也正因为它基本上"正确"，所以一切见到这一形象并对它发出议论的人都能心照不宣地认定他们谈论的是同一个东西。总之，它是出现于一切对同一事物之正确的想象和思考活动中的"抽象形式"，在提供人们观照时，人人都有可能与它相遇，尽管人们的印象各不相同——这是因为，它有可能在不同的人的头脑中被穿上不同的感情外套。因为每一个人的注意、感觉、情感都不相同，所以同一个形式在不同人眼里就成了具有不同个性的印象；但由于他们都"窥见"到了这一基本形式，因此在谈论同一事物时，就能够相互理解。而许多绘画，尤其是较抽象的画，它们再现的正是这一基本形式。

总之，凡是再现性的绘画，不管是逼真的模仿，还是抽象的图示，其形象的抽象水平都要高于被再现的事物。而所谓抽象，就是剔取被再现事物的最本质的特征，以较简单的形象将事物再现出来，使人对其有一个整体的和形象的把握。但是，恰恰是这一本质的特征，才能把再现性绘画与符号性形象从本质上区别开来。对于一件符号性艺术品来说，它之所以成为代表另一种东西的符号形象，就在于它们本身之形态比自己代表的东西更为具体、生动，因而更能吸引人们对它想要代表的东西的留心、注意和体验。我们知道，任何一种意义，不管它有多么深刻、抽象或微妙难懂，都有可能转化为较为具体的形象，而只要将它变成符号性的形象，它们也就比较好理解了。总的来看，一种形象能否成为符号，不仅在于自己本身的形态，而且要看它代表的内容。假如它代表的内容处于比其本身更高的抽象性水平上，那么，不管它以某种具体事物或具体现象的具体形态出现，抑或是以某种较抽象的图式出现，就构成了一种符号性形象。这就是说，即使符号形象是一个具体事物的形体，它也必须要代表着这一事物所属的某一类事物（某一类现象、某一类动作）的概念。总之，大凡是符号形象，都是某种无形的、模糊的、不可捉摸的概念、含义、感情的具体例证，它将无形的变为有形的，把不可知的变为可知的，把埋藏于心理深层的变为可见的。它们大都简明扼要、说明性强，因而能将深刻的道理简化，将不可表达的变为可表达的。

当然，作为符号的形象，虽然大都鲜明简要，其具体表现形态又各式各样。概括起来，我们可以把它们分成十种不同的类型：（1）静态的形象。它可以是再现性的或某种具体事物的表象，但它的真正作用却不是再现，而是象征。举例说，西方某些绘画中的圣母玛丽亚的形象，并不在于为玛丽亚画像，而是以它代表美和母爱；中国绘画中某些老虎的形象，其目的不是为某一只老虎画像，而是为了象征力量、勇猛；中国古代达官贵人门前的一对石狮子，也不是为了给狮子塑像，而是象征着权势；现代杂志中出现的某种机器形象，不是为某机器作图，而是用它代表科技时代等。（2）简单的动态形象。这种符号多在戏剧中出现，如在中国戏剧中，人物手摇羽扇、脚迈方步，表现某种胸有成竹、信心满怀的精神状态；手挥马鞭在台上疾走，表示骑着马奔跑；用某种夸张的喝水的动作代替饥渴劳累，以某种倒退的动作代替顶"风"而行等。（3）以复杂的"情景"出现的意象。这种意象多在戏剧、电影、文学中出现。举例说，电影为了表达某种"绝望"的精神状态，就可以展示出这样一种较典型的画面：一个在沙漠中行走的人，由于饮水用尽不得不到处寻找水源。突然，他似乎看到了沙漠的尽头，耳旁似乎听到了人和鸟的喊声和叫声，但就在这时，他突然腿部发软，跌倒在路旁再也不能继续前进，他想喊，但由于干渴而喊不出声来……很明显，这一情景已经生动地把"绝望"的含义表示出来，但自始至终都没有以语言声明这就是绝望。（4）标示某种具体的"情势"的意象。"情势"比某一个简单的动作复杂，但又比某一"情景"短暂和简单。它或许是某一情景中较具典型性的片断或瞬间，或许是人生中较具典型意义的动作。例如，以一个正在独自徘徊的人的形象表示孤独，用母亲抱着一个婴儿表示生命的诞生等。

除上述较普通的符号表现外，在艺术中还有种种较独特的符号表现，概括起来，还有下列几种：(1) 通过某种可见的或动觉的身体表情或活动来表现意义的符号。如"痛苦"是通过一张扭歪了的脸来表现，"愤怒"通过握紧了拳头来表现，"服从"通过弯腰屈膝来表现等。(2) 有的是通过对某种效果的描述（通常是一种心理上的或是与人有关的效果）来表现意义。例如，"爱情"的含义通过一对情侣即将离别的依依感情来表达；"侵略"通过横七竖八的尸体的悲惨景象来表达；"犯罪"通过铁窗内的拘留景象来表达等。(3) 运用某种感觉或感受作为主要手段来表达意义。这种"意象"常常运用联感原理。例如，通过温暖表达母性之爱，用明亮的光代表真理，用冷凉的感觉来代表被人抛弃，用内心缄默来代表孤独等。(4) 用某种语言的解释作为符号去表达意义，这种解释大都比较抽象（不是以具体意象来陈述）。例如：幸福不说幸福，而代之以"在常见的东西中发现了不易发现的东西"；诞生不说诞生，而是说"从一片混乱中浮现出属于'自我'的世界"等。(5) 以某种比喻作为符号。在比喻性符号中，虽然意义也大都是通过某种具体现象的意象表现的，但严格说来，用来表现这种意义的现象并不属于传统上用来例证这些意义的那些现象范围（这是比喻符号与以上符号不同的地方）。弗洛伊德精神分析学中的大部分符号就是如此。这种符号大都须经过特定的解释才能与其表现的东西联系在一起。而当某种暗喻想要表现的意义极为抽象时，就需要直接附带着解释。解释的方式是多种多样的，有的是在两类同样具体的现象之间建立联系。如"一座建筑就是一首乐曲"；有的是在两类同样抽象的现象之间建立联系，例如"爱情就是至善至美"；有的是在一种具体的现象同一种抽象的现象之间建立关系，这种符号一般具有较强的表现力，如"啊！我的爱有如一朵红艳艳的玫瑰花，在这六月里刚刚开放"或者"美就是一首和谐的乐曲，其中每一个乐音都保持着自己的个性，但其作用又超出了自身"。我们从上述例子看到，在这些暗喻中，虽然暗喻描绘出的意象或概念同它表现的意义之间具有密切的相似关系，但绝不是例证式的，因此，它们之间要用解释性字眼"是"（或像）字来联系。但是，在某些电影蒙太奇组接中，大都无须用"是"（或像）字联结，也无须解释。例如，当把一场政治清洗同清洗街道的情景并置时，人们毫不费力便从中体验到了政治"清洗"的具体含义。这是因为，这样一种暗喻把两种意象巧妙地交织在一起了，意象本身便是一种解释，它直接作为某种概念或含义的具体"体现物"出现。(6) 正规的或本来意义上的符号。正规的符号大都是带有暗喻性的抽象的形象①，这种形象一般以几何形式出现，而且无须同另一个具体的意象或抽象的含义作比较，自身内部便包含着某种对比、比较以及对这种对比的消除和调和，换言之，其本身便包含着矛盾的冲突和解决。这种对比及其解决，是在对该符号的特殊知觉过程中完成的。而这种知觉所基于的恰好又是这一符号同它传递的意义之间结构上的相似或同形。这就是说，抽象程度较高的意象，仅用抽象的线条或色彩的对比，便能为某种观念或意义特有的动力式样赋予几何形状。正如物理学家可用表示矢量的箭头展示出"力"的有关性质——强度、方向、力点，音乐乐谱可以以自己的特殊空间和结构再现声音的高度和延续，一条直线和曲线可以表示某种心理状态的动力性质。据观察，这类符号性形象本身都有一种特殊的力的结构，即某种包含着两种力量的对立，对立的逐渐消除，最后达到和谐的复杂结构。根据格式塔心理学家们的分析，这种意象大都是完形形象，而且不同水平的格式塔（完形），具有不同的能力。例如，复杂的（但非好的）格式塔，能表现出两种不同意义的对比或冲突；而简单的好的格式塔则主要用于表现某种非冲突性的（即其中不含两种事物的冲突）抽象概念；只有复杂的好的格式塔（如古希腊的五角星形、中国道家的太极图等），才包含着几种力量的冲突及冲突的解决，也只有这样的形象才能体现出较复杂的含义，这就是正规的符号所应传达的含义。凡是正规的、本来意义上的符号，大都是一种含有某种意志的东西，它是经由心智上的操作而创造出来的，具有深层无意识的动力形态，因此，当它把观念翻译成图解说明式的感性形式时，无须理解和推论，便能使人直接感受到其中的深刻含义。②

以上我们列举了十种常见的，也是与艺术有密切关系的符号意象。从中可以看出，各种符号意象在复杂性和高级性方面是各不相同的。就上述排列次序来说，愈是接近后面的符号，其符号表现的复杂性、深刻性和广泛性的等级就愈高。因此，最后一种符号，即本来意义上的符号，可以被视为前述各类符号达到的最完善的形态。应该指出，在我国出现的各种多少涉及符号的美学文章中，符号的含义往往是模糊的，有些

---

① 意象、暗喻和真正符号之间是有区别的，一个意象可以引用一次；作为一个暗喻，如果它多次持续出现，成为一种特定意义的呈演和再呈演，它就变成一个真正意义上的符号。
② 关于它的具体动力结构，见本书第4章。

研究者往往把上述形象中的一种或两种作为唯一的或主要的符号，这就必然流入片面性。如上所言，区别符号是有一定的标准或标志的。我们看到，尽管上述各种符号的复杂性有所不同，尽管其中意义的呈现有的是通过文字，有的通过几何图式，有的是通过特定的姿态动作，但呈现意义的形象都比含义本身更具体、更形象和更直接，因而无须加以过多解释便能领悟。当然，在某些符号种类中，传达意义的形象也许有点抽象，但并没有抽象到超出意义本身或完全失去具体形象的程度。如果把二者比较，由这些形象表达的意义无论如何也要比形象本身更加普遍和抽象。抽象的程度和特征不同，表达的含义也就不同。举例说，一只类似眼睛的图形，它代表的并不是眼睛，而有可能代表人的一切注意的汲取知识的活动；而一只有着长长睫毛的类似眼睛的太阳便不只代表着光明和温暖，还有可能进一步代表着将储备的知识和搜集的信息向外发射、传播。这时，它的意义的广泛性和丰富性急剧扩大，既是一只似太阳的眼睛，又是一个类似眼睛的太阳，它包含的意义比人们能用文字表述的要广泛得多和深刻得多，这也正是一个真正的符号之最独特的性质。

3
艺术中符号形式的使用

如上节所言，凡是丰富的暗喻和符号，其本身的结构与它标示的意义之间都有着完美的一致性或对应性。这样一来，便引发出这类符号性表现的另一个性质，即凡是较完美的符号性表现，都具有某种自治性或自我封闭性。因此，当他们出现于艺术品之中时，便很自然地独立于整个艺术品，甚至使整个艺术品成为突出它的"背景"。在这种情况下，一个符号或一个暗喻，就如同一个自我控制的小宇宙或是一个高密度的意义"核"，很难与艺术品的其他要素融为一体。但是，如果处理得当，达到使符号与艺术品基本浑然一体的程度，就可以由此而大大增加作品的丰富性，使其具有丰富的表现力和强烈的感染力。在文学中，使整个叙述性基体与各种符号或暗喻融为一体的方式一般有两种，它们均能在突出符号和暗喻之特殊的表现力的同时，又对它们做出限制，使之不影响或消除整个作品的艺术魅力。第一种方式是将那些基本上非符号的人物放到符号性的或比喻性的事件、活动或情势之中。第二种解决方式是在某一基本上非符号性的情节、事件中，让符号性的人物出现。通过非符号性人物与符号性情节（或相反）的交织或结合，其中符号性的方面便被稳定到这样一种水平：不仅有助于审美经验的形成，而且赋予这些经验以一种深度和意义，使它们超出了具体于某时某地之叙述性事件造成的经验，从而使个别、暂时的事物有了普遍、永恒的性质，使作品的意义得到了扩展和深化。

在各种文学体裁中，童话体现了上述第一种解决方式。童话中形形色色的主人公如渔夫与金鱼、灰姑娘、白雪公主、美人鱼、小克劳斯、大克劳斯、睡美人等，其本身并不是符号性的。换言之，它们都是人们熟悉的普普通通的人物，都是人性味很强的个体，他们没有什么神奇的手段，也不隐含着某种普遍的含义。正如苏珊·朗格所说："童话中的'英雄'，严格说都是个别的和带有人性味的。因为虽然他们具有法力，但并不是神……他们不是作为人类的救世主或援助者出现的。如果他善良，他的这种善也只属于他个人或者完全是个人应得到的财产。"但是，这些主人公的行为，发生在他们身上的事件，以及他们活动着的那个晨昏的世界却都是符号性的。例如，在《渔夫和金鱼》这篇童话中，从渔夫搭救金鱼，到金鱼给渔夫的一次次报答，直到因渔夫家的老太婆极端贪心、凶恶而导致恢复原来贫穷状况的总过程，明显是一种符号性的情节，具有深刻的符号含义。也正是通过这种以普通的主人公与具有非凡的符号意义的事件的结合，童话才有了深刻的教育意义。

与童话相反，神话则是致力于把符号性的人物同凡人的行为和命运结合起来的典型凡例。神话，从古希腊的《伊里亚特》到芬兰的《卡莱瓦拉》①，从印度的古梵语史诗《罗摩衍那》②到德国的《尼布龙根》，以及中国的《淮南子》《山海经》等，其中出现的英雄，都比普通人类中的某个个人更伟大、更丰满、更深刻。虽然他们大都有"某个人"的名字和"某个人"的特殊经历（有父母兄弟），他们仍然是一个具有普遍代表性的人物，而不是一个"个人"，他们经由了脱胎换骨，因而接近于神。如果对世界各地的神话人物进行考察，就会发现在他们身上似乎有着很多不受各地特殊文化限制的相似之处。正如美国心理学家康拜尔的一本书中所说，这是"一个英雄，千张面孔"③。当然，这些人物的活动都有着各自的疆域和地方（有的是在奥林匹斯山，有的是在大海，有的是在天空，有的是在印度，有的是在以色列……），而且都在从事着最自然的活动，因而并不像传统童话中的人物那样，能吹一口气就把南瓜变成了马车，一刀而砍死七个人，乘着豆茎上天，骑着鹰飞翔，而是像人那样，骑着马或步行，有时砍死一

---

① 或译为《英雄的国土》，芬兰史诗，由艾里亚斯·罗拉特从口头的民间传说和神话中搜集，本书出版于1835年。
② 或译为《腊玛延那》，是印度两大史诗之一。
③ 康拜尔于1956年出版的一本书名为《一个英雄，千张面孔》，该书是谈"原型"问题的。

个精灵，然后又会像人那样，有苦恼，有踌躇，有恋爱，向异性献殷勤等。可以说，他们的世界就是我们的世界。因此，我们熟悉他们的一行一动，但不能识别出他们究竟是谁。作为人来说，他们是符号性的，即使他们的生活环境、冒险行为，甚至取得的成就会在世界文学的流传和再创造中加以改变，仍然不会失去他们原先具有的大部分符号的光辉。

在现代艺术，尤其是造型艺术中，人们对符号的使用已变得相当普遍，从线条、形状、色彩到人物的刻画，其符号表现性的成分愈来愈多。但是，究竟如何使用才得当，这便是一个很值得探讨的问题了。在这儿我们有必要讨论一下毕加索在其名画《格尔尼卡》中关于符号的使用。1937年4月28日，西班牙格尔尼卡的巴斯卡小镇被德国法西斯空军夷为平地，毕加索听后极为愤慨，两天后即5月1日便开始以发狂般的热情为这一事件作画，持续了几个星期后才最后完成。在作画过程中，他曾声称，这幅画他准备命名为《格尔尼卡》，而且他在此画中画的一切都是为了表现他对德国法西斯的狂轰滥炸的极大愤慨和憎恶。那么，毕加索又是怎样表现这种憎恶之情的呢？观看此画后便可明白，他是靠使用符号来达到这一目的的。从这幅画中，人们可以看到这样一些奇特的形象：画的右部是一个瞪着绝望的眼睛的妇女，她正举着双手从着火的屋顶上掉下来。另一个妇女冲向画的中心。左边是一个母亲和一个死孩。中间地上有具战士的尸体，他一手握一截断剑，剑旁是一朵正在生长的鲜花。占据画面中央的是一匹死马，被一根由上而下的长矛所刺杀。死马的左边是一头举首顾盼的站立的牛。牛头与马头之间是一只举头张喙的鸟。右上方有一个从窗口斜伸进的手臂，手中掌着一盏灯，灯发出强光照耀着这个血腥的场面。在这一切的上方，则是一只眼瞳为灯泡的明亮的眼睛，它似乎在俯视着这一切。这些形象很明显具有深刻的符号含义，首先让我们看占据画的中心的马与牛。众所周知，马和牛是西方艺术传统中经常见到的符号形象，从迈锡尼艺术和米诺斯艺术，直到这之后的其他造型艺术、神话、史诗等，都可见到这两种形象，而在西班牙传统的神圣斗牛礼仪中，这两种形象的符号含义更是不言而喻。那么牛和马的符号含义究竟是什么呢？在毕加索的画中，它们各代表什么？据说，毕加索博览群书，学问渊博，对各种文化中的符号象征甚至对荣格的集体无意识学说都颇有研究。据说，在作《格尔尼卡》这幅画的前两年，毕加索还做过一幅名为《斗牛》的大型蚀刻画,甚中的符号形象竟与荣格对"原型"的分析不谋而合。举例说,这幅画的左部出现了一个长胡子老人,他正爬上一个梯子准备逃离。这一形象正是荣格多次提到的智慧老人的原型,如荣格所说,他是人类的"拯救者",自文化的黎明期,他就隐没或蛰伏在人的无意识中。每当人类社会犯下大错,他便醒过来,这幅画的中心部分是一个"半人半牛怪",它正举起手臂向一个孩子扑去,孩子一只手举着灯,另一只手擎着一束鲜花,正在俯瞰眼前出现的凄惨景象:一匹因半人半牛怪的到来而竖起前蹄的惊马,还有一个仰面躺倒的死去的女人。据欧洲传统说法,半人半牛怪一般代表着黑暗势力。据荣格的说法,它其实代表着无意识迷宫中潜伏的那种黑暗的势力;而那匹马则是殉葬者或牺牲者的代表,它背上驮着的女人代表着被制服的力比多。而那个勇敢地正视或面对它们的神童,却代表着"文化的持有者""光明的携带者",是一个敢于正视黑势力的儿童英雄,也是更高级的意识的持有者。如果我们再读一读荣格对儿童形象之含义的详尽分析,毕加索在这幅画中的符号含义就更清楚了。

荣格曾在《神话学》导言中这样写道:"在所有的有关儿童的神话中,有一个极为自相矛盾的地方。一方面,'儿童'们绝望地陷入可怕的敌人手中,不断地死去;另一方面,他们又有着远远超过普通人的神奇的能力。这一点与下述心理事实有关:虽然儿童在人们心目中'不足道',是'无名小辈'或者'还只是个孩子',但是他又带有某种神性或灵气。从清醒的意识的角度看,他们或许没有多大意义,既无拯救的力量,也无解放的能力。……然而神话却强调说,事情并非如此,儿童具有非凡的能力,他们对一切危险都无所畏惧,而且能出人意料地渡过难关。因为'儿童'是诞生于无意识的子宫,滋长于人性的深层之中,或者说,它们就生育于生命之本性之中。它是生命之活力的人格化,完全超出了意识所及的有限范围。它的活动方式和手段是我们那片面的意识所无从知晓的,它代表着整个自然的深层,是每一个生命的最强烈、最必然的冲力,这就是那种实现自身的冲力。"

按照这一线索,毕加索《斗牛》画中儿童形象的含义就更清楚了。它高举着真理和智慧之光,对眼前出现的黑暗势力无所畏惧,这里显然是对"儿童"那无形的灵性和伟大的特性的赞美。对上幅画的简单解释有助于我们对《格尔尼卡》的理解,因为在《格尔尼卡》中，牛、马、母亲、儿童等符号性的形象同样出现了。但看上去其表现力却远远超出了上一幅画，这究竟是什么原因？总起来看，原因不过有二：一方面，毕加索在使用符号时，尽量使那种明确的传统的含义变模糊，使其脱离开具体的历史的和文学的背景。另一方面，他又大大加强了符号本身之造型和线条的内在表现力，例如运用大幅度的扭曲变形，运用解剖上的错位、断裂及形变，从而表现出暴力、牺牲、恐怖、死亡和复活等含义。对上述第二种方法，我们可以从画面中直接看到，而对第一种方法，却必须参考毕加索作画的全过程。对毕加索作画时的草图略加分析便可以看出，他是一步步放弃或减少传统符号的使用的。在这幅画最初的草图中，不仅有牛、马、女人、死去的孩子、持灯者、死去的战士等符号形象，还有其他一些传统的符号形象。例如在当年5月1日和5月2日的草图中，就有柏伽索斯①的形象出现，开始时是栖息在牛背上，后来又从死马肚皮上的伤口中钻出。但这一符号形象很快就放弃了，后来又增加了其他的传统形象，例如最初的牺牲者是手持长矛和盾牌的共和者的形象，这一形象也在作画过程中被放弃了。当然，从保留下的符号形象看，毕加索并未同传统完全断绝：那母亲和死孩的形象使人想起了传统中圣母抱起死去的耶稣的形象，掌灯女人使人想起了自由女神的塑像，握着断剑死去的战士使人记起无数死去的抗击侵略者英雄的形象，断剑旁的鲜花使人想起了用鲜血浇灌的花朵；飞马使人想起了和平受到了威胁，半人半牛的形象仍然代表暴力，死去的马仍然代表牺牲者……但总的看来，其符号性含义却更隐蔽、更含蓄、更模糊了。以那匹马为例，由它的牺牲所代表的含义是模糊多样的：它代表这次事件的无辜的牺牲者，还是代表着整个世界的覆灭？是对现状的描述，还是对未来的预言？似乎都兼而有之，但又不明确。按照荣格对原型的解释，马的牺牲总是代表着世界的覆灭。荣格指出，当马牺牲时也就意味着世界的牺牲和覆灭……马意指"力比多"，只不过已经历经幻变而进入了世界。以前我们指出过，"母亲力比多"为了创造世界，就必须做出自我牺牲；在这儿，世界又因为这同一个力比多（曾经属于母亲）的多次重复牺牲，而归于覆灭。由此观之，马完全可以作为代表这个力比多的符号，因为正如我们所见，它同母亲有着

---

① 指有双翼的飞马，传说其蹄踩过的地方有泉水流出。

多方面的关系。马的牺牲只能产生另一种内省状态，即一种与创世之前的状态相同的状态。或许是毕加索在读了荣格的这些文章后产生了灵感，或许这是一种不谋而合。但是在观看这些形象时，它们并不一定被视为传统的和独立的符号，而是通过与其他的形象广泛地联系和融合在一起，产生出较为复杂的感受。例如，人们会不由自主地把马同那些代表死去的公民的形象联系在一起，进而同与之对立的牛的形象联系在一起，把牛同高擎明灯者（斗牛士形象）联系在一起，把断剑、鲜花同上空飞翔的鸽子的形象等联系在一起。最后，当这一切符号形象融成一个有机的整体时，虽然每一个个别的符号都具有独立的含义，但是这种独立性又是在不破坏整体的含义的前提下获得的，因此不可能像它们单独存在的情况下那样鲜明和突出，带有一定的模糊性。但是，因为它又受整个意义总体的影响，所以在深度广度以及表现力方面都大大增强了。这正如荣格说过的：一个符号，一旦达到能清晰地解析的程度，其魔力就会立即消失，因此，一个有效的或生动的符号，必定具有不可解释性……它的形式是理性远远不能理解的，这种特性使得批判的理性每对它做出一次解释，都要受挫折和失败。最后，由于它的审美样相具有强大的感染力，致使没有任何人会在这方面指出它的瑕疵。

  从上述例证和分析中可以看出，艺术中对符号的使用是有一定的节制和条件的。如果放弃形式本身的表现力，放弃整体的观念，仅靠符号取胜，艺术品便会下降为某种概念的图解；反过来，如果仅依靠线条、色彩等要素本身的表现力，毫不利用符号，那么艺术品表现的意义就得不到深化和扩大。毕加索的作品（指《格尔尼卡》）之所以会有较强烈的感染力，其原因就是他在创作过程中逐步摆脱了对符号的完全或单方面依赖，与此同时又增加了形式本身表现力。这是艺术中使用符号的正确途径。

4

符号的体验与功用

如何使用符号的问题与符号的功用问题密切相关。虽然以上列举的各类符号的含义均可用简单的合乎语法的语言来进行某种说明和描述，但本质上说，语言陈述是不可能明晰解释符号之含义的。这一点在电影蒙太奇中可以得到突出的体现。例如，对于一种厚颜无耻的行为，无论你用多少对白去谴责和叙述，都不如将它同一个展示出犀牛那硬而厚的皮的镜头组接起来。当电影把法西斯屠杀同宰牛场的景象组接在一起时，其符号含义明显要比直接的谴责或描述深刻数倍。我们观看道家的太极图时，从中悟到的含义恐怕要比读一整篇论"道"的文章深刻得多。符号的这一独特的功用究竟来自哪里？这恐怕首先要归因于符号本身的感性刺激，在这一方面，一个具有生动形象的符号要远远超过那些抽象的文字。此外，在任何一个符号中，其意象同它表示的意义之间的关系都不是那么严格和确定。这就是说，一个符号意象可以留下大量供主体去想象或联想的余地，这一点是抽象的文字和逻辑所不能比拟的。再者，一个符号可以引起深层无意识反应，它会调动或激起大量前逻辑的、原始的感受，还会引起许多完全属于个人的感觉上的、感情上的或想象的经验。而这些感受或经验都是从来没有（也永远不会）转变成正式的语言表达的。

对于符号之特殊功用，美学、心理学、符号学中已有大量论述。综合起来，人们做出的假设，不外有下面三种：

（1）符号的作用在于"统一"，至于符号究竟"统一"了什么，人们的意见又有分歧。有人认为，符号的作用在于把互相分离的或互不联系的实体——人与人、人与自然、人与社会、人与上帝、人与外部世界中的各种物体——统一起来。另一部分人则认为，符号的作用在于使不同水平的实在——如各种不同的经验和其他各种心理内容或作用——统一起来。例如，在那些具有神秘主义倾向的思想家和诗人看来，符号能够把有限与无限、理解（推理）与感觉、心理的表层与深层、精神与物质、真实与虚幻等不同实在或层次结合为一体。而那些持心理主义倾向的思想家，则进一步为符号的上述功能增加了若干项目。例如，符号能将个别和一般结合起来，能将个别的东西建立在宇宙的总体的结构与和谐原则之上。用荣格的话讲，符号是各种对立面的"伟大的联结点"，这一联结点就像"原型"所显示的那样，能够将互相对立的主要心理层次——意识与无意识以及意识与无意识所具有的各种相互对立的性质，如限制与自由、内在现实与外在现实、过去与未来、模糊与清晰、男性与女性等——十分妥帖地结合为一体。

（2）符号的作用在于"揭示"。持这种看法的人大都认为，符号能够揭示出真正的"实在"，但究竟这种真正的实在是什么，意见却很不一致。某些人认为（这些人显然包括带神秘倾向的思想家），这种实在就是"存在之深层"即那种凭逻辑和感觉所达不到的深层。因此，符号就成了打开生命和宇宙之秘密的钥匙。以卡西尔和苏珊·朗格为代表的思想家则认为，艺术、科学、宗教、神学等都各属不同的符号体系。因此，各种符号事实上所代表的是不同的现实概念，这些概念将现实的不同方面揭示出来供人理解和体验。深层心理分析学家们则一致认为，符号所揭示的现实是个人那被压抑的无意识（弗洛伊德），或是种族的集体无意识（原型，或种族遗传下来的那部分"力"或"意义"的层次）。

（3）符号的作用在于促进人对外部实在的适应。按照一部分研究者为符号下的定义，符号是在认识方面适应环境的基本手段。在那些高级心理活动失败的地方，便想到运用符号对其做出调整和补充。因为符号也同信号和其他一切再现形象或带抽象性的媒介一样，有助于使人理解现实和解释现实，有助于对现实进行梳理和组织，有利于对其综合和抽象，有利于使种种人类经验得到发挥。

综观上面对符号之功能的三种假设，它们其实并不是相互排斥的。假如我们将它们综合起来看，或者从心理学的角度看，它们大体可归并为两种，即符号的放松、调剂或娱乐作用，符号的定向作用。放松作用同符号的"统一"① 功能有关，而定向作用则同符号的"揭示"功能和"适应"功能有关。

为什么"统一"功能会产生放松、调剂的效果呢？对此，可归结为三点：（1）按照荣格的独特解释，从本质上说来，真正的符号都是原型的视觉呈现，都是包含着两个极的对立统一体。因此，当它与知觉主体相遇时，便将其心理能量的非正常状态或不合理分布状态做出重新安排、重新分布，从而使原来那紧张的状态得到放松、调剂。这便是符号本身的结构与心理能量的结构二者之间的"统一"或"同一"。（2）由于符号大都是具象的东西，又由于它与无意识是同形的，所以，它的呈现便是无意识的体现。这种呈现、显示或体现能使人从渺茫抽象的无意识状态中清醒过来，突然地认识自身（前一过程是从混乱向清晰的过渡，后一过程是从抽象向具体的过渡），从而产生一种类似游泳者从水下露出水面的放松感。（3）符号是"一般"与"个别"的统一，或者说，是融个别于一般之中。因此，当作为个别人的主体与其相遇时，他平日潜心思考过程中努力将个别归结为一般时引起的紧张力便得到放松。这种情况，就像无线电接收机及其他带电物体与大地接触时发生的情况。通过与大地接触，大地具有的那种无限大的吸收能力便使这些物体自身的颤动消失了。这种情况，在心理生活中也常遇到。如常言所说，人在面临死亡时得到的唯一有效的安慰，就是想到"每一个人迟早都要死"，这种现象同样是个别与一般的统一。这种统一必定会引起一种放松的体验。放松的体验与获得"定向"的体验是相辅相成的。人与符号相遇时得到放松，这种放松有种种原因和机制，但可以统称为某种洞察或顿悟：这是人对周围环境和自身的一种新的认识，是一种在更高的水平上对过去的回顾和对将来的预言。真正的符号所接触的都是具有普遍的人类意义的问题，从生命、生活、爱情，到痛苦、恐怖和死亡。当这些普遍性的问题得到具体的呈示和解决，并以一种好的完形表现出来时，更是如此。好的完形本身既是一种减少紧张力的结构，又是一种给人以指引、领悟的结

---

① 自然与人之间的统一，深刻的或抽象的意义与具体形象之间的统一以及下文所说的种种统一，可否归结为"天人合一"呢？

构，它能把个体从挫折、磨难、窘迫和个别危险的情景中超脱出来，又能对人生中最基本的问题的解决给予暗示，从而给以后的活动赋予方向，提供指导性的信息。人有了特定的认识上的定向，他的活动便有了目的性和动力。

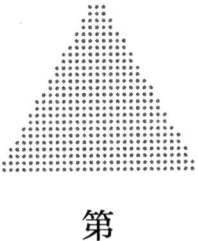

第 8 章

多义性与模糊体验

1
"意义"的范围和层次

艺术的"意义"是一个相当宽泛的概念。在特定意义上说，凡是"形式"之外的东西，都属于"意义"。"意义"分为许多层次和等级。人们通常说的"内容"属于意义，其余如"题材""主题""情感表现""寓意""象征""时代精神"等，也都属于意义。为了说明"意义"的复杂性，我们还是从一个简单的生活例子谈起。这个例子，是西方艺术史家潘诺夫斯基曾用过的，我们不妨借用一下。

当我们在路上遇到一个老熟人时，他会脱下帽子，向我们打招呼。"脱帽动作"本身，可以被看成是一种形式，因为从纯形式角度看，我们看到的不是别的，而是由色彩、线条、空间等要素构成的总体视域中某一个局部图式的细微变化。但是，当我识别出（我们经常能自动地识别出）这一局部图式是一个"物体"，识别出其细节变化代表着某种"事件"的发生，就即刻超越了纯粹形式知觉的界限，进入"意义"领域的第一个门槛或第一层次，认识出某种形式代表了何种物体或什么样的事件（在艺术中，这被称为对"题材"的认识）。对这种基本"意义"的把握十分简单，只要我们识别出某视觉或听觉形式，就是我们在实际经验中接触或认识到的某种"事物"，辨别出其中标示的某些关系或位置的变化代表着某种"行为"或"事件"，就已经完成了对这种"意义"的领会。

但是，"意义"的这一基本层次还远不止如此。在我们初步认出这是一件"事物"或"事件"的同时，还会迅速在我们心中激发出某种情感上的反应。例如，从这个熟人举起帽子的方式中，我们可以感受到他的心情是好是坏，他对我们的感情是淡漠、亲切，还是抱有敌意。通过这样一些细微的心理反应，我们就为这个熟人的动作赋予一种新的意义，这就是人们常说的"表现"。这种意义与上面所说的那种最基本的意义，是有所区别的。因为对它的把握不仅仅是一种简单的"认识"，或者说，不仅仅是通过与以往的某种"经验图式"对号，而是通过某种"移情"活动，或通过内情与外形的同构反应来完成的，虽然运用了一种较为独特的感受能力。但是，因为它获得的体验仍然是我们自然感受中的一种，所以尽管它与上述第一种基本意义略有不同，仍然可以划归同一类。对上述两种含义，人们一般称之为事物的基本意义或自然意义。

在真实生活经验中，"意义"的范围还会继续发展。换言之，当我看到我的熟人举起帽子之后，如果我自己也是一个西方人（或与这个熟人生活在同一个文化传统中），我还会领会到，他这一动作是在向我打招呼或致意。这样，我们就进入了意义的第二个领域，即被一般人称为"习俗意义"的领域。对这种"意义"的把握不是仅靠自然的或日常的生活经验就能完成的。换言之，它不仅要求我们熟悉某一文化传统内各种事物和事件的实用意义，而且还要熟悉超出实用意义的某些习俗的和文化传统的意义。就脱帽这一动作来说，不是每个人都能认出这是一种特殊的致意方式，它是西方传统独有的，而且是中世纪骑士风度的遗迹——穿骑士服装的人通常把头盔摘掉，表示自己讲和的意图，也表示他对对方讲和的意图深信不疑。这一动作逐渐演化，它就不仅用于表达即时情感，而且成为"友好""礼貌"的固定标志。很明显，这种含义对于那些没有生活在这一文化传统中的东方人、澳大利亚人或古希腊人来说，是不可思议的。我们看到，这种"意义"不管是对做出动作的人，还是对于接受这一动作的人，都是一种理性的而不是感性的东西。一个人在做出这种动作时，对于这一动作的情感"表现"含义，他有可能意识到，也有可能意识不到，但是对于上述"习俗"意义，他是一定要意识到的。因为这种意义是他有意识地贯入到动作中去的。在多数情况下，人们把握到的意义还要进入一个更高深的层次，这就是我们要说的第三层意义。还以脱帽动作为例，这一动作除了在空间和时间中构成一种自然事件，除了自动地表现出脱帽者某种情绪或心情，除了传达出某种习俗的含义之外，有经验的观察者还会看到另一种意义——由这种动作揭示出的这个人的"个性"或"人格"特征。这种以"个性"

或"人格"展示的意义，是一系列直觉性感知、深刻的洞察以及丰富的生活经验共同作用的结果。制约这种"意义"的因素是相当复杂的。它要受这个人生活的时代的限制和规定，还要受到他的民族、社会和教育的影响，更受他以往生活经历和现在环境的制约，更为重要的是从一个人那特殊的待人接物方式（或他对世界做出反应的独特方式）中看出。当然，在一个孤离的、礼貌性的"致意"动作中，上述诸因素不可能完全呈示出来，但毕竟可以展示出它们的一些征兆。我们不能立足于一个人的一个动作去构造这个人的一幅心理的（或内在精神状态）图画。但是，每一个单独的动作中都必定呈现出种种特殊的结构和性质（或是直接的，或是含蓄的）。这些性质与这个人生活的时代、民族、阶级、理想等因素都有千丝万缕的联系，因此对他的内心生活的独特运动方式也必定有所揭示。只要认真对这些"性质"进行分析和揭示，最终是能够把握一个人的个性心理特征的。对于以这种方式把握的意义，人们一般称之为"内在的意义"或"内容"。这种"意义"往往具有一种强大的主导能力，它对我们从中看到的事物、事件以及它们的那些可通过"理解"而把握的意义都有所影响。这样一种意义或内容，一般都不受主体"意志"控制。或者说，动作主体本身往往觉察不到。

以上对各种意义的分析和归类，完全适合于艺术，只不过艺术的意义更加明确和集中罢了。按照以上所述，对艺术的意义的把握基本上可以分为下述三个阶段：

第一，对基本的（或自然）意义的把握。这种意义大体由"基本的事实"和"表现"组成。前者是指艺术品再现了什么东西，后者是指它表现了什么感情和情绪。表面看来，这类意义似乎是从纯形式中自动"涌现"出来的。所谓纯形式，就是由色彩、线条构成的图形，或是由青铜、石块和其他材料组成的体块等。按照常识，当这种图形或体块与我们以往的某经验图式相"对号"时，我们便从中看到了动物、植物、人、房屋、工具等；当其中的各种力度关系与我们的某种内在感情模式"对号"时，我们便自然地从中见到了悲哀的、欢乐的感情。这样一来，对这种基本意义的把握就成了一件很容易的事情。在看一幅画时，谁不能一眼就能指出这是"一个人"，那是"一棵树"，那个是"池塘"呢？谁不能判断出这是一张"高兴"的脸，那是一张"悲哀"的脸呢？即使某些艺术品中出现了我们一时不能识别的奇异的动物或植物，在请教专家和书本后也能最终认出来。但是，假如我们仔细地研究一下艺术的实践，就觉得上述说法是轻率的。在很多时候，即使我们有丰富的实际经验，有大量可供参考的材料，我们仍然不能清楚地识别出某些题材究竟是什么。

潘诺夫斯基曾以 R.韦顿的《东方三大博士》这幅画为例来说明这个问题。从这幅画中心，一眼便可以看到一个悬浮在空中的孩子，因此，对这幅画之最主要母题的准确描述（或认识）应该是："它再现了在天空中飘浮着的圣婴的幻象。"但是，是否每一个人都能看出这一儿童形象是个幻象或幽灵呢？仅仅是由于它周围有一圈金色的光圈吗？这一理由似乎还不十分充分，因为同样的光圈在再现耶稣出生时的真实情景的画中也可以见到。或许，我们判定这一儿童形象是个"幽灵"的唯一理由，是它看上去似乎在空中飞翔。但我们又凭什么能确定它是在空中飞翔呢。如果说根据它的姿态，这种姿态与它坐在地上的一个垫子上的姿态又有什么不同呢（事实上这一形象的原型很可能就取自于真实生活中一个坐在地上的小儿形象）？看起来，判定这一形象是个"幽灵"的唯一理由，就是它看上去悬浮于半空中，周围无任何支撑物。然而这一理由仍然不能说明问题，因为在以往出现的再现真实的人、动物或无生命物体的画中，有很多也都没有画出支撑物。这些画虽然无视物体的重力规律，但看上去却完全不是"幻象"。潘诺夫斯基认为，我们之所以看出这一孩子的形象是一个飘浮于空中的幽灵，是我们不自觉地把这一孩子形象同它周围的其他物体作了一番比较的结果。稍加注意便可看到，它周围的一切都是以一种极为写实的风格画出来的，唯有孩子的形象显得奇特。这就使我们立即感到，只有奇迹发生时，一个孩子才可能悬浮于空中，只有幽灵才能这样做。由此可见，一种正确判断，不能仅靠生活中的实际经验，还要有艺术史、艺术风格的知识，只有根据在特定历史条件下人们一般用何种形式来再现物体和事件的事实，才能正确地解释自己所看到的。在这样做的时候，我们的实际经验便不自觉地接受了一个正确的原则——即"历史风格"的原则。

第二，对习俗的意义（或习俗的题材）的把握。艺术对某些事物或事件的再现，往往不是就事论事，而是具有一定的喻义。一棵松树，有时代表着长寿，有时代表着坚强；一只鸟有时代表吉祥，有时代表忠贞和爱情。在西方，一个手持桃枝的女子或许代表着忠诚，两个人以某种姿势相互格斗或许代表着善与恶间的斗争；一群人围着桌子按某种次序排列也许代表着"最后的晚餐"这一典故。在我们做出这种认识时，我们便把艺术的"母体"或多个母体的结合，同某种主题的概念或观念联系到一起了。对这种"承担"了或"体现"了某种习俗的意义的"母体"，我们一般称之为"意象"或意象的结合体①（在语言文学中，则称之为"典故"或"寓言"）。如何把握某种母体中隐含的"主题"或"概念"？单凭日常经验肯定是不行的，因为经验只能使我们认出某些熟悉的物体和事件，而不能使我们认出它在一个文化传统中包含的特殊喻义。因此，要想步入这一"意义"领域，最基本的途径是要通过阅读和留心搜集材料，去熟悉文学历史书籍和民间传说中的某些寓言、典故或特殊"意象"。没有这种知识，在欣赏某些诗歌、戏剧或视觉艺术作品时，便会堕入五里雾中。对于一个东方土著民族的公民来说，假如他看到一幅有若干个人围桌进餐的画，决不会认识出它的主题是"最后的晚餐"；他顶多会说，这也许是一顿美味的饭，或是一次愉快的会餐等。即使是一个有相当文化教养的人，假如他观赏的画所传达的主题超出了他的知识范围，他也会立即变成一个澳大利亚土著居民。在这种情况下，如果他要把握其"主题"，就要去调查、学习、研究，如设法弄清楚这件作品涉及的历史年代，其作者曾经读过、看过或通过其他方式知道的东西。当然，我们决不能过分相信这种纯粹知识的作用。在很多时候，虽然一个人十分熟悉一本文学著作所传达的各种特殊主题和概念，这种"熟悉"仍然不能保证他对某一件特殊作品之主题和喻义的把握。如果不加区别地运用我们的文学知识去解释某一母题的喻义或概念，同样可以导致错误；正如在我们不加区别地运用自己的实际经验于形式时会导致识别"母题"的错误一样。

在证明这种人们容易犯的错误时，潘诺夫斯基曾举过下面一个有名的例子：17世纪威尼斯画家玛菲曾在一幅画中再现了一个左手握剑、右手托盘，盘子里装有一个砍下的男人人头的年轻美貌的妇女的形象。有些权威人士曾经一度认为，这幅画再现的是莎乐美砍下了洗礼者约翰的头的情景。这种断言究竟正确不正确呢？关于这一故事，《圣经》上是这样记载的：洗礼者约翰的头被砍下之后，被装到一个盘子里送到莎乐美手里。单凭这一记载，对于这幅画之题材的上述判断无疑是正确的。但是，假如我们

---

① "意象"，虽则是一种形象，却不仅仅代表个别的人或物（如张飞、曹操、关羽等），而且还体现着某种普遍的观念或含义。如张飞的形象还代表勇猛，曹操的形象还代表奸诈，关羽的形象还代表着忠诚等。这样一些"意象"有时还被称之为符号。

仔细对照画中的情景,就会发现一个使人迷惑之处。这就是:为什么画中女人左手还握有一把宝剑呢?《圣经》上不明明是说,莎乐美并没有亲手砍下洗礼者约翰的头吗?根据这一点,我们完全可以怀疑,这幅画也许不是再现莎乐美的故事的。那么究竟再现了什么故事呢?再查一查《圣经》,其中还记载了另一个年轻女子杀死男人的事,这个女人名叫朱迪丝。在这一故事中,正是朱迪丝亲手杀死了霍洛佛尼斯。很明显,这一故事情节与玛菲画中女子左手握剑的情形是可以对上号的,但这样一来,盘子的出现又成了疑问。因为根据《圣经》记载,霍洛佛尼斯的头是被装在口袋里,而不是被装在盘子里的。很明显,由于"盘子"的出现,这幅画所再现的东西又不符合朱迪丝的故事。这样一来,在解释这幅画时,上述两个典故的正确和错误程度便处于平等地位,它们都有一定的道理,但都与事实有一定的出入。根据画中出现的"盘子",我们可以说它再现的是莎乐美的故事,但"宝剑"的出现又令人困惑;根据画中出现的"宝剑",我们可以说它再现了朱迪丝的故事,但"盘子"的出现又令人难解。这种两难的处境究竟怎样解决呢?很明显,如果继续根据文学记载去解释,就会使我们走向迷途。

对于一个有历史眼光的人来说,他是不会被难倒的。既然我们可以通过去了解在相同历史条件下,人们用什么样的不同形式去再现相同的物体和事件(或风格的历史),以补充和纠正我们自己的自然经验,那么我们同样可以通过对不同历史条件下人们如何通过不同的物体和事件对某些特定主题或概念的体现和了解来补充和修正我们从文学记载中获得的那些知识。

具体如以上那幅画,我们应该去追问:在玛菲之前的所有再现朱迪丝故事的画中,是否有人用过盘子盛放人头的画面?我们还可以追问:在那时出现的某些再现莎乐美的画中,是否有人使用了"宝剑"的母题?经过一番调查,我们才知道,在那时所出现的所有再现莎乐美的画中,都不见有"宝剑"这一母题的出现,而在再现朱迪丝故事的画中,都出现了"盘子"(事实上,早在16世纪的德国和意大利,就有好几幅再现朱迪丝的画出现了"盘子")。这就是说,在这之前曾有过"朱迪丝以盘子托人头"的画,却没有"莎乐美手持宝剑"的画。由此可以断定,玛菲的画所再现的是关于朱迪丝的故事,而不是莎乐美的故事。

我们还可以进一步追问：为什么作者要使盘子而不是口袋出现在这幅画中呢？或者，为什么这些画的作者们会把"盘子"这一母题从莎乐美的故事搬到朱迪丝的故事，而不是把"宝剑"这一母题从朱迪丝的故事搬到莎乐美的故事呢？对这一问题的回答，必须探讨"宝剑"和"盘子"之符号含义的形成史，对此我们可以找出两种原因：（1）"宝剑"乃是用来确证朱迪丝之特定品质的，它是一种光荣的标志，代表着某种献身精神、正义和刚毅等品质。这样一种标志是决不能出现在像莎乐美这样一个邪恶的女子手中的。（2）在14世纪和15世纪，装有洗礼约翰之头的盘子已变成一种与某一具体故事无关的独立的意象，象征着献身和虔诚。这样一种意象在北欧各国和意大利北部较为流行。这就是说，虽然刚开始时，这一意象只与莎乐美的故事有关，但后来却完全从这一故事中独立出来，被随机运用到各种与虔诚和献身有关的故事中。当它具体于玛菲的画时，"献身"的含义与"盘子"之间已成了一而二、二而一的关系；换言之，在这个时期，只要画中出现一个被砍的人头，就必定要有"盘子"出现，它们之间的联系是不言而喻的。理解了这一点，玛菲用盘子代替口袋这一做法，就是完全可以理解的了。反过来说，假如让莎乐美手拿宝剑，就难以交代了。①

第三，对内在意义（内容）的把握。所谓内在意义，就是浓缩或积淀于一件富有个性的作品中的深层意义，亦即那种揭示出一个民族、一个时代、一种宗教或一种哲学信仰之基本态度的东西。不言而喻，这种基本的东西，大都是通过作品的"构图法则"（形式、风俗、母题）和"肖像意义"（喻义）二者展示出来的，但只要设法掌握了它，又会反过来帮助人们更敏锐地掌握形式和表现。这种情况可以从艺术史中找到很多证据。举例说，在14世纪和15世纪出现的那些再现耶稣诞生的绘画中，圣母玛丽亚斜躺在床上或椅子上的传统场面便被一种新的场面，即圣母玛丽亚跪于圣子面前的场面所代替。仅从构图角度（或基本含义）看，这只不过是以一种三角形的图式代替了原来的长方形的图式；而从第二层含义上看，这也不过是对于一个全新的主题或观念的引进。然而事情并不仅仅如此，在仔细体味之后，我们便会觉得上述两方面的变化，似乎又揭示出一种新的情感态度，这就是我们经常在中世纪晚期的作品中见到

---

① 以上解说参见潘诺夫斯基《视觉艺术的含义》的第2章，本节是对潘诺夫斯基详尽解说的概述。

的那种特有的情感态度。如果能对这种情感态度（或内在意义）有所把握和认识，就能反过来揭示出在那个时期中，为什么某个国家、某个时期或某个个别艺术家使用了某种与以往不同的技法，为什么其构图中要引进一些新的主题和意象。例如，为什么米开朗琪罗在雕塑中要使用石头而不是青铜，为什么他的绘画中要使用"影线"等。如果我们熟悉这种情感态度，很快就会领会到，这只不过是这一时期那种基本情感态度的一种特定表现。对于这种表现，我们还可以在其作品的其他一些方面和性质中见到。例如，从它的形式、技法、母题、意象、故事、寓言等方面，都可以揭示出这种基本原则或基本情感态度。那么，从上述一系列的因素中见到的基本情感态度是什么呢？原来，对米开朗琪罗来说，肉体只不过是灵魂在尘世中的监狱，灵魂迟早是要冲破这种束缚和限制的。这种认定身体与精神是二元的观念，就使它的雕塑造形看上去具有极端痛苦的表情。从外表上看，也许显得十分平静，但深入体味就会觉得它们总是被一种强大的心理力所拨动，需要以某种特定的活动去加以释放。反过来，他对身体之重要性的承认，又必定使他在纸上创造出"人"，而不是人的幻象，因而使他的画被称为纸上的雕塑。这种效果显然由他的基本情感态度所决定，这一态度注定了他不能在轮廓线内涂彩，而是以粗犷奔放的线条和笔触，造成富有质感的层次变化，因为只有这样，才能创造出纸上的雕塑。很明显，假如我们不能把握这种基本的情感态度，就等于没有把握住一件作品的本质。在这种情况下，我们观看任何作品，都只能停留于表面。例如，在观看达·芬奇《最后的晚餐》时，我们就只能看到它描绘了十三个人围桌而坐，至多是看出它再现了耶稣与其门徒共进最后的晚餐的情景。如果是这样，我们就仅仅是在解释"作品"本身，或者说，会错把其构图和肖像的特征当作作品本身的基本性质。但是，当我们试图把它们理解为达·芬奇本人之"个性"的写照，是文艺复兴高潮时的文明以及某种独特的宗教态度的写照时，该作品就会成为另一种更加重要的"别的东西"的体现。这时，它的构图、母题、主题、观念等也都统统成为这种"别的东西"的特殊例证。在很多情况下，艺术家本人对于这样一种内在的东西并不觉察，而且他的所做常常同这种东西相违。

对于这种本质的东西的把握，不能仅靠对肖像本身的描述或靠统计学的方法。这种方法只能告诉我们，某种特殊的主题或观念是在什么地方，什么时候被什么特殊的母题体现出来的，它能告诉我们被钉在十字架上的裸体的耶稣是何时何地又被披上腰缠布或长袍的，什么时候是以四颗钉子（或三颗钉子）被钉在十字架上的，还会告诉我们善与恶之间斗争在不同世纪和不同背景中有何不同的再现方式等。这样一种描述，对于确定一件作品的时代、起源或出处，甚至它的真实可靠性等，都有极大的价值。对进一步的解释也提供了必要的基础，但并不能由此而对作品的含义做出根本的解释。换言之，它不能告诉我们，一个时代之神学、哲学、政治、理性概念以及内在心理模式之间的相互作用，不能对其作比较性研究，不能对其内在含义进行综合性解释。那么怎样才能到达这一较深的意义层次呢？有人会说，要把握这种基本的东西，我们必须具备一个诊断医生所应有的那种洞察力。对这种能力，人们常称之为"综合性直观"，认为它有可能在一个天才的外行人身上得到发展而不可能在一个精明的学者身上发展。但是，在强调这种直观作用时，我们最好还是谨慎些。在某种意义上说，这种解释的主观性和非理性成分愈强（因为每一种直观判断都是由解释者的心理和世界观决定的），那些在解释第一层次的意义和第二层次的意义时行之有效的补充性和矫正性措施就愈显得有必要。正如我们把实际经验和从文献中获得的知识不加区别地用于解释艺术品会导致严重的错误一样，完完全全依赖我们自己的直觉同样有犯错误的危险。这就是说，我们的"综合性直觉"需要得到纠正和补充。那么究竟用什么去补充和纠正它呢？这就是要深入了解不同历史条件下，人类精神之本质的或一般性倾向，要了解不同时代和场合人们诉诸的特殊主题或概念的区别以及以这些东西表达意义时方式上的差别。一句话，要充分了解人类文化符号的发展史，要用历史的眼光对于自己确定的某些作品的内在含义进行一番对照和检查；这种对照，主要是对照一下这些作品含义与那些与之有联系的其他人类文明积淀物的内在含义。总之，要对照一下那些记录了某个人、某个时代或国家、政治、艺术、宗教、哲学和社会倾向的其他文件或其他积淀物的内在含义。当然，这种对照不仅对艺术解释有益，对那些专门研究一个时期民族之政治生活、宗教和社会理想的历史学家们也有所补益，他们可以从艺术作品中得到自己需要的材料。正是在对内在意义或终极内容的寻求上，各个不同人类学分支才在一个共同的层面上相遇。

2

多义性（不尽之意）体验

我们在上节中借用了潘诺夫斯基的例子，论述了作品意义的基本层次，以及如何去接近和把握这些意义。本节中我们将接触的是与意义有关的另一种现象，即作品的多义性问题。在中国文论中，这个问题每被提及，如"言有尽而意无穷"，"状难写之景如在目前，含不尽之意见于言外"（梅圣俞），"语语明白如画，而言外有无穷之意"等。这些说法的意思是，一件优秀作品的意义不仅有多个层面，而且每一个层面上的意义也不是一种，而是多种。其中每一种都是合理的和正确的，正因为如此，人们才说一件作品有无穷之意。那么"多义性"是如何产生的？它仅与作品本身的结构有关，还是与不同时代和不同的欣赏者的不同解释有关？它产生的心理机制和体验是怎样的？这些都是有待回答的问题。

有关多义性产生的根源，当今美学中大体有两种典型的解释。以弗洛伊德为首的心理分析学派认为，名义性产生于欣赏者对同一作品的不同解释之中，这样的作品犹如一个梦，有人认定它是吉祥的象征，有人则认为是一种凶兆。弗洛伊德在用俄狄浦斯情结解释哈姆雷特之后，曾在《梦的解析》一书中说过下面一段名言："正如任何神经病症状（或梦）都有可能引起多种解释一样，由于每一首天才的诗的创造，都不是起自于一种动机，所以会承受着不止一种解释。我所要做的，是对它的最深层的意义做出解释。"弗洛伊德以人们对梦和神经病症状之解释上的多元性来说明艺术品的多义性问题，无疑是在把多义性的产生归之于不同欣赏者的不同联想。按照此说，一件作品之所以一代一代流传下来，被人们视为珍宝，并不在于其形式的独特和新奇，而是在于每一个人或每一个时代的人，都能通过主观联想从中发现一种使他感动的独特意味。弗洛伊德自己正是这样做的，他曾用心理分析法对许多作者之创作动机作了分析，从中发现了他认为前人未发现的最深层含义，即"性"的含义。这种含义的发现，无疑又为艺术品的多种含义储藏增加了最诱人的一种。很明显，如果我们承认弗氏的观点，作品之含义会得到扩大，但同时又会给"解释"带来一种意想不到的困难。换言之，因为对意义的解释更加随意，所以对于一件作品之意义的解释，不管有多么全面、可靠和精明，都可以找到另一种与之完全不同但又同样合理的解释去推翻它或代替它。事实也正是如此，自从弗洛伊德开创心理分析学以来，对许多名著之含义的传统解释受到了巨大冲击和怀疑，代之以"恋母情结"或其他性的内容。弗洛伊德本人对达·芬奇的《蒙娜丽莎》和其他作品之含义的奇妙而又吸引人的分析就是一例。由于弗氏的分析论据充分、娓娓动听，人们会觉得它言之成理，有时不禁会提出这样的问题：如果说前人这些解释是正确的，弗洛伊德从另一个角度所作的解释不是也很合理吗？我们究竟相信哪一种呢？有些人则从这种怀疑中产生出一个新的观点，认为对一件作品之含义的"解释"，本身也是一种创造，多义性是欣赏者创造出来的，由于他们的个性、经历、气质和社会背景不同，他们的"创造物"也就不同，从而使他们的"解释"也就不同。

另一种观点，与弗氏恰成对立。这就是现代结构主义和解释学的观点。按照结构主义和新批评主义，多义性是由作品的不同层面折射和相互作用所致，基本上是由作品本身决定的，与原作者的意图无关。西方现代解释学美学家希尔什曾指出，一件作品的重要性可能会随着时代和各种解释背景的不同而改变，但作品的基本意义却永不会改变。所谓作品的基本意义，就是作者希望传达的意义，它是明确的、可以辨别的和可以通过观赏者的心理活动重新构造出来的。这种重新构造可以分成两部分：一是理解，二是解释。理解是指根据原文的结构和语义，把作者想要传达的意义重新在心理中构造出来；解释则是用当代读者能接受的和较熟悉的方式把这个意义传达给他们。这种活动所要达到的目标，就是作品的客观不变的"意义"，除了这"意义"之外，还有另一种意义，这种意义他称之为"意味"，这种意味是由接受者的评价或判断活动得来。虽然正确的评价和判断总是在能够理解和解释其本来"意义"的基础上进行的，但解释者可以从这个基础发挥，加进许多"自我表现"的成分，因而导致了同一作品的多义性。

本书认为，多义性既然为一件作品平添了许多风采和价值，对它的研究本身就是一件十分有意义的事情。但是，作为这种研究的第一步，目的并不是为哪一件作品的多义性找到最恰当的解释，以便弄清类似毕加索的《格尔尼卡》或亨利·莫尔的空心雕塑中包含的种种深刻含义；也不是去设计出一种方法，将同一作品中看到的不同的意义综合起来，从而找到一件作品在多义性方面究竟有多少潜力。本节所要达到的目的，是从心理学角度去弄清楚下述一些基本问题：在一件作品的形式和内容中，究竟是什么东西使得该作品成为多种含义的承担者，作品的接受者（或欣赏者、评价者）对于作品之多义性的产生又起了什么作用——他们是如何把握到这多种含义的，多义性引起的经验是个什么样子？

在回答上述问题时，我们必须首先弄清多义性的实质。几个世纪累积下来的大量阐释性文献证明，"多种含义"首先不是产生于欣赏者的"自由联想"，而是作品本身所可能具有的一种"能力"或"意义容量"，对它们的"发现"或"发掘"往往是在几个相互区别和联系的"潜在意义系统"中完成的。如果人们遵循每一个潜在的意义系统去对作品的所有主要构成成分进行组织，就会最终产生出一种独特、深刻而又清晰的意义。改变一个角度，按照另一种意义系统去把握，就会得到另一种意义。而每一种这样的意义都是上节中所说的基本意义、习俗意义和内在意义的总体或合成。这就是说，假如一件作品可以经由五种潜在意义系统去把握，最后就有可能产生出五类相互区别而又联系的意义。正是这样的作品，我们才称之为"多义性"的作品。迄今为止，我所知道的一个最典型的"多义性"作品，是亨利·摩尔的雕塑《斜倚的人形》。对这件作品的多义性综合是由西方学者纽曼提出的，他指出，迄今为止人们已从这件作品中至少发掘出了五种以上的不同含义。事实上，这些意义是根据不同的"意义系统"得出的。按照第一种潜在意义系统，即具有心理分析倾向的欣赏者依据的系统，这个斜躺着的艺术造型从形式到母题，再到喻义，都是一个普遍的或典型的女性形象的抽象性再现；因此，其中看到的空洞，就代表或暗示着女性生殖器。按照第二个意义系统，这一艺术造型不仅是典型女性形象的抽象；而且还是典型的"母亲"形象的抽象，这样一来，其中的空洞就应该是子宫而不是生殖器。按照第三个意义系统，这个具有抽象风格的雕塑造型，事实上是暗示了一种自然风景的典型特征，凸起处是山峰和高原，凹进处是山岩上的洞穴；因此，该雕塑展示的应该是山岩和洞穴特有的那种迷人而又壮观的景象。按照第四个意义系统，这一造型既有母亲的特征，又有山岩洞穴的特征；从某种意义上看，它应该是"大地—母亲"这两种形象的奇妙融合，因为你分不清它究竟是大地，还是母亲，它只能是对"大地—母亲"的赞美。按照第五种意义系统，从这个斜躺的造型中可以看到一个从被动、低级的非有机体向一个主动、高级的有机体转变的过程；其中的空洞代表着明朗的意识通向黑暗的无意识领域的通道，即进入人们尚未进入的和尚待揭示的神秘领域的通道。

那么，在人们从一件作品中把握到的这多种相互区别的意义之间，是否就各自孤离和毫无关系呢？事情远非如此。从以上对亨利·摩尔之作品的分析中可以看出，各类意义之间有所区别，但并不是毫无联系的，它们有时候还可以通过相互交织和补充自然地融为一体，生发出一个更为丰富的意义群。母亲与大地之间的内在（或本质）联系就是一例。在古老的神话中，大地经常被称为人类的母亲，而在这样一件雕塑中，却把这两种事物的共同特征有机地统一起来了，大地有山川的起伏，母亲则有乳房和子宫。从这一事例可以看出，一件作品愈是完美，它的各种性质就愈普遍，人们从中揭示出的各类意义之间的联系也就愈紧密，反之亦然。在一件优秀的作品中，各类"意义"系统应该成为导向同一个"意义核心"的不同渠道。正如一个城市四面八方的通路都通向这个城市的核心一样。在这种情况下，只要把握住这个中心，就不愁把握其意义的全貌。当然，有时候，各个意义系统之间是交叉错乱的。这时，如果想把握其多样性的含义，就要把每一个系统（或渠道）都一步步走完。但不管在哪种情况下，不管是各类意义之间是互为补充的，还是依次体现着越来越丰富的意义；不管它们各自是独立或自治的，还是在特定的框架之内融合成一个更加普遍的、有代表性的总体意义，每一类意义都必须成为鸟瞰作品整体的"观测点"，不管人们通过什么方式到达这个点，只要到达，就有可能窥见它的全体。具体说，一旦把握了某件作品的最深层意义（或与之有关的较浅层的意义），就能迅速地理解它的形式色彩的使用方式、母题的选择、主题的揭示等因素。这一事实说明，对艺术品意义的揭示同对科学哲学领域的意义揭示是不同的。后者基本上是一种顺序性的和逐步构成的过程，前者却常常是一种同时性的过程，一种直观性的整体性理解。

通过以上论述，人们看到，多义性并不是作品的纯客观性质，也不是欣赏者的主观构想，而是作品的某些特征与观看者的某些特殊的知觉和理解方式相互作用的产物。从客观方面或从多义性产生的先决条件看，首先要有能够唤起多种不同意义的特定刺激物，即特定的色彩、形状、力的作用、运动、字词组合、意象、符号、故事、寓言等。这些刺激物在经过无数不同场合的使用之后，已经逐渐演化成为体现某些特定情感、引起特定联想和包含特定符号意义的"材料"，它们可以在不同的"意义系统"中被结合和使用，从而产生出不同的意义。在这许多因素中，最主要的当然是具有符号意义的意象。如上一章所说，符号乃是运用某种意象、运动或景物来体现特定意义的东西。但是，因为符号是在不同的文化传统中，或是在同一个文化传统的不同阶段产生的，所以相同的意象或运动在不同情况下就有相当不同的意义；反过来，相同的意义在不同的情况下，也可以选择不同的意象或运动去揭示。以"生命"这一概念为例，它既可以用一股流动不息的涓涓细流去标示，又可以用倾泻而下的瀑布或急流中的漩涡去标示，还可以通过一种车水马龙的繁华街道去标示；反过来，同一种意象，比如一棵青松，既可以成为一种标示坚韧不拔、不畏强暴的高尚品质的符号，又可以成为标示好"客"或"欢迎"的符号，还可以成为一个标示某具体地点的符号（如黄山松）。总之，各种符号性意象所包含的意义是相当宽泛多样的，这种多样性在艺术作品中表现得更为明显。例如，当我们倾听某些交响乐中的某些片断时，就往往具有这种多样性的体验。我们感到，它似乎是一种特殊的感情的爆发，又似乎是自然界中的雷雨或闪电，还可以被感受为某种社会潮流的不可抗拒的势头。再如一幅立体派绘画，我们感到它似乎喻示了西方传统中某些"固有价值"的解体，又似乎喻示了"实在"的多层次性或多面性。上述例子说明，每一种符号，不管它是简单的还是复杂的，都可以分为多个层次，其总体意义是多个层次的融合，是激起多义性体验的良好材料。

产生多义性的第二种重要的客观条件，是对某些饱含多种含义的情节或题材的选用。事实证明，有些情节或题材具有一种特有的能力，它们往往比其他情节或题材唤起更多种类的含义。究其原因，主要是它们在特定文化和社会环境中被反复使用和雕琢的缘故。有关这样的例子，我们可以举出很多，例如历经艰难险阻追求某种"恶事"之根源（或作恶者）的情节，克服重重障碍获得美满的爱情的情节，类似灰姑娘的故事情节，强者终被弱者战胜的离奇故事情节等（如西方歌利亚与大卫的故事），都是产生多义性的典型材料。它们可以运用到除音乐之外的其他所有艺术中，而且可以以任何一种复杂性和抽象性水平去随意处理。以"追寻"这一类题材为例，他可以以侦探小说的形式出现，以探查一个犯罪事实的主谋者为主，喻示着"善有善报、恶有恶报"和"天网恢恢、疏而不漏"的意义；还可以放到一部类似展示俄狄浦斯情结的戏剧中，在这儿则是通过"探寻者""被探寻者"和"犯罪者"三者之间的相互作用把这类情节提高到一种名副其实的符号水平，使之饱含着种种社会和个人之心理深层的不同意义。当然，这种以"探寻"的情节为主的艺术品究竟会不会唤起多义性体验，还要看它被改造的程度，例如究竟是寻求宝藏，还是寻求真理抑或是寻求长生不老等等。上述情况还可以在以"等待"这类情节为主的艺术品中看到，同样是"等待"，既可以放到流行的恋爱故事中，作为传达真挚爱情的一个重要的要素，还可以放到另外一些经过了曲折处理过的故事中，喻示更深刻的含义。例如，喻示人类的命运、上帝和奇迹的等待，喻示人类对美好的社会或美好的未来的等待等。

当然，有关造成作品之"多义性"的因素，除了作品中上述各种特征之外，还有欣赏主体的某种"能力"，亦即他对"多义性"的知觉、概括和体验的能力。这种能力表现于观赏者能否灵活地转变自己的观察点，能否从一种参照构架迅速转移到另一种参照构架。如果不能灵活地转变自己的"立足点"，仅仅盯住一点而不及其余，从一件艺术品中发掘的意义就是单薄的和可怜的。对于这种"转变"能力，在已往的普通心理学中，人们已做过大量的试验，这种试验大都通过某些可以接受几种不同的知觉组织方式，从而可以从中看到几种不同图形的"刺激式样"进行的。例如，在某些可以清晰地展示出图与背景之间之对比的式样中，观察者的着眼点不同，从中看到的图和底的形式亦不同。这样，他就可以在很短时间内从同一刺激式样中分别看到两种乃至更多的"形"，从二度的形转变为三度的形，从"图"转变为"背景"，或是从"背景"转换为"图"。在知觉一个简单的图式时发生的转换，与知觉一件艺术品时发生的转换,仍有若干不同。在知觉一个简单的图形时,无论怎样转换,都是按照时间顺序进行的,换言之,在同一瞬间,不能同时知觉到两种完形,它必须有一个交替进行的过程。而在知觉一件艺术品时则不然,当观赏者从它的第一种意义转向它的第二种意义时,并不意味着对第一种意义的放弃。换言之,观赏者可以同时把握它的两种到三种意义,并在把握的过程中把它们有机地结合起来。这种转换也不同于概念性问题的解决过程中所发生的转移。在解决某些概念性问题时,人们往往随着推导的深入,用一个较好的解决方式去取代一个错误的或不好的解决方式。当发现了新的解决方式之后,先前的解决方式就价值不大了。对艺术品的知觉中则不然,在这儿,从第一种意义转向第二种意义并不意味着第二种意义比第一种意义高明和有效,人们从一件艺术品中把握到的各种意义,可以有深度和广度之差,但绝没有正确与错误,高级与低级之别。每一种意义都是不可或缺的,它们都对整个审美经验的形成做出了应有的贡献。

当然,我们指出这几种转换间的区别,并不意味着各种"转换"之间不具有共同之处。那么,它们的共同点在哪里呢?简单说来,上述几种"转换",都要涉及在已有的知觉要素中发现新的关系,并以一种新的方式将它们迅速结合起来的问题。这一特征使"转移"现象明显与创造性思维接近。除此之外,还有各种"转换"之促动因素方面的类似。许多心理学试验证明,促使"转换"发生的动力,一方面来自于心理上的一种"饱足或厌腻状态",另一方面来自于新的"观察点"和新的"解决方式"的强大诱惑力。这种现象在简单的知觉中很容易见到。举例说,在面对一件刺激式样时,知觉主体在开始时总是尽量以最简单省力的方式去组织和把握它,从而把它看作一个最规则的图形(或规则图形的变形)。但在经过一段时间后,便产生出一种将它转换为另一种完形的趋向。有时候,为了克服某种"饱厌"状态,甚至倾向于将它转换为一种更坏的完形。相应说来,当眼前的图式较为复杂多变,富有动感和比较有趣时,"转换"就不容易发生。在概念性问题的解决中,向另一种解决方式(或假设)的转变,往往产生于先前接受的方式不很成功或不很有效的时候,在这种情况下,"转换"就有助于克服主体的挫折感和无能为力感。

艺术欣赏中意义转换的动力因素,与之有相似之处,这就是:一是通过用一种新的意义代替一种旧的意义,去克服"饱厌"状态;二是期望发现作品中尚未被揭示的层次和方面，以造成一种前所未有的体验。总之，本节的意图是要说明，多义性是作品本身之多层次性与主体的知觉中的转换倾向共同作用的结果。前者是多义性产生的前提，后者是多义性产生的特殊渠道或方式。在它们的共同促动下，一件作品的多种含义不断被揭示出来。既可以使同一个观赏者在每一次重新观赏它时发现一些新的东西，又可以使不同文化传统和不同历史年代的观赏者从中发现前所未有的东西。正如朗吉弩斯所说"只有经得住反复审查的作品才是伟大的"，多义性正是使一件作品经得住反复审查的基本保证。某些畅销的作品之所以畅销，或许是因为它触到了某个社会中公众在某个时期最关心的问题；而当人们对这些问题的兴趣衰退时，这些作品的魅力也就随之消失了。但是，假如这些作品还包含着其他种类的含义（这意义，前人未能发现或是被他们忽视了），它们被当代人重新发现了，而且适应这个时代总的潮流，这样，它们那失去的魅力就会重新恢复。

虽然从"一种意义生成系统"转向另一种"系统"，是一种依次进行的顺序过程，但对艺术品本身来说，它的各类不同意义都是同时存在的，它们有时就像一种晶体的不同侧面，有时又像一种光源向四面八方射出的光线。当然，对它们的把握，并不像知觉一种晶体或一种光源那么容易。对于普通观赏者来说，同时把握它的两种或三种意义常常是困难的，因为人们很难通过一次扫视，就把他们按顺序经验得到的几类意义结合为一体。要想获得这种全面的经验，审美活动中不仅涉及"转换"，而且还要涉及一种超级的整体性洞察力。这种能力在日常生活中有时也可以显示出来。比喻对一个人之"个性"的把握，我们往往不是从他的举止言谈，慢慢转换到他的穿着爱好，再慢慢转向他的才智和表达用词，而是同时将这些因素聚为一体，瞬间得到领悟，或者说，是在一种类似"闪光"的动作中将"整体"显示出来。这种能力常常是人生活中获得某种复杂的定向的基础，它可以使一个人同时置身于时间的、空间的、心理的和社会的各个层次上，在扮演着各种不同角色的同时又保持自身。正如人们有时将自己视为他人的朋友、伙伴、竞争者乃至仇敌的同时，又清醒地意识到自己一样。这种能力具体对于艺术品的知觉，则是一种从艺术品之核心部位出发的多方面和多层次的组织能力，不仅要求对它的若干因素同时做出考虑，还要有对于我所在的"观察点"之外的其他"观察点"的意识。这就是说，在将多样性组织为一个统一的整体的同时，又不忽略其各个组成成分本身的差异和功能上的差异。总之,一件作品的意义越多,它满足的需要也就愈多,它可以为老问题提出新答案,也可以基于某些老答案提出新问题;而当它将各种在过去相互间毫无瓜葛的问题集中于一个新统一体之中时,激起的体验就立即变得丰富深邃起来。

3

多义性与模糊

　　从诗的角度讲，多义性首先产生于作品本身之语法结构的模糊和语义上的模糊，这种模糊最终又会导致一种"模糊"体验。这是审美经验中与意义有关的一种最典型的体验。当然，这里所说的体验上的模糊，并非是指糊里糊涂、茫然无知或一团漆黑。而是在极为丰富多样的意义面前的一种"目不暇接"状态，进一步说，是由这种目不暇接造成的一种"醉态"。在特定审美对象的刺激下，种种不同的含义会通过内在心理（或注意力）的转换，不断射向我们心灵的接收机制。它们一旦到达心灵的光屏，便会发生一种更为有趣的事情：它们在视、听、触觉等感知阶段上的差别消失了，各种意义之间相互共鸣和生发、相互抵消和补充，合成一种更为宽广、深沉和博大的体验，正如红、黄、蓝各种单色一旦进入电影、电视屏幕，就会造成五光十色、丰富灿烂的视觉一样。这时，我们无法分清这种丰富的体验究竟来自哪里，这就像几根琴弦的共鸣，在共鸣发生时，有谁能知道这种声音效果来自何方？它无法分析，也无法追查，正是在这个意义上，我们才使用"模糊"这个词。

　　试读张继《枫桥夜泊》中的"月落乌啼霜满天，江枫渔火对愁眠"两句诗。短短的两句诗行，却一连向我们展示出六种互不联系的意象。它们之间没有任何联系词，因而不存在因果等逻辑关系，也没有主谓之间的使动或受动；它们各自独立，自成一体，并且从不同的角度在我们心灵中留下种种互不相同的独立意象。但是，在读完这些诗句后，这些意象最终又合并、迭合起来，合并的结果是产生出一种朦胧模糊的意味和体验。它不容易用语言表达,却逗留于我们的经验之中;它无法追溯,却经久不散。很显然,这种效果同某些电影蒙太奇的效果是一样的。总之,"模糊"的经验,是一种综合性的体验,其中既有各种感官感受的交织,又有各种表现性质的相互加强和抵消;既有各种截然不同的意象的叠加,又有各种意义和意味的融合。各种意义、意味、意象和表现性质等是如何相互融合和相互作用的?除了从心理学方面摸清它的基本原则外,还要结合具体的作品进行一些具体的描述和揭示,只有这样,人们才不会在解决"模糊"时又陷入"模糊"。审美心理学试图摸清它的机制和原理,当然,目前我们所能做到的,还只是对其现象的描述。由于模糊体验最集中、最明显的是在诗中表现出来的,所以下面我们就先从诗谈起。

诗是某种复杂的感情、含义和心境在语言文字所造成的具体形象中的投射,因此,它的语言就必定不同于一般陈述性语言。陈述性的语言能表达出一种清晰的见解、一种主观的判断或一种客观的关系,但在传达一种复杂的感受和意味时,它就无能为力了。举一个简单的例子,当我们听到一种声音时,可能会有两种情况:一种是仅仅觉得它悦耳或刺耳,另一种是产生了一种更加复杂的、难以言传的体验。如果是前一种情况,我的表达就很简单。我会说,"这声音很好听"或"这声音难听得很"。这种陈述性表达向人们传达的仅仅是一种主观判断,它仅仅向人们粗略地揭示一种看法和见解,或是或否,非此即彼,逻辑上极为清晰。但是,后一种情况(即向人们传达自己的经验)就不同了,如果我想把自己复杂的体验表达出来,很可能有两个目的:一是对这种经验达到一种较为具体的自我认识——它究竟是一种什么样的体验,它与我以往经历的哪些经验相同,等等。二是想把自己的这种生动的体验,传达给别人,引起别人情感上的共鸣和经验的交流,这正是文学和诗所要达到的目的。在这种情况下,我们使用的语言便不能是陈述性的。以上述声音为例,仅仅说它好听或难听,绝不能把自己在听这种声音时那真切具体的感受如实地传达给别人,使别人有一种如临其境的感觉。那么应该怎样表达呢?我们所能想出的第一种手段(也是最基本的手段),便是运用比喻——自己以往遇到某物时,有与此相似的体验,也是大多数人可能有的共同体验。于是,我便想到了"珠圆玉润"或"尖利刺耳"等意象以及与这些意象伴随的体验,说出"这声音似珠圆玉润"或"这声音尖利刺耳"的比喻性语言。它没有明确告诉这声音好听或难听（从这个意义上说是模糊的），但却把接受者的整个心理结构暴露在它呈示的某种具体的"意象"面前。这种意象会提供一些突出的审美性质（表现性质），甚至会提供一套客观的关系，而你究竟会获得一种什么样的体验？就取决于你对这种"性质"或"客观关系"的突然知觉，知觉自然会告诉你这是一种什么样的体验。以"珠圆玉润"这一意象为例。"像珠一样圆"，这是一种视觉意象，"像玉一样润"，这是一种触觉刺激。这种意象和刺激造成的感受，我们或许体验得很真切，但又不是三言两语能说清的，甚至根本就说不出来。我们无法给它划定一个清晰的范围，因为在现实中或理智的分类标准中，"珠圆"与"玉润"，是两种风马牛不相及的东西，在感觉范围内也不相同（一是视觉，一是触觉），现在我却将它们合并在一起了，这种合并造成的体验正是我要传达的。我只能通过意象把它传达给别人的感情接受机制，而不能传给其理智。正是在这个意义上，我们才说这种语言是模糊的。但是，在理智说来是模糊的东西，在审美中却是一种生动丰富和多样统一的体验。这种体验究竟是个什么样子？对这种体验，我们不妨结合格式塔心理学大脑力场学说对其加以剖析和描述。根据这一学说，那动听的声音虽然是无形（状）的，但它在大脑皮层的生理电力场中引起的"力"的式样，以及与这种生理力式样相对应的心理感受，都是具体的和有形（状）的。根据格式塔"异质同构"原理，这种动听的声音在大脑力场中激起的"力"的式样，很可能与"珠圆玉润"的意象中所作用着的力的式样相同形，因为它们都具有某种和谐、对称或圆滑的性质（如果我们对这种声音的振动轨迹加以测定，就会发现的确具有这些性质）。这就是说，在理性分类中完全属于不同类别的东西（一个是声音，一个是视觉和触觉意象），在感受领域中都是统一的，因此可以用这一个去代替那一个。具体地说，在用"珠圆玉润"去比喻声音时，不仅是传达出一种真切的生理感受，也不仅仅是造成一种和谐感和舒适感，而且还有一种更加微妙的社会性联想：珠和玉都是人世间稀有的宝物，一方面极为少见，另一方面又代表着某种华贵和高雅的性质。当用它们来比喻一种声音时，这种社会性的联想就为这种声音规定了某种更为朦胧微妙的高雅性和稀有性。它依稀使我们想到，这种声音可能是一个保养得很好的贵人小姐发出的较温和的声音，而不是一个山野女子发出的那种十分响亮高扬的声音。

正因为比喻性的语言能传达出如此具体和真切的感受,所以善于用喻,是诗人的最基本的能力。这也许就是《诗经》中说的"不学博依,不能言诗"的道理。当然,在诗中使用的比喻,要比在日常语言中复杂和频繁得多。在有些诗中,或许每一句中就有一个比喻,有的诗则两句或全诗构成一种隐喻。使用比喻,就是借助形象,对某种不可言传的意义的表达和暗示,所以诗又称之为意象性的语言。但是,对于诗来说,不是仅有比喻性的意象就够了,还必须设法把"意象"突出出来,引起人的注意。这就要打破陈述性语言特有的句法结构,使这种语法结构变得模糊起来,使人的接受机制不再沿着逻辑推理的轨道运行。西方诗论家唐纳尔德·达卫曾有这样一段妙文,专论诗与散文的不同,他说:

散文犹如代数,一切具体事物均用符号和数码体现,它们按照特定的规则发生关系和运动,而且在整个(运算)过程中,都不会转换为具体形象……只有在运算的结尾,才能把 x_s 和 y_s 转化为具体的物理事物。诗,恰恰是要避免散文的这一特征。它不是一种数码式的语言,而是一种有着具体直观形象的语言……它总是时刻不断地以形象吸引着你,使你每走一步,都会见到一种具体有形的东西,同时又阻止你滑向抽象的思维活动中。它或许会选择一些较新奇的"特征形容词"和"隐喻",但这种选择并不是为了使它们新奇,也不是因为那些旧的使它厌倦了,而是因为那些旧的形容词已不能向人们传达出具体生动的形象,它们早已沦为抽象的数码记号……在诗中,意象已不再是一种纯粹的装饰,而是直观性语言的本质所在。诗使你成为一个步行旅行者,你可以一步一景,而散文却使你坐上快车,只有到达终点,才能看到你所去目的地的形貌。

这段引言强调了诗的突出特征,明确地指出,打破陈旧性句法结构与突出形象,这二者是相辅相成的,陈述性句法的破坏会造成语义上的模糊,语义上的模糊又反过来把一个个意象突出出来,而意象与意象之间微妙的关系,又会造成一种丰富多样的体验。那么意象与意象之间究竟以什么样的关系才能造成复杂的体验呢?换言之,造成复杂的模糊体验的有效手段究竟有哪些呢?在这儿我们可以区分出下列数种,并试图对其中的机制和由此而激起的体验依次加以描述。

(1) "非专指"名词的并置与模糊

在散文中，人们每使用一个名词，总爱在前面加上许多限定性的修饰成分，如"美的"心灵，"排山倒海般"的力量，"浩瀚的"海洋，"奔腾的"大江等。这样一些修饰和限定，会加深人们对该事物性质的认识，使人们的脑海中对这些事物有了更明确的概念，知道它是何等种类的事物，看上去是什么样子，位于什么地方等等。

然而在我们读某些诗时，会接触到另一种完全相反的情况，请读王维的《鸟鸣涧》：

人闲桂花落，夜静春山空。
月出惊山鸟，时鸣春涧中。

这四句诗涉及了"人""夜""月"等事物，由于这些名词前面未加任何限定和修饰，我们就不知道诗中所说的人究竟是男人还是女人，是老人还是年轻人，也不知道诗人是指一个什么样的夜和何等的月。对这样的名词，我们视之为"非专指"性的词。所谓"非专指"，就是语义不太具体和不专一。太具体专一，往往清晰有余，味道不足，在明确易懂时诗意就不浓了。词的"专指"程度往往有高有低。以"人"这个词为例，我们可以按照其"专指"程度作如下排列：人，男（女）人，一个高个子男人，站在台上的那个高个子的男人等。很明显，我们在上诗中谈到"人"和"夜"等，或许是非专指性程度最高的，它们并不专指某个具体的个人和某个特定的夜晚。这种"不专指"性往往使不同的人或同一个人同时想到多种意义。而多种意义相互作用和补充，就会生发出极为丰富深刻的经验。就这首诗来说，由于名词的非专指，就使我们看到永恒的宇宙中的一幅美的画面：在我们沉迷其中时，其中所说的"人"的含义就变得模糊起来，它似乎是指诗人又不是指诗人，它一会儿变成我们自己，一会儿又不是我们自己；最后，它似乎变成了一个置身于宇宙的动静变化之中，与宇宙化为一体，进入物我不分的境界的"人"，它包括诗人、读者和一切与之发生共鸣的人，还包括一切被人对象化了的物。它变成整个世界的总的代表，把宇宙中的一切融为一体了。很明显,"非专指"使这首诗中"人"的意义范围得到急剧地扩大。

对这种现象,西方新批评主义创始人之一燕卜荪曾以具体实例做过分析,他分析的是这样一首诗:

美是一朵花,皱纹将吞食它,
光明从天上落下,
女皇死于豆蔻年华,
灰尘遮蔽了海伦的双眼,
我已病入膏肓,死期来临,
让主宽恕我吧!

燕卜荪认为,这首诗中最绝妙的是"光明"一词。这是一个"非专指"的词,它的含义是极不具体的。因此,在读这句诗时,可以发生许多种不同的含义。"光明"可以指发光的天体,因为各种发光的天体都会从空中落下——太阳和月亮有照耀中天的时候,但终究会落山;星星闪着奇妙的光,但即使那些最亮的星星,也会不时地从天空堕下。"光明"还可以泛指整个"天",因为天与地相比,要明亮得多。光明的天同样不是永恒的,它有时也会落下:在那乌云滚滚、风雨来临之际,光明的天,不是再也待不住了吗?它那光明的形体,一时间会化为闪电,迅速落到地上。它摔得多么重啊!听一听它跌落时那震耳欲聋的声音便知道了(雷)。这样一些含义会使人进一步想到,宇宙间的一切都不是永恒不变的,即使那明亮无比浩瀚无边的上天,有时也要被乌云遮住,甚至会跌落尘埃,落个灰垢满面。如果联系"女皇死于豆蔻年华"句,上述意思会进一步延伸到人生。人生是美好光明的,女皇的生命闪烁着更加华贵耀眼的光彩,她的品行也许是高贵无比、令人惊叹的,但不管怎样,她也会死去,一切美好的东西都会突然消亡,就像那平静美好的大自然由于闪电惊雷的出现突然中断了一样。就连那美丽的海伦,不是也化为一抔黄土(灰尘)了吗?即使人们为她塑了像,空气中飘浮的灰尘也会把她那"明亮"的眼睛盖住。经过这一步步引申,"光明"的含义就变得无限丰富,从自然的天体到人间的显赫,从美貌的肉体、难忘的爱情、生命的活力到智慧的灵魂（眼睛可以代表这些），它几乎无所不指。"光明"的本意是模糊的，正是这种"模糊"，才使本诗的含义成倍地丰富起来。

在中国古诗，尤其是唐诗中，这种"非专指"性的名词用得极为广泛。许多为人们交口称颂的诗，都使用了"非专指"的名词。其中有并列性名词，如江汉、天地、河湖等；又有单纯名词，如天、月、云、山、鹦鹉、芙蓉、葡萄等；还有一些稍加修饰，但仍然不失其"非专指"性的词，如金殿、玉臂、明月、黄金、白云、香稻、黄云等。由于这类词的词义含混笼统，其再现写实性的功能基本上已经消失了。换言之，它们已经不可能一个细节一个细节，从不同角度揭示某种对象的具体实在。这有点像绘画中发生的事情。"专指"性强的诗，与绘画中的再现写实相似；而"非专指"性的诗句，则与绘画中的抽象表现主义倾向相对应。虽然这两种倾向都涉及世间的事物，却完全是指向世界的两个完全不同的方面。具体说来，前者指向那个由具体事物组成的世界或这个世界中种种具体的事物（具体的样相），后者则指向这些事物之最突出的性质。正如一幅画，它可以是由人和物组成，也可以主要由点、线、面、色彩组成。对于达·芬奇、康斯太勃尔等人来说，其绘画无疑是以再现人与物为主。所以其色彩的使用、线条之间的关系、面的形状等，都必须符合现实再现原则。换言之，不管使用什么形和彩，都必须首先使人们认出画的是一个什么样的人和什么样的物。但对于塞尚、马蒂斯等人的画来说，其中最具吸引力的东西，却是其色彩的铺排对比、形状的怪诞、线条中力度的紧张和放松等。他们的画虽然也有再现，我们也能认出它画了什么东西，但构成这些事物之形象中各个部分之间的关系，却不是我们在现实世界中看到的样子。在这一点上，它与善于使用"非专指"性名词的中国古诗是相通的。古诗中出现的这些"非专指"性名词，极力展现和发掘的是"材料"（意象）的内在特征和性格，而不在于用这些材料去再现什么。当一个个"非专指"名词以不同的顺序出现时，它们并不专指现实世界中哪一个具体的东西，"长河"不一定指长江黄河，"大漠"不一定指哪个具体的沙漠。它们指的是这种意象所属的那类事物的最突出特征。或者说，干脆就用这种意象突出某种特征。在读这样的诗时，人们似乎不是在种种意象之间运动，而是在诸种表现"性质"之间运动。如果一首诗包含着大量这种意在突出表现性质的名词，它给人造成的感受就像是观看一幅现代抽象表现派绘画。请读李白《宫中行乐词八首》中的诗句：

柳色黄金嫩，梨花白雪香。
玉楼巢翡翠，金殿锁鸳鸯。

读完这些诗句，就像观看了一幅马蒂斯的色彩画。那柳色、黄金、梨花、白雪、玉楼、翡翠、金殿、鸳鸯等，由于前面未加任何特定的修饰词，因此并不引导我们联想到现实世界中的哪一棵树和哪一幢楼。映入我们眼帘的首先是它们各自代表的色彩。各种色彩被诗人巧妙地搭配在一起，既有局部间的色彩对比，又有整体的色彩铺排。局部色彩对比如绿与黄、黄与白、绿与白、绿与黄等，整体的铺排则由最后的"鸳鸯"予以暗示，给人一种色彩斑斓之感，如果用色彩代替诗中各个名词，它们的色彩铺排就是：

绿、黄、白、白，
白、绿、黄，五光十色。

读过这样一首诗之后，一个表现主义倾向的画家能否把它转变成一幅清新明快的现代画，我想这种可能性是存在的。

唐诗中这种以表现掩盖再现，表现先于再现的例子比比皆是。如："红入桃花嫩，青归柳叶新。""碧知湖外草，红见海东云。""绿垂风折笋，红绽雨肥梅。""晓看红湿处，花重锦官城。"

阅读这些诗，就像观赏一幅以红色或以绿色为主的现代派绘画，映入眼帘的首先是伴随色彩的那些强烈的表现性质，其次才是具体事物的某些模糊轮廓。这种效果来自于诗人对某种表现性的深刻体验，这种体验占据了他的整个注意中心。体现于诗中，便有了能动的人的性质。它们成了这个诗的世界的主宰，调动着人们的行为，就像香山的红叶、泰山的红霞日出、长白山的皑皑白雪调动着千百万人的游兴一样。

如上所言，诗人使用这种着力突出某些表现性质的词，犹如表现派画家使用表现性很强的线条与色彩，都是要通过创造出某种紧张和对比、和谐与冲突效果，去表达某种难以言传的意义和感情。不同的效果来自于各种表现性质之间不同的相互作用和关系。在诗中，如果把各种"非专指"性的词以不同方式排列，就会得到不同的意味和效果。最常见的大概是名词并置法。

何谓名词并置法？它依据的原理和机制是什么？在诗中，名词与名词（与名词同效的短语与短语甚至个别句子与句子）的并置是按照什么原则进行的呢？换言之，为什么要把"枯藤""老树""昏鸦"这三个词并置在一起，而不是把其他词放在一起呢？

在语言中，词与词（或短语与短语）之间的关系，一般有两种：一种是严格按语法规则将它们连接起来，另一种是按照它们的表现性质上或语义上的等同联系起来。前者被称为分析关系，后者被称为隐喻关系（或比兴关系）。以前一种关系为主的语言被称之为分析语言，以后一种关系为主的语言被称为隐喻语言。

怎样才算是表现性质上的等同？对此，我们已经在上一节略有交代。我们知道，世界上的万事万物都是相互联系的，当我们说 A＝B 时，是否意味着这两件事物绝对相同呢？远非如此。一般情况下，当我们说事物与事物相同时，总是指它们某些方面的相同，而不是指完全等同。举例说，张三与佐藤，一个是中国人，一个是日本人，他俩无论从个性、年龄、相貌上都可能很不相同。但是，如果他俩都去了美国，一个不太熟悉东方人的美国人，就很可能把他俩视为相同的，正如中国人有时分不清一个法国人和意大利人一样。很明显，在这个美国人眼中的二者等同，只能是部分的等同，如二者都是黄皮肤，黑头发，黑眼睛。在这些方面的等同竟完全掩盖了他们之间的差异。或者说，在这种不自觉地把某物与某物视为等同中，知觉暗中进行了一番选择：只选取了二者相同的东西，而完全无视二者相异的东西，这就是中国那句古话"离方遁圆"所说的意思。一件事物，从表面形状上看也许是方的或圆的，但如果这种"方""圆"性与诗人想要表达的意义或感情无关，或者说，与诗人想要表达的某种情感感受不同形，他就会毅然地舍弃它、无视它。而越过事物这一表面形状，正是为了看到它包含的某种内在性质，觉得它正好与自己所要表现的感情意味相合，于是决定选用它来表现自己的感情。然而怎样才能达到这个目的呢？

当诗人把一丛枯藤的形象呈现于人们眼前时，他是无法达到表现的目的。张三看到它，只会对它的坚韧性感兴趣；李四见到它，则会把它看作一种好劈柴。人们并不知道诗人的意图,从中看不出他要用它表现什么感情。在这种情况下,如果诗人再在枯藤旁边加一棵老树和几只在寒风中绕树盘旋的乌鸦,事情就不大一样了。老树、寒鸦与枯藤三者尽管有不同的表象,但都具有相同的内在性质:枯败、萎缩、饥寒、破落。再加之三者相互映照、相互加强,就把它们的这些相同性质大大突出出来。在这种情况下,人们就会只看到三者之间这一共同的性质,至于其他方面,如形状的差别、动植物之间的差别,不同植物类别之间的差别,在审美知觉中都完全消失了。①

中国古诗的这种并置原理,同中国绘画是相通的。擅于表意(或表现)的中国文人画家,在自己的艺术实践中总是紧紧把握住每一种事物那特有的或突出的表现性质,并且只以这种表现性质为标准去对事物分类。这就使得他们画植物时,多不问四季更替;画动物时,从不问陆海之别。生长于不同季节的桃、杏、莲花、芙蓉可以同置一景,有生命的花、木、鸟、兽与无生命的岩石可以并列相提。笔墨的挥洒不是为了照搬和模仿,连题材的选择也全然是为了抒情。他们"喜而画兰,怒气画竹",但结果总是以恰当的形象喻出特定的感情。而将种类不同、情感性质相同的事物并置,正是通过它们的作用,突出这种情感性质。但是,在古诗中的并置有时还会出现更复杂和难以料及的情况。请读李白的这两句诗:

浮云游子意,落日故人情。(《送友人》)

其中有"浮云"与"游子"间的并置,还有"落日"与"故人"并置。"浮云"与"落日",原是自然景致的不同组成部分,通过与"游子"和"故人"并置,就有了喻

---

① 在诗(尤其中国古诗)中,名词不仅仅是指一个物体,更重要的是指这个物体所属的类别以及与这一类别相伴随的某种突出性质。这种情况甚至在人们为一个普通的名词下定义时也可以见到。为一个名词下的定义一般指两部分:一是指它所属的种类;二是指出该物体与同类事物中其他事物性质上的不同。举例说,当我们为"鸦"下定义时,可以这样说:一种全身羽毛发黑的鸟;寒鸦,是一种体型较小,叫声较尖,颈部和腹部为灰色的鸦。在这些定义中,后面的词,如"鸦",是指它属的种类(鸟类),"鸦"前面的定语,如"全身羽毛发黑",则是指这种鸟之区别于其他鸟的突出特征。在日常谈话中,一个名词,一般既指它的类,又指它的突出特征,而在诗词中,名词包含的这两极(即类和性质)会得到更强有力的突出或强调。举例说,当"月"这个词单独出现时,就意味这种天体的一整套一般性质,如亮、圆、清寒等。即使在前面加上"明"字使之变为"明月""寒月"等(其余词如绿水、高山、黄沙),前面的形容词也不是为了具体限定和修饰,而是为了加强"月"原有的(或突出的)特征。

义,这种喻义即由"浮云"与"游子","落日"与"故人"之间的某种共同性质所指向的意义。"游子"具有漂泊天涯、无忧无虑的性质,当"浮云"与之并置时,浮云就不再是一种纯粹的自然景致,它本身固有的那种"漂泊无定"性,便通过与"游子"的相互映照而被突出出来,从而获得了一种新的喻义。同样的情况也适合"落日"与"故人",这就是说,通过与"故人"固有的某种"失落"性相映照,"落日"也有了一种新的喻义。由此看来,"浮云"与"落日"的喻义似乎是通过具有相似表现性质的名词意象的并置而获得的。

但是,如果我们仔细体味,情况还不仅如此。或者说,在一种表面的相似中,似乎又寓含着某种对比。以"落日"与"故人"为例,"落日"是指那将要沉入地平线之下的太阳,但"故人"却至少有两种含义:按字面意思,"故"有"老"的意思,在这儿有可能是指"死去的人";另一种意义则是指"老朋友",如果是这样,"故"字就含有"永恒"的意思。这就是说,仅仅是一个"故"字,就同时包含着两种相抵触的"意义",一种是指消亡,另一种是指永恒。这样一来,"故人"与"落日"的并置,就同时既是一种相似关系,又是一种对比关系,这就使"落日"同时有了两种正好相反的喻义,由此而造成了喻义的模糊。

这种同时含有"相似"和"对比"的并置,其喻义虽然模糊,但整句诗的味道却比单纯相似关系(或单纯对比关系)浓得多。

请读杜甫的《江汉》诗:

江汉思归客,乾坤一腐儒。
片云天共远,永夜月同孤。
落日心犹壮,秋风病欲苏。
古来存老马,不必取长途。

很明显,首行的两句诗中出现的并置,纯粹是一种对比关系,即人的渺小与宇宙的无限之间的对比。"思归客"与"腐儒"本来无所谓渺小不渺小,或者说,"渺小"并不是它们的固有性质。然而由于它们处于江汉和乾坤这样一些浩瀚无际的事物之背景中，便立即变得渺小起来。这样一种含义是明确的，它有一定的意味，但并不浓。

再看第三行的"落日心犹壮，秋风病欲苏"两句。很明显，这两句诗中"落日"与"心"，"秋风"与"病"的并置，已经不纯是一种相似关系，也不纯是一种对比关系，它们之间有所相似，在相似中又含有对比，从而造成了对比与相似间的强烈映照。就"落日心犹壮"这一句来说，"落日"与"心"的并置，使我们想到了二者的类似，即："心"在生理上已同落日一样，气息奄奄。但由于"心"之后"犹壮"二字的出现，便又造成了"落日"与"心"之间的强烈差别或对比。这使人想到："心"与落日毕竟不同，前者的堕落已成事实，后者却不然，它最起码在精神上还是健壮的。"秋风病欲苏"有相同的机制，它先是展示出二者的相似，"病体如秋风落叶"，继而是对比：这种病没有什么可怕的，它还会复苏的。更有意思的是本诗行中的"犹"和"欲"二字，它们的出现把这种"相似"和"对比"之间的作用大大强化了。"犹"是一个表示"持久性"的副词，"欲"则是表示"变化性"的副词。"持久性"是指事物在时间中保持不变，"变化性"则强调将要发生的事与先前不同。"犹"的持久性强调了心永远年轻，"欲"的变化性，则强调了只要心保持年轻，即使身体病了，也会逐渐好起来。这就是说，"犹"与"欲"的作用，已越出了本句，继而对另一句中出现的象征"命运"的词发生对抗："秋风"暗指"衰落"和"最终的死亡"，"犹"字则以其"持久性"含义与之对抗；"落日"本指结尾或尾声，"欲"字则以"开始"的含义与之对抗。表面上看，这种复杂的相似和对比关系，似乎使诗的含义变得朦胧，但实质上是加强了其丰富性，使其味道大大加浓了。

对于并置关系中出现的"对比""类似"以及"对比与类似同时出现"等现象，我们似乎可以按照某种等级把它们排列成一个系列。这个系列有两个极，一极是专门强调相似关系的诗句（如枯藤、老树、昏鸦），另一极是专门强调对比关系的诗句（如"江汉思归客，乾坤一腐儒"句）。中间则是相似关系和对比关系交织在一起、程度上不相上下诗句（如"落日心犹壮"，"落日故人情"句）。一般说来，处于两极的诗（即专门强调类似和专门强调对比的诗），主要不是用于再现，而是表现（处于两极的诗用于较明确的表现，处于中间区间的那类诗，用于较复杂曲折的表现）。它们分别出现于送别诗、远望诗，以及对历史事件和对故人追忆等情感表现得极为强烈的诗中；这种表现要达到一定的程度，就必须使用对比——古今之比，远景与近景之比，现实之景与幻想之景的对比等，还要使用同情、同构等方式——物我之间的一致，不同种类的物之间的一致等。但不论使用了哪种手法，其中介便是一个"情"字。

"情"的巨大节制作用，把理智操纵下的一切都摧毁了。首先是对作为逻辑思维之工具的句法的摧毁，然后是对普通的理性分类标准的摧毁和是非标准的摧毁等。这样一来，名词与名词之间就见不到任何连接词，它们既无主谓之别，又无因果之分，词与词之间的逻辑链条完全斩断了，这种效果恰恰是表情所需要的：这时，人们不再乘坐逻辑推理的"快车"，一下子到达终点，而是像个徒步旅行者，一步一景，流连忘返，仔细注视名词激起的意象和这意象具有的情感性质。在这样的情况下，人们便不再在无视其形和质的情况下，一味地把一种逻辑关系强加给诗句；换言之，人们在读"枯藤老树昏鸦"时，再也不会想到"枯藤缠住了老树，或是老树上停着寒鸦"；在读"月落乌啼霜满天"时也不会想到是"月落引起乌啼"，还是乌啼时霜已满天。我们集中注意的是这些意象之共同的表现性质，其他一切差别都统统被掩盖了。这是一种什么样的境界？是自我与世界间的原始的同一，还是一片童心的世界（即尚未发展到区分我、你、他时的那种境界），或者是人们所说的神秘主义的、精神病患者的或梦幻者的世界？不管是哪种世界，反正在这儿发了"以一统多"的体验。这正如一个儿童眼里的月亮，它不再是别的，而是一个可以用手拿取的圆球；它好像是一个原始人眼里的石头，已成为一个有生命的、可以与之交谈的或从中寻求帮助和保护的伙伴。对于一个特定心境下的诗人来说，月亮也许仅代表着"清寒"而不代表其他，正如俗语所说，"纯洁的心只想到一种事情"，这是千真万确的。在诗人那销魂着迷的状态中，不同的事物全部化为某种性质，而且只有它们占据着自己的全部的注意。西方符号论美学的先驱卡西尔，曾对这种现象做过这样一段精妙的评述，其中对理性思维和诗的思维之间的不同，说得很清楚，现摘引如下：

理性思维……是按时间顺序进行的，它把直接经验到的内容作为出发点，向各个方向延伸，收集关于它的各种印象，直到这些印象化为一个完整统一的概念。概念是一个封闭的体系，在这个体系里，不再有孤立的、不与其他因素联系的点，所有部分都相互联系着，相互解释和说明，最后所有孤离的事件都被一种无形的因果性的思维链条串联起来，使之成为整体的一部分。原始思维从本性上说与这种理性思维的统一性直接对立，原始思维不能自由支配直觉材料，不能对它们做出比较和联系。它总是在突然而来的直觉面前受到强烈的感染，为之着迷，被它俘获，并在这种直接的经验中流连忘返。这种感性的呈示是如此伟大，以致事物的其他方面都在它面前变得渺小了。……这种呈示，完全控制着他的宗教性兴趣，占据了他的整个意识……自我将一切力量都花费到这一单独的事物上面，同它交往、与它合一。……这种把一切力量集中于一点的倾向，正是一切神秘性思维和神秘性形式的先决条件。①

既然在诗的思维中，每一片刻只有一个突出的意象占据着注意中心，而这意象那难以言传的表现性质又使之迷醉，这时的诗人就很可能像一个喃喃自语者，他嘴里只是依次迸发出一个个互不联系的单词（每一个词只代表一个意象）。这样一种表达肯定是模糊的，然而对于一个真正的知音（或欣赏者）来说，这种模糊不是很自然的吗？一种真正的诗的表达，其"模糊性"只会使人的理性习惯暂时受挫，转而通过诗为之铺设的特殊桥梁，直达那美的意象的境界。

（2）由名词（主）与动词（谓）之间的不般配造成的模糊

如上节所言，仅仅是名词的并置，并不成句子或根本不是句子。再加之"名词"本身的"非专指"性质，就会造成极大的模糊。

那么，在那些含有联系词或动词的诗句中，情况又是怎样呢？按说，有了清晰的主谓结构，有了宾语、补语等，这样的句子就不应该是模糊的，然而在诗中，情况却远远不是如此。请读下列诗句："春风又绿江南岸""红杏枝头春意闹""秋水清无力，寒山暮多思""香稻啄余鹦鹉粒，碧梧栖老凤凰枝""白云明月吊湘娥""晨钟云外湿""月傍九霄多"。

很明显，这些从不同诗作中摘出的诗句，都是合乎句法的，但从语义的角度看，却是怪诞、荒唐和非合理的，有些则是模糊的。按一般陈述性语言，春风只能"到达"

---

① 参见［德］卡西尔：《语言与神话》，生活・读书・新知三联书店，2017年版。

江南岸，如何能"绿"遍江南；红杏是一种静态的视觉形象，它怎么会像一个顽皮的孩子一样"闹"起来？说秋天的水清还可以，怎么能说它"无力"呢？"香稻"只能被鸟啄食，它自己怎么又"啄"起来？"明月秋风"是自然界中无生命的东西，它们怎么能凭吊死者，它究竟是诗人心目中的"黎明仙子"的化身，还是指"人"在白云明月之下凭吊湘娥？钟声从山上传来，如何会变湿？月亮只能是圆的、亮的、寒的或冷的，怎么会是"多"的？《历代诗话》卷四十九中对"香"字的使用曾有过同样的议论：樱桃本是无香气的，然而韩愈却写出了"香随翠笼擎初到，色映银盘写未停"的诗句；竹本来也是不香的，然而杜甫却有"雨洗娟娟静，风吹细细香"的句子；雪本是无香气可言的，而李白却写出了"瑶台雪花数千点，片片吹落春风香"的句子；雨本无香，而李贺却写出了"依微香雨青氛氲"的句子；云本无香，然而卢象却写出了"云气香流水"的句子。这些句子妙就妙在不香说香，使本色之外，笔补造化。很明显，我们在中国古诗中接触到的上述诗句，其意义都是模糊的。从语言角度看，以上列举的这类模糊和荒诞均出于"动词"的独特使用；而从心理学角度看，则仍然来自于在浓烈的诗情中世界与自我的同一、无生命的事物与有生命的事情的同一。

首先我们从语言学角度来分析这种现象。

当动词或系词在句子中出现时，它展示出的动作的鲜明性质——机械的或是有机性的；简单的或是复杂的，由外力牵拉的被动动作或是在内在力驱使下的主动动作——都会直接把施事者本身的性质展示和映照出来。换言之，即使施事主体不出现，仅依靠动词本身，人们也能知道它是人还是物，是高级动物还是低级动物。在施事主体出现的情况下，如果动作的性质与施事主体本身的性质相符，或者说，这种动作正好合乎动作主体的身份，句子看上去就是合理的；如果二者不符，句子就是荒唐的和模糊的。举例说，当我们说"快艇航行在海面上""月亮是明亮的、圆圆的""水是清澈的或混浊的"时，动词表示的动作或性质与施事者都是相符的。换言之，它们都是这些事物的很自然的动作或性质，它们不会为施事主体增加任何新的意义，也不会引起什么大惊小怪的反应。但是，如果我们改换一下动词，说"快艇犁开了水面"，说"月亮在微笑点头"，说"秋水在无力地伸着懒腰"。情况又会怎样呢？毫无疑问，我们会立刻感到它们模糊、荒唐和怪诞，在这种异样的感觉之后，我们绝不会去怀疑动作本身的真假，而是把注意力转向施事者，似乎觉得它由一种事物变成了另一种事物：或是由动物、植物和星体变成了人，有了人的感情；或是人变成了石头和木头，变得麻木不仁。为什么我们不去怀疑动作的真假，而是不知不觉地在心目中改变了施事主体的印象呢？这完全是由动词本身的稳定性或不易改变性造成的。在文学批评中，这一现象被称为"动词的主导作用"。按照这一规律，当一动词与性质不符的名词搭配时，发生改变的总是名词，正如男人与女人婚配后，生出的孩子随丈夫的姓，而不是随妻子的姓一样。

主体的这样一种"性质"上的大转变，正是诗味的来源，试析刘禹锡下面诗句：

秋水清无力，寒山暮多思。（《罢和州游建康》）

说秋水清，只是忠实地描述了自然界中一种典型的事实，而且仅此而已，但紧接着又说它"无力"，这就在"无力"与"秋水"之间造成一种矛盾或紧张；这种矛盾迫使"秋水"的凡俗性质顿时在我们的头脑中转变，变成一个"软弱无力"的动态形象，使人感到它不再是无生命的"秋水"，而成为一种有生命、有人格的东西，甚至觉得它已转化为一个感情细腻、心地纯洁、动作轻柔无力的女子。后一句，"寒山暮多思"，具有同样的机制。"多思"一词的出现，使人们无法确定究竟是寒山本身多思，还是由于寒山进入暮色而引起人的多思，这两种含义似乎都合理，从而使诗的意味大大加浓。

我们再看"春风又绿江南岸"这句诗。很明显，"绿"字在这里显得奇特，因为它与"春风"并不般配。假如在"绿"的位置换一个"到"字（或"达"字），变成"春风又到江南岸"，"春风"与"到"之间的关系就变得合乎常理了，句子的含义也变得清晰了，但这样一来，诗味就失去了。可见，这种"不般配"在这儿是相当重要的。这里的不般配有两个方面：一方面，它与主语"春风"不般配；另一方面又与宾语"江南岸"不般配。按常理，春风只能吹到江南，使江南变绿，而不能绿遍江南。这种不般配当然不会使人怀疑"绿"本身，因为"绿"在一般情况下虽是一个特征形容词，在这儿却起到一个动词的作用。而动词本身的含义是不能改变的，它在这儿的含义是双层的：一方面指主语的动作，同时又指明这种动作带来的效果。这样一种复杂而又神奇的动作，就很自然地把它的施事者变成一个具有人格和生命的主体——它好像是一个画家，又好像是一个播种绿色植物的天使。它可以随笔涂抹，使大地变绿，它走到哪里，就为哪里带来生机。

动词与施动者的不般配，还可以通过颠倒句子的语序而得到，请读王维的诗：

泉声咽危石，日色冷青松。（《过香积寺》）

这两句诗显然是通过语序的颠倒而造成"泉声"（施动者）与"咽"（动作）之间、"日色"与"冷"之间的不般配，从而使其语义变模糊。按照常识，应该是"在危岩上，泉声流过，发出呜咽的声音；在青松间，日色顿时变得冷凉"。这样的顺序清晰固然清晰，却把诗变成了散文，从而毫无诗味。经过颠倒之后，它的意义就不再局限于上面所说。这种颠倒首先把每一个句子切割成几个相互独立的意象，即"泉声""险峻的山岩""声音造成的动觉感受"（另一句则是"日色""浓密松树""冷凉的感受"）。由于"咽"紧接"泉声"，"冷"直接连"日色"，我们就搞不清是泉声使危石咽，还是泉声自己在咽；也搞不清是青松把日色变冷，还是日色把青松变冷（是由于日色之热与青松之凉的对比使然）？但不管怎样，都造成了施事者与动作之间的不般配。这种不般配，立即把泉声、危石、日色和青松变成了有生命、有感情的东西。这种大转变，会引起读者一连串联想：是一个失意者在危岩上呜咽，还是冷酷的现实使作者满腔热血变冷？……这些联想明显地增加了诗的含义，多种意义在人的脑海中激荡，生发出浓郁的诗味。

如何看待这种"不般配"现象？我认为，在大部分情况下，这种"不般配"现象并不是诗人故意制造的，而是诗人真切地感到了某种意象与某种动作之间"质"的等同。换言之，诗人已经超越了普通的分类标准，不仅把不同种类的东西统一于自己的感受之下，而且把世间绝然不同的运动和静止现象统一于自己的感情之下。这样，它就在动中见到了静，在静中见到动，静是不动之动，动是达到某种静的过程，它们都是某种意图或追求的外在表现。对这种现象，我们还可以通过分析宋祁《玉楼春》中的名句"红杏枝头春意闹"予以证实。在这句诗中，动词"闹"与施动词"春意"（红杏枝头）之间肯定是不般配的。按照上文分析，不般配会立即改变施动者的性质。具体说，由于"闹"这一动作的特殊性质，红杏便具有了生命和性格，由它生发出的百花争艳的春天的意象，就有了一个顽皮孩子或一个好动的青年人的特征（因为只有他们才能闹）。这样一来，仅仅一个"闹"字，就把整句诗完全变"活"了，无怪乎人们说它"一字千金"啊！那么诗人为什么要选用"闹"字，而不是选用其他字呢？他肯定觉得，自己在瞬间得到的那种感受，非"闹"字不能传达，非"闹"字不能传神。从心理学角度讲，这种现象很可能归之于一种联觉。所谓联觉，就是人把某一感觉得来的印象迅速转化为另一种感觉的印象的能力，亦即把视觉、听觉、触觉、味觉等诸感觉通道的印象相互转化或沟通的能力。据说，那些有较强的艺术创造力的人都有这种联感能力。他们既可以在某种声音中"看"到色彩和形状，又可以在某些色彩中"听"到种种声响；既可以在红色中感受到温暖，又可以在蓝色中触到冷凉。这是一种看起来十分神秘的现象；如果我们不对其做出科学的解释，就很有可能像道教和佛教那样，走向神秘主义。众所周知，在道教和佛教的某些记载中，这种"耳中见色，眼里闻声"的现象，往往被蒙上一层神秘的面纱，具有这种能力的人被称为"观音"（原是眼里闻声之意?）和神童等。其实，这种现象并不是一种超物质的神奇能力造成的。现代特异功能科学以大量试验证明，许多身体功能尽管神奇，但它们绝不是一些不受物质约束的能力。当代专事研究"非眼视觉"的法国科学家罗曼，经大量观察和试验后证明，"非眼视觉"并不能脱离物质基础。如果将受试者的眼睛蒙严，再让他穿上密不透光的衣服，"非眼视觉"便不再出现（如果仅仅用透明的玻璃将蒙了眼睛的被试者与被观察物体隔离，"非眼视觉"照常出现）。这说明，在被观物体和被试者体表之间一定存在着光的直线和瞬间传播。罗曼由此得出结论，非眼视觉并不是超物质的。所谓存在着一个不受空间、事物、运动和时间限制的"另一个自我"或"解放了的灵魂"的说法是很值得怀疑的。对"非眼视觉"的这一科学解释也完全适用于艺术中的联觉。我们说，许多大艺术家之所以能打破各种事物之间的界限，把它们统一于同一种感受，同样也离不开物质基础。他们之所以能凭联觉能力用色彩和线条在纸上描绘出音乐的旋律，使人观之，感到节奏起伏，余音袅袅；他们之所以能够把各种各样的视觉形象溶解于音乐的旋律之中，使人听之，如观其形，如见其貌；他们之所以能把声、彩、形、味等一同融化在同一首优美的诗句中，使人读之，随其节奏而起舞，闻其香气而沉醉，都要追溯到各种不同感觉的共同物质基础——力的作用形态。按照格式塔心理学的解释，世间各种不同的事物和感觉会在大脑皮层的生理电力场中造成相互同形的紧张力，正是这一起着中介作用的张力式样，才把各种不同的，甚至对立的事物融为一体，造成了各种感觉相通的幻觉。

我们还可以用这一道理具体分析"红杏枝头春意闹"句。由于"枝头"与"红杏"的词序颠倒，这三组名词（"红杏""枝头""春意"）之间的逻辑链条被切断了，它们各自作为一种鲜明的意象突出出来。"红杏如火""枝叶泛绿""春意盎然"这三种意象，均具有某种相同的视觉性质；而"闹"字则似乎是视觉的，又似乎是听觉的。按照联觉的解释，在诗人心中，视觉的印象或许已转化为听觉的印象；或者说，这几个感觉到的印象已融为一体，使眼睛从眼前的色彩变换中，似乎听到了"闹哄哄"的声音。这样的解释比以前的解释似乎进了一步，但仍然不够深入。假如我们用格式塔的力场说去解释，由"闹"字引起的复杂感受就好理解了："红杏"——一种热烈、奋发和刺激性很强的感受；褐绿的枝头——一种冷静、平缓和繁多（枝叶）的感受；"春意"——则是一种使人从紧张中放松开来，有轻松、舒展、甜蜜和新鲜的感受。这三种感受之间既有相似之处（舒展、清新、自由、向上），又有对比，有红与褐的对比，热烈与冷静的对比，强烈的刺激与轻轻抚摸的感受之间的对比等。这种感受或性质的结合，会造成一种什么样的总体效果呢？我们似乎看到一幅图画，但不是一幅再现写实的图画，因为再现性绘画是绝不会表现出这种复杂的感受的；我们似乎听到了一曲音乐，但又不是单一的笛声奏出的曲子。这完全是一幅表现性的绘画，是一曲热烈振奋的交响乐。对这种感受，我们似乎找不到一个清晰确定的字眼去形容。诗人用了一个"闹"字。这个"闹"字在这里用得实在太妙了。它就像是一个过滤的筛子，从"红杏""枝头""春意"等意象中把最合乎内在感情的那部分"营养"挑选出来了。它既起到模糊的作用，又起到清晰的作用。它"模糊"的是"红杏""枝头""春意"诸意象中的那些具体的细节，只把一种代表喜庆、向上、繁多、热烈的"力"的作用清晰鲜明地抽取出来，从而使人觉得眼前不仅仅是一派群芳争艳、万物苏生的春天的景象，而是人的生活和情感中那种青春的朝气、蓬勃向上的生机和舒展自由的气息。这也许就是"闹"字的"象外之旨"和"味外之致"吧!

　　由动作与施事者之间的不般配增加或改变施事者之气质的手法,不仅在诗中可以见到,在传统的中国绘画中也有生动的事例,无怪乎人们说诗与画是互通的了。我们在这里要举的例子,就是齐白石在91岁时所画的题名为《长年》的鲇鱼图。这幅画题名为"长年",画的都是一条老鲇鱼在水中游泳的动作。这的确表明作者是想用某种动作去解释一个年逾古稀的老年人的特定状态或心情。怎样去表现呢?依照上文中揭示的诗的原理,如果以一种与动作主体十分般配的运作去表现,画家就应该画一个手拄拐杖、老态龙钟的老者。这样的老者,其身体应该是僵硬的、步态应是缓慢的。按照上文中交代的诗的原理,这样的动作是任何老年人都有的正常动作,它毫不奇特,而且与动作主体十分般配,因而无论如何也不会改变行动主体的性情,更不会为它增添任何意味和内容,正如说"月亮是圆的,秋水是清澈的"不会给"月亮"和"秋水"增加任何意味一样。可喜的是,画家并没有这样做(也不能这样做),如果他这样做了,所达到的效果至多是一种忠实再现。为了表现出老年人身上焕发的青春,为了展示出老年人"落日心犹壮"的心境,作者大胆地采用离方遁圆的手法,在纸上画了一条以特定动作在水中游泳的老鲇鱼的形象。它那矫健、灵活的动作展示出来的特定的"质",与作者隐喻的行为主体(即"老年人")当然是十分不般配或不相称的:它的身躯是弯曲的而不是僵直的;它背部那坚硬锋利的鱼翅是咄咄逼人的而不是脆弱的和不堪一击的;它嘴角上伸出的那一对弯曲苍劲的胡须和那对盯住某个目标的眼睛,表明它的器官并没有退化为纯粹的摆设,而是仍然在用它们探测方向和环境,以便随时对敌人发出攻击。这一切细节合并起来,在人的大脑力场中形成了一种复杂的紧张力式样,与这一张力式样相应的则是一种旺盛不息的生命活力和充满希望与信心、志在千里的思想感情。这一套动作一方面整个地改变了所要隐喻的动作主体——一个老年人的日常特征,使它焕发出青春的活力;另一方面又使人很自然地领略到,这里表现的是一个老年人焕发出的青春,而不是一个青年人的青春。可以说,这是一种十分巧妙的模糊手段。如果仔细推敲,作者对模糊手段的使用处处可见:题词是"老年",画的却是一条"老鲇鱼"(从背部的硬鳍、苍劲的胡须都可以看出它的"老"),这就造成"老年"和"老鲇鱼"间的模糊;从视觉形象上看,它的确是一条老鲇鱼,但从题词看，它表现的显然又不是一条老鲇鱼，而是一个焕发着青春的"老年"。当然，这种模糊性的出现是暂时的，当我们发现，老鲇鱼那特有的动态式样与人类情感生活，尤其是与老年人那种"老骥伏枥，志在千里"的情感生活之间的同构性时，我们在日常生活中所持的那种分类标准（即把事物分成人和非人、动物和植物的标准）便解体了；这些不同的东西在我们审美情感的熔炉里被同一了，它们之间的互相比拟不再被视为荒唐的和不可理解的。也只有在这时，我们才真正悟出作者以"鲇"代"年"（以鲇鱼形象代替老年人形象）的道理。我们觉得，鲇鱼的形象不仅可以代替老年人的形象，而且在这里正起到一个老者形象所不能起到的作用。无怪乎阿恩海姆说，在表现人类情感时，人体并不一定是一种唯一理想的媒介，"那些不具意识的事物——一块陡峭的岩石、一棵垂柳、落日的余晖、墙上的裂缝、飘零的落叶、一股清泉，甚至一条抽象的线条、一种孤立的色彩或是在银幕上起舞的抽象形状——都和人体具有同样的表现性，在艺术家眼里也都具有和人体一样的表现价值，有时候甚至比人体还更有用。……人体是一种十分复杂的式样，而且很不容易被简化成一种简单的形状或简单的动作……还容易引起观赏者过多的非视觉联想。因此对于艺术表现来说，人体是一个最困难的，而不是一种最容易的媒介物"①。以此而论，齐白石用"老鲇"代替"老年"的意图就清楚了。这类模糊性在齐白石的另一幅《他日相呼》的画中表现得更为明显。从"他日相呼"这一题词来看，这幅画很可能是为了表现"兄弟阋于墙外御其侮"的意境，但齐白石并没有以两位小儿嬉斗的场面去表现，而是用两只小鸡争夺一只蚯蚓的场面去表现。运用这种构图，他就达到最大程度的简化，这是因为，小儿争斗动作虽有天真的一面，但很可能还把那种代表嫉恨、仇视和势不两立的表情连带展示出来。而用小鸡争斗的场面去表现时，就可以避开这些，因为小鸡的动作更为天真、淳朴和简单，这样一种动物动作实则起到一种取舍作用——仅仅取了小儿关系中那种纯真可爱的方面，舍弃了其仇视、势不两立的一面。如同诗中的动词一样，它直接影响着和改造着行为主体（在这儿指兄弟间的关系），使之变成一种可爱的小动物之间的天趣。

---

① 参见［美］阿道夫·阿恩海姆：《艺术与视知觉》，四川人民出版社，2019年版，第624页。

(3) 意义的含混

在诗中，字、词和句的意义有时是极为含混的。含混的表现有若干种，其中最普通的是一语多义而且多种含义之间均十分不同，例如，当我们说某物像金子一般时。其中的含义就是多元的，它可以指这物像金子一样闪光，也可以指它像金子一样辉煌，还可以指它的比重像金子一样大，像金子一样高贵、显赫……除非有一定的上下文关系交代，否则人们便说不清这句话的确切含义，它也许只包含上述意义中的一种，也许全部包括。对这种含混，我们仅打算在这里探讨最典型的三种：第一种是一语双关；第二种是一语多关（而且这多种意义之间相互矛盾和冲突）；第三种是一词（一语）包含着两种截然相反的意义，或是两个语义正好相反的词或句加到一起表达一种相同的意义。

首先我们分析一语双关造成的含混。

一语双关的词一般能成倍地增加诗的含义。试读李白的诗《玉阶怨》：

玉阶生白露，
夜久侵罗袜。
却下水晶帘，
玲珑望秋月。

从整首诗的构造来看，动词指示的动作，即"生""白""却""望"都是严格按时间顺序进行的。由每一句中的动词（例如"生"）指向的对象恰好构成下一句的行为主体，例如：正是第一句的"生"所指向的"白露"，成为第二句中的行为主体，它"白湿"了女人的"罗袜"；继续延伸，"罗袜"（女人）又成为第三句中的行为主体，它进到屋里，放下了水晶帘子。至此，诗的脉络大体是清楚的，几乎见不到语义含混的现象。然而当我们进入第四句时，其行为主体便不清楚了。说"玲珑"在望秋月，玲珑又指什么东西？它是指透过水晶帘望到的明月，还是指这个女子自身？很明显，明月是玲珑剔透的，这一女子的美（纯洁、孤独、清寒、心地透明——一心想到心里的人）也是非玲珑不足以形容的，有谁能说它仅仅是指其中一个呢？可见，这是一个典型的双关语，在诗人和欣赏者的心目中，玲珑既代表眼前秋月，又代表着由月影激发出的美人的倩影。它表达出两种东西，而这两种东西都是作者期望和关心的。如果联系整首诗中出现的事物如玉阶、白露、罗袜、水晶帘、秋月等，"玲珑"一词的双关性就更明显：这些词唤起的意象有一种共同性质——清寒、透明、纯洁，而这些性质均可以用一种总体的意象——"玲珑"去集中体现出来。它集中了前述各意象的表现性质，又通过一个"望"字，被转变成一个有生命有感情的人（在这里当然指一个女子），至此，它的双关作用便更清楚了。

一语双关的模糊手法，在西方诗歌中，似乎得到更广泛的运用，这有很多原因，其中一个最明显的原因是：在西文中，许多词本身就有两种完全不同的含义；另一方面是因为，许多西方诗歌往往集中于对人的曲折复杂的内在感情，作较为细腻的（而不是粗浅）的描写，这就必然促进了对双关语的运用。燕卜苏曾以"pitch"这个字来说明这种现象。pitch，在英文中有两种完全不同的意义，一是指涂沥青，二是指搭帐篷，它们一般被用在很多不同的场合和不同的前后文关系中。而在德莱顿的下面一首诗中，pitch 一词却把这两种平时很不相同的意义兼收并蓄了。

诗中有这么两句：

可是不久之后他就发现，
维特金的四周被沉重的云遮挡涂抹（原文为 pitched），
东风来了，大地被露水浸透。

pitch 一词，在这儿既可以指搭帐篷，又可以指涂沥青。当乌云漫盖时，它看上去当然像是"罩上了一个大帐篷"，因为这时天空看上去低矮、沉闷。说它被涂上沥青，也未尝不可，因为当乌云覆盖时，它的确变得漆黑一片，就像天空中涂上了一层沥青。这两种意义，听上去都非常合理，而且是在不知不觉间被人领会的，人们弄不清楚它究竟指这两种事物中的哪一种（也许是这二者的相加）。这样一来，其意义便更丰富了。

当然，在大多数诗中，对双关语的使用要比这更加隐蔽和含蓄，如下面的诗句：

> 他的内心比暴涨的洪水还要不安,
> 即使那被赞美的孔雀的骄傲,
> 也难抵他的一半。

在这里人们分不清,其中的不安是像暴涨的洪水那样的不安,还是指一种因洪水暴涨而引起的不安;也不能分辨其中说的"被赞美的孔雀"是一只真正因为尊贵而值得骄傲的孔雀,还是指一只因别人赞美而变得骄傲起来的孔雀。两种意思似乎都包含,又似乎不完全包含。①

第二种,也是更加奥妙的一种语义模糊,是指一语两义或多义,而且这多种意义之间相互矛盾和否定。这种模糊一般用于表现更加复杂奥妙的感情。

在杜甫的"片云天共远,永夜月同孤"这句诗中,"永夜月同孤",既可以理解成"在这漫漫长夜中我同月一样都是孤独的",也可以理解为"在这漫漫长夜中,我同月都不再孤独"(月有我做伴,我有月做伴)。很明显,这两种意思正好相反,但都有效。

再读李商隐的诗《嫦娥》:

> 云母屏风烛影深,
> 长河渐落晓星沉。
> 嫦娥应悔偷灵药,
> 碧海青天夜夜心。

在"碧海青天夜夜心"句中,"夜夜心"的含义十分微妙。其中"碧海"和"青天"明显是指广漠的空间,"夜夜"则指无尽的时间,当它们与"心"联系在一起时,就有两种相互冲突但同样有效的含义:一是指意识(包括肉体)像广漠的空间和时间一样永恒存在。二是指"心"在这广漠的空间和时间中变得十分渺小和孤独。两种含

---

① 一语双关的模糊,在燕卜荪的书中,被列为第三种模糊。

义不仅不同，而且相互之间还有冲突和矛盾，虽如此又同样有效。它们似乎指的同一个东西，但又是从不同角度进行的，这样就使这种意义变得更加丰富、饱满，就像"双眼视差"会加强外物的立体感，两耳听物增加了听觉的方向性一样。燕卜荪举的例子（下面的诗）更为复杂：

离开！哦！快让你的嘴唇离开，
这断然的分离是多么甜蜜！
眼睛！这破晓时的光，
它会使早晨消失的，
但我的吻，又一次带回了，
带回了爱的印记。
这印记是虚幻的，
这印记是虚幻的！

这首诗是以一个女人的口气说的。燕卜荪认为，这首诗处处反映了这个女人心理上的矛盾和复杂的感情，因此很多字眼都是一语双关的。以"甜蜜"一词为例。它的第一层含义是：这种分离是她幻想中的一个场面，她赢得男方的爱，使得男方来吻她，这样她自己便处于主动的地位；她让他离开正可以引起男方内心的折磨，这种折磨满足了她的某种虚荣的欲望，想到这，她就感到美滋滋的。

再看其中另一个具有双关含义的句子，

眼睛！这破晓之光，
它会使早晨消失的。

"破晓之光"包含着两种相互矛盾的含义。一种含义是指真的黎明，这样一来，整句诗的意思就是：黎明之时，是她能够再次见到他之时，也是她的一切希望和梦想破灭之时，因为不管怎样，他都会粗野地离开她，从此之后再也不会记起自己的誓言，她变为孤独的人,走向爱情的迷途。另一层含义则与之完全不同,这儿的眼睛是指男方的眼光,在女方看来,它就像是一道曙光,这是一道希望之光。但同时又是一道搅碎了她内心平静的光,因为在这之前(或在他来到她身旁之前),她自己处于一种类似"早晨"的状态,她有朝气、新鲜娇嫩、缺乏经验。当曙光照射时,这种状态便结束了。因此,她盼望这眼光又害怕这眼光,希望它来临,又觉得它必须快些移开。

总之,这样一些意义之间相互矛盾和冲突的一语双关的句子,非常忠实细腻地把一个女子特定情况下那复杂矛盾的心理刻画出来了。它的作用就像一个多棱镜,把复杂的内心活动从多方面折射出来。

第三种情况,也是最典型的一种情况,是一字、一词或一语包含着正好相反的两种意义,或者说,它包含的这两种含义处于同一个尺度的两极上。

在正式描述这种"模糊"之前,我们最好先来描述与之恰好相对的另一种语言现象,这会有助于我们更深入理解这种"模糊"。在中国古诗中,我们常常碰到这样的现象,构成一个词组的两部分(或两半)或是诗的对偶句的上下两联,往往由包含着正好相对立的含义的词组成,但合在一起却表示同一种意思。以"出生入死"这个成语为例,如果把构成它的两部分拆开来看,它们的含义不仅相差悬殊,而且恰好对立,比如:"出"与"入",相对立;"生与死",相对立。相对立的部分合并在一起之后,就成为一个矛盾统一体,表达出更加复杂的含义和更强烈的感情。中文中这类词俯拾皆是,如山高水深(包含着山与水、高与深的对立)、你死我活、藏头露尾等,都是由意义相反的词构成的矛盾统一体。成"反对"的对偶诗句,亦属于此种情况,如李商隐"座中醉客延醒客,江上晴云杂雨云"(《杜工部蜀中离席》);陆游"白发无情侵老境,青灯有味似儿时"(《秋夜读书》)等均由语义恰好相反的词构成(座中—江上,醉客—晴云,延醒客—杂雨云,白发—青灯,无情—有味,侵老境—似儿时)。这各个相对的部分合并在一起,便表达出一种复杂而难言的含义。

在某种意义上说,这种将对立部分统一为一体的语言现象,是使诗成其为诗的主要因素之一,也是一首诗之最精妙、最惹人注目、最能振奋和刺激人的感情的因素(我国的对联就是对诗中最精彩的对偶句的抽取)。根据西方美学家苏珊·朗格和燕卜荪等人的论述,将对立的两极合为一体的语言现象,是人类最原始的思维方式(或诗的思维方式），因为在原始时期，"对立"（或相反）这一观念根本就不存在，只是在人类文化的晚期，人们才习惯于在对立的两极间分出一道鸿沟；在原始语言和古代的诗中，一个字或一个词常常同时指正好相反的"两极"或两面，原始人丝毫不感到它的意思有任何模糊。如拉丁语中的 altus 就同时包含着高和低，英语中的 let，则同时包含着允许和阻止。中古拉丁语中的 bhleg 则同时包括黑与白；kel 这个词根，最初就用来同时表示冷和热。这对于理性思维来说，当然是含糊的，但对于原始思维来说，它一点也不模糊。在这里，完全容许一个字眼同时包含两种正好相反的含义。那么其中奥妙究竟何在？苏珊·朗格曾指出，在原始思维中，人们并没有清晰的类别概念，有许多表达仅仅是在传达自己的某种朦胧的感受。举例说：如果眼前出现一种色彩，人们不会把它区别为红、黄、蓝、白、黑——这些区别是人类较晚时期才出现的——而是把它区别为冷和热、清晰和混浊等。因为相比之下冷热等感受，更直接、更强烈得多。在这种情况下，许多在现代人看来恰好相反的性质（或性质相反事物），由于对感官的刺激程度相同，因此造成较相似的感受（如黑和白造成同样的冷感，高和低造成相同的距离感），就被那些理性思维不强的原始人归并为一类，并且用同样的语言和手势表达。燕卜荪则认为，这些同时表示两种相反性质的字眼或表达，实际上包含了某种意义的两极之间的整个"跨度"，即任意两个点之间的整个意义区域（或整个"范围"、整个"系列"、整个"维度"等），而不是仅指其中一点。从这个角度看问题，位于某一跨度之两端的两个极点，就不一定是对立的（或相反的）。苏珊·朗格则指出，它们之间的"对立"是理性思维发展起来之后强加给它们的。只有在理性思维逐步发达起来之后，人们才开始对事物的种种细微特征进行界定、限制和区分。这时"那种笼统地以极端性质（如 altus、kel 等）和中间性质的对比来对事物分类的方式便不再适合，因为这时人们已经发现，某种'性质维度'上的极端性质并不是一种，而是两种……这样一来，在同一个维度之内的各种性质便开始被区别、命名和比较。自此之后，经验分析的原则就取代了早期那种根据感受程度分类的原则，语言便成了推理性思维的强有力工具"[①]。

[①] ［美］苏珊·朗格：《艺术问题》，中国社会科学出版社，1983年版，第165页。

那么，在人类意识尚处于这种朦胧的感性阶段时，这种同时指向黑和白、高和低、上和下、冷和热和表达，具有什么功能或作用呢？必须指出，这些表达虽没有确切的含义，但并不是无意义。换言之，这种表达虽然不能指明一种事物是黑的还是白的，是热的还是冷的，但可以向人们传达出一种较全面的跨度或范围，甚至会大体传达出一种"结构"。这种结构如同建筑物中的某些格状结构或一个抽象的十字架，它们既不指向上也不指向下，也不指向左和右，它仅仅是一种同时包含着两侧、两极或两半的平衡对称的结构，或者说仅仅表明一种结构自身。我们常常在那些先于语言表达的手势或简单的象形文字中看到这种结构，在那些古老的装饰性图案中，也可以见到这种结构（在原始绘画中，常常把一只凶猛的野兽形象分成对立的两个半部，对称地排列于器皿或武器的两侧）。这种对称、平衡的结构也许反映出人类的感性生活的一些基本特征和方面。——有了白的一极，就必然想到黑的一极；有了高的一极，就必然想到低的一级。许多资料表明，上述现象在原始人的心理中似乎是普遍存在的——一个古埃及人，当他见到一个年轻人时，必然会同时想到一个老年人。所以对老年人和少年，总是使用同一个字眼去表达。只是在他们的语言发展得比较精细时，才逐渐学会把对立的两极区分开来，从而在想到其中一极时，不再自动地与另一极比较。燕卜荪和朗格都极力强调，人类之所以最终做到在意识中把两极区分开来，完全应归功于语言的作用。只有在逻辑性的语言中，一个词才仅表达一种确切的含义（或仅表达两极中的一极），如果没有通过语言进行的学习和训练，任何人都不可能自动地做到这一点。

人类意识发展到今天，理性思维高度发展了，原始思维方式就退化了；只有在诗人和艺术家的思维中，这种思维方式才得以持续。当然，并不排除普通的语言和思维中还有这种原始思维的痕迹〔如英语中偶尔会见到这类表述："年龄（age）对于服兵役绝对无用"，这里的 age 就是同时指年老和年幼两极的。"一匹烦躁不安的（restive）马"，这里的 restive 亦指两种对立的性质：既指一匹经过休养生息的马，又指一匹不肯再休息的或烦躁不安的马〕。关于诗人和艺术家把两极视为同一的现象，在上文中已略有交代（如诗和成语中的对偶）。通过以上对原始思维之特征的描述，我们看到，诗中出现的这些现象不能完全归之于某种技巧和手法，而是内在情感生活对追求平衡和追求一种完整的结构的需要。如果某种表达不能同时包括两极，在逻辑上也许清楚了，但心理上的平衡却不再能保持,在感受上就觉得这种表达不够完整和全面。这说明,对偶现象,主要与感受的固有要求有关。

必须指出,在诗和其他各类艺术发展得比较成熟的阶段上,那种同时表现两极的原始性陈述变得更加微妙、隐蔽和含蓄了,它往往不是将两个意义相反的字眼或句子凑成一个复合词或对偶句,去表达一种复杂的含义,而是用一个单一的字眼,或一个单一的句子去同时表达两种相反的含义。正如燕卜荪所说,当一个字包含着两种意义,这两种意义又在某一背景或维度中恰好相反时,就构成所有模糊现象中最典型的模糊。这种模糊的表达可以在不知不觉之中,把某种感情的复杂作用揭示出来,使人获得深刻、曲折的感受。此种模糊,在优秀的诗中不是偶尔见到,而是时常见到,而且在程度上有高低之别。在中国的某些古诗中,这些模糊常常出现于系动词"是"的巧妙运用中。按理说,"是"与"非","肯定"与"否定"之间的界限是很明确的,但在诗中便不是这样。当诗人讲"某物是某物"时,其所联结的两端就不一定是一种等同关系,在很多情况下甚至还是一种对立的(或相反)的关系。请看陈陶的诗《陇西行》:

誓扫匈奴不顾身,
五千貂锦丧胡尘。
可怜无定河边骨,
犹是春闺梦里人。

在最后的一句诗中出现的"是"就同时标明"是"和"不是"两种关系,其中既有对它所联系的两端之等同性的肯定,又有对它的否定。换言之,"无定河边骨"既然是"春闺梦里人",就已经不再是人,因此即刻否定了由"是"表示的等同关系("骨头"的出现,意味着人已经死去)。这样一来,它就把一种否定情绪强烈地突出出来:人早已不存在了,只有在日夜盼望他们的妻子的梦中,这些人才存在,人的存在只是一种幻象而已!对于"是"字引出的意味,我们还可以这样领会:在他们的亲人妻子的眼中(或梦中),这些白骨,仍然是"人"。但在普通人的眼中,已经不是人(而是一堆白骨)。总之不管怎样领会,"是"都不单纯是一种肯定。而是在肯定中含有否定,字面上的肯定，正是为了引出更强烈的否定。

在某些情况下，"是"仅仅是指诗人在某种感情的支配下的错觉，实际上这两件事物并不相同。请读张祜的诗《题金陵津渡》：

金陵津渡小山楼，
一宿行人自可愁。
潮落夜江斜月里，
两三星火是瓜州。

两三点星火闪耀的地方是不是诗人的家乡瓜州？是又不是，在作者的幻觉中前面就是瓜州了，而实际上却不是瓜州——可能是江上的零星渔火，或是江边住户的灯光。这样一种模糊表达对表现某种难以言传的复杂感情是极为有效的。

上述表达方式在苏轼的诗中也偶尔可以见到，如在"孤云落日是长安"和"青山一发是中原"等诗句中，"是"字中都包含着"否"字。总之，在这类诗句中，诗人所向往、思念、梦求的东西，不管是自己的丈夫妻子，还是自己的故乡、都城和国家，都被等同为另一种完全不同的东西。现实中的非，正是梦幻中的是；梦幻中的是，正表明了诗人对"不是"这一冷酷的现实的巨大关注。这是人的复杂的心理活动中的常有现象。

那么在诗中出现"非"或"不是"等系词的时候，情况又怎么样呢？

在普通语言中，"不是"或"非"等否定词，总是联系着两个绝不相同的东西。然而在诗中便不是这样，在很多情况下，使用否定词，如"非""无""不""从不"等，恰恰是为了引导人们去注意由它们所指向的相反内容。请读李白的《送陆判官往琵琶峡》的五言绝句：

水国秋风夜，
殊非远别时。
长安如梦里，
何日是归期？

从"非"字的字面意义上看,它是指:此情此景,的确"不是"远别之时。但与此同时,又强烈地传达出另一种恰好相反的意思:"分别的日子终于不可避地到来了。"这就是说,"非"字包含着恰好相反的两种意思:不是远别时,又是远别时,强调前者正是把注意力引向后者。

在济慈的《忧郁颂》中也有类似的情形:

No,No,go not to Lethe neither twist.
(不,不;不去忘川,也不回转。)

这里一连用了四个"不"字,构成一种强烈的连续性否定。由否定词"不去"造成的力量,严重地破坏了"去"与"不去"之间的平衡,从而造成了一种朝向相反方向的强烈倾向(即"去"的倾向),由此而使人们更加强烈地关注它们所否定的内容,即诗人内心中那种想"去"的强烈欲望。按照燕卜荪的解释,想去"忘川"(即希腊神话中的一条河流,又被称为"忘却之河")的欲望,就是要回复到纯粹的感性生活(而不是理性)的欲望,是一种逃避生活中的一切困难,抛弃性爱与女人,以"死"来摆脱现实生活中这一切烦恼的欲望。诗中一连串的"不",正反衬出(或肯定了)这种欲望的顽固、不可避免和无法抵抗。

苏珊·朗格对史文朋的诗《普洛塞班的花园》之最后一节的分析也极有启发。诗句是这样写的:

星星和太阳都未苏醒,

一切光影和变换也都失踪;

水波不兴,声息全无,

万物一片朦胧,

冬叶和春枝无从区分,

白日黑夜不再运转;

只有永恒的睡眠,

在一个永恒的夜晚。

朗格分析说,在这首诗中宇宙中的一切,日月、星辰、海洋、河湖、树木、声息等全部都被否定了,虽然全被否定了,但它们的鲜明形象却由此被创造和暗示出来了。这种形象是随着一连串"未——不——无——不"同时出现的,在这些否定中暗含着一连串肯定,它们相互交织成一种朦胧而又多姿的背景,从而把最后两行中肯定的事物衬托得更加突出。

这种否定中伴随着肯定的现象,不仅出现在包含着简单的"不是""从不"或"无"等否定词的诗句中,许多含有某种贬斥和指责的诗句也可以激起一种相反的含义。燕卜荪援引的乔治·赫尔伯特的诗句就是一例。赫尔伯特的下述诗句是以耶稣基督的口气说出来的,暗含着对"牺牲"之含义的解释:

所有经过这儿的人,都会注目以视,

人偷吃了禁果,我却留在这果树之上,

这是生命之树,

它给一切人带来生命,

却唯独没有我。

还有什么比这更不幸!

其中最模糊的一句是"我却留在这果树之上"。这句诗妙就妙在于它包含着两种截然相反的含义。一种含义是:当人偷吃了禁果后,耶稣却被吊到树上代人受罚;第二种含义是,"人吃的禁果,是耶稣爬到树上偷来的,他的这种行动,就像普罗米修斯为人类盗取火种,具有悲剧意义"。如果按上述意义进一步引申,下面的句子也均有了截然相反的两种含义:同一棵果树,既是生命之树,又是死亡之树(对人类是生命之树,对耶稣是死亡之树);耶稣是"不幸的",但这种不幸之中又包含着"幸"。这种后果又进一步归因于耶稣本人的两面性;他本人就是一个善与恶的矛盾统一体,他既然是上帝之子,就有机会摘取禁果送人,他这样做了就体现了一种善;但从伦理上看,把父亲之物随意送人，又是大逆不道的，因此是一种犯罪的行为。既然耶稣是这两种极端特质的混合，所以当人们一说到他的不幸时，就必然想到他做的善事，因而想到他的"幸"；当他被吊在那儿，被指控犯了弥天大罪时，人们会想到他是一只代自己受罚的替罪羊，是一个真正的悲剧英雄；依此类推，他被热爱是因为他被憎恨；他被憎恨，是因为他像一个真正的神；他逃避了折磨，是因为他受尽了折磨；他之所以折磨着折磨他的人，是因为他那无所不在的仁慈；他给人以力量，是因为他通过全部收留他们而保留了他们的全部弱点；他遗弃了他们，却因此而产生了人类自己的社会群体……总而言之，诗中的一切，似乎都含有一种相反的意义，耶稣的一切倾诉，正反衬出他自己的高尚。他的孤独和不幸，正暗示出他被大众的拥戴和因此而获得的幸福。

以上我们以多种例证对模糊体验作了相当粗略的描述。这种描述证明，模糊语言和模糊的表达，是诗的思维或非理性思维所特有的。模糊的表达，能够揭示出更复杂的意义，从而把人类内心生活传达出来。这种功能是清晰的推理性语言难以完成的。由于模糊语言对推理性语言（陈述性）进行了语法、语义上的改造，因而不能再用推理的习惯去理解。领会这种语言的关键，在于把握每一个字、每一个句中展示出的特殊的意象或特殊的表现性质。要做到这一点，首先必须通过审美感知，与其中运行着的特殊的"力"的作用共鸣（同形），这是首要的，也是模糊体验中最根本的东西。对于这种特殊的感知，以及由这种感知导致的诗的境界，一般人当然不可能很清楚地说明其中的"步骤"和"道理"，不仅读者如此，作诗的诗人大概也是如此。倘若果真有人当场追问诗人为什么偏偏选用一个"闹"字而不是"浓"字来描写红杏，选用"香"字而不是选用"冷"字来描写白雪，他很可能无言以对。这是因为，对这种看上去不合"理"的字眼的选用，发生于自我还没有同客观世界分离，梦还没有同现实区别开的时候。当然，我们并不排除理性地悄悄参与。在类似"春风知别苦，不遗柳条青"这样的诗句中，不是很清楚地看到理性参与的痕迹吗？其中包含的假定语气，说明诗人并不相信春风真的知道别离之苦，在说到别离之苦时，其实是诗人自己的经验之谈。他心里也很明白，只有那些有感情的生物，才会真正关心人。但是，当他一心想到春风也许知道分离之苦时，就已经把这种带有理性色彩的"期望"，变成了一种天真无邪的、毫无经验的表达，一种完全由情感支配的表达。这说明，诗并不完全是原始思维中那种一切都无区别或一切都等同的世界,而是非理性中有理性,理性悄悄参与其中的世界,这种状态有点儿类似禅宗中揭示的那种特殊的体验,即一种不完全是一种"天人合一"或"自我与世界"等同的体验。正如青原惟信禅师说:"未参禅时,见山是山,见水是水,既参禅后,见山不是山,见水不是水,可是禅悟之后真能得过休息处时,见山又是山,见水又是水了。"① 铃木大拙对此解释说:"未参禅时见山是山,这是从常识观点和理智的分析去看山,这时的山是没有生命的山;既参禅后,我们不把山看作耸立在自己面前的自然物,而是把它化为与万物合一,山便不再是山。可是当我们真正禅悟之后,便把山融合在自己的生命里面,也把自己融合在山里边,山才是真正的山,这时的山是有生命的。"② 可见,真正的禅悟并不是一种原始的万物同一,而是"悟"出了自己内在情感与外界事物的某些方面的等同。正因为如此,中国诗人才称这种"悟"为"理外之理"。其中的第一个"理"是理智和科学之理,它总是按常识对事物去分类,按数量,尺度去对事物做出揭示和判断;第二个理,却是遵循那代表着生命和情感之真实面目的内在"活动"去对事物分类。这是与外部事物中那些运动着的、通体连贯的、无一定明确界限的,因此不可度量力的结构的共鸣或共振。在这种情况下,山仍然是山,水仍然是水,我没有吞没山,山仍耸立于我的面前,只不过已成为有生命和情感的山;我仍然是我,山没有淹没我,只不过是一种保持着更清醒的"自我意识"状态的"我"。铃木大拙认为,这正是禅家的真如妙境,在我看来,这其实也是审美的最高境界。总而言之,真正的模糊是对日常理性支配下分类标准的模糊,而对内在感情来说它甚至变得更加澄明和更清晰了。③

---

① 转引自〔日〕铃木大拙:《禅与生活》,黄山书社,2010年版,第5页。
② 转引自〔日〕铃木大拙:《禅与生活》,黄山书社,2010年版,第5页。
③ 本节中对李白、杜甫和其他几首唐诗的模糊含义的描述,大多参见高友工、梅祖麟所著的《唐诗的句法、措词和意象》。

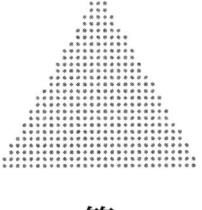

第 9 章

审美快乐的机制

在对形式、再现、表现、符号、意义等导致审美经验的因素分别进行了粗略的心理描述之后,现在有必要对审美的总体效果,即审美快乐,做一番较深入的探讨。

在哲学美学中,对审美快乐的阐述一向较笼统模糊。人们认识到它的重要,甚至把它与美的本质相提并论,认为美只不过是这种快乐的客观化。[①] 但是对这种快乐的形成机制,却没有告诉我们多少。审美快乐究竟是一种什么样的快乐,它与其他快乐有什么不同?如果不对它的形成机制做出具体描述,美学的一些根本问题就仍然处于一片迷雾之中。本章所要达到的目的,就是要试图揭开这层迷雾,对审美快乐的机制提出一种粗浅的认识。

---

① 参见[美]桑塔耶纳:《美感》,中国社会科学出版社,1982年版。

1

审美快乐从何而来

美感有种种特征,但其最终的结局或效果却是一种特殊的快乐。当人们怀着浓厚的兴趣去欣赏一件艺术品或某种自然美时,并不是为了满足一种基本的生理需要,而是为了满足一种精神上的追求,从而沉浸到一种无比愉快的精神境界中。有一位西方人曾经说过,审美的快乐是天国的快乐而非人间所有。① 这样说虽然有些过分,但并不是没有道理的。审美快乐的确有着非同一般快乐的独特性质,这些性质使它与日常生活中常见的种种快乐明显地区别开来。例如,它不同于见到自己久别重逢的亲人时的那种天伦之乐,也不同于相爱的情人拥抱时的性感快乐,更不同于进食和品味时的感官快乐。它与这些快乐有高级低级之分,也有个别性与普遍性之别。与亲人或情人相会的愉快是只属于个人的,是由个人的境遇决定的,而且受个人"需要"的急缓强弱程度的影响。例如,同样是亲人,每天在一起,便见不出多少快乐;久别重逢,便快乐十分。同样一个久别重逢的亲人,对妻子是一种快乐,对父母和兄妹又是另一种快乐。审美快乐则不然,它在普遍性、持久性、强烈性等方面都比其他快乐高出一筹,是一种处于更高层次上的快乐。审美快乐具有普遍性,一方面是指审美趣味基本上相同的人在感知同一种审美对象时,会体验到大体相同的快乐;另一方面是指它不仅仅是来自于某一单一的低级感官(如触觉、味觉、嗅觉等)的快感,而是多来自于视觉

---

① 参见〔美〕桑塔耶纳:《美感》,中国社会科学出版社,1982年版。

和听觉等高级感官的快感。当然，即使来自视觉和听觉的快感，也不一定都是审美的。观看一场街头角斗或观看一场足球比赛，你会感到很快乐。但由于这种快乐不含有某种深刻的人生意味和高尚的情操，所以仍构不成审美快乐。因此，审美快乐不仅多来自视、听等高级感观的感受，而且还要从这种感受一直贯穿到心理结构的各个不同层次（如情感、想象、理解）。这种贯通性，会使整个意识活跃起来，多种心理因素发生自由的相互作用，产生出一种既轻松自由又深沉博大的快乐体验。很明显，只有当人们在欣赏壮阔崇高或优雅别致的自然景色或艺术品时，才能真正体验到审美的快乐。在这种快乐中，既有对形式的赞美和对情感意味的共鸣，又有洞察各种含蓄地展示出来的"真理"时的欣慰，还有对日常生活中某些压抑情绪的净化和消除。正因为其中有了认识和评价，所以即使我们面对着罗丹雕塑中一座丑陋的老妓女的塑像或是一场催人泪下的悲剧，我们仍然能体验到审美的快乐。总之，这是一种难以用恰当的语言加以定义的快乐。你说它是喜，它又掺杂着悲；你说它甜蜜，其中又有辛辣。各种不同的感受奇妙地混合在一起，构成一种极其丰富和生动的愉悦体验。

那么如何才能获取这种快乐？换言之，除了对象方面的一些特殊条件之外，审美主体还要做些什么？这一向被人们当作一个美学难题。在提出我们自己的解释之前，还是让我们追溯一下前人的讨论吧！在美学史上，对审美快乐之生成机制的最典型解释，是审美快乐来自于感受者的"非功利态度"的解释。按照此说，一般的愉快，是一种功利性的愉快。一件衣料、一顿美餐、一所住宅，只有在实际占有它时，我才享用到它，才感到愉快。而审美愉快，恰好是在不占有它时产生的愉快。这时，对象仅仅作为刺激物出现，只有它的外部形象才是审美主体所需要的，在受到它的外部形象刺激之后，审美情感便在内心中独立发生和发展。正如亚里士多德在读到悲剧时所说，悲剧就是让情绪去自行其是、自由发泄，然后达到无害的消失。这句话意思是：审美愉快是官能自己内部的愉快。只有心灵先从意志或欲望中摆脱，然后才有可能从外部真实世界的制约中解脱；在这两种解脱完成后，心灵便获得了自由，继而按照其自然的趋势，完成自己应展现的过程。亚里士多德强调说，活动的自由是产生愉快感情的基础，只要心灵自由无碍地活动起来，便会产生出愉快的感受。这种感受还是一种积极的感受。因为在这种感受中，一切与之有关的其他心灵活动都统统被唤起或加强；

反过来，如果这些活动被阻碍或被抑制，就会产生不愉快的感情，不愉快的感情是消极的，因为它会大大削弱那些与之相关的其他活动，或使之不能继续出现。① 很明显，这类解释带有极大的猜测性，而且相当模糊。我们不能理解，究竟怎样才算自由无碍的活动。假如自由无碍的活动指漫无限制的自由联想，那么每个人睡觉前后的心灵大约都可以进入这种状态，这难道也称得上审美愉快吗？如果这种自由是指按照艺术或自然外部形式所规定或暗示的方向发展，那心灵就不能说是真正自由的，然而在这种不彻底的自由中却又获得了审美愉快。可见，这种自由不是绝对的，而是相对的，它仅仅是指摆脱了占有欲的心灵状态。当然，摆脱了占有欲并不等于不感兴趣，而是把兴趣集中于外物之形象上，使心灵在对审美对象之和谐的运动形式的观照中自由发展。

可是，占有欲又是如何被摆脱掉的呢？哲学家和心理学家们曾提出过种种解释，其中最有影响的是"幻觉论"的解释。按照此说，审美对象往往是一种虚幻的而非真实的东西，一幅绘画中的玫瑰花与花园中真实的玫瑰花是不同的，画中的玫瑰只能被眼睛看到，而不能像真实的玫瑰花那样还能被触到、嗅到。换句话说，前者只为视觉感知，后者却同时为许多感官所感知。这种仅为视觉感知的东西很容易失去"实在"的性质，因为它的存在不能同时为其他感官所检验。一幅绘画，实在的东西只有画布和油彩，但我们却从中看到了苹果、鲜血和建筑；一场电影，实在的东西只有幕布和光影，我们却从中看到了硝烟弥漫的战场。这些"看到"的东西同海市蜃楼现象具有相同的性质，它们都是可望而不可即的东西。正是在这个意义上，人们才称之为一种幻觉。一切艺术形象、音乐、舞蹈、戏剧等，都是幻觉。

据说，这种"虚幻感"能强有力地抑制占有欲，造成一种纯粹的审美态度——不是去占有，而是仅仅作为观赏（当然，这种对占有欲的抑制也还有复杂的主观方面的原因，面对着一片自然风景，如果我不是想到开垦它或利用它搞运输、灌溉或养鱼，而只对它的外在形式或色彩的变幻感兴趣，亦会形成一种审美态度，这主要同审美之前的审美定向有关，后面还要谈及）。根据这种假设，由于审美对象是虚幻的，所以由它引起的一切主观情感也都是虚幻的，这样产生的情感一概被列入"幻觉情感"之列，因为它们不同

---

① 唐钺编：《西方心理学史大纲》，商务印务馆，1963年版，第24页。

于某种日常的生理需求获得满足或不满足时的喜怒哀乐的情感,不伴随着实际的追求或躲避的身体活动,既不会使人痛不欲生,也不会使人欢喜若狂。还有一些心理学家认为,审美情感与日常情感之间的区别是在量上而不是在质上,后者往往随着真实的功利性行为而出现,一旦出现之后便比较强烈和持久;而前者则伴随着稍纵即逝的幻象出现,因此它们本身也是稍纵即逝、变幻无穷的,亦没有那么强烈。另有一批心理学家则认为,这两种情感其实已有了质的不同,它们在心灵中分属于两种系列,并列存在。一些现代心理学家,干脆就把人的整个心理内容分为两半,一半是真实的,另一半是想象的。在前一半中发生的每一个事件都在另一半中有其反射的意象,例如马克斯·德索认为,感知有想象与之呼应,判断有推测与之呼应,现实情感有理想情感与之呼应,正常欲望有超常(或怪诞)欲望与之呼应等等。在所有这些次要心理状态中,想象是最多为人所知的。很明显,如果这种区分是合理的,艺术和其他审美对象引起的情感均属于"幻觉情感"。可是为什么"幻觉情感"就具有审美的愉快呢?难道仅仅是因为它们的虚幻性,或是因为它们不太强烈或稍纵即逝便给人一种愉快吗?根据康拉德·朗格的解释,这种愉快似乎来自于一种有意识的自欺:明知它是假的,但我又相信是真的;既相信它是真的,却又不会对它做出真实的反应。就在这种真实感与非真实感的自由徘徊中,占有欲被抑制了,与这种欲望有关的痛苦感也被摆脱了,但这些感情的逼真的或活灵活现的性质却保留下来,从而使这种经验更加富有魅力。这样一种模糊的解释显然不会令人满意。既然悲与苦等消极的情感是虚假的,不会对心理造成损伤,那么快乐的感受又如何呢?它是否也会被减弱呢?如果快乐果真按照相同的比例被减弱,这种快乐与功利性的生理快乐之间的区别就不是质的,而是量的,我们既然不能把审美快乐与生理快乐在质上区分开来,说明这样一种解释本身是成问题的。

现代心理分析学派曾从另一个角度去区分审美快乐与日常快乐,认为审美愉快就是欲望在想象中的替代性满足。弗洛伊德以一种带有物理学色彩的"自动平衡论"来解释"愉快"产生的机制。按照这种理论,有机体的存在和延续需要有一种最基本的条件,即它的内部活动和外部活动之间以及各种内部活动之间都必须保持平衡。平衡造成愉悦感,不平衡造成痛苦感。那么,平衡与非平衡又与什么有关呢?弗洛伊德认为,它最终与本能欲望有关。种种本能欲望,特别是性本能,归根结底都是一种能量。

存在于"伊特"中的生本能和死本能基本上拥有全部心理能（或者说，是一切心理活动的能量源泉）。这些能量当然是通过人体与外部交换活动转换而来的。它累积到一定的程度就会引起紧张和兴奋，就像打足气的皮球或拉满的弓弦一样充满张力，这时，机体便处于一种高度非平衡的状态。而非平衡状态，又是一种积极能动的动员状态；在生理上，表现为一种唤起的兴奋状态，整个机体的生理活动都活跃起来，从脑电波的加速，到肌肉的紧张和心跳的加快。一旦这些活动按照某一特定的方向组织起来，趋向一个确定的目标时，生理活动便上升到心理水平。换言之，在心理中便有一种"需要"。"需要"的表现形式有种种，但本质上是要消除这种高度紧张的非平衡状态。而消除的唯一途径，就是释放紧张力，让它做"功"。所谓做"功"，不仅是指走路、劳动、谈话，而且指一切生理和心理活动，如期望、感知、记忆、想象、思维等活动。活动一旦完成，紧张力就消除了，人便得到满足和愉快。

但是，对于生活在社会中的人来说，本能中积聚的"能"或"力"是不能直接释放的，它同大部分人类活动一样，都是内驱力（"能量发泄"）同阻力（亦称"反能量发泄"，如社会伦理等超我禁令）之间相互作用的产物。这就是说，阻力的存在，使紧张力得不到直接消除，表现为欲求不能直接得到满足，于是便另寻出路或绕过阻力走其他的路，指向一个与原来相似的目标；假如再遇上阻力和挫折，它便会转向第三个乃至第四个相似目标，直到找到出路为止。一般说来，由于新选出的目标与原来的相比更加间接，所以它提供的满足或愉悦就差得多。这种愉快实质上是完全满足与完全不满足之间的"中庸"，与之相对应的活动也就更加温和或婉转。例如，爱情之于性交（爱情是性欲冲动与"自我"阻力或"超我"禁令之间的妥协），诉诸语言的斥责之于肉体攻击等（语言斥责是肉体攻击与放弃攻击之间的调和）。

因此，从表现上看，能量的移置似乎是产生了新的动机，但这种新的动机最终目的还是要消除原始的紧张。当然，当人们用冲淡了性欲特征的爱情来减轻性欲紧张时，这种紧张并不能得到完全消除。浪漫的爱情总给人留下残存的性刺激，欣赏艺术作品可以使性欲紧张得到缓和但又不能完全消除，结果就使这类"兴趣"长久不衰。举例说，一个人尽管对古典音乐有百听不厌的兴趣，但他仍然不能得到彻底的满足。听音乐只是对更基本的对象（性欲对象）有选择的替代，音乐爱好者老是听不够，因为它渴求的本不是音乐，不过，能欣赏音乐总比一无所有强。

以上我们对弗洛伊德的"愉快原则"作了简单的阐释。这样一种理论究竟能不能解答审美愉快和特殊性及其产生的原因呢？回答是否定的。弗洛伊德虽然对生理愉快和审美愉快做了区分，但最后仍然把审美愉快追溯到性欲的满足，因而实质上并无本质的区别；或者说，即使有所区别，也只是程度上的——生理的愉快强烈一些，审美的愉快和缓温和一些。这样一种模糊的解释其实要归因于弗洛伊德依据的原理。如上所言，弗洛伊德解释愉快时使用的基本原理是"自动平衡说"。按照此说，能量的积聚造成不平衡，不平衡又造成紧张，紧张要求平衡，只有当紧张力得到消除从而恢复平衡时，人才感到满足和快乐。这样一种回答与艺术体验中的现象是矛盾的。我们从个人和他人的经验中知道，不论在面对波涛起伏的大海或陡峭的山岩时，还是面对着罗丹雕塑中那充满紧张力的造型时，抑或是在我们倾听激昂旋转的音乐旋律时，我们的内心是极不平静的。一个冒险故事会使我们心跳加快，甚至紧张得喘不过气来；悲剧中主人公悲惨的遭遇会使我们热泪盈眶；激昂的音乐旋律会使我们再也不能继续安静地坐着，我们的身体不得不旋转颤动起来；在看完一部惊险电影后，人们会普遍感到疲劳，刚刚经历的紧张甚至会使有些人的手相互紧紧握在一起而无知觉。很显然，这类审美欣赏是一种刺激与唤起，而不是一种安抚和平静，它的愉快恰恰在于身心中紧张力的增加，而不是紧张力的消除。一旦紧张消除，人安静下来，审美的愉快也就随之消失了。看来，对审美愉快的解释要涉及对总的人性的看法，究竟什么东西才能使人达到精神上的愉快？这不禁使我们联想到生活中与之有关的种种其他现象。人们遇上节日和假期，往往称之为自己的"休息日"，然而如果真的让他躺在床上睡觉或坐在院子里休息，人们就会感到极不愉快。这时，他们往往渴求一种刺激或紧张，去观看足球比赛、去登山、去滑雪。在消极的状态下，他就要去酒馆，用烟酒的味道来刺激自己，总之不让自己安静下来。"安静"对他是一种惩罚，而不是一种愉快。当然，人追求的刺激和紧张又是有一定限度的。如果超过限度，不是去登山、滑雪、看足球，而是去打架、冒险或凶杀，便不是愉快而是折磨。因此，愉快所需要的刺激和紧张，是中等程度的，而艺术和游戏所提供的正是这类刺激。

为什么中等的紧张会使人愉快起来？这样一个问题的解答对解决审美愉快的源泉想必是十分有启发的，下面我们要证明的，正是这一点。

2

审美快乐与"生命"的发现

每一个人都在世界上生活着,但并不是每一个人都能洞察这生活的真谛,这也许是"当局者迷"的规律在起作用吧!但是,人们并不是永远处于迷失状态的,一旦他发现"生命"的真相,那种愉快是难以言传的。然而,什么时候人才有机会对"生命"本身作观照的反思呢?有人说过,人的一生就好像一个匆匆赶路者,他为生存所迫,很少有喘息的时间,他"屈从于大地的吝啬和上苍的不仁,正如他屈从于某个人或某种制度一样。当他的所有的精力都消耗在逃避痛苦和死亡之时,当他的一切行动都受外界的限制而没有喘息之余地,没有余力作自由消遣之时,他就是一个奴隶"[1]。但是,这种所谓的奴隶地位难道说是永恒的吗?当然不是。那么究竟怎样去摆脱这种奴隶地位呢?摆脱的标志又是什么?回答只有一个:通过劳动和社会实践。人类在实践中不断地认识世界和自身,在创造外在文明的同时,又不断地发展和健全着内在心理结构,即内在文明。随着社会财富和生产力的发展,人的能力也在发展,他支配命运,征服自然和驾驭自然的机会也就愈来愈多。这就是说,人也就愈来愈有可能从迷茫的"当局者"走向清醒的"旁观者",从认识外物走向认识自身,从自然的拟人化(物我同一)到自然的人化(物我同构)。而艺术正是在人类能够较为清醒地领悟自然和人生的阶段上产生的。正是在这个意义上,我们才说,一切艺术都是人类摆脱奴隶地位而达

---

[1] [美]桑塔耶纳:《美感》,中国社会科学出版社,1982年版,第19页。

到"自我意识"的产物。在艺术中，人类融会了自己对生活之真谛的观照和领悟，这种领悟又是他上升到一个新的高度，超越了原来的那种迷茫的奴隶状态的结果。这种"超越"只有在他开始对自己种种生命的感受和经历进行反思时才可能出现。因此，艺术也可以称为生命本身的反射。正因为如此，苏珊·朗格才不止一次地称其为"生命的形式"，赫尔曼·罗兹则对艺术与生命间的类似作了详细描述。赫尔曼·罗兹以音乐为例指出：音乐的全部特质就在于促使人的心理过程向声音模式转换。音乐在声调上可能具有无数个强度层次，复写了我们身体器官的成长与衰亡。所有从一种意识状态转向另一种意识状态的模式，所有那些从缓缓的调节到突然跳跃之间的细微差别，在音乐形式中都能重新体现出来，连内心活动的短暂性也都出现在音调上。由于音乐与生命都是活动的，所以"自我"的细节能轻易地表现成音乐的细节。音乐使人愉快，因为它是一种心理活动。这一阐述明确地支持了我们的见解，即艺术和审美是"自我意识"的结果。如果这一点没有问题，审美愉快与一般生理愉快的区别也就清楚了。这是人类发现自身、超越自身，从而到达一个新的精神高度的愉快，是一种更加复杂和高级的愉快。

我们说审美愉快更加高级复杂，并不是说这种愉快来自复杂的认识，因为，这种"自我发现"根本就不是逻辑推理和分析，它不能脱离开感情和想象，仅通过抽象的运算和推论而达到，所以不是一种冷静的知性活动。那么究竟是一种什么活动呢？西方移情论者一再指出，只有在人吃了知识之果之后，才开始致力于主观与客观、内部世界与外部世界之间的区别和分离。而艺术和审美却是来自主观与客观的统一，因此不是知识之果的作用。按照这种理论，艺术来自和谐的移情，这种移情是以一种自由的行动，是以主体与客体的相会、以内部行动与外部行动的契合或对话而完成的。这就是说，"对生命的自我发现"，不是一种知性活动，而是一种感情活动，只要感情丰富，将其转移到外物上面就能创造和欣赏艺术。持极端看法的人还进一步说，艺术和审美根本不需要任何知识，它是人类在一种天真或童年状态中做的事情。这种从另一个极端极力排除认识因素的倾向究竟怎样呢？

我们承认，在人类的童年（原始）时代，他与外部世界基本上是"同一"的。所谓"同一"，乃是一种"我与物同"的感受；换言之，凡是我自己能感受到的，物也能感受到。我们可以在幼儿中观察到这样的现象：一个儿童，自己感到冷了，就认为石头和布娃娃也感到冷了，自己挨打之后疼痛难忍，就以为树木被砍伐后一定也很疼……总之，外部的一切也同自己一样是有生命的。这就是人们常说的"拟人化"地观看世界的方式。但是，我们还必须指出，这种纯粹的"拟人观"并不是自我意识的产物，而是人在比较糊涂、朦胧的阶段上的一种简单认识。对于原始人和儿童来说，一个看上去像人的布娃娃是有生命的，一根拐棍或一块石头同样也是有生命的。换言之，他们之所以将外物看成具有生命的，主要不是对生命的发现，而是一种朦胧的"同一"的结果。那么对艺术家（不管是古代的还是现代的）和其他审美主体（不管是古代人还是现代人）来说，他们的创造和欣赏是不是主要由这种纯粹的"拟人观"在起作用呢？将艺术家看作是最能保留着人类童年之天性的人是否正确呢？我们说，艺术家与其他审美主体相比，的确在某种程度上保留着人类童年的某些天性，但他们的审美活动却不是简单的拟人式的"内外的同一"。一个艺术家和审美者有可能把随风摆动的杨柳看成是一个娇柔的女子，把月亮看成娇羞的女子的脸庞，而且这无疑也是一种"拟人"，但是，他不会像一个原始人或儿童那样还会把一株直挺僵硬的松柏看成是一个女子的身体，也不会像他们那样把耀眼刺目的太阳看成女子的脸庞。这就是说，这种拟人已不是一种无区别的或迷茫的"同一"的活动，而是一种掺杂着认识和人类情感的活动，是在对自身感情和外部事物的结构之双重认识的基础上达到的"拟人"。或者说，这是内在情感生活与外部事物结构之间的一种"同形"或"同构"。"同构"与"同一"的区别就在于：前者掺杂着情感与认识，后者很少有认识和感情的参与；前者有着审美主体内在一切心理因素的整体参与，后者仅仅是一种错误低级的认识；前者因为自我生命的发现而导致审美的愉快，后者则不能产生审美的感情。既然二者不能等同视之，我们就不能把审美活动视为一种无认识因素参与的低级心理活动。这就是说，审美愉快虽然不是来自认识，但又与认识有关。

按照这一原则，对审美活动来说，不是外部世界的一切都能使人获得审美愉快，只有那些由主体的整个心灵选择出来的与自己类似和相通的事物才能使其愉快。歌德曾经说过，在他创作时往往觉得"身外之物即心内之物，心内之物亦即心外之物"。这里说的显然是在对外物与内心状态进行反复领悟的基础上达到的"同一"，是一种经由了对内外状态进行了高度选择、删选之后的"同一"。在这种状态中，凡其笔触所到，都是他某种内心状态的真实写照，他创造的任何图案和声响模式都是其内在感情的外化。正因为如此，他创造的每一个真正的艺术形式，都会使作为欣赏者的"自我"感到似曾相识，因为它同时是主体又是客体，是形式又是生命。观赏者对艺术形式的欣赏和观照，实质上是对我们自身灵魂与生命的形式（包括了它的生存、成长与消亡过程的整体上）的领会。当然，这种领会是一种经由自己亲身感受的领会，而不是对这样一个富有生命的变化和连续的整体去做逻辑上的分析和推理。表面上看来，这似乎是物与我的相会，实际上是同丰富的生命形式及人类生活自身的"对话"。因此，当人类用审美的方式去观察自然时，其实是努力在整体的自然中发现"自我"的倒影；反过来，每当他的个性在外在世界中获得自我感觉时，便意味着他已进入了审美状态。

我们正是在这个思想的指导下看待审美愉快的。按照这个思想，不管是艺术家还是其他审美者，谁能创造出与特定时期及其特定生活方式相对应的生命形式，谁的作品就能给人以审美的愉快；谁能在审美时通过整体心理因素的参与，领悟到生命的真谛及特定时代生活中最有意味的东西，谁就会获得审美愉快。而对于美学理论来说，谁能对生命的共同本质及其在某一时代的特殊表现有清醒的认识，谁就能解释审美愉快的由来。总之，审美既然是对生命之表现的观照，审美的愉快也就与生命本身之真正的愉快有关。这样一来，我们就又回到了上节提出过的问题：生命的愉快是存在于适当紧张的时刻，还是存在于放松或安静的时刻？是来自于为实现自己理想、潜力、目标之追求和奋斗的过程，还是来自于种种本能欲望得到满足的时候？

弗洛伊德的失败之处，就在于他把生命的全部本质都归结于性力之中，从而把审美愉快最终归结为性力的满足。弗洛伊德认定，生命归根结底就是性力的不断追求和满足，性力得到直接满足，便得到最大的愉快，性力不能得到直接满足或仅仅在想象中得到满足，便只能得到次级的愉快。由于审美快乐是性力在想象中的满足，所以这种快乐只是一种前快乐，是真正快乐的预演或预备。

这样一种解释，不管从哪一方面讲，都是片面和错误的。按照这一解释，由于性力不能时时处处得到直接满足，人真正快乐的时刻是极少的。这种说法与叔本华的腔调是一致的：愉快永远是稍纵即逝的，人的大部分时间都在痛苦中度过。

这种理论对审美愉悦的解释也是十分牵强的。审美活动与艺术活动是无限丰富的，在这儿统统都被化为欲望在想象中的满足，这难道合乎事实吗？如果说人们在观看某些带有性的色彩的作品时（如各种维纳斯雕像等），有可能得到某些"性"的满足（真正的审美者并不是如此），那么在观看类似毕加索的《格尔尼卡》、罗丹雕塑《老妓女》以及现代形形色色的抽象艺术品时，又如何获得这种满足呢？那些硬是将抽象艺术说成性的符号的人又能拿出多少像样的根据呢？很明显，用"性的满足"来解释审美愉快，的确是十分便当的，但在很多地方是行不通的。这种错误归根结底来自于对生命之本质的解释，那么，生命的意义和愉悦究竟来自哪里呢？

在回答这个问题时，马克思那句"斗争即幸福"的名言是很值得深思的。虽然马克思没有就这个问题详加论述，但却是基于对人性的深刻观察提出来的。由这句话我们还很容易想到另一句流行的格言：生命在于运动。仔细体会一下，这两句话其实是有着一定的内在联系的，前一句直探生命和生活的真谛，后一句则描述了生命和生活之经常性表现。生命在于运动是人们观察了大量现象之后总结出来的。试想，在一个人的一生之中，究竟什么时候不在运动呢？白昼的种种活动不必说，即使在睡眠中，人的大脑也没有休息，"梦"就是一个很好的证据。有时候，我们希望自己"安静"一会，其实这种安静只是相对的，它只是为了做出更激烈的或更进一步活动的酝酿和准备。即便是这种相对的安静，如果持续过久，人也会感到十分难受。讲到休息，除了睡眠之外，还有游戏、艺术欣赏等，而这样一些休息方式其实是一种变相的"活动"方式。总之，仅仅通过一般的观察，我们便可看出在生命的延续中，奋求与活动的时间大于静止的时间，生理、肉体的运动固然永远不会停止，感觉、思维、想象活动同样也总是不断进行；生命之所以是生命，就在于它不停地运动着。

至于幸福和快乐，究竟是同运动、奋求、斗争的过程同时产生，还是在本能或其他欲望得到满足的时刻产生？对此，众说纷纭，莫衷一是。本书的立场是支持前者。当然，对于幸福和快乐的形成机制，我们不能仅仅从导师的一句话而匆忙论定，还应该看看现代科学，特别是研究生命之本质的"耗散结构"学说对解决这个问题的启示。由比利时学者普力高津提出的"耗散结构"学说证明，追求安静和保持平衡，并不符合人的本性，因为他的机体已经是一种复杂的"耗散结构"。这种结构是由无机物向有机物、由动物向人发展的漫长历史过程中生成的一种具有特异性质的结构。其特异性集中表现在它与支配一切物理化学事件的热力学第二定律的抗衡。按照热力学第二定律，在任何一个孤立系统中，都有一种动能不断减少的趋势，这是一种不可逆过程，而且最终会使宇宙趋向死寂。宇宙中的大多数具有平衡结构的事物，也全都服从这一定律，不断地向一种死的绝对平衡发展。"耗散结构"学说则针锋相对地提出，在宇宙中，并不是所有结构都服从上述规律，"耗散结构"即一例。这一结构的特异性质恰恰就表现在对这种总的"死亡"趋势的对抗。这种对抗是靠不断地从外界汲取能量和吐故纳新而完成的。通过不断与外界交换能量，它就在不断运动的同时又保持一种稳定有序的状态。由于它总是在不断地汲收和耗散，所以才被称为"耗散结构"。相对于晶体、液体等平衡结构来说，这种耗散结构实质上已发生了"质"的变化。在平衡结构中，一旦由外部的刺激造成它的非平衡状态，它总要在热力学第二定律的支配下自动地向原来的平衡状态发展，直到恢复到原来的平衡状态为止。然而，对于一个耗散结构来说，客观存在却时刻保持一种非平衡状态，一种时刻循环和运动的状态，正是这种循环和运动，才使它不至于陷入绝对平衡的死亡状态。循环和运动一旦停止，这种"对抗"活动就不能再进行下去，生命也就随之终止。在宇宙中有形形色色的这种结构，既有着较简单的耗散结构（如激光等），又有极为复杂的耗散结构（如动物、人等）。相对于低级生物来说，高级动物和人更加远离了绝对平衡状态，它的组织变得更加复杂，其运动和循环变得更加多样和精巧。因为只有这样，它才能有效地以生命的非平衡与死亡相对抗。当然，他的生命活动虽然是非平衡的，却是一种极为有序的非平衡。由于它可以较为长期而又稳定地保持着这种有序的非平衡状态，所以它的生命存在状态又可以说是一种相对平衡的状态。我们看到，这是一种与静态的绝对平衡有了本质区别的动态平衡，是一种在不断地汲收能量和耗散能量的过程中达到的平衡。也可以说，它是在非平衡过程中达到的一种暂时平衡或非平衡的平衡。

耗散结构的这种对抗死亡的倾向，又被称为反熵倾向，这种倾向也就是培根所说的"另一个物质剧场"——人类所特有的那种基本倾向和能力。所谓"反熵"，就是从周围环境中吸收和补充能量，从而使机体保持"运动"状态，或者说，使他时刻保持一种远离绝对平衡的状态。而远离平衡态的状态，即动态平衡，本质上是生战胜死，成长胜过消亡的状态。结构愈加复杂微妙,其反熵的倾向也就愈加明显;而"反熵"倾向愈明显,动态平衡也就越稳固和有序。正是在这种不断的相互促进中,宇宙才逐渐从简单趋向复杂,从低级趋向高级。这一趋势汇成一股强大的"生命"潮流,使宇宙不仅不会趋于死寂和泯灭,而且还会日益生出更加复杂多样、精巧细密、灵敏可靠的结构。那么,"耗散结构"所描述的肉体生命的动态平衡特征,会不会在更高级的水平,即心理水平上有所反映呢?我们所能见到的大量事实证明,人的瞬息多变的精神生活其实也是一种动态平衡的结构。就拿最基本的欲望来说,它难道说是一旦满足就能够平衡安静下来吗?根本不是,一种需要满足了,又会产生出更高级的要求,这永远是一个欲求、满足、再欲求、再满足的无止境的过程;一旦把这无数的欲求及满足的点联结起来,它们便被消融在一条起伏向前的动态图线之中。换言之,我们只能看到一条代表过程和运动的线,而再也看不到静止的点。暂时的满足、圆满、安静、平衡,只不过是那作为过程的大的整体的一部分,它们永远是暂时的和稍纵即逝的,只有运动、奋求所构成的动态图线才是永恒的。

精神生活如此,社会生活同样如此。一种社会生活模式即使延续几年或几十年,在整个历史长河中也只是一个点,人类总是不甘陈旧、不断创新和不断实践;实践、追求、运动和创新是为了创造比眼下的生活更加美满的生活,而某一阶段上的圆满生活一经取得,又要继续向更完满和更加理想的生活前进。它永远是一种流动的曲线,一条永恒运动的曲线。它不像奔腾东去的江水,注入大海便到达目的地,它的发展和前进是无止境的。

因此,从表面上看,构成人的精神生活似乎有两面,既有奋求、冲突、痛苦、牺牲和发展的一面,又有达到一个人有限目的时的圆满、和谐、安静、停止的一面。它实际上乃是一个二元对立统一的整体,这是一个既包含运动又包含平衡的整体,即一个具有动态平衡的整体,它永远是一个从非平衡走向暂时平衡,然后又走向非平衡和暂时平衡的动态过程。

在解决上述问题之后,快乐的产生也就较明晰了。我们不能说,只有在达到一个有限目的那一时刻,快乐才产生,快乐是与整个动态平衡过程联系在一起的。黑格尔曾这样说过,对于成熟的人来说,"手段是比外在的合目的性的有限目的更高的东西——锄头比锄头造成的作为目的的、直接的享受更尊贵些"[1]。这句话从哲学高度对手段与目的的关系和比重作了明智的判决，把幸福和快乐同手段联系在一起，这同马克思"斗争是最大的幸福"的观点是相合的。从漫长的人类发展史看，手段与目的相比，目的是暂时的、有限的，而且总是被扬弃的环节，任何一个目的地都不意味着终结和停止，而是新的征途的起点。从这一意义上看，目的只不过是过程与手段的一个有机组成部分，只有手段才是永恒持久的，因而也是最有价值和最尊贵的，从而也是最快乐的。这就是说，正是在手段之中，才体现了生命力的实现和发挥。正如一支蜡烛，若不拿去点燃和照明，它可以存在无数个年头，但这能谈得上它有生命吗？只有在燃烧时，它的生命——光和热才表现出来，而生命的表现又总是伴随着快乐。当然，人的生命力不同于蜡烛，也不仅仅是弗洛伊德的性力，还包括人在长期实践中获得的能力，它们在改造自然和改造社会的实践中形成，又在这些活动中得到发挥和表现。新的难题、新的目标会不断激发出新的能力，而当这些能力加入原有的生命力之中，便汇成更强大的生命力和更复杂更高级的"需要"，即人的各种"需要"。这些"需要"渐渐作为一种特殊的信息，渗入人的基因之中，成为体现人之本性的最基本需要——即创造的需要。人一天不创造，这一天便失去了价值，也就感到不快和烦恼；只有重新创造，快乐才能重新点燃。当然，这里所说的创造不仅是指发明和创造出一些新的玩意儿。实际上，人的任何一次感觉和发现，从倾听某一种声音和观看一切事件，一直到学习、理解、艺术欣赏，他都是在创造。从内部来看，创造既是旧的能力的发挥，又是新的能力的生成。任何一种最终以"紧张力"形式存在的基本能力，都在寻找机会表现自己（当某一外部刺激物或内在意象出现时），表现便是生命，因为紧张力的表现总是伴随着生机和快乐。在生物水平上，这种紧张力的表现能使娇柔的嫩苗冲破压力，破土而出；而在人类水平上，生命力能使人冲破艰难险阻，永不停止地追求和创造。总而言之，实践产生能力，能力的表现则呈现为生命。生命的意义和价值又在于创造，创造又满足了这种基本需要，因而总是伴随着快乐。

当然，创造的意义不仅在于满足这种基本的需要，而且还在于它对现实世界的超

---

[1] ［苏］列宁：《哲学笔记》，人民出版社，1974年版，第202页。

越。从外部看，这是对已知的和现有世界状态的超越，是从人所熟悉的一切之中挣脱出来，向着前所未有的、被拒绝和不可知的世界探索前进；从内部看，创造是对人自身能力的超越，人每发现和创造出一件新的产品，自身的能力也随之增长一分，他的感情、思维和感觉也都丰富一分。正是在这种不停顿的创造过程中，人类自身的心理结构才不断从低级走向高级、从单调走向丰富。在这种发展中，动物的进化变成了人的历史，思维变成了意志，意识变成了无意识，感觉变成了理论家，历史的东西变成了个人的东西。在这种种变化之中，还潜藏着一种更为微妙的变化——手段变成了目的，过程以及与过程伴随的生命的运动变成了快乐。

快乐与过程相联系的事实是不胜枚举的。简单的行为，如进食，不是吃饱了肚子之后才快乐起来，而是当眼睛看见其色，鼻中闻到香味，皮肤感到其质，口舌嗅到气味时就已经是快乐了。谁能说色香味俱全，表面上似乎是为了引起食欲的手段，本身是不快乐的呢？谁能说撕咬和咀嚼的过程是不快乐的呢？反过来，在吃饱喝足的那一刻，人们的意识中虽有了"满足"的想法，但快乐也就随之消失了。这是一种暂时的平静，欲想继续快乐起来，就要有新的刺激和干新的事情——散步、聊天、看文艺节目等。正是受同一规律的支配，人们才常常说"钓鱼比吃鱼快活""恋爱比结婚快乐"等。这种快乐其实都与生命的发挥或发现有关，因而都带有审美的色彩。

在弄通了以上的道理之后，我们再来解决艺术和审美快乐的源泉问题，便更加明确了。人的内在生命力，具有种种基本的表现，它在与种种不同的外部事物遭遇时，会做出种种不同的反应。假如外部事物是一种类生命的结构，即具有动态平衡的结构，它做出的反应便是迅速的、强烈的和愉快的。这样一种反应本质上是一种契合和一种拥抱，是灵魂同自己的对话，是对自我之本质的发现。如果外部事物是一种"死"的结构，一点也不具有生命的活力，它的反应就十分微弱，更谈不上愉快。如果外部事物是一种异己的结构，它看上去就讨厌，甚至听而不闻视而不见（这同科学认识不同，科学认识就是向未知的领域进军）。当然，这种愉快感的产生，不是因为见到了自己熟悉的东西，而是这种类生命的结构在瞬息间展示出生命的整体和全过程，通过同构和共鸣的作用，使主体在极短的时间内经历了生命体毕生可能经历的快乐。假如眼前是一件艺术品，它对生命的动态平衡和人生总的奋求过程的展示就更加集中、完整和连续，因而在同艺术品遭遇时，人们一般不加思索，即刻便进入了愉快的审美状态。当然，在日常的感知活动中，我们遭遇的并不都是艺术品，但即使是具有简单结构的对象，它们的生命表现也有强弱之分，因而愉快感也不一样。举例说，一个圆形与一个椭圆相比，椭圆的动感就比规则的圆强得多，因而看上去就更愉快一些。其余如长方形之于正方形、曲线之于直线、有节奏的声音之于散乱的声音等，都是这个道理，前者体现了生命的运动和有序的平衡，后者则接近于绝对的平衡。因而前者看上去比后者愉快和舒服。

总之，审美的愉快产生于生命自我发现。任何事物，只要呈现出生命的表现，只要我们从中看见生命的动态平衡和奋求过程，就能造成审美的愉快。

3

审美快乐产生的机制

审美快乐的产生需要有两个基本前提：一是主体的审美需要，可通过审美前主体内部总体紧张力的状态做出描述；二是类生命的审美对象的刺激作用。每当主体克服重重干扰与类生命的审美对象本身的图式发生同构或契合时，内在紧张力便幻变出与审美对象同形的动态图式；有了确定的方向性和动态的奋求过程，愉快便随之产生。

但是，这时我们又会遇上另一个困难，即如何才能把审美快乐同游戏的快乐区别开来？很明显，观看一场足球比赛，参加赌博、滑雪、登山、游泳等，同样也是使内在紧张力处于一种动态平衡状态，因而也会给人带来强烈的快乐。表面看来，这种快乐产生的机制同审美快乐似乎是一样的，但其感受又为何不同呢？

在我看来，游泳的快乐似乎多带生理感受的色彩，即使有感情因素，也是极简单和轻微的。而审美快乐却是感情上的，它已经从生理的快乐上升为一种纯精神上的快乐。

近年来，人们一直在谈论人类如何渴求一种中等程度的兴奋和刺激的现象。大量现象证明，内在紧张的强度适度增加，能使人显著快乐起来。这种适中程度的紧张可以从不同的途径得到，如由新奇的景象造成的刺激、药物的刺激、运动刺激或由烟、酒、茶等造成的轻度痛苦感觉等。有些现象还表明，适当的刺激不仅仅能造成快乐，它简直就是机体保持生命的自我清醒状态的必要条件。对于正常人来说，他要想精力充沛地做些事情，就必须具有特定程度的刺激。中等的紧张能使生命处于活跃的状态，而这种活跃正是快乐的源泉。

很明显，一切游泳的快乐都在于使机体处于这种中等紧张状态，爬山与滑雪的快乐和吸一支雪茄的快乐都主要是生理上的，只不过有着程度上的不同。

但是，审美的快乐却上升到了更高的水平。一个感到自己肉体迟钝的人，只要用针刺肉体，就能使这种迟钝消失；但是对于精神的空虚和苦恼，却不是仅用针刺肉体就能解决的。精神的东西需要类精神的刺激物去与之对应，而艺术和其他审美对象的使命就恰好在于使人更加清晰地意识到自己的灵魂和生命状态，因而它在形式和内容两方面都与游戏有着质的区别。从形式上看，它是一种类生命的动态形式；从内容上看，它既包含着丰富的人生情感，也包含着种种深刻的哲理性的洞察和领悟。这就是说，不管从内容还是从形式看，审美都比游戏更为复杂和深刻。它除了改造机体的内在生理紧张状态之外，还唤起和改造了内在情感生活的状态，它的快乐是机体和精神上的双重快乐。

此外，现代信息论还告诉我们，人的生存除了一定的激活水平外，还要从周围环境中汲取一定量的信息。信息与纯粹的刺激不同，它不仅以认识上的新奇使人处于兴奋状态，而且能减少不确定性。依照这一道理，审美的快乐肯定还同信息有关。在正常情况下，当人储藏的信息下降到一个特定水平时，汲取信息的活动便开始加速或加强。而艺术欣赏恰好是满足这种要求的重要途径。因为基于相对的"不可预测性原则"，艺术毫无疑问能增加信息。当然，不考虑其他而仅着眼于信息是片面的，因为这样便无法把审美同人类其他认识活动区别开来。事实也证明，有些艺术品，尽管一再被观看，新奇性全然消失，但人们仍然要欣赏它，仍然能从中获得快乐。

看来，只有对审美快乐产生的复杂机制作一番总体的描述，才能真正解决问题。

首先我们必须承认，任何一个审美者，在未开始审美之前，其内在紧张力是以一种极为"不确定的状态"存在着——它们的原因或源泉已经忘却了，或者说一直就处于一种不清晰的无意识状态。它们没有确定的方向，没有秩序，向四面八方作无规则的弥漫。假如我们对自己的经验作一番反省，对这种"不确定的紧张力"还是熟悉的，因为它们常常表现为一种"情绪上躁动"或是以一种随时准备做出某种"创举"的情绪出现。从积极方面说，它们是新的能力获得后，还未得到发挥的跃跃欲试状态；从消极方面说，是潜在的能力由于环境的不适宜而处于一种禁锢或封闭的状态。例如，在资本主义异化社会中，人们长期从事某种单调的工作，人像机器一样运转，大部分的人潜在能力最多能发挥百分之几，致使它们经常处于一种压抑状态，不是受到挫折，就是被打断和未完成。总之，从未达到过充分表现。而所谓"不确定的紧张力"，就是这种具有较强的强度，但又缺乏一种特殊的原因和方向的紧张力。

很明显，由于导致这样一种紧张力的原因极为复杂，而且有些还是产生于认识上受到窒息，行动上受压抑，因此不可能通过一般的活动（如劳动、游戏等）得到有效的纠正、发挥和耗散。游戏有可能对它有轻度的影响，但不能从根本上解决问题，因为游戏只能使生理上的紧张得以缓和。真正能触及它和影响它的只有艺术和审美。艺术的特殊形式和内容，它的种种审美意味，本身就是一种紧张力的特殊模式。它们并不像弗洛伊德所说，仅仅是性欲对象的替代品，而是以一种新的具有方向的和确定目标的紧张力，来改造、契合或诱导原有的紧张力；它们不是使原有的紧张力放松，而是将它按照某种秩序或某种符合生命和精神之节奏的动态平衡的模式，重新排列和组合，使其具有明确的方向和目标，成为一种有所追求的有序平衡结构。

对于这种特殊的作用，我们不妨用几个比喻加以说明。

我们可以把这种不确定的弥漫性紧张力比喻为一座关着水闸的水库。水库中的水有强大的压力，但却没有一个确定的方向。如果堤坝不牢，水就会四处蔓延，造成灾害（对于人来说，心理紧张到达一定程度，也会崩溃）。这时，如果我们开闸放水，让水沿着特定的方向，以特定的流量流出，它就会唱起欢乐的生命之歌；同时，又可以发电、灌溉、造福于人，而艺术的作用机制，正在于此。

我们还可以把这种弥漫性的"不确定紧张"比喻成一群正在自己窗下乱吵乱闹的儿童；当这种吵闹声使你受不了时，你可能去劝阻他们，甚至斥责他们。但由于他们人数太多，你的劝阻很可能无效，而一个一个地分别劝告又很费时间。那么究竟该怎么办呢？我们可以这样设想：假定这时突然来了另一支排得整齐有序的敲锣打鼓的欢乐的儿童队伍，原先这群吵闹不已的儿童的注意力就很可能被新的闯入者所吸引，而且很有可能跑过去加入这一有秩序的队伍中。这样一看，你窗下的吵闹声不见了，代之而来的是一种整齐的走步声和乐器的有节奏的敲击声，从而使讨厌的吵闹变成快乐的感受。

当然，比喻终归是比喻，真正的审美快乐产生的机制还要比这复杂得多。就内在紧张力的状态来说，并不是像我们想象的那样，仅仅是"不确定的紧张力"同"具有方向的紧张力"两种。从前者到后者是一个大的系列，这二者只不过是这个大系列的两极，两极之间还有大量方向性和强度各不相同的紧张力。对于其中大量的紧张力来说，都仅有一个大体的方向，而没有明确的目标。例如，仅仅有一种怒气或怨气，但不知应往哪儿发泄；仅有某种朦胧的希冀，又说不出具体希冀什么；想寻求刺激，又不知道需要什么样的刺激等。对这种内心生活之流，有的人称之为"情感生活"，有的人则称之为"主观经验"。苏珊·朗格曾对它做过如下详细的描述：

这些经验就是我们有时称为主观经验方面的东西或直接感受到的东西——那些似乎清醒和似乎运动着的东西，那些昏暗模糊和运动速度时快时缓的东西，那些要求与别人交流的东西，那些时而使我们感到自我满足，时而又使我们感到孤独的东西，还有那些时时追踪某种模糊的思想或伟大的观念的东西。在一般的情况下，这样一些被直接感受到的东西是叫不出名字的。……只有那些最为激烈的感觉才可能具有名字，例如"愤怒""憎恨""热爱""恐惧"等，然而在我们感受到的所有东西中，有很多东西并没有发展成为可以叫得出名字的"情绪"。在我们的感受中，它们就像森林中的灯光照出的树影，总是变幻不定、互相交叉和重叠；当它们没有互相抵消和掩盖时，便又聚集成一定的形状，但这种形状又在时时地分解着，或是在激烈的冲突中爆发为激情，或是在种种冲突中变得面目全非。所有这样一些交融为一体而不可分割的主观现实就组成了我们称之为内在生活的东西。①

苏珊·朗格还批评说，人们总是人为地把这种内在生活分成情感的、理智的和感觉的几大范畴，其实，这是一个有机的整体，不可分割。人们之所以去分割它，只是为了科学研究的方便。

而审美的愉快恰恰就产生于这样一种复杂的内在生活被加以诱导、整理，并使之

---

① [美]苏珊·朗格：《艺术问题》，中国社会科学出版社，1983年版，第21页。

有序之时，而这种诱导和整理又只能发生在主体与艺术品和其他审美对象遭遇的时候。有一个早期的美学家曾经说过：任何一种东西，要想使我们满足并给我们全然的愉悦，那它就必须：第一，不能扰乱我们的才智与能力；第二，要把这些才智和能力置于充满活力的活动中。很明显，只有那些包含着合乎生命和心灵之本性并因此而具有动态平衡性的艺术形式和内容（或其他审美的对象），才合乎这两个条件。假如我们对艺术作一番简单的考察，事情就会更加清楚。

艺术，从书法到音乐，从建筑到绘画，从戏剧到电影，都可以窥见其中那具有动态平衡的形式。以中国绘画和书法为例，它向来强调笔画中要蕴含一种"笔力"。诚如黄宾虹所说，"落笔应无往不复，无垂不缩"，"纵游山水间，既要有天马腾空之劲，也要有老僧补纳之沉静"。很明显，绘画书法用笔中通过往与复、垂与缩、动与静之间的对立统一，展示的正是生命力特有的动态平衡结构。这种特有的动静结合状态，甚至从简单的书法口诀中也可以见到，如什么"欲左先右""欲下先上"等。这样用笔所得到的笔画，不仅能直接透出紧张力，而且是一种恰好与不确定的紧张力相对立的"方向性张力"。它们具有较为明确的方向，但在向着这一方向前进时，又不时遇到阻力，最后终于克服阻力，达到特定的目标。反过来，假如用笔时，让笔画在纸上顺利无阻地画过去，这种笔画看上去就显得无力量和不够味。有一名画家还曾经把绘画和书法用笔比作是一辆从高坡上冲下来的载重板车，这时，推车的人不是把车向前推，而是向后拉，让它一步步放下来，这样一种运动实际上就是在车的下冲力与推车人之拉力的对立统一中达到一种生命特有的紧张力式样，一种既有一定方向，又不是无阻力地直接到达目的地的紧张力式样。这样的绘画用笔恰好触及生命的真谛。绘画如此，写诗也是如此，暂不谈那些直接抒发人的内在感情的诗，就是那些写景的诗，同样也要在动静相间中曲尽生命的运动与变化。比如，王维的妙句"明月松间照，清泉石上流"等，之所以深深地打动人，就在于此。然而最能体现生命之流的应当数音乐。对于音乐与内心生活的关系，叔本华曾有过一段有名的论述，他说：

人的本质就表现在他的意志的奋求、满足，再奋求、再满足这样一种永恒不断的循环中。……音乐也具有人的这种特征。任何一种乐曲中都包含着一种不断地离开基调向其他调子转换的过程（不仅向属音和三度音等"和音音程"转换，并且继续向不和谐的七度音和超级音过渡）。然而不管这种偏离走得多远，最终总要回到原来的基调。所有这些偏离都表现了人的意志所进行的各式各样的探索和努力。但这种探索及探索获得的成功又总是通过重新回到和音音程，最后又折回到基调的过程体现出来的。只有那些包含了人类的意志和情感中的一切秘密的音乐作品才是天才的作品……作曲家揭示了内在世界的本质，用一种理智所无法理解的语言表达了最深奥的学问。

实际上，叔本华描写的这种曲调的运动过程在歌唱家和中国京剧演员的吐音中也可以见出。我们知道，大凡高明的歌手和京剧演员，都不是让从丹田冲出的气流长驱直出，而是在内在情感的支配下，使它不时地在逗留中蜿蜒前进，轻轻地拉回又慢慢地送出；这种在两种对立的力量中达到统一的音不是那种简单而又机械的音，而是与生命和情感生活同构的音，只有这样的音才具有情意绵绵的味道。

艺术形式与生命的情感的类似甚至在电影艺术中也表现得愈来愈显著。电影能以其特有的技术（蒙太奇剪接等）使静的空间时间化，这实际上就是使静态的东西变为动态的；而反过来将时间中展示的种种微妙活动空间化，则又展示出生命与情感生活的动中之静。一切剪裁和蒙太奇的组接都必须符合生命和情感本身的结构，如果照搬生活，那就显得索然无味。一切存在于空间的东西，甚至房间的四壁或直布罗陀的岩石，都应该让其成为活动的表象；而一切发生于时间中的、甚至人们灵魂中的思想情感，都可以而且应当成为可以看得见的。所谓静止的存在，这一概念已被彻底摧毁了。不论是房屋、钢琴、树木，还是闹钟，没有一种东西在影片中不具有有机生命的特征和人类活动的能力，它们也像人一样有了面部表情和发音吐字等功能。有时候，即使是在一般的写实片子里，不动的物体一旦有了动态，就能在片中起主要角色的作用……人人都忘不了俄国电影怎样利用这一可能性使一切机械设备都英雄化了；而人们常提到的默片历史上最伟大的猾稽片和严肃片——基登的《海船》（1924）和爱森斯坦的《战舰波将金号》（1925），也都永远使人想起这两只大船的性格。其实，多看电影的人都可以体验到，在很多时候，即使一根在风中摆动的小草、一种声音，甚至一块岩石、一条小溪，都是内在情感的写照，它们的状态看上去似乎就是内在情感的状态。

艺术的快乐在于把人的才智和能力置于一种充满活力的活动中，但是，由于在不同的时代和场合，人类内在生活的紧张力的状态都不相同，所需要的艺术形态也就不尽相同。在现代工业社会中，由于人们生活的节奏大大加快，而资本主义社会的异化又大大提高了人们内在紧张力的强度，因此就更需要艺术的诱导；而要对这样一种"不确定的紧张力"加以改造和诱导，古典艺术中那种温和、缓慢、平静的张力式样肯定是再也不能胜任了。现代西方人不习惯古典艺术，中国青年人看京剧觉得不过瘾，都是这个道理。高强度、高速度的内在弥漫性张力需要高强度、多变化的（但必须是有序的）艺术式样去诱导；如果两者相差太远，就会产生一股背斥力，更谈不上契合和快乐，这是不言而喻的。

然而支配审美快乐的总的规律是永远不会改变的。任何艺术形式，如果要产生出审美快乐，其内在张力式样就必须适应某时某地人类内在情感生活的总的水平，更重要的是不能脱离生命之动态平衡的本性。而要做到这一点，就要避免单一，见出生命和情感的复杂多样；避免机械呆板，见出生命和情感活动的流动和曲折；避免平铺直叙，见出生命和情感的起伏和节奏；避免陈词滥调，见出新奇。只有在结构上类似人的身心结构和生活结构的艺术品，才能在保留每个人、每个时代和每个社会的独特性的同时，又暗示出人类普遍的情感、命运和斗争；也只有达到这一点，艺术才能真正产生审美的快乐。

4
认识定式对审美快乐的影响

认识定式，就是每当人们遇到一件新鲜事物时总要问一个"为什么"的趋势。尽管人们一再告诫说，在面对一件艺术品时，重要的是去体验，而不是去思考，但对大多数人来说，这种趋势仍然是不可避免的。

但是，认识定式对审美快乐的影响并不都是有害的，只要控制在特定水平上，它不但对审美无害，而且有益。因为人毕竟是人，而不是反射器，如果对眼前的审美对象连起码的认识都没有，那么他就连最初的审美期望都没有，谈何审美的经验。人们常常举某些看戏的人在戏剧进入高潮时，跑上台去追打饰演反面角色演员的例子。这说明，假如没有起码的认识（认识到这是演戏），幻觉感情就会变成真实感情；这时，内在紧张力不仅得不到诱导，反而更加紧张和无序。

关于认识定式对内在紧张力的影响，我们可以从以下事例中得到说明：一个焦急等待情人约会的人，如果不了解情人迟到的原因，其心理的紧张力便成为不确定的或弥漫性的，从而变得难以忍受。但是，如果这时她听别人说今天情人坐的那路电车因某种原因而特别拥挤，从而断定情人迟到的原因是由于电车的拥挤造成的，这种紧张力的弥漫性和不确定性便会立即减轻或消失；如果她根据某种迹象断定对方的迟到是由于不把自己放到心上，弥漫性的紧张力便获得了一定的方向，以愤怒的情绪发泄出去。再如：如果一个人听到一阵突如其来的尖叫声而不明尖叫声的原因，内心便会产生一阵说不出的紧张，但是，如果他经验丰富，一听便判断出这是汽车或火车造成的，内在紧张力便很快消失，甚至不会产生；如果他错误地判断为这是某人向他开枪，内在的弥漫性紧张便会立即转为一阵恐惧。有时候，特定的认识甚至会使极端疲劳或悲观的人变得精神焕发、情绪高涨，这就是说，会完全改变紧张力的方向。凡经常远足或登山的人都知道，在走得极端疲劳时，如果知道目的地就在不远的前面，情绪便会立即大振，脚步也变得轻盈起来，一切不舒适或疼痛感也变得能够忍受了。关于这种效果，可以从医学的暗示疗法中得到启示。有些病人本没有什么器质性病变，只是内心有一种弥漫性的紧张，这时只要医生为他注射一针蒸馏水，某种对医疗功效的认识便立即使这种心理的紧张消失。生理上的疼痛感和其他不舒服的感觉亦随之消失。有些医生还谈道，对某些药物的特殊认识有时会产生神奇的作用。有些失眠病人极其相信安眠片的作用，如果医生发药时，告诉他们这药是安眠药片（实际上乃是真正能治其病的某种病剂），病人吃了后便会果真安然入睡。

总之，各种行为，从饥饿的感觉到疼痛达到的程度，以及对某种紧急的或烦恼的情势的反应或其他条件反射的获得，都在很大程度上受行为主体对自身、他人以及周围世界的认识的影响，或者说，受到他为特定的形势赋予的意义的影响。这种认识定向往往通过一种持续的反馈作用，对内在紧张力的方向、发展或消除施加作用，从而影响人的情绪。

那么，这种认识定式对审美经验又是如何施加影响的呢？我们知道，任何审美经验的产生，都需要有两个基本前提条件：一是艺术品的刺激作用，二是观赏者对艺术采取一种审美态度——一种超脱功利的非占有态度，亦即调动全部心理能力对其外部的形式和内部的含义进行知觉和欣赏的态度。这种态度的产生则直接与认识定向有关。举例说，如果审美者一开始就根据某些迹象，判定眼前是一种审美情势而不是真实的生活情势，那么其内在情感就会因情景的虚幻性导向审美经验而不是真实的生活经验（真实情感会使人喜不自胜、怒发冲冠或痛不欲生，审美经验则是对这些经验的一种领悟和体验）。正因为此，同样一件艺术品，例如一首乐曲，在正式舞台上演奏与在酒吧间、会场、工地、战场或科学实验室中演奏，效果就十分不同；前者可能会导致真正愉悦的审美经验，后者则不一定。战场上冲锋的武士在军乐的伴奏下无疑会产生一种高昂奋发的情绪，但这种情绪决不是审美的，而是真实的。舞台演出则不然，在凸起的舞台与奇幻的灯光和布景的诱导下，认识定向会立即将眼前的情景判定为一种"虚"的境界，这种判断会即刻将内在感情引向愉快轻松的审美经验。近年来，人们还注意到这样一种现象：同样一个文艺节目，一个人坐在屋子里通过电视屏幕观看与在剧院观看，其效果也有微妙的不同。在后面一种情景中，人们感到自己的感受更加深沉和愉快。这就是说，审美应有一定的氛围，而对这种氛围的认识会产生一种审美的定式。同样的道理，同一种结构或式样，当它以建筑的脚手架的方式呈现出来，与以抽象画呈现出来时，会引起两种完全不同的感受；同一个故事，在口头流传时和在文学艺术中造成的经验也不同；同样的色彩组合，在自然中最多只能给人一种生理上的快乐的感觉，在艺术中则会产生出含有无穷的意味的审美快乐。这种差别，是由主体在感受前不同的认识造成的。这种认识上的不同，不一定是由刺激式样本身造成的，而是由于该式样出现时的氛围和其他因素的不同。

但是，这种认识的范围又是有一定限度的，如果"认识"得过多，过详细，反而不利审美定向的形成。对于这一现象，西方心理学家拉扎鲁斯曾做过这样一个试验：给三组被试者放映同一部关于流血事故的纪录影片。在放映之前，首先向被试者介绍即将放映的片子的情况，但介绍的内容各有偏重。第一组仅被告知，这是一部关于流血事件的纪录片。第二组被告知的内容在此基础上有所增加，除了知道这是一部流血事故的纪录片之外，还被告知这部片子拍得不太高明，其中出现的流血事件是虚构的，而且仅仅是为了说明工作时如不留心就要遇到危险。第三组被告知的东西最多，除上述情况外，还增加了关于这一事件的详细内容，并且还要求观众在观看时要注意事件发生的原因和后果，以便看完之后对其做出社会心理学方面的评述。试验结果表明（通过口头描述自己的感受，用仪器测量被试者的生理变化等），第一组被试者反应最为强烈，第二组便微弱得多，第三组最微弱。这就是说，认识在超过一定的限度之后，知道的东西越多，审美的快乐就越少。或者说，并不是任何认识都有利于审美心理定向的形成。如果认识引导审美主体的注意力指向一种功利性的目标，真正的审美对象就会从眼前溜掉，更谈不上审美经验。

适宜的认识，是那种能在审美主体中产生出一种无具体功利性目的的"期望"的认识。这是一种即将沉浸入一种虚幻境界的期望，也是欲同对象作情感上的共鸣、交流或契合的期望。换言之,这既不是一种强烈到能引导出明显的身体反应和行为的期望,也不能是仅使主体处于一种冷漠、无所谓或丝毫不感兴趣的状态的期望。这种期望必须是使他有特定的激情,但又不太过分。

如何获取和保持这种适宜的认识水平,对此起作用的因素十分复杂。"氛围"是一种最明显的因素。氛围不仅指与舞台有关的气氛,还包括其他因素,如绘画和摄影作品的精制框架和边饰,书籍的适宜封面等,都会使人具有一种虚幻感和超脱感,因为它们的出现等于告诉人们,他们将要接触或观看的场面或对象并不属于眼前这个现实的世界。这就更有利于把它们从现实世界突出或孤离出来,仅仅与我们的视、听等感觉和想象活动相联系,而不是与我们现时切身的生存活动相联系。具有这种适宜的认识的欣赏者,自己的行为也常常有了与日常明显不同的地方:或是脱下工作服,穿上一件像样的衣服,或是带上妻子儿女同往等。有些人还会提前向人们询问或阅读即将上演的节目梗概,以便形成一种审美的"期望"。

影响这种审美定向的因素,除了对"氛围"的认识外,还有对即将观赏的作品的流行情况、其作者的威望,以及权威人士对该作品的评价等的认识。对这些因素的认识都能直接导致审美主体喜欢或不喜欢这件作品,或是使他们以一种急切盼望,满怀热情的态度去观看,或是以一种冷淡的态度去观看。最终当然会影响到审美快乐的程度。

明代冯梦龙的《古今谭概》中曾写过这样一个小故事:有一叫张率的人,聪明过人,从小便能写出很好的诗文。有一次,他把自己写的 20 余首诗送给一个叫虞纳的老前辈评判,虞纳见是无名之辈所写,随手一翻,便放在一边,再不过问。张率听了很生气,过些日子又重新写了几首,假称是抄了当代大诗人沈约的名作,送给虞纳。虞纳看后,拍手称奇,认为此诗是字字珠玑、妙语天成,果然是名家手笔。张率听了,在一旁冷笑,并告诉虞纳,这并不是沈约所作,而是被他一向瞧不起的无名小辈张率的作品。这个小故事,虽然是对那些只看名气、不顾实际的弊病的揭露,但也反映出这样一个事实:如果事先对艺术家的威望有一定的认识,人们就会十分迫切地希望看到它;一旦看到,便会一口气看完,从而毫无阻碍地进入审美状态。这样的"认识定式",有时不仅可以为一个人所有,而且还可以为一个范围较广或较窄的社会圈子所有。在这种情况下,"定式"就会变成一种潮流或趋势,这种潮流反过来又会影响更多个人的审美经验,使某一件作品在极短的时间内在一个更广泛的范围之中流行起来。由于近代广播电视的发展,上述现象发生得更加频繁了。在某种"认识定式"发展到一定程度时,它甚至会将公众对某一作品的喜爱发展成为一种"崇拜"。这种"崇拜"情绪很快会蔓延到整个国家和地区,甚至成为一种强制力量——迫使这个范围内的一切有教养的人都不得不去观看和欣赏这一件作品。

"认识定式"不仅会使得人们主动地或被动地接近和欣赏某些艺术品,还决定着人们将以什么方式去体验认识这些作品。这就是说,对作者的经历、风格和威望的认识,会使人按照某一特定的方向、方式去领会这件作品。举例说:对于大多数西方现代人来说,如果眼前展出的是毕加索的立体风格绘画,他们一定会期望去发现其中隐秘的符号含义,而不是去发现这些画再现了什么;如果眼前展出的是超现实主义的绘画,人们一定不会把它同自己所处的现实世界联系起来,而是希望透过表面的图像寻找那些隐藏着的超现实的形象。如果没有这种起码的认识,不仅不会产生快乐的审美经验,而且还会感到厌倦、厌恶,甚至产生憎恨的情绪。

总之,认识上的"定式"是导向审美快乐的一个重要条件,人们为音乐设立标题和序曲,为电影和戏剧设立序幕,为评书增添一个精彩的开场白,在剧院广告牌上画上关于某剧目的主要人物形象和情节……无不是为了创造一种认识的定式。在没有认识定式的情况下,人们可以欣赏较简单的艺术,或是仅可以接触到艺术的浅层,但对于复杂的艺术和想从整体上或深入地把握艺术含义的人来说,就不适当了。一个东方人不预先认识西方怪诞派艺术赖以产生的社会氛围和风格特征,就无法欣赏这种艺术。正如一个西方人不预先了解有关京剧的知识(京剧的风格、某些剧目的背景等),就不能真正欣赏京剧一样。这就是说,某种特定认识定式不是可有可无的,它是审美经验产生的前提,也是促成审美快乐的不可缺少的因素。

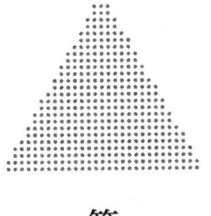

第10章

审美教育与审美心理的成熟

审美心理的成熟与审美教育有关。审美教育，包括审美形态教育和美感教育两个方面。审美形态教育主要培养人们对自然界中千变万化的美的形态和结构（包括艺术品的形态、形式、风格）的鉴赏、识辨能力，它侧重于对象之客观形态的描述和认识；美感教育主要培养人们健全的审美心理结构，包括感觉、知觉、情感、想象、理解诸心理能力的提高和相互协调，最终落实为某种敏锐的审美知觉和对美的欣赏力和创造力（包括艺术欣赏和艺术创造能力）。

正如美学不等于艺术论一样，美育也不囿于培养几个艺术家和生产出几幅伟大的艺术品，它的最终目的是产生丰富的、具有完美个性的人以及获得整个社会的稳定、协调和进步。因此，美育不应仅仅着眼于美的领域，它还应对智力的开发和道德领域产生深远的影响，最终落实为审美心理结构的成熟。把美育的原则贯彻到智育和德育中，使科学教育中枯燥的公式和定律等化为生动美好的形象，把死板的记忆化为主动的想象，把师生之间单方面的灌输关系变为平等的相互交流关系，把频频的道德说教变成吸引人、鼓舞人和令人心悦诚服的光辉形象，都是达到上述目的必要的手段和途径。总之，美育包括按照美的规律施行的一切教育，它的总的目的是培育能够自觉按照美的规律从事改造世界之伟大实践的队伍。

1

美育理论的产生与发展

美育理论是在教育实践活动和艺术实践活动广泛开展的基础上产生的,古代的哲人智者,亲眼看到或亲身感受到了艺术的巨大力量——健康的艺术产生的巨大鼓舞力量和病态的艺术产生的破坏力量,提出了种种对艺术加以规范和节制的理论,这就是美育的最初萌芽。在西方,最早提出一套较为系统的美育理论的人是柏拉图,而把美育提高到哲学高度加以深刻阐述的人却是德国浪漫主义诗人席勒。在中国,古代的孔丘和荀子对美育提出了很多有深刻见解的解释,近代的著名教育家蔡元培和美学家王国维也都为美育的普及做了毕生不懈的努力。

在古代的美育理论中,美育往往被视为道德教育的特殊方式,是指以有节制的乐事活动来陶冶和节制心灵。例如,柏拉图就从道德的角度,拼命地攻击了诗歌和悲剧,而大大赞美了音乐,因为诗和悲剧"逢迎人性中低劣的部分",所以就要"拒绝它进到一个政治修明的国家里来"。[①] 而音乐则不然,因为音乐的"节奏与乐调有最强烈的力量浸入心灵深处,如果教育的方式适合,它们就会拿美来浸润心灵,使它也就因此而美化……受过良好的音乐教育的人可以很敏捷地看出一切艺术作品中和自然界事物中的丑陋,很准确地加以批评;但是一看到美的东西,他就会赞赏它们,很快乐地把它

---

① 参见[古希腊]柏拉图:《理想国》,商务印书馆,1986年版。

们吸收到心灵里,作为滋养,因此自己性格也变得高尚优美。"① 柏拉图的这种美育观,与中国古代的某些美育理论几乎不谋而合。荀子在《乐论》中说:"夫声乐之入人也深,其化人也速,故先王谨为之文。……乐者,圣王之所乐也,而可以善民心,其感人深,其移风易俗。故先王导之以礼乐,而民和睦。"中国古代最关心美育的是孔子,据说孔子是一个极爱音乐的人,然而他自己对音乐的欣赏,又不是为了贪图快乐,而是为了音乐内容中的善。《论语》上有一个记载,说孔子在齐闻韶乐,三月不知肉味,还说"不图为乐之至于斯也"。《论语·八佾》篇记载说:"子谓韶,尽美矣,又尽善也。谓武,尽美矣,未尽善也。"孔子认为韶乐中既表现了圣人的德行事物,又表现着一个初生婴儿的天真纯洁。孔子酷爱韶乐,而不喜欢淫荡的郑声,他认为郑声太刺激,不够朴质,不够文质彬彬,不能唤起心灵中美好、和谐的力量和感情,因而在晚年时花费了极大的精力去"正乐"。所谓"正乐",就是使当时未加整理的音乐加以重新整理,使其合乎韶武雅颂之音。然而,最能体现孔子的美育思想的,还是他提出的"兴于诗、立于礼、成于乐"的理论。在孔子看来,要造就一个仁人君子,首先应该让他学诗,学诗能够使人得到一个君子仁人所必需的有关政治、伦理、历史知识,同时又能得到情感上的陶冶;学诗之后,继而学礼。礼,是指为仁人君子定的一套行为准则,要求其行为"恭俭庄敬"。礼立之后,始可学乐。在孔子看来,乐是造成一个完人的最终环节,也是关键环节。乐之所以有如此大的威力,是因为它对人之德行的培育不是靠外在的强制,而是"寓教于乐",以自然之美,感化人之性灵,使"仁"成为人之内在情感的自觉要求,因此,它是积极的。这种积极的教育形式之所以积极,还有另一个原因,就是它既能够将人的某些本能欲望加以恰当的节制和诱导,使其得到满足而不至于泛滥,又能达到教化的效果,这样就避免了单纯礼教中的枯燥无趣(因为这种外在的规范在治性的同时,把人应得的生活快乐也都消除了,就像不合格的锄草机在除草时把有用的庄稼也铲除了一样)。这样一来,孔子哀叹的那种可悲的情景——"吾未见好德如好色者也"——便基本上得到了克服,因为"乐"使人得到的快乐,无论如何都超过了"色欲"的快乐,它既然如此吸引人,那么"寓教于乐"就是完全可能的了。

---

① 参见〔古希腊〕柏拉图:《理想国》,商务印书馆,1986年版。

中国古代重要的美学著作《乐记》，对音乐的道德教化作用描写得更为系统、生动和具体。其中《乐象》篇在赞美音乐时，说它"清明象天，广大象地，终始象四时，周旋象风雨，五色成文而不乱，八风从律而不奸，百度得数而有常。小大相成，终始相生，倡和清浊，迭相为径，故乐行而伦清，耳目聪明，血气和平，移风易俗，天下皆宁"。《乐记·师乙》篇还把歌者直接称之为道德的传播者，"夫歌者直己而陈德也。动己而天地应焉，四时和焉，星辰理焉，万物育焉"。《乐记》中还谈道，音乐既然对人有着如此大的教化作用，就应该根据不同的情况，施之以不同的音乐教育，"是故志微噍杀之音作，而民思忧；啴谐慢易繁文简节之音作，而民康乐；粗粝猛起奋末广贲之音作，而民刚毅；廉直劲正庄诚之音作，而民肃敬；宽裕肉好顺成和动之音作，而民慈爱；流辟邪散狄成涤滥之音作，而民淫乱"。

从以上引言中可以看到，不管是西方的柏拉图，还是中国的孔子、荀子以至《乐记》，都对美育给予了高度的重视。这种重视不是盲目的，而是来自于当时政治和教育实践，也是对于最早的艺术形式——"乐"对人的教育作用所作的理性认识之后的产物。这种态度历经几千年而始终不衰，而且一直影响着人们的艺术和教育实践。

在历史上，美育理论往往是随着美学理论本身的发展而发展的。在西方，1750年鲍姆嘉通确立了美学在哲学科学体系中的地位，使美学发展为一门独立学科，对审美活动的规律和特性的研究得到了广泛深入的进展。至康德，美学研究便进入了全盛时期。康德集大陆理性主义和英国经验主义之大成，把人的精神活动统一为知（认识）、情（情感）、意（意志）三个方面，并从先验论的角度把审美判断力作为沟通自然规律的必然性与道德意志自由的桥梁和媒介，这种判断力不像知性那样提供概念，又略带知性的性质（普遍地给人愉快）；它不像理性那样提供理念（理性指实践理性即伦理），但又略带理性的性质（使人感到某种合目的性愉快）。因此，审美是"自然向人生成"，即向有文化—道德的人生成的关键所在。康德美学体系形成之后，紧接着便产生了以席勒为代表的、较为系统的美育理论。席勒的美育思想来自康德，但又对康德做了某些客观化的修正。这种美育思想主要体现在其《美育书简》（从1793年开始，他给一位丹麦亲王写的27封书信）中。从总体上看，这些信并不是专门谈审美艺术问题的，他感兴趣的仍然是如何弥合自然与人、感性与理性之间的双峰对峙的基本哲学命题。与康德不同的是，他不再把自然与人锁在审美"主观的合目的性"中解决，而代之以通过从"感性冲动"向"理性冲动"的飞跃来解决。席勒把具有感性冲动的人称为"感性的人"或处于"感觉的被动状态的人"，把具有理性冲动的人称为"理性（道德）的人"或"思想和意志的主动状态的人"。前者需要使千差万异、错综不齐的感性世界获得理性形式，后者需要使理性形式获得感性内容，使它具有现实性，而"审美的人"则正好使两者之需要得到满足，在审美状态中"反思与情感完全融合成一片"。因此，审美就成了人从感觉的被动状态到达思想和意志的主动状态过程中的一个不可缺少的桥梁"。"如果要把感性的人变为理性的人，唯一的途径是先使他成为审美的人。在席勒这里，自然与人的相互作用和转化开始有了比较现实的方式——利用"审美教育"使"自然的人"上升为"道德的人"。但是，这种通过审美教育来建立自由王国的倾向，只能是一种虚幻的空想，因为这种设想仍然是建立在社会意识可以决定社会存在的历史唯心主义基础上的。其实，事情恰恰相反，不是先有审美教育才能有社会的政治自由，而是只有通过政治革命才能提供形成完美人格的条件。对于其审美理论的空想性，席勒自己也有觉察。他说：然而这里不是构成了一个循环？理论文化应该推动实际，而实际却是理论的条件？政治领域的一切改善都要来自人格的高尚化，但是在一个野蛮的国家制度的影响之下，人的性格怎能高尚化呢。可见，教育与改造世界的实践，这两种活动的先后关系是不能颠倒的，把审美说成是桥梁也未免欠妥当，因为审美同道德活动一样，同属人类伟大历史实践的产物，是人在创造外在文明的同时所获得的内在文明，也是人类由必然到自由的产物。因此，真正的桥梁和中介只能是实践，而不是其他。正是实践的中介作用，才使作为肉体存在的人本身的自然（从五官感觉到各种需要），超出了动物性的本能而具有了人（即社会）的性质。这意味着，人在自然存在的基础上，产生了一系列的超生物性的素质。审美就是这种超生物性的需要和享受（康德称之为"判断力"），这正如在认识领域内产生了超生物的肢体（不断发展的工具）、语言和思维（即认识能力，康德称之为知性），伦理领域内产生了道德一样，这都是为人所独有的，是不同于动物的社会产物和社会特征。不同的是，认识领域和伦理领域的超生物性质是表现为外在的，而在审美领域，则已积淀为内在心理结构了。① 因此，审美只有感觉认识器官在实践的作用下不断得到完善和改造，使它从被动的变为主动的，从机械照相式的变为主动选择的，从维持生存的工具到非功利的欣赏器官，才有可能；只有当政治经济学中的丰富和贫穷地位被丰富的人和丰富的人的需要所取代了的时候，人才具备这种高级的精神能力。它往往与人的认识能力和道德理性能力共同作用，使人进入一种高级的精神境界。

从这样一个角度上看，审美教育的任务就很明确了。它不是去取代人类实践，而是运用人类长期实践活动中所创造的产品（包括艺术品）和总结的艺术欣赏及艺术创造的规律，去驯化和影响个体的感官和心理，增强其创造力，与此同时又把那些因贫穷、因不合理的制度和片面的教育而失去的感受力恢复和发展起来，使个体在比较短的时间内以一种较为平衡和谐的心理结构去对美的形式做出正确反应，从而间接地影响其智力的发育和品行。

西方美学理论的发展和美学教育的实践，曾大大影响了中国近代教育家蔡元培。他在出任民国政府第一任教育总长期间，就曾从"教育救国"的宗旨出发，把美育确定为其新式教育方针的内容之一。在他看来，美育是改造人的世界观、陶冶人的感情、促进科学发展的最好途径。蔡元培的美育思想，一半来自中国古代美育传统，一半来自康德。他深受古代礼与乐融为一体的传统的影响，认为乐可以使礼的教育变得更加容易和自由。他在《中国伦理史》中说："有礼则不可无乐。礼者，人定之法，节制其身心，消极者也。乐者，以自然之美，化成其性灵，积极者也。礼之德方而智，乐之德圆而神。无礼之乐，或流于纵恣而无纪；无乐之礼，又涉于枯寂而无趣。"但是，他在解释以乐育人或以美育人的积极性时，又引用了康德美的超功利性的理论，认为由于美是超功利的，所以能使人很快地与造物为友，由于排除了私利，人的情感便受到陶冶，从而使高尚的行为成为自觉的和受内在感情支配的积极行为（而不是强迫的行为）。他说，牛马狮虎花果美人等，在现实生活中都与人发生利害、生存、饮食、男女等种种关系，然而一进入艺术品，这些关系也随着消失。举例说，有谁会对戴嵩所画之牛，韩幹所画之马作"服乘之想"呢？卢沟桥之石狮，神虎桥之石虎，谁会对之而"生抟噬之恐"呢？"美色，人

---

① 李泽厚：《批判哲学的批判》，人民出版社，1979年版，第401页。

之所好也,对希腊之裸像,决不作龙阳之想,对拉飞尔、苦鲁滨司之裸体画,决不敢有周昉秘戏图之想"①,至于"疾风震霆、覆舟倾屋、洪水横流、火山喷薄"等崇宏之美,在生活中都会威胁人之生存,而一入艺术作品,这种利害关系便顿然消失,反而使自己与这些至大至刚融为一体,其愉快遂无限量。总之,一切美,"皆足以破人我之见,去利得失之计较,则其所以陶养性灵,使之日进于高尚者,固已足矣"②。总之,美育,归根结底是一种感情教育,它所要得到的,是一种使人格变高尚的内在情感。"人人都有感情,而并非都有伟大而高尚的行为,这是由于感情推动力的薄弱。要转弱而为强,转薄而为厚,有待于陶养。陶养的工具,为美的对象;陶养的作用,叫作美育。"③ 蔡元培的美育理论和实践曾对中国的教育发生了一定的影响,但效果并不卓著。这是毫不奇怪的,因为这种美育观也同席勒一样,带有空想的性质,更何况他是生活在一个半殖民地半封建的社会中,广大人民不仅政治上没有自由,连吃穿都得不到保证,美育的普及就更谈不上了。

但是,蔡元培提出的这一美育理想,在一个高度重视精神文明建设的社会主义社会里,却完全有得到实现的可能性。社会主义比资本主义优越的地方就在于,它在大力发展科学技术的同时,又时刻关心着人民之精神生活的丰富、健康和完善。正如我们现在亲眼看到的,那些在政治上和经济上得到解放的人民,对美的要求是何等迫切!这种寻求美的热潮深深地感染了一代勤于思索的年轻人,促使他们从理论上去探索美育的途径和方式。与此同时,把美育列入正式教育和社会主义精神文明的建设工程中的时机也逐渐成熟了。究竟如何运用美育去激发个体的创造潜力?如何通过美育去促进个性的全面发展?能否运用美的规律于普通科技教育中为开发智力做出贡献?如何才能建立起健全的审美心理结构?这种种问题都是美育科学中尚待探讨的问题。

---

① 以上蔡元培的美育观点参见《以美育代宗教说》,《蔡元培选集》,中华书局,1959年版,第56页。
② 《蔡元培选集》,中华书局,1959年版,第57页。
③ 《蔡元培先生全集》,台湾商务印书馆,1979年版,第64页。

2
美育与普通教育

随着美学理论与艺术实践的发展，审美在人的整个精神活动中的功能已愈来愈为人们所重视了。美育不仅成了当今教育中的重要组成部分，而且大有成为整个教育的基础和整个教育改革的突破口的趋势。英国美学学会主席赫尔伯特·里德曾撰写了一本专著《寓教育于艺术》来专门讨论这个问题，我国的一些美学著作也提出了将美育贯穿于整个教育中，从而"使德育、智育、体育升华为伦理美育、智力美育、人体美育"[①] 的主张。这种主张基本上反映了当代科学和教育发展的趋势，也是工业、科技和文明高度发展的时代对教育提出的特殊要求。

教育，本是人类在长期实践活动中发展起来的一门特殊的科学，它的一切原则、措施和技术都是基于人自身的发育特点制定出来的。作为人来说，不管是从机体生理方面说，还是从内在心理结构方面说，都是一个有机的整体，其中任何一个部分的发展和变化都会引起其他部分乃至整体的变化。因此，对人的教育应该是从整体着眼，在培育一种能力时还要兼顾其他能力。如果片面强调一个方面，其发育便会失去平衡；假如某些潜在的能力长期得不到使用和锻炼，其机能便会消失；如果这种片面性发展到极端，就会走向反面，危害到他人的生存。这正如一个盼望向日葵快快结出饱满籽粒的儿童，当他把底叶适当地折断几片时，效果是良好的，一旦他把大部分叶子都折掉时（他以为把

---

① 参见唐迅：《按照美的规律塑造新人》，《江苏省美学学会首届美学会议论文选》，1982年版，第146页。

叶子多折掉几片,养分便会集中于籽粒),向日葵便枯萎了。现代的教育(尤其是科技教育得到极端重视的时期),有点儿像是那些盼向日葵快快结粒的性急儿童。它往往为了眼前的经济利益,而鼓励学生将大部分时间和精力去攻读数理化,学生很少有时间去过问自己的身体,也没有精力去在艺术中陶冶感情和开阔眼界。这样一来,学生儿童期萌发出的多种趣好便一个个地被扼制了,就像葵花叶子被一个个地折掉一样。与外界的空气和阳光进行物质交流(对学生而言是信息交流)的渠道被斩断了。从此以后,他再也不能茁壮地成长了,一根细细的茎秆挑着一个可怜的花盘,风雨一来,便会爬伏或折断。学生如此,那些从事教学和研究的教师、专家、教授又如何呢?由于学生时期造成的那种单向性,他们与外界进行情感交流和其他多种形式交流的能力失灵了。在无可奈何的情况下,他们只好将自己封闭在自己熟悉的那个狭小领域之内,有些自我欺骗的人甚至以一种愚蠢的职业上的偏见来麻痹自己,致使自己看不到甚至根本不愿意看到另外一些更广阔的领域内发生的事情。迂腐、僵化、痴呆成了他们的通病,他们表面上似乎受了高级的教育,但事实上却缺乏教养——缺乏活力、缺乏情感,不能与和谐、平衡、有机变化的自然契合和交流,缺乏关于人生和世界的整体知识。那么,对这种通病有没有预防和医治的方法呢?

在回答这个问题之前,还是让我们看一看查尔斯·达尔文的亲身体会吧:"在 30 岁左右的时候,我对密尔顿、格勒、拜伦、华尔华兹、克勒律治、雪莱等人的诗是那样入迷(当然,对莎士比亚的诗,尤其是他的历史剧,从学生时代起就已经入迷了)。我还敢说,自己对绘画和音乐也很感兴趣,但是现在就大不一样了。这许多年来,我竟没有读完过一首诗,有一度我曾试着去重读莎士比亚的诗,但一拿起来就感到它乏味和厌烦。到现在,我对绘画和音乐的兴趣也开始丧失了。……我的思想似乎已经变成了一种机器,它只是机械地从无数事实和原料中剔取出一般规律。我真的不明白为什么对艺术爱好的丧失会引起心灵的另一部分能力——能够产生更高级的意识状态的那一部分能力——的衰退。我在想,一个具有比我更高级和更为全面统一的意识的人是断然不会像我现在这样的。假如我能够从头再活一次,我一定要给自己规定这样一个原则:一星期之内一定要抽出一定的时间去读诗和听音乐。只有这样,我现在业已退化的那一部分能力才能在持续不断地使用中保持下来。事实上,失去这种趣味和能力就意味着失去了幸福,而且还能进一步损害理智，甚至可能会因为本性中情感成分的退化而危及道德心。"

达尔文的体验是深刻的，他给自己害的偏枯病开下的金玉良方就是在艺术的矿泉中陶冶，这既有防治效果，又有治疗作用。

那么，艺术与美育防止和治疗这种偏枯病的道理又在哪里呢？为什么审美趣味的丧失会进一步危及理智和道德心呢？其中的道理是很深奥的，也不是三言两语能说清的。为了对这种道理有一个粗浅的认识，还是让我先从美育与人格的完善谈起吧！

3
美育与人格的完善

教育的最终目的，并不是让人学会认识一两条自然规律，也不是学会一两种技术，而是使人内在心理结构在不违背自然规律的前提下尽量按照一种理想的模式全面有效地发展，成为一个对整个社会有贡献的人。那么，如何去达到这样一个最终目的呢？对此，人们的意见曾有过分歧，其中有两种较极端的意见，是需要特别指出的。

第一种意见认为，人一生下来就具有种种应该肯定的潜能，而教育的目的就是在社会允许的范围之内，以种种方式去发掘、引发和发挥这些潜能，保证这些潜能全部得到使用，最后达到人格的完满和成熟。

第二种意见认为，人生下来之后与动物没有什么区别，而教育的目的就是最终使人成为一个与本来面目完全不同的人。不管人生下之后带有何种先天的倾向和性质，教育都应该对其加以彻底的改造或根除，直到它们完全符合社会传统所认可的那种理想的人格为止。

上述两种针锋相对的见解，前一种是基于"人之初，性本善"的假设做出的，后一种是基于"人之初，性本恶"的假设做出的。我们看到，这两种假设其实都是片面的，人性本是善的还是恶的？这样一个问题本身就是不科学的。善与恶，本是同一个统一体中的两个对立面，二者相辅相成，在对立中求得统一。换言之，在"善"这一概念产生的时候，"恶"的概念也随之产生。这种情况同阴与阳、上与下、光明与黑暗都是一样的。在考虑人之本性时，怎么能只取其中一端，而截然说它是善的还是恶的呢？教育实践证明，无论是基于"人性本善"还是基于"人性本恶"的教育，迄今为止都是失败的。基于"人性本善"的教育，发展到最后产生的是一种极端民主化和极端自由化的状态。它不加任何规范，也不设置任何障碍，只是一个劲地"浇水""施肥"，让"幼苗"自由成长，到后来却适得其反，各个幼苗互不相让，空间被塞满了，空气再也透不进来，结果是大家都受到了抑制。事实证明，对个体的教育不考虑整个集体和社会的统一需要是不行的，按照这种教育思想培养出来的人不能组成一个具有强大力量的社会，因为其内部既然失去了循环和交换能力，就无法成为一个进退自如的灵活的有机整体。基于"人性本恶"的教育同样也遭到了失败。在一种邪恶力量地驱使下，又能造成极大的破坏。荣格说得好：威胁我们的巨大灾难，并不是那种低级的物理或生理事件，而是心理上的事件……在任何一个特定的时刻，几亿人都会陷入巨大的疯狂（如战争等）。对于现代社会来说，威胁它的不再是野兽、巨石和洪水，而是某种心理上的暴力。心理生活是存在于世界上的一种能量，它超过了地球上其他的一切能量。

几亿人陷入巨大的疯狂，这不是我们一代人曾目睹过的情况吗？诱发这种疯狂的原因固然是多方面的，但不能不与那种填鸭式的教育有关。填鸭式，就是一种强力压迫的方式，生命得不到扩展，情感得不到表现。既然他在某种力量的压迫下会成为驯服工具，怎么能保证他不在另一种巨大力量的诱使下，成为一种盲目的破坏力呢？现代心理学一再证明，人格的完整性是不宜破坏的。这种完整性受到破坏时的破坏力是生命未得到应有的发展结果。对这样的人来说，任何一种诱惑都能促使他背叛自己、背叛自己的同胞和祖国。理性的丧失会使他失去方向，情感的丧失会使他麻木。自然变化，人世沧桑，使他无动于衷；生老病死，受苦受难，激不起他们的同情。世界上似乎没有什么事情令他们讨厌，也没有什么事情使他们景仰，对事物失去了美丑之分，对行为失去了高尚与卑鄙之别。他们就像是墙上的芦苇，又像是溪中的落花，哪边势大就屈从于哪边，谁能给好处便随谁而去。假如世界是由这样的人主宰，这该是一幅多么可怕的景象啊！既然这两种极端的教育方式都不能培养出完美的人格，那么究竟应该怎么办呢？

这就是达尔文从自己的沉痛教训中得出的那个结论：欲想使自己的智力和道德心得到健康的发展和保持，必须从儿童时代起就重视美育的训练。换言之，美育是完美人格得以成立的基础。那么，其中的道理何在呢？

原来，审美教育并不是专指某种艺术技巧的教育，而归根结底是培养人的一种有机的和整体的反应方式的教育。在审美活动中，主体之所以感到审美愉快，是因为他把握到了一种具有节奏性、平衡性和有机统一性的完整形式。这种形式积淀了人的情感和理想，具有特定的社会内容，所以会同时作用于人的感知、想象、情感、理解等诸种心理能力，使它们处于一种极其自由和谐状态。在这种自由的氛围中，各种能力就像是做了一场富有意义的演习。它们既能共存，又能相互配合；每一种能力都得到了最大限度的发挥，但又兼顾到整体，以不损害整体的有机统一为限。

这样一种整体反应方式的训练正是造就一个完美的人格的基础训练。我们知道，人总是处在一种繁纷复杂的社会关系中，人欲想适应这种社会性的生存方式，他的个性的发展就不能是绝对自由的，而必须在理性的调制下适当地、有节制地得到发展。换言之，任何个性的发展都不是去损害整体的有机统一，而是为这种整体统一做贡献。由这样一些人组成的社会，必然是一个具有活力的机体，它的"四肢"是灵活机动的，是具有协调力和配合力的，它的各部分机能的产生和发育获得了自然生长所需要的一切条件，但又互不妨碍。

既要使个性得到充分的发挥，又要兼顾到整体的一致，说起来容易，做起来就难了。个性，是经过遗传中的无限转换过程而产生出的一种个人独有的特征和能力（从一种独特的谈话方式、微笑方式和观看方式，到一种独特的思维方式、创造方式和感情表达方式）。任何一种在整个社会之有机整体的允许范围内发生和实现的个性，都是这个社会中独一无二的，因而是这个社会的稀有财富。它的独特色彩，会自然地为其整个风景平添美色，它的"音符"是构成整个和谐曲调不可缺少的因素。但是，这种为整个社会机体增加多样性和丰富性的个性发展，并不完全是一个自然过程。换言之，它不是一个伴随身体的成熟而成熟的过程，因为个性的发育还同时包括人所特有的重要心理能力的成熟（情感、思维、理解等）。这样一些特定心理能力的成熟必须经由主观感情、情绪与客观世界之间的复杂协调和作用过程，这些过程就是社会生产实践和教育。教育在个体发育中的主要功能，就是促进个体中那些符合整个社会利益的心理定向的形成，而这种教育的基础便是美育。如上所言，美育着重于整体式的反应能力的培育，这种反应最明显的表现是在艺术欣赏和艺术创造中，然而它并不仅仅局限于艺术家，在每一个正常人的儿童期都可以明显地观察到这种能力的萌芽状态——一种游戏状态，一种将外物人格化，与它们达到感性交流的状态。这种原始的交流和反应方式虽然不完全等同于审美的方式，但已是它的雏形。我们知道，在语言等社会流行的符号出现之前，或者说在人拥有较富理性分析成分的注意机制之前，其机体与周围环境的适应和协调是通过一种交替变化的张力为媒介实现的，这是一种以机体之整体与外界环境之整体达到结构上的同形或对应的注意机制。正是依照这种整体的注意机制，机体才展示了自己的各种活动——运动与休息、进食与排泄等。任何时候，假如自身的活动方式与外部自然不能达到节奏、规律或运动模式上的一致，机体便会被淘汰或死亡。

这样一种内外同构式的注意方式或能力，在人有了语言符号和理解能力之后仍然保存着，不过它的表现方式更为微妙和高级罢了，因为这种基本的同构方式一经与理性认识能力或道德评价能力相结合和渗透，便成为一种复杂而曲折的情感表现力或情感反应力，这就是艺术的交流方式。纵然这种反应方式比之原始的同形反应高级了、发展了，但仍然是这些反应方式的物质基础。它是人与人共有的，沉积在意识的最深层，成为一种原型或集体的无意识。没有它，就没有人同自然和社会的协调与一致。总之，人在低级的和原始的无意识水平上，仅仅是求得自身与自然在运动和组织规律之间的一致或同一，而在高级的和艺术的无意识水平上，却要求自身与他人、自身与整个社会之间的一致和交流——思想交流和情感交流。如果说思想交流是用抽象的语言符号完成的，情感交流却不能。因为任何情感交流，只有当个体无意识和理性认识按照那种普遍的原型或集体无意识的秩序组合起来时，才真正有可能。因此，情感交流是需要美育教育的，美育教育归根结底又是要促使个体无意识的理性理解力与原始的秩序达到结构上的同形。

然而，在人的整个发育过程中，那种儿童时期特有的原始同构能力却不是永远保持的，它往往会在人的青春发育阶段消失。心理学中的大量事实证明，人在发育到11岁时，其内在心理会发生某种较大的变化。这种变化是由于他对逻辑思维的发现和使用而引起的，贝格森和皮亚杰等人把这种大变化称为心理上的革命。这时，儿童开始取得一种拆散、分解或打碎他开始时获得的那种整体知觉形象的能力，他总是喜欢将其中的各个构成成分分离开来加以比较和联系，从而形成一种比较抽象的思想或概念。儿童心理特征所发生的这种变化，无疑会影响到他们原有的那种整体反应方式，使它减弱或消失。

但是断定这种反应方式会在这一阶段上必然消失，那是不科学的，也是不符合事实的（很多人仍然能保持下来），因为这种论调最起码忽视了美育的功能。美育在这一阶段上发挥着它最最关键的作用，如果在这一阶段加强艺术感受力的训练，就能把原有的整体反应方式保存下来。然而现实却往往并不如此，在我们的整个教育中，艺术或审美教育在这一阶段已不被列入主要课程，儿童的头脑塞满了数学公式、文学概念、知识条文。儿童失去了原来那种有机统一的世界，由一种内部互不一致和互不相干的世界所代替，脑子里是与现实脱离的意象，课堂上接触的是与感觉相分离的概念，生活规律遵循的是与生命相分离的逻辑，人格的完整解体了，个性消失了，这种后果难道不是教育本身的责任吗？

4
美育在各科教学中的贯彻

美育不仅应该是教育中的一门主课,而且还应该更进一步将美育的原则贯彻到德、智、体诸科的实际教学中。换言之,德育不纯是说教,智育不是灌输,它们同样也是一种艺术。这种艺术也同其他艺术一样,需要情感的交流和融洽的师生关系。任何教育,假如忽视或背离那种导致了人类最悠久的创造物——艺术的心理活动,它就算不上真正的教育。具体说来,对任何知识的传授和接受,都需要一种创造性的激情。诚如列宁所说,没有人的感情,就从来没有也不可能有人对真理的追求。激情、想象力、好奇心是教育得以成功的最基本条件。当枯燥的公式因此而化为美的形式,当课堂教学的气氛有了节奏和生气,当师生之间的关系变成一种自由的和相互谅解的交流关系时,知识的传授和领会便变得容易起来和轻松起来,成功的可能性也就大起来。因此,美育的原则对普通教学是相当重要的。

什么是美育的原则?由于美育活动尚不普及,人们还没有对其加以较系统地总结,但至少有两条最基本的原则是任何时候都不容忽视的,这就是相互交流性原则和形象化原则。下面我们分别对其基本精神加以阐述。

先谈相互交流性原则。

普通教学与艺术欣赏相比,既有相似之处,又有较大差别。其相似之处是,它们在很大程度上都是一种信息交流活动。先是由甲方发出一定信息,引起乙方反应,这种反应反过来再引起甲方的反应,但它们在内容和表现方式上又有很大差别。从内容方面讲,教学的内容是社会及科学知识，而艺术的内容则广泛得多，既有认识的，又有评价的，但都带着浓厚的情感色彩。从表现方式上讲，前者主要是以语言、公式和其他一些符号性的媒介来交流信息，而后者却要辅以表情、手势或具象形式来交流信息。前者大都是由教师单方向学生传递，具有一种权威性和强迫性，换言之，其中的一方是较主动的，而另一方是较被动的；而后者则不然，它不是由甲方向乙方说教和灌输，而是双方平等或对称，其气氛是活跃、轻松和自由的。用哲学术语讲，艺术品或审美对象是一种类主体的对象，它同欣赏主体是对等的，两者的相遇，就像两个知心朋友的相遇。教学的课堂就不同了，教师往往以权威出现，他总是把新知识以一定的信息形式输送到学生的意识中，而学生所做的一切，目的都是为准确地理解和接受这些信息服务。他只能被动地完成对方的指令，而不能有自己的自由选择和喘息机会。

然而在普通教学中普遍见到的那种单方面的灌输方式究竟有多大好处呢？在某种程度上说来，教师具有一定的权威性是完全必要的，但究竟怎样去获得这种权威呢？假如教师过于看重这种权威，在课堂上以威严、强迫、压制取胜，课堂就无法活跃起来，学生的主动性和创造性完全消失，知识就得不到真正的领会和把握，即使得到高分数，那也是死记硬背的结果，而且这种知识是死的。学生不能真正理解教师所讲，就不会有真正的钦佩之感，权威自然也是虚的。真正的权威是在运用生动的形式使学生真正领会自己所讲授的知识中建立起来的，而生动的教学形式则很少有灌输的味道，它必须用美的形式将知识装扮起来，使它成为一种类主体的对象，一旦与学生的注意力相遇，两者便成为推心置腹的知心朋友。其实，在人类最初的学习活动中，并不存在着多少强迫和灌输的成分，学习者主要从别人的手势、表情和具体的活动模式中得到启发，从生动的感性具体不知不觉地过渡到理性认识，他的想象、情感、理解等心理能力同时参与其中，其主动性和创造性也不受任何压抑。但是，随着科学知识的大量积累，知识不能再以具体的形象保存和传播，抽象的符号渐渐增多了。符号可以使学生在短时期内掌握大量教条和知识，但同时又产生了反效果——拼命地灌输削弱了学生的主动性和创造性，而学生创造能力的削弱反过来又使教师的单方面灌输得寸进尺，最后干脆形成了一种不成法的法则：教学就是灌输和说教，似乎不说教就不是教育。这种教育方式与艺术的或审美的交流方式差别愈来愈大了，在艺术中，谁能容忍说教呢？只要有一点说教味儿，就立即中断了交流;而教育中的情形则正好相反,一旦禁止说教,教师便再也拿不出其他的手段。

一般说来,教育愈是偏重于科技而不重视美育,单向灌输成填鸭式的弊病就愈容易滋长。当这种弊病严重到一定的程度时,原来的那种"主体—客体"或"权威—权威崇拜者"的关系也将不能维持,教师不满意学生的被动,讲课失去兴趣,学生听不懂教师的教条——学习仅仅是应付考试;失去兴趣的教师往往对学生戏弄和讽刺,受到戏弄的学生滋长了对教师的仇视。这样一种紧张关系难道不会导致整个教育的崩溃吗?

这种状态的改变,只有在教育中贯彻美育的原则才有可能。美需要感情为中介,教学同样需要感情的纽带。这种纽带应该首先由教师抛向学生。欲想作为一个合格的教师,就应该在不断地从艺术中汲取营养以使自己的心理得到美化的同时,塑造一种有节奏、有形象、既和谐又生动的教学气氛和情景,使德育以情感为导引,使智育以形象为先导。教学课题不再是抽象的条文,而成为一种类主体的对象——一种能成为学生热爱的朋友的对象。这就是美育的第一个重要的原则——创造一种平等的相互交流气氛的原则。

再说形象化原则。

形象化原则,亦称以美引真的原则,即教师在教学中努力把抽象的"真"化为具体可感的形象或生动的模式,使学生在感受这些和谐、对称、富有节奏的形象和模式时不知不觉进入"真"的原则。

将以往的那种对抽象的教条或算式的背诵和被动服从转变为以和谐对称的形象出现的完形理性操作模式,对教育有说不尽的好处。如上节所言,真正的教育并不是一种"灌输—接受"式的机械活动,而是以主体之整体与类主体的"感性—理性"操作完形的相互交流或同形同构的复杂活动。对于课堂教学中的学习者来说,他不仅需要大量的感性直观和记忆,而且需要理解(具体的感性对象进入抽象的模态,抽象的模态还原为具体的感性形象),而要完成这样一种复杂的活动,首要条件(也是基本条件)是要求学习者处于一种紧张、清醒、灵敏的最大限度注意状态中。所谓最大限度注意状态或阈限注意状态,是一种完全对立于日常活动中的习惯性的或常规性的被动状态的一种近乎惊异的状态,也是一种积极主动的创造性状态。只有在这种状态里,人的所有潜力、才能和心理结构中的各项要素才能得到充分的发挥及和谐的运用,既能以一种不受束缚的自由态度去接受新鲜事物，又能使创造性想象得到最大限度的发挥。

那么如何才能引起这样一种最大限度的注意状态呢？换言之，人们在什么样的东西面前才感到惊异以至于振奋呢？人人都知道，凡是奇特的东西都会使人惊异，但并非一切奇特的东西都能使人振奋。假如某种事物是主体从未见过的，而且与主体之间完全不存在交流，那么一阵惊异之后便会失去对它的兴趣。只有那些既有奇异的形态（也许主体从未见过），又与主体的深层无意识结构有着类似之处的东西，才能与主体交流。对主体来说，这种事物从未见过但又似曾相识，神秘奇异似又亲切，遥远深邃似又近在眼前。对于这种东西，我们暂时称其为"类主体"性的东西。我们之所以用一个"类"字，是因为它们在外部形态上与主体也许完全相异，但它隐含的结构却与主体的深层结构息息相通。很明显，艺术活动中创造的正是这种东西，艺术品之所以美，其原因也正如此。

那么在德育与智育的教学中教师能否为学生提供这种"类主体"性的模式呢？从表面上看，这似乎是不可能的。科学原理往往是由极为抽象的符号标示的，既无具体的形态，又无感情作为其血液，它完全是一种死的东西，怎么可能与主体类似呢？进一步说来，科学是由理性活动产生，艺术或美的形式是由审美活动产生。前者深入宇宙之核心，后者停留于表象；前者冷静、客观而又公正，后者则热情、主观、带有很强的直观性；这两者之间哪有中介或桥梁相通呢？但是，当我们透过这种表面现象上的差异而追溯它们的来源时，事情便会发生变化。原来，科学与艺术虽然有着种种差异，但其产生却都与人的创造性想象活动有关（艺术不必说）。就科学来说，它是无时无刻都离不开想象的资助的，从最初的科研课题的选择，到思维高度活跃起来之后的联想和暗喻，差不多都有意象参与其中。据观察，思维的高度活跃与暗喻机制是密切相关的，思想活动产生的某些观念或结论大都是我们头脑中某些迄今为止相互间尚未发生关系的意象相互联系或相互结合的产物。牛顿从苹果落地的意象中悟出万有引力定律，即为此机制。事实上，在科学结论即将产生之前的那段时间里（有时很短），推理活动既不纯是借助于理性概念进行，也不是借助于直接从外部世界得到的形象，而是借助于头脑中的意象。这时，各种意象以闪电似的速度出现于思维的屏幕上，各种心理能力处于高度活跃的兴奋状态（复现经验、产生和解决冲突、形成新意象等）。正如物理活动中碰撞和运动速度的加快有助于形成新的物质一样，精神世界中各种要素的激烈运动也有助于打破旧的陈规和模式,以生成新的概念及做出新的发现和发明。从以上角度看问题,意象与创造性思维是无法分离的,科学结论就包含在意象之中,它们之间不是一种伴随关系(创造性思维由意象伴随),也不是印证和被印证的关系,而是一而二、二而一的融合关系。在某种意义上说来,思维的创造性(或创新性)程度愈高,它就愈要求助于意象。只有那些第二流的思维,如极端抽象的概念性思维,才会因为追求某种经济性而舍弃意象。但这样一来,便会影响它的发明创新性的程度,因为在大多数情况下,创造性思维都是将某种普遍的质的或关系的模式结合于某种特殊的情势中——对它来说,重要的不是不经意地联系过去曾发生的某种情势(这是纯概念性思维的基础),它联系过去是为了解决目前遇到的问题,而眼前的问题同具有空间形状、位置或关系的视觉意象的关系则密切得多。

既然抽象的科学结论做出之前,思维是与意象融为一体的,那么,它就有可能还原为意象。在这里,艺术化的教学与死板的教学在效果上是有很大差别的。所谓艺术化教学,就是经过一番精心设计,将纯粹抽象的科学公式或结论化成易于感受和经验的"真",或者说,将"可能性的真"变成"现实性的真"("真"离开人对它的经验,就不能现实地存在)。这种现实性的"真",只能是一种能被感受到的固定的式样,具有对称、均衡、和谐、节奏、多样统一等性质,也是人的知觉最喜欢或最容易接受的感性特征。

赵宋光曾在一篇文章中提到过他在将美育渗透到数学教学时用过的下面一种"操作完形":

$$
\left.\begin{array}{l} 2+1=3 \\ 1+2=3 \end{array}\right\} \text{加号前后,可以对调} \\
\left.\begin{array}{l} \\ 3-2=1 \end{array}\right\} \text{头尾对调,加减改号} \\
\left.\begin{array}{l} \\ 3-1=2 \end{array}\right\} \text{减号后,等号后,可以对调}
$$

赵文解释说,右边三句"变换式子的口诀"是让学生对左面四个算式进行操作的形式,这形式是根据教学建立起来的美的核心部分。

"根据什么说这形式是美?人们也许可以从对称性来解释:第二句口诀所表述的操作样式仿佛是一个自旋的对称轴,它能使第二、三两个算式互相转化,也能使一、四两个算式互相转化,相转化的两式互相对称,即互逆、相反、对立、矛盾。第二句口诀实际上包含两个相反的意思,加变减,减变加,这两个意思也互相对称,所以可以说这两句口诀自相对称;第一、三两句口诀所表达的操作样式则又互相对称,后者是前者(加法变换律)在减式中的倒映样式。"为什么对称形式是美的?赵文解释说,人类作为实践的主体所进行的任何活动,只要完整地运用了某种客观规律,便具有对称的形式,而对称的形式总是给人以美感、轻松愉快感,它"使刚入学的小学生学得轻松愉快,记得准确牢固"。之所以如此,是因为它揭示了具体算术演算中包含的普遍性的理性操作完形,这种完形代表着主体活动的合规律的形式,因而能调动学生的主观能动性。"操作完形"使客观规律转化(二重化)为主观能动性,这是美的力量之所在。[①]

对称形式为什么是主体活动的合规律形式(因而是美的形式)?赵文未做回答。实际上这个问题是现代完形心理学或格式塔心理学所揭示和解决的重大问题之一。格式塔心理学发现,知觉活动本身有一种压倒一切的倾向——简化倾向。按照这种倾向,知觉尽量将外部刺激简化,以组织成种种最简化的形体——圆形、正方形等对称、均衡和有机统一的图形。知觉之所以具有这种倾向,有多方面、多层次的原因。从"生理—物理"层次上讲,外部世界的物理力、化学力直至生物的生长力,都具有向简化式样生成的倾向,而决定知觉活动的内部的力,即大脑皮层中生理电力场中的力,同样也具有这种倾向。在这一层次上,内外是对应一致的(或同构的);从"心理—物理"层次上讲,外部世界之简化式样,本身是稳定、永恒、难于改变的;而在人类的长期实践活动中,这种简化式样总是为它提供安全、舒适、幸福的感受,久而久之,简化的心理定向便生成了。只要条件允许,知觉总是化繁为简,这样一来,就使得人反应快速、适应能力强,从而使自己在进化过程中得到保存和发展。在这一层次上,内外同样是一致和同构的。当然,在更高级的层次上,如想象、思维、评价(善与美)等同样也都有简化的倾向。总之,主体本身从身体活动到生理活动,从生理活动到心理活动,一直到人的整个实践活动(整体),都具备简化倾向。它来自生物进化过程中的适应和人类改造世界活动中的实践,因而根深蒂固,无怪乎对称、均衡等简化形式会给人造成美感了。

任何科学发现最先也是从简化形式入手的。举例说,毕达哥拉斯定理(勾股定理),首先是在对称的等腰直角三角形中发现的,然后才扩展到不太对称的直角三角形中;三

[①] 以上赵文的引言,均见滕守尧主编:《美学》2010年第3卷,南京出版社,2010年版,第40—42页。

角形内三角的和等于180度的定理，首先在等边三角形中发现，然后才逐渐扩展到等腰三角形和其他三角形中；实际上，一切欧几里得几何定理，差不多都是首先始于对简单对称的几何图形的直觉。阿恩海姆曾提到这样一件事实：当古印度人发现"一个圆内以圆的直径为斜边连结圆上任意一点所成的三角形都是直角三角形"的定理时，并没有做纯理性推导，而是根据直观形象的完形，从三角形的顶点引出一条通过圆心与圆相交的直线，这样就造成了一个十分对称的矩形；从这个矩形中，一眼便可以看出原来的三角形的顶角是一个直角。阿恩海姆还提到，在数学教学中，将抽象的代数公式化为具体可感的几何图形并非是不可能的，例如代数公式 $(a+b)^2 = a^2 + 2ab + b^2$，就可以化为下面的几何图形。这样一个图形使学生通过感性直观把握到一个永恒的等式，不仅见效快，而且永远难忘。

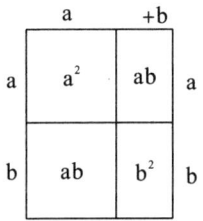

数学大概是一切学科中最抽象的学科，也应是美育原则最先渗入的学科。既然最抽象学科的教学都可以贯彻形象化原则，其他学科就更是不言而喻了。如果各门学科都贯彻美育的原则，目前的教育就要容易好多倍。这意味着，如果保持同样的精力和学时，教育的效果就要大得多，现代化的进程也就相应地快得多。

5

审美心理结构的建设
——感知能力的培育

美育不仅应渗透于普通教育的德、智、体各科中，而且应成为一个独立的或专门的领域，这个专门领域的最主要任务，是运用某些专门的教学手段，建立起审美的心理结构。所谓审美心理结构，就是人们在欣赏和创造美的活动中，各种心理能力达到高度活跃时构成的一种独特的结构，这种结构最容易在艺术家的心理活动中体现出来。

审美心理结构的培育或建设主要包括下面三个方面的内容：（1）培养敏锐的感知能力；（2）培养丰富的想象力；（3）培养透彻的（透明性的或直觉的）理解力。至于上述三种能力的协调或合作，均自然地渗透于各种能力的使用中，无须单独列为一个方面的内容。

首先谈对感知能力的培育。敏锐的感知是积累丰富的内在感情的重要手段，因为对内在感情的体验、认识和积累往往是通过感官对外部自然形式和艺术形式的把握完成的。对于这样一种道理，歌德曾在《论意义由精神世界产生》中有过这样的阐述："与此同时，我还承认，我自己对于'懂得你自己'这样一个伟大的箴言是持怀疑态度的。在我看来，这样一种说法有点儿像是神父们玩弄的那种伎俩，即运用某种实际上不存在的、扑朔迷离的东西，把人们从他们从事的与外部世界的交往活动，引向一种虚假的凝神观照的内心状态中。其实，人的自我意识只能通过对外部世界的认识才能达到。正如人只有通过自我才能发现世界一样，对自我内在世界的发现是在对外在世界的发现中实现的。人每发现一个新的事物，就意味着在自我中诞生了一个新的器官。"

歌德的这段话告诉我们，内在文明，包括敏锐的感知能力和对自我深层世界的意识，并不是闭上眼睛苦思冥想想出来的，而是在同外部大千世界的相互作用和交往中完成的。这正如那阻抗水流的岩石和海滩，它们作用于或改造着水流，但它们自己也不知不觉地在这种相互作用中受到了改造。更何况有机体和人的适应能力与改造自身的能力大大超过了岩石和海滩，它们不断地改造身外的环境，与此同时也使自己得到了改造。

当然，审美感知力的强弱，有先天的因素在起作用。但是，假如后天的教育得法，就有可能将那些沉睡的感受力调动起来；反之，即使有先天的素质，如果长期搁置不用，也要蜕化，甚至消失。因此，培养审美感知力的重要途径是引导儿童去亲身体验和感受现象世界，使自己的感觉活动逐渐适应对象世界中对称、均衡、节奏、有机统一等美的活动模式，最后形成一种对这样一些模式的敏锐选择能力和同情能力。为说明这一点，我们不妨以物理学中学过的"重力"这一概念为例。我们知道，尽管许多学生对这个概念有了较为正确的理解，而且能按照教科书的要求，画出重力的作用图式，但假如他们在实际生活中从未真实地观察过重力的真实作用，这种理解就是片面的和不完全的。只有那些在生活中真实地观察过负重经验（包括亲身从事跳高、肩扛、担挑等）或其他与重力有关的活动的学生，才有可能对"重力"有一个全面的直觉的理解。换言之，当这样的学生观看重力作用图式时，就会把死的图解变为一种活生生的东西，或者说，通过观看使这些纯粹而又抽象的"事实"变成活生生的"现实"。因为在他的理解，已有了感受的参与，有了"吸引""反作用力""平衡""非平衡"等真实感受的参与。这样一种观看基本有了审美的成分，也是当今教育的一个重要方式。敏锐的感受力最容易在对宇宙中最活跃、最复杂和最有秩序性和多样统一性的生命活动的观察中获得，因此，有意识引导学生去弄清什么样的形式是生命特有的形式，就成了培养审美感受力的重要途径。这种有意识的培养又包括两个方面：一是从理论上弄清生命的种种特征，二是引导学生亲自从自然万物中观察生命的特有形式。

首先谈理论上对生命的认识。从理论上说，生命的最明显特征，就是它的运动性。换言之，生命在于运动，或者说，生命是一种运动的形式。对于这一点，在审美教育中是必须向学生讲清楚的，要使他们认识到，生命之运动的成因和特征。比如：它必须不断地从周围环境中汲取能量，不断地将废物排泄出去（吐故纳新、新陈代谢）；它需要使自己的运动、举止、行为合乎自然的规律和节奏；它需要应付和改造环境……还应该使学生懂得，要观察生命的活力，就必须观察世间的各种运动模式即"动态形式"。所谓动态形式，就是由物质的运动造成的形式，河流、瀑布、烟云等是最明显的动态形式，因为我们肉眼看到的这些事物的形式是由物质的流动造成的，一旦水源枯竭或流速变慢，这种形式就不存在了。但是，很多表面静止的事，如海滩、奇形怪状的岩石、贝壳等，同样也是运动的形式，因为即使可见的运动不存在了，它们留下的痕迹也仍然十分清晰。

必须指出的是，虽然运动是生命的基本标志，但并非一切动态形式都有生命的特征。世间万物的运动，从物理运动到化学运动、从被动运动到主动运动，其复杂的等级是各不相同的。总的说来，运动愈复杂、愈主动、反馈性愈强，其生命的特征就愈明显。西方心理学家阿恩海姆曾对运动的复杂等级做出过如下排列：（1）正在运动的比静止的复杂；（2）由内在的变化显示出来的运动比纯粹是机械的位移复杂；（3）一个使用自己内在的力量使自己活动起来，并能够随时掌握自己的运动路线的运动，要比一个受外力推动（被推拉、被吸引排斥）的运动复杂；（4）在那些主动的运动之间，还有由内在的冲动所驱使的运动和一种由一个外部参照中心（如太阳、地球）的影响所造成的运动之间的区别，两者比较起来，前者比后者更为复杂。[①] 从阿恩海姆的分类中可以看出，最复杂的运动是由内在力驱动的、主动积极的和自由的运动，而这种运动正是生命特有的运动。如上所言，生命体由于不断地与周围环境作用，从中汲取它需要的能量，以维持自己的生存，所以它就成了一个自主的系统，这种自主系统的活动当然是由内在的力驱动的。此外，由于生命体总是主动地与周围环境发生作用，因此这种运动模式中总是包含着两个或两个以上的方向上的力的相互作用，即从中能够看出主动与被动、前进与后退、积极与消极、平衡与非平衡等矛盾的对立统一的过程。在对学生进行这种理论阐述时，还应注意充分利用现代技术，例如，通过现代摄影技术显示植物的生长活动，就能明显地看到上述特征。当我们通过摄影速度的变换观看一棵攀缘植物的生长活动时就会发现，它们的生长远远不是单纯在空间中的位移和扩张。它的枝蔓不断地向四周试探着、

[①] 参见［美］鲁道夫·阿恩海姆：《艺术与视知觉》，四川人民出版社，2019年版。

探查着和伸展着,一当发现了合适的支持物,它便伸出自己的触须,牢牢地把它抓住。从这样一些过程中甚至能够见出高级动物特有的那种盼望、焦虑、希冀、成功的喜悦等表情。假如我们观看的是一株在生长过程中遇到一块障碍物的幼芽,上述特征就表现得更为明显。这时,它展示出的是一连串设法避开障碍物甚至是搬开障碍的动作,而这样一些动作的复杂程度就远远超出了机械的物理动作。人们看到,它是主动的、积极的,而且完全是由自己的内在生长力驱动的——先是挣扎,继而是摆脱,最后是从重压下解放出来,展示出一种愉快、轻松和胜利的姿态。[①]

在审美教育中,有意识地引导学生领会和体验生命运动的特有模式,逐渐将其特有的活动模式和构成结构,内化为自己的感性认识、自身的倾向或习惯,是增强他们敏锐的审美感受力的关键所在,也是审美教育之本质所在。各个发展阶段的儿童,对生命的理解往往各不相同,因此,在引导时就要由浅入深循序渐进。著名的儿童心理学家皮亚杰在与儿童相处的时候,曾通过观察和研究不同年龄的儿童对生命力的不同领会能力来考察他们的审美感知能力的发展。他发现,在那些年龄最小的儿童看来,世间一切事物,不管是动的还是静的,都具有生命和意识(无区别阶段),如斑驳脱落的墙壁可以看成各种有生命的动物或各种人物。稍大一些的儿童,便开始以运动作为区别有无生命的标准,举例说,一辆自行车会被他们看成是有生命有意识的,而一张不动的桌子就被认为是无生命无意识的。更大一些的儿童,便能够区分哪些是由自己内在力量所支配的运动,哪些是在外力推动下的运动;只有相当成熟的儿童,才能够区分出生命的运动和非生命的运动。[②] 值得庆幸的是,在现在的审美感受力教育中,我们可以运用大量现代化手段(电影、电视、录像),向儿童们展示生命特有的运动形态。当他们具有这种初步的感受之后,再让他们去欣赏、观察、感受自然和艺术,上述活动便成了有目的的活动了。外部自然界中有多少与生命同构的运动形式啊!高耸入云的山峰、曲折的江河、四季的变换、生命的律动和节奏,都无不包含着生命力,让儿童从小就到自然中去,去同溪流一同细语,去倾听树叶的倾诉,去感受山泉的叹息,去触摸大地的脉搏和海洋的呼吸……

---

① 参见 [美] 鲁道夫·阿恩海姆:《艺术与视知觉》,四川人民出版社,2019年版。
② 参见 [美] 鲁道夫·阿恩海姆:《艺术与视知觉》,四川人民出版社,2019年版。

这是一个"漱涤万物，牢笼百态"的过程，也是加速其内化（将外在的美的活动内化为感知）的过程。经过对大自然中无数崇高、细腻、曲折、变化的运动模式和秩序的陶冶与熏陶，通过外物与内心之间的无数次相互作用，种种生命的运动模式与种种复杂的人类内在情感体验之间的一一对应便会在感知中变得稳定、持久和巩固。在这种情况下，一旦特定的外在形式落入视域之内，便会通过知觉自动选择和筛选，与特定的人类情感模式联系起来，引起一种特定的感受，如"一叶且或迎意，虫声有足引心"（《文心雕龙·物色篇》），"甚至是一朵微小的花，也能唤起眼泪表达的那样深的思想"（华尔华兹语）。

按照特定的艺术规律，让儿童从小起就大量接触艺术品，并有意识地指导他们从中感受生命力的种种模式，是审美感知教育的另一个有效的办法。我们应该仔细地向他们分析艺术品的形态中那处处可见的生命力和情感活动的痕迹。那些龙飞凤舞的书法，其中不正是显示出往与复、垂与缩、动与静、虚与实之间的对立统一吗？那些或是露出半枝风竹，或是见出远抹平坡的绘画，其中不正是正露出人在同自然斗争时的神态和感情吗？那高昂曲折的京剧唱腔，里边不正是生命迈过一道道的险滩激浪自豪地前进着吗？在和学生共同听完一段曲子之后，用简练的语言谈一谈自己的感受吧。这样，在听第二遍的时候，学生便会从中感受到生命力的真谛。但是，在描述自己的经验时，切勿扯得太远，什么作者之生平啦、什么创作的技巧啦，都要尽量少谈！重要的是其中展示的生命力的模式。请看，罗伯特·舒曼在他与青年的通信中（1838年4月）对自己的钢琴演奏曲之感受的描写吧："……后来，当我在写完这首曲子的时候，我竟在这首曲子中感受到了英雄林代尔的故事情节……开始时，他陷入了汹涌的波涛——她呼唤着，他应答着——紧接着他劈波击浪，向站在陆地上的她游着——她把胳膊伸向他，热烈地拥抱，随之波浪又将他卷开——最后是黑夜将一切吞没……"这难道不是对生命力的奋求、失败、再奋求……的过程的感受吗？如果不相信这一点，再看另一个有欣赏能力的人对同一首曲子的描写吧！罗格斯在为鲍桑葵的《美学史》写的附言中是这样写的：听了这首曲子，他似乎看到在一个大暴风雨的夜里月亮与乌云之间的搏斗。一会儿月亮冲破了乌云，一会儿又被乌云遮住。开始时，月亮的表面只是覆盖着一层薄薄的黑纱，紧接着是密不透光的乌云将它吞没，但即使在这里，月亮还是不时地挣脱出来，最后终于完全被乌云吞没。舒曼与罗格斯虽然描写了两种不同的景象，但显然是感受到了同样的生命进程，因为不管是人与海浪的搏斗，还是月亮与乌云的搏斗，都展示出了顽强的生命力同命运的搏斗。这是真正的审美感受，我们培养学生获得的不正是这样的感受吗？这种对关系的感受归根结底是对力量的感受，只有对宇宙中各种力的模式的认识，才有对意义和真理的理解，而这种认识是在对艺术和自然中的节奏、韵律、对称、均衡、错综、一致、变化、统一等力的作用模式的感受中完成的，也是在努力发现和挖掘生命的总的模式，即它的奋求和成功的过程中完成的。

6

想象力的培育

想象,从本质上说来,就是把通过感知把握到的完形或是大脑中储存的现成图式加以改造、组合、冶炼,重新铸成全新的意象的过程。因此,在说到对想象力的培育时,首先要考虑到从下面两个方面入手:一是培养丰富的情感。情感在想象中如同炼钢炉中的燃料和炉火,没有它就不会有高温,因而也就熔炼不出优质的合金。二是要有丰富的"内在图式"储藏。"内在图式"是想象的原料,正如贵重的合金需要有各种贵金属作为原料一样。

我们首先谈对"内在图式"的采集和储藏问题。

什么是"内在图式"?所谓"内在图式",就是以信息的形式储藏在大脑中的种种意象,有时候,人在梦中、在回忆中,或是在知觉和观察时接受某种特殊刺激时,某种过去的经历或自己曾经热恋过的对象,便呈现在"心灵的眼睛"中。现代神经生理学表明,这种负责储存"内在图式"的部位,就位于丘脑和下丘脑周围的网状组织,即边缘系统中。假如用电极刺激其中某些部位,便会激发记忆,许多早已遗忘的生活插曲,就会历历在目,电流停止,回忆也就停止。① 大脑边缘系统是进化晚期的产物,

---

① 该部位的最先发现者是著名神经外科医生怀尔德·彭菲尔德,当他用电极持续刺激一个癫痫病人大脑中的某一部位时,便会使他的许多逝去的往事潮涌般地袭来。与此相似的另一种技术是服用 LSD 致幻剂。这项发明是瑞士的化学博士艾伯特·霍夫曼。当他在 1943 年试验一种叫舒机酸的麦角合成物时,加进了一些新的分子,并且不知不觉地将这种合成物吸收到体内。不久之后,他便看到了种种奇异的景象:具有非凡造型的水晶似的景物,镶以宝石的金山、几何图形、花、鸟、蝴蝶和色彩喷泉等,有时还会出现真实的景物、东西、人,还有儿时听到的声音,总之,过去的经验一幕幕地再现在脑海之中。几个小时之后,药力便渐渐消退(一般是 8 小时转为正常),但有时会在以后的几个星期内感到抑郁和忧虑,说明药物仍在起作用。

储藏和复现"内在图式"的能力是一种高级的心理能力。它不仅能够使人看到正好位于眼前的事物,而且能使人看到不在眼前的或早已消失了的事物。我所爱的人死去了,但一支钢笔就足可以将他的形象激发出来,与之伴随的还有对他的爱慕之情。日本电影《生死恋》中夏子死后,大宫看到空旷的球场就立即听到了夏子的声音,眼前就浮现了夏子打球的身姿。这说明,她的形象已经转变成为大宫的一个部分,这个形象时时在大宫心中,是大宫内部的储存,是精神的产物,正是在这个意义上,我们才称之为"内在图式"。

"内在图式"在人的生命活动中具有举足轻重的作用,仅就审美活动而言,它的作用主要有两个:一是帮助知觉选择,二是作为想象活动的原料。

知觉选择,就是对外来信息进行筛选。神经系统在接受外界的信息时,必须对各种信息加以过滤和选择,否则就无法将注意力导向某一对象,但这种过滤又是有一定"规格"的。"内在图式"便是它的筛孔,凡是能与它相符或与它同形的,便被放入;凡是不合其"规格"的,一律被挡在大门之外。这种选择与我们对人的观察是相符的,经验告诉我们,人似乎天生排斥那些异己的和远离自己的东西。审美也是如此,假如将一幅齐白石的画和一幅毕加索的画挂在墙上,一个长期受西方文化熏陶的人会立即被毕加索的画吸引;而一个国画迷会毫不犹豫地首先向齐白石的画走去。这样一种现象向我们提出这样一个问题:对于一个丰富的人来说,究竟是有广泛的选择力好呢,还是仅仅守住一个领域好呢?答案当然是前者。对于审美来说,就更是如此了,正如罗丹所说:"美是到处都有的,对于我们的眼睛,不是缺少美,而是缺少发现。"① 广泛接触自然美和社会现象,会增加"内在图式"的储藏,而"内在图式"的储藏又反过来增强了我们发现和选择美的能力,这不就是中国古人所说的"外师造化,中得心源"的真意所在吗?说到底,增加"内在图式"的储藏,实际上是提高自己的素养和能力的一个重要组成部分。因此,一个人在四下张望的时候,究竟喜欢什么,为什么东西所吸引,就成了检验其品格和审美能力的试金石。维顿保雷说得好:人突然得到的每一个意象和每一种情绪——甚至情绪中的最微小的部分——都是为他自己画的一幅准

---

① [法]罗丹:《罗丹艺术论》,人民美术出版社,1978年版,第62页。

确的画像。对于同一个道理，普罗亭诺斯把它上升到诗的高度说出来，"没有眼睛能看见日光，假使它不是日光性的，没有心灵能看见美，假使他自己不是美的。你若想观照神与美，先要你似神而美"[①]。这样一种见解和感查，是审美教育中很值得深思的问题。

"内在图式"除了增强选择力之外，还有作为创造性想象之原料的作用。

创造性想象，就是依照情感本身的力量、复杂度和延续程度，对储存的原料——图式，加以重新改造、组合以产生出一种全新的形象的活动。这时，大脑中的过程，有点儿像是"链式反应"——在极短的时间内，将大量"内在图式"走马灯似地复现在"审美屏幕"上。假如感情激发力强，"内在图式"又丰富多样，审美屏幕上的信息密度便会大大增加，可供选择的范围增加了，最后闪现出的形象必然是高质量的。但是，如果"内在图式"很贫乏，感情激发力再强（即使把全部与之有关的图式激发出来），最后生成的形象也是贫乏的。这种情况有点儿像是弹钢琴，只有好的钢琴手是不行的，还需要有音域广、音色好的钢琴。好的钢琴手再配上好的钢琴，就能弹奏出优美动听的音乐。

上述事实告诉我们，不断增加和丰富自己的"内在图式"储藏，是培养丰富的想象力的重要步骤。这正如大地之肥力的积蓄，只要土膏肥厚，春雷一动，便可万物滋生。

---

① 转引自宗白华：《美学散步》，上海人民出版社，1981年版，第204页。

7

内在情感的培育

内在情感是人的整个生命的重要组成部分,因此,所谓用内在感情的炉火对"内在图式"(或原料)进行熔炼的过程,实则是以一个生命创造另一个生命的过程,其中有十月怀胎的辛劳,又有一朝分娩的痛苦,还要有忘我牺牲的精神。情感的积累是在无意识中进行的,又是一个痛苦的煎熬过程,"李公麟终日纵观廊舍至不暇与客语,黄公望终日坐于荒山乱石而意态忽忽,郭沫若构思《地球,我的母亲》,竟脱下木屐,赤脚踱来踽去,时而索性倒在路上睡着,想真切地和'地球母亲'亲昵"[①]。可见情感的孕育是多么不易。现代科学和艺术家创造的经验表明,情感的积聚是一个无意识的过程,但必须有清醒的意识时时加以干预。换言之,在无意识中积累强烈的情感的先决条件是有意识地耐心研究和深刻静思,正如玛克斯·德索所说,艺术家的创造是三度的,他总是不断地从左右吸取能量,又不断地向上下辐射这些能量,他所具有的对新鲜事物的接受能力和把进入身体内的东西组织起来的能力都超出了普通人的水平。艺术家又像空中飞来飞去的鸟儿,一旦从丰富的生活中摄取了一片碎屑,便匆忙飞回到它的安静的巢穴中,对它细细咀嚼。我们看到,有意识地四处摄取活动与食物在胃部无意识地消化过程是互相配合、互为补充的,经过牙齿细细咀嚼和胃肠的消化之后,就会产生出生命的力量,这种力量便是情感的推动力。许多大思想家都认识到有意识

---

① 李丕显:《形象思维两议》,《美学》第2期,第69页。

和无意识之间这种相互配合的作用,正如荣格常常规劝那些迷信无意识人时所说的:只有当意识最大限度地完成了自身的任务时,无意识才能起到十分令人满意的作用。上述观点的正确性,甚至得到了现代神经生理学的证明,现代脑解剖技术证明,动物的神经结构,随着动物种系的不同而有着极大的差异。低等动物,其控制大多数身体功能的电路,只经过脊髓和较低级的脑中枢;而像人这样具有高度智慧的动物,其控制同样功能的电路,就要从脊髓延伸到大脑皮质部,然后再回到脊髓。我们看到,虽然人的专司情感的神经中枢,其工作是下意识的①,但这部分的工作是与大脑皮质息息相通的。换言之,显示它的工作状态的信息会时时地输送到更高级的中枢,而高级的中枢又会根据不同的情况给予正确引导。对于这一点,还可以在观察人和动物的情绪行为时得到证明。当我们观察动物时,发现它们的情绪反应是直接的:狗在高兴时,会不停地摇动尾巴;狮子在激怒时,会猛扑过来,伸出撕裂一切的爪子;猫在受到爱抚的时候,会发出咪咪的叫声……这样一些反应都是不加思考的、毫无节制的情绪冲动。但是,人的反应就不同了,对于那些较为成熟的人来说,其情绪反应往往不是直接的,而是迂回曲折的。明明是不爱,偏偏要展示出一种夸张的关心和热情;明明无自信心,偏偏要展示出高傲自大的表情;痛苦往往不是肉体引起的,而是自我犯过失后的自我惩罚;悲哀往往不只是因为亲人死去或食物断绝,还有对以往美好生活的追忆……总之,生命的本能遇到了意识和理性的阻挡与压抑,它的行动路线就由直的变为曲的、由平坦的变为上下起伏的,由赤裸裸的变为含蓄隐蔽的。这是本能冲动向人的丰富情感的转变,是单一和贫乏向多样统一的转变。正如水流不遇礁石不会激起生动的波纹一样,本能冲动不遇到代表社会和伦理的意识的阻抗也不会转变为人的感情。因为人的感情是生物性和人性、意识与无意识的对立统一的产物,假如本能冲动受不到阻抗,它们永远也不会上升为人的心理,生命也就永远只能处于一种低级的动物状态。

---

① 情感活动与脑正中的视丘,与位于视丘正下面的下视丘以及丘脑周围的边缘系统和脑干中通向脊髓的一群神经细胞的活动有关,在刺激这些组织内的许多点时,只要研究者将电流的位置稍移一点,常常可以得到相反的效果。例如,当电流输入边缘系统中的某一个区域时,会引起惊恐和愤怒的表情,但只要稍稍移动电极的位置,便可引起友善的表情或快乐的表情,这就是以后被蒙特利尔的麦吉尔大学的詹姆斯·奥乐兹发现和定名的"快乐中枢"和"痛苦中枢"(痛苦中枢离快乐中枢大约 0.02 吋)。

以上论述的道理给我们这样的启示，艺术想象所需要的炽热的情感，是不是应该在斗争中，在纷繁复杂的生活之流中培育呢？这是情感培育中应予注意的重要问题。事实上，任何人的炽热丰富的情感都在不凡的遭遇中形成的。伯牙学琴两年，技术固然是精熟了，但仍未能体味其中的感情，因为感情毕竟不是通过书本学习所能到手的。正因为如此，他的师傅才把他送入东海蓬莱山，让他在孤寂和风浪中改造和洗涤自己的感情。历史上那些真正有为的艺术家，他们常常既是一个艺术家，同时又是一个激流勇进的斗士或不入俗流的狂徒，因为他们也都有着"苦其心志，劳其筋骨"的过程。因此，审美教育，不仅仅是技巧方法方面的教育，也不仅仅是艺术教育，而是一种脱胎换骨的教育。只有脱去俗念，移动性情，才会有丰富的情感；只有不断地与环境、与恶势力、与丑恶斗争，才会由动物的单一的情绪反应，转变为细腻曲折的情思。经过一番痛苦的改造和熬煎，感情就会炽烈起来。这时，任何一种美的刺激，都会燃起感情的烈火，储存于心灵中的无数图式在烈火中解体了、拆散了，融化成全新的合金，发射出奇异的光彩，这便是最终得到的艺术形象。这种形象再经过物质媒介的显现，便转变为艺术品。

8
审美理解力的培育

审美理解力,就是在感受的基础上,把握自然事物的意味或艺术作品意义或内容的能力。

审美理解力不是生而俱有的,从某种程度上说来,它是有意识的教育和无意识的文化熏陶的结果。仅以观画为例,让一个小孩子看齐白石的画,画再好,也激不起他的兴趣和美感,因为他无论如何也不能理解,为什么绿色的荷叶偏偏要画成墨黑的,为什么鱼不在水里游泳等。等到他长大了,有了一定的文化道德修养之后,他才感受到这样的画的确传神生动,因为这时他一方面对复杂的人生情感有了亲身的体验,另一方面又对古老的国画传统有了全面的了解。这时,他从画中要求的不再是逼真,而是大自然那永恒的脉搏和存在于自然中的悠久的生命,不再是单纯的美,还要有所表现。而眼前墨色荷叶中包含的那亢柔疾徐、苍劲曲折的力,不正是生命的表现吗?不见绿色又算得了什么,只要生命和人类情感被体现出来,舍去绿色是完全可以接受的。从儿童到成年的这种转变,是心理成熟和审美理解力增强的表现,而这种转变又不是自动进行的,教育是促成这种转变的关键手段。

然而,对"理解力"的培育,却不是一朝一夕的功夫。它既要求受教育者对自然和艺术的大量感性接触,又要求他有广博的学识——对各民族的深层意识和各个时期的时代精神的认识,对各种艺术的风格的认识等;既要求他了解各类艺术使用的各种不同符号和表现"语言",又要求他养成一种按照自己体验到的人类情感模式对事物分类的习惯。总之，这是一种全面的教育，是一种深刻到能改造自己内在情感和思考方式的教育。这种教育大体可以从下述两个方面进行：一是运用一般教育方法达到的对一般知识的掌握；二是运用特殊方法达到的对形式中之意味的理解。

我们首先谈第一种。这种教育所要达到的目的主要有三个：一是对各类艺术的表现技巧的理解；二是对典故和各种符号的象征意义的理解；三是对各个民族的深层意识（集体无意识）、哲学思想和对各个历史时期的时代精神的理解。在这三种理解中，前两种较为容易些，而且有的仅靠记忆、背诵、学习、观察就能掌握（如艺术中使用的红色，不同的民族和时期往往有着不同的象征意义，有的象征着官职的等级、社会地位，有的象征爱情，有的象征仇恨，有的象征着通奸淫荡，有的象征着某种信仰等）；后一种理解就比较难了，因为需要有一定的文学知识、历史地理知识、社会学知识、艺术史知识等。因此在从事教育时，最好是结合着对具体艺术作品的分析进行，甚至可以做一些中西比较或历史时期之间的比较。设想我们站在一幅欧洲中世纪的绘画面前，这时我们会从中看到什么呢？是呆板无情的人物、单调的色彩、森严的等级秩序；既没有三度空间的延伸，又看不到人世间的喜怒之情。这时，一个历史知识不太丰富的人或许会自问：这也叫艺术吗？它究竟是在赞扬人生，还是在丑化人生？但是，一个能够深刻了解这个时代的主要精神特征的人，体验就不一样了：他知道，在那个时代，人世间的生活就应该是这个样子，因为它只不过是人进入天堂前的准备，是苦难的所在，是罪恶的容器，而要反映这种生活，视觉艺术必然要极力贬低肉体的重要性，减少空间的深度感和体积感，减少颜色的层次变化，简化人体的姿态和表情。只有用这种表现"非物质性"的手段，才能表现人世的短暂和虚无，只有用二度的对称构图，才能表现出宗教等级差别的永恒性和不可动摇性。把握到这个时代的脉搏，眼前艺术品的意义便开始向我们显示出来了。

再如对文艺复兴时期的某些艺术品的欣赏，暂以狄因托莱托的《最后的晚餐》来说吧。这幅画比达·芬奇的同名画晚60年，但构图却发生了十分明显的变化。我们知道，在达·芬奇的那幅中心透视画中，全部活动都是以耶稣为中心向四周展开的，画面中的一切事物和活动看上去都与这个中心点息息相关。但是，在狄因托莱托的画中，就有了两个中心，位于房间右上角的中心是由一桌子、地板和天花板的线条确定的，而整个故事的中心人物耶稣却位于图中的另一个位置上。画家为什么要做出这种改变？如何理解这种微妙的改变？不理解当时的时代精神，是很难做出回答的。我们看到，图中的这两个中心是互相独立和平等的，空间中的中心把空间中的诸事物吸引在它周围，而人的中心又把故事中的事件和人物集聚为一个系统。在这里，宇宙对人的支配地位不见了，人在宇宙中有了自己的地位和权利。而这样一种构图和意味与当时的时代精神是相符的。众所周知，这是一个以人取代神和自然的时代，是个人无视一切权威并强烈要求自己的权利的时代，是一个要求人有自己的尊严、需要和价值的时代，是一个突出个人、以个人向整体的一律提出挑战的时代。理解了这种时代精神，作品的意味就很好理解了。

　　除了对时代精神的把握外，还有对一个民族的深层意识或集体无意识的把握的问题。以观赏中国艺术为例，为什么其中多不见锋芒毕露、剑拔弩张的线条，而是那种"纯棉裹铁"或"棉里针"的线条？为什么戏剧的结局多是大团圆的场面（即使是含恨死去，也要化作鬼魂回来报仇，即使是情侣被强行拆散了，死后也要化作连理枝、比翼鸟、双飞蝶之类）？为什么表现感情时总是含而不露，甚至用相反的感情加以抑制（快乐中隐露出沉郁和不安，忧伤中又不导致绝望，奋发向上而不露激越，奔放不羁而不超法度，仪态万方而不离统一，面对死亡而姿态安详）？这一切只有联系中国民族的深层意识才能理解。中国古代哲学告诉我们，奠定汉民族"文化—心理"结构的是儒家"不以规矩不能成方圆"的实践理性精神和道家"任从自然以得天真"的天人合一的精神。这是一种以理性节制日常感情，以社会伦理影响主动性的内在欲求的中庸精神，是一种阴阳两极相生相克、相互牵制的动态的平衡，是一种内在心理被强制服从社会现实后产生的忧患意识。这样一种深层积淀的民族意识，就决定了人们的种种特定行为模式，如对伟大人格的向往；对统一、秩序、仁爱、礼让、义务、亲和的追求，四平八稳的行为，欲前进而又不去冒险的心理，成功之后不露喜悦，遭打击后又希冀"善有善报，恶有恶报"的安然态度，以及忧国忧民、凄楚缠绵的无限愁思等。这些反映在艺术上，当然也就要求虚实相生、动静相兼、含蓄敦厚、棉里裹铁和意在言外。

　　假如在审美教育中把汉民族的这种深层意识与西方民族的深层意识相比较，对艺术的理解就会更加深入一步。我们看到，尽管西方各民族的民族意识互有差别，但有一种基本的特征还是较为普遍的，这就是那种强调幸福的价值，为了获得幸福而冒险、而叛逆、而反抗的个人奋斗精神，那种提倡人人都有争取幸福的权利、人人都要参加竞争的道德风尚，那种时而强调理性、时而强调感情、总是在走极端的性格，那种不安于现状、要求新奇和革新的进取态度。这种民族意识反映在艺术上，就是那种剑拔弩张的张力、闪电雷雨般的气势、移山填海的力量：讲再现时要求全然逼真（连每一个毛孔都要画出来）；讲表现时又会迅速走向完全的抽象（全部用几何图形代替）；讲理性时用尺子作画，讲感情时又随意挥洒，甚至直接把色彩倾倒于画布上。它风格多变、题材多变、技巧多变，一个时代要求质量感、体积感、色感、光感；另一个时代又要回到原始，要求不见空间、不见光彩。

总之，审美理解，离不开对各个民族的深层意识、时代精神和文化结构的理解。只有有了这种基本的理解，形式中的意味才会向我们招手。这方面的教育和训练是必要的，也是可以通过正常的教育手段达到的。下面谈用特殊教育方法达到的特殊理解。

审美中最重要的理解，是对形式中暗含的特殊意味的直观理解。这种理解大大不同于感知，但又以感知作基础。举例说，只有亲口吃过梅子，才能望梅而止渴。同样，艺术的意味溶解在形式里，完全不露痕迹，只有首先对形式有了整体把握，才能将其中的意味抓住。

要培养学生的这种特殊理解能力，必须采取不同于一般的特殊教育方法，而其中最关键的步骤，就是引导学生打破日常生活中，仅仅把事物形式作为认识标签，从而迅速把它归于某一种类之中的思考习惯和分类标准，而树立以自己体验和理解的内在情感模式对其分类的审美分类标准。

为了对这两种不同的分类标准有一个大概的认识，让我们首先重温一下叶燮对杜甫的几句诗的分析吧。叶燮在其《原诗》中，曾经分析过杜甫下面几句诗，以说明诗理与常理的背悖。[①] 这几句诗分别是："碧瓦初寒外"（《冬日洛城北谒玄元皇帝庙》），"月傍九霄多"（《春宿左省》），"晨钟云外湿"（《船下夔州郭宿，雨湿不得上岸，别王十二判官》）。

[①] 以下分析参见（清）王夫之等：《清诗话》，上海古籍出版社，1983年版，第585页。

对于第一句,叶燮分析说,此句诗于常理是完全不通的,初寒并非可见之物,而是天地宇宙无处不在的气,怎么会有内外之分?又怎能说碧瓦独居初寒之外?"初寒无象无形,碧瓦有物有质,合虚实而内外分,吾不知其写碧瓦乎?写初寒乎?写近乎?写远乎?使必以理而实诸事以解之,虽稷下谈天之辨,恐至此亦穷矣。然设身而处当时之境会,觉此五字之情景,恍如天造地设,呈于象,感于目,会于心。意中之言,而口不能言;口能言之,而意又不可解。划然示我以默会相象之表,竟若有内有外,有寒有初寒,特借碧瓦一实相发之。有中间,有边际,虚实相成,有无互立,取之当前而自得,其理昭然,其事的然也。"

在谈到"月傍九霄多"句时,他写道:"从来言月者,只有言圆缺,言明暗,言升沉,言高下,未有言多少者……今曰多,不知月本来多乎?抑傍九霄而始多乎?不知月多乎?月所照之境多乎?有不可明言者。试想当时之情景,非言明、言高、言升可得,而惟此多字可以尽括此夜宫殿当前之景象。"

在分析"晨钟云外湿"句时,他谈到,假如把晨钟看作物,那么云外之物,有千千万万,为什么独把钟湿?如果把钟看作是钟声,那么,"声无形,安能湿?钟声入耳而有闻,闻在耳,止能辨其声,安能辨其湿?曰云外,是又以目始见云,不见钟,故云云外。然此诗为雨湿而作,有云然后有雨,钟为雨湿,则钟在云内,不应云外也。斯语也,吾不知其为耳闻耶?为目见初?为意揣耶?俗儒于此,必曰'晨钟云外度',又必曰'晨钟云外发',决无下湿字者。不知其于隔云见钟,声中闻湿,妙悟天开,从至理实事中领悟,乃得此境界也"。

最后,叶燮总结道:"以上偶举杜集四句,若以俗儒之眼观之,以言乎理,理于何通?以言乎事,事于何有?所谓言语道断,思维路绝。然其中之理,至虚而实,至渺而近,灼然心目之间,殆如鸢飞鱼跃之昭著也。"①

从叶氏以上的分析中可以看出,若以常人之理去套艺术之理,不仅不能理解艺术,而且会反过来去指责艺术家荒诞无稽、于理不通,从而闹出笑话,落下笑柄。对于这

---

① (清)王夫之等:《清诗话》,上海古籍出版社,1983年版,第586页。《清诗话》中引用了四句,在本文中仅用了三句。

一点,叶氏的分析是十分深刻和独到的。但是,究竟在审美教育中如何去指导学生达到真正的审美理解,叶氏并没有讲透。它给人们的印象是:既然审美理解是一种心领神会的事,是一种不可言说的体验,它就是不可教的,也不可能通过正常的学习程序达到。我们必须承认,对审美理解力的培育,是审美教育中的一个顽强的堡垒,要攻克它,并非易事。记得西方著名美学家贝尔曾经说过,尽管有的人思维能力很强,而且常常进出于艺术画廊之间,但仍然不能理解艺术中那"有意味的形式",因而只好永远徘徊于艺术大门之外。贝尔所说的现象,的确是一件常见的事实,但由此得出"审美理解力不可培育"的结论,那就是愚蠢的了。

我们说,只要找出适当的方法去克服日常思维习惯和分类标准造成的巨大惯性,每一个人有正常智力的人都是可以进入艺术大门的。一百年前,人们对进入太空不是连想都不敢想吗?地球的吸引力是如此之大,谁能克服它?但是,人类终于找到了克服地球吸引力的方法,成功地进入太空。艺术中的情形也是如此,只要做出不懈努力,艺术的神妙境界就不会再是仅仅少数人能达到的。人人都可以具有这种雅兴,人人都可以成为艺术家,艺术的天国对每一个人都是开放的,只要努力就行。

要想获得审美理解力,关键的第一步是克服理性思维所铺设的习惯轨道的制约。我们知道,理性分析能力强的人在接触艺术时,往往是从科学的分类标准和逻辑分析开始的,这第一步就误入歧途,后果只能是离艺术愈来愈远。习惯的力量是强大的,在这种分析倾向占主导地位时,审美主体的全部注意力便被引导到艺术品整体的某一个片断或某一个方面上,这种狭窄的轨道和单一的方向必然会使想象力受到约束和限制,使其威力无从发挥和施展,对象的无限丰富性也就随之从主体的心目中消失。在这种情况下(仍以上面的诗句为例),"碧瓦"只会被限制为眼前真实世界的某一房顶上的具有某一种颜色的瓦,"初寒"只能指晚秋的冷空气,既然冷空气无所不在,眼前房顶上的瓦怎么能逃脱,说它处于冷空气之外?这岂不荒唐?思维到达这一步,真是山重水复。

对于那些理性思维力强的人说来,这股习惯势力是十分强大的。席勒曾经在《美育书简》中说过:爱抽象思维的人往往具有一颗冷漠的心,因为他把印象分解了,而印象只有作为一个整体才能打动人的心灵,专业的人具有一颗狭隘的心,因为他的想象力限制在他的职业的圈子里，而不能扩大到陌生的表现方式中。那么，究竟通过一种什么样的途径才能引导这部分人进入艺术境界？我们看到，惯性力量虽然强大，但并不是不可克服的，不然为什么引人入胜的小说能把人拖出日常生活轨道，甚至使众人达到废寝忘食的地步！在前面的章节中我们已经谈过如何培养人对事物之完形的敏锐感受能力。当人们的注意力为眼前的整体形象所攫取时，理性分类中的秩序、框架等造成的束缚便即刻被瓦解了，情感和想象一旦跃出这个狭窄的轨道，便即刻投入这一整体形象的怀抱，抚摸它、拥抱它、与它亲吻；这时，理性和常识中那些分类标准对他不再有任何威胁了，就像热恋的人根本无视周围的窃窃私语和冷眼一样。这种拥抱，在现代心理学中被称为异质同构，这是内在情感与外在形式、精神与物质之间的会合和相会，是情与景的融合。这时，"碧瓦"已不再是专指某一座宫殿上的某种颜色的瓦，而上升为融聚着诗人之感情的整体宫殿形象。这是一种放射着热烈色彩的金碧辉煌的形象，或许还是一种联想到某种富贵宫廷生活或香烟缭绕的庙堂仪式的形象，对这种"热"的形象难道不可以说超然于初寒之外吗？

"月傍九霄多"，亦属同理。联系全诗，尤其是上一句"星临万户动"句，这里的月同样也不再是纯自然的月，或者说，已不再是那个时明时暗、时升时沉、时圆时缺的月，而是加入了诗人之思想感情的月——掺杂着月光笼罩下宫中之繁忙和骚动的月。对于这样的月，是不可以用"明"、用"圆"等字去形容的，诗人在无意识中选用了"多"字，而这个字在他的无意识想象中显得是多么恰切、多么合理，与他此时此刻心中的感受是多么相符！真是非"多"字不足以言其情，非"多"字不足状其貌啊！特殊的字眼组合可以表达出一种复杂的感情，这在日常语言中也不乏其例。例如，为什么人们在表达一种强烈的兴奋时不用"欢喜"，而用"欢天喜地"，这是因为，只有加了"天地"二字之后，才可以把那种兴奋的幅度和强度表达出来，而按照常理，兴奋是万不能用形容空间的字眼来形容的。可见，用"多"字去形容月，其意并不在月本身，而是诗人的一种主观感受。

对于"晨钟云外湿"，我们在这儿不需要再啰嗦了，因为"湿"字很显然不是用来形容自然的钟声的。

总之，脱离日常思维的轨道，转而去把握住整体形象以及整体中部分与部分的关系，并继而用想象力和情感去统摄这个形象，是达到审美理解的关键；如果用日常之理去套用艺术之理，以清晰的科学标准代替情感的总体把握，以规规矩矩的方圆去代替活生生的想象，必然会落入俗儒之见，永远不能进入艺术的大门。

我们看到，在现代教育中，如不注意，学生失去审美理解力的可能性会大大增加。因为学生一旦进入学校，接受正规教育，有了较为丰富的物理、化学、生物学知识，无数个为什么便接踵而来，眼前的那道彩虹是怎样形成的？海市蜃楼生成的原理是什么？眼前这棵植物属于哪一科哪一类？动物之间有没有语言？那石洞的钟乳石是怎样形成的？闪光的宝石有什么功用？等等。追究这些问题对于增加科学知识无疑是好事，但其中也存在着一个很大的危险，这就是：当学生们集中注意力去把眼前的事物归入某一类别、范畴或追问其生成原理时，便忽视了对其外在形态——色彩、光影变换、线条、质地、运动、张力等；换言之，仅仅通过其中的某一特征，认出它是属于哪一类、它在世界上的价值和功用，便得到了满足，不再继续追问下去。更值得注意的是，科学探究的结果往往还会把覆盖在事物表面的神秘面纱揭去，神秘性一旦消失，吸引力也消失了，美也不见了。因此，培养审美理解力的第一关，就是克服惯性，将日常态度转变为审美态度，将普通的分类标准转变成审美的分类标准，换言之，转变成以事物外在形式的情感表现性对其分类的标准。按照这种标准，彩虹不再是太阳光和雨雾相互作用的产物，而是通往幸福的桥梁，垂柳不再被归并于植物中的哪一属哪一科，而是某种柔情蜜意的化身。由于这种理解不再是单纯的逻辑推理或抽象的沉思，而是情感与事物之外在完形的相互渗透，便将该事物从理性世界转移到了情理交融的世界。这时万物都蒙上了美的光辉，无生命的事物也有了生命的意味。一弯新月看上去含情脉脉，一轮圆月看上去在微笑点头，天鹅看上去高洁，雄鹰看上去威严，企鹅看上去蠢笨可笑，海鸥看上去勇敢，兰花看上去喜悦，竹节看上去愤怒，狐狸看上去狡猾，黄鼠狼看上去卑鄙。这些理解都不是来自科学的推理，而是人类内在情感结构与外部事物之完形间的自动结合和类比（按照科学推理，天鹅并不高洁和善良，因为它从不让鹅鸭接近它，甚至还把它们置于死地；黄鼠狼并不卑鄙，它经常与危害人类的老鼠搏斗，只有迫不得已时才去吃鸡）。这种无意识的、自动的结合和类比，便是审美理解达到高潮后的产物。

对于这种理解力的培育不是靠刻苦的背诵和记忆所能奏效的，它靠的是一种对完形的感性把握力，与此同时又要联系到人生的各种情趣意味。这就是说，要经由感受导入理解，理解时又不能脱离开感受，这也许就是中国古人所说的"深情冷眼，求其幽意所在"中所包含的意思吧！

事实上，这样一种理解力要比单纯的逻辑推理力复杂得多，因为它不再是运用抽象的符号，在因果关系中游历，而是一种多层次、多方面同时进行的思维（西方有人称之为两面神型的思维，即情感与理智同体、精神与物质同体的思维）。其中两种或多种在日常生活中互不相干，甚至互相对立的东西，经由情感的中介作用，便不可思议地联结在一起了。日常人认为荒诞的，在这儿变成合理的；常人感到模糊的，在这儿变为清晰的和具体的。在这儿，月亮可以是玫瑰色的，草可以是蓝色的；可以有黑色的太阳，也可以有绿色的夜晚，还可以有红色的陶醉、蓝色的孤独；在这儿芙蓉可以抽泣、香兰可以欢笑、铜驼可以夜哭（见李贺《金铜仙人辞汉歌》）。[①] 总之，一切都打破了常规，一切都脱离了常识的轨道，这是一种包含了"测不准原理""模糊数学""拓扑空间""信息转换"等一切新技术正在探讨其秘密的思维，对它的作用原理，将来科学终有一天要弄清，但是在未彻底弄清之前，我们仍然可以按照特定的规律去加以引导和培养，就像人们不懂得气功的原理仍然可以作气功一样。但是在采取种种培育措施时，且莫忘记它的最基本的方向——离开科学分类，走向外部完形，把完形同人类种种情感模式结合起来，只有迈过这一关，才有可能把握自然和艺术品的意味。

[①] 刘韵涵：《让·科恩结构主义研究》，《美学》第 4 期，第 232 页。

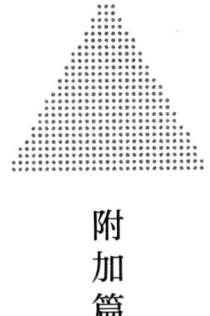

附加篇

无意识与艺术——兼谈艺术创造的心理

人类在漫长的历史长河中创造了无数光辉灿烂的艺术珍品，艺术家每创造出一件艺术品，就为我们生活的世界增添了一件独特的、全新的或前所未有的东西。人们在惊叹、赞美之余往往会提出这样一个问题：这些如此奇妙无比的艺术瑰宝究竟是通过一种什么样的能力完成的呢？为了找到正确的答案，人们自然会去询问那些具有丰富创造经验的艺术家。然而艺术家们并不能对此做出令人满意的解释，他们告诉我们的充其量也只能是一些个人的亲身感受，"丰富多彩的艺术形象总是突然闯入自己的意识，既无先兆，也无准备，更说不清它形成的具体步骤"。"许多重要的意象都是在闲暇时或是思考其他事情时突然闪现的。"大艺术家歌德曾诙谐地将艺术创造比作女人生孩子，他说：如同眼泪突然涌出一样，诗也是突然出现的；如同女人生出一个漂亮的孩子一样，诗人在得到某种意象时，也不知道会是如何出现的。甚至还没有来得及思考，它就突然出现了。既然历代的艺术家都说不清艺术意象形成的步骤和遵循的规则，就说明这里起作用的并不是一种一般的理性认识能力。那么，我们是否就可以由此推断出这是一种生物性的本能能力呢？同样也不能，因为虽然我们无法说清其中的步骤，但从它生成的产品来看还是有规律可循的，这些产品或是和谐对称，或是充满着生命的节律，或是体现着无法言传的深刻含义，这都是那些盲目的和混乱的本能冲动所不能胜任的。

既不是一种普通的理性认识能力，又不是生物本能的能力，它究竟是一种什么样的能力呢？这就是古代的思想家称之为"灵感"，近代的美学家称之为"直觉"，现代的艺术心理学家称之为"无意识"的能力。

在科学尚不发达的古代，人们在这种神奇的能力面前只能感到惊奇，甚至把它看作是一种超出了人的能力之外的神奇能力，例如，唯心主义的祖师柏拉图就曾把这种能力称之为"灵感"。柏拉图解释说，当艺术家创造活动开始时，神灵便使他陷入一种迷狂的状态，这时神灵便占据他的心灵，借用他的嘴表达神的旨意。

当强调人自身价值的浪漫主义思潮兴起的时候，这种古老的灵感说曾受到了强烈的冲击。这时，艺术形象的产生不再被看作是来自外部神灵的帮助，而是来自人的内心；不是来自理智，而是来自天才人物的自我情感表现；天才自有一套与生俱来的规范，只要自发地发泄自己的情感，这种规范便可以使他得到生动的艺术意象。这样一来，浪漫主义就通过对艺术创造中非理性因素（即本能的和自发性的因素）的强调把理论家和心理学家们的注意力引到对"无意识"现象的研究上来。

对"无意识"这个概念加以正式确定并对它进行系统阐述的人是弗洛伊德，然而"无意识"并不是弗洛伊德的独创，而是早已有之。

1
"无意识"概念的产生与发展

古人对"无意识"现象虽有觉察,但由于科学尚不发达,只能流入无根据的猜测。真正的"无意识"概念是西方思想开始寻求准确性和科学的有效性时出现的,具体说来,是自笛卡儿开始出现的。笛卡儿在自己的哲学中试图把精神同产生精神的物质活动分离开来,认为精神不包括意识无法察觉到的一系列大脑物质活动。笛卡儿的观点在西方引起了一股向相反方向发展的思潮,即重新发现和探索无意识心理过程的思潮。从笛卡儿发表《方法论》(1637年)到弗洛伊德提出"无意识",这种探索足足经历了两个半世纪,其中既有哲学家的思辨性认识,又有文学艺术家的经验之谈,最后是心理学家们的专门性研究。为了说明问题,我们不妨试举一二。

最早提到"无意识"的是英国神学家拉尔夫·柯德俄斯。柯德俄斯在1678年发表的《宇宙之真的推理系统》中(第一卷、第三卷)指出:"生命中可能存在着某种我们不能清晰地意识到或不能及时注意到的能量……对于它的作用,我们称之为生命的感应。对于这种使我们同自己的灵魂联结起来或是使我们的灵魂同身体结合为一体的生命的感应,我们自己是不能直接意识到的,我们所能意识到的只是它产生的效果。……在心灵中还有一种更加内在的造型性力量……我们对它不可能自始至终都能意识到。"

17世纪和18世纪的其他思想家也发表过与此相同的见解,其中莱布尼茨还曾经试图用"量的阈限"这一概念去说明它。在莱布尼茨看来,普通的知觉乃是无数微知觉的集合。所谓微知觉，就是那些位于意识阈限之下而未被意识到的知觉。

最早从情感方面探讨"无意识"的是卢梭。卢梭发现自己时常有一种莫名其妙的抑郁情绪，这种情绪的形成，"既不是来自我自己的理性判断，也不是来自我的意志，而是来自一种自动的压迫状态"。

德国的一批诗人和哲学家则强调了"无意识"力量的运动特征。例如，海尔德就阐述了"无意识"心理活动对想象、睡梦、激情等状态的推动作用；歌德认为意识与无意识在自己的创造性想象中频繁交替、相互作用，意识和无意识就像经线和纬线一样相互交织着。费希特把无意识看成是构成理性生活的动力性因素；黑格尔的整个哲学体系都建立在无意识的历史进程在个体中部分地转变为意识性意志的设想上；谢林则提出了无意识本能在自我之中转变为意识的见解。一大批浪漫主义作家和诗人也异口同声地说，无意识是无所不在的，他们在艺术创造中亲身感受到了这种强大的、隐蔽的然而又具有积极的创造力的无意识活动的存在。德国小说家约翰·瑞希特则明确提出："无意识是我们心灵中的一块最大的区域，是我们内心的非洲大陆（指神秘的、未知的），它那未被认识的边界伸展到了无限远的地方。"

从19世纪末起，"无意识"就变成了欧洲学术界的口头禅，成了有教养的人言之必称的东西。这种深远的影响应该归功于叔本华、卡洛斯、费希纳、哈特曼和尼采。叔本华在自己的哲学中自始至终都强调无意识意志在人和自然中的作用。卡洛斯在其1846年发表的《心灵》中公开提出"理解意识之特征的钥匙存在于无意识区域"的见解。费希纳提出的见解与弗洛伊德的见解简直就没有什么不同，他把意识比作水面上的冰山，认为它的运动是由下面的潜流推动的；他还直接把无意识称为"心理能量"，把对"无意识"的研究称为"意识地理学"。冯·哈特曼在其1869年发表的《无意识的哲学》中对无意识、心理活动的26个方面进行了详尽的讨论，并对歌德提出的"经纬线学说"进行了发挥。尼采不仅承认"无意识"的存在，而且还把它提高到了一个新高度，"意识仅仅触及到了表面……最伟大最基本的活动是无意识。……意识中的所有步骤都是原子化的（断续的、孤立的），真正的连续性过程发生于意识之下。情感、思想等活动的顺序和系列是这种潜在的基础活动的征兆……我们的一切有意识的动机只不过是一些表面的现象，在它之下是我们自身的本能和外部条件之间的冲突"。

随着科学的发展，人们对"无意识"现象的认识越来越深化了，至弗洛伊德，"无意识"概念便获得了更新颖和更深刻的内涵。弗氏本人对"无意识"认识大体可分为两个阶段。开始时，他认识到的"无意识"仅仅局限于医学范围内，因为弗洛伊德本人是一个精神病医生，他从大量精神病医疗实践中发现，每当病人能将发生在很久以前的事回忆起来时，其病情便显著减轻或完全好转。他由此而断定，精神病很可能是由某种心理压力造成的，回忆的作用就是解除这种压力，而造成这种使神经失调的压力的心理能量，便是无意识。因此，他认为，无意识仅是指很久以前发生的事件所造成的印象、感觉、情绪、情感，它们还没有来得及进入意识，便很快沉入或存储在意识阈限下的记忆仓库中。然而，它们一旦被储存之后，又不是静静地躺在那儿，而是以相当强的力量冲击着、翻腾着，如果其力量越过一定的限度，便使这个人神经错乱。弗氏发现，对这种"无意识"，可以用"自由联想"的方式，诱使它进入意识，一旦进入意识，病情便见好转。

后来，弗氏才发现，自己对"无意识"的这一最初的想法是过于简单了，因为"先意识"中有很多东西似乎是不能通过"自由联想"接近到的。有些东西很可能从来未被个体意识到过，但它们的冲力却比原先认为的那种"无意识"大得多。后来，这种东西被弗洛伊德称为性本能，弗氏认为，它的最典型的表现便是"俄狄浦斯情结"。这是每一个人在幼年时就有的一种杀父娶母的欲望（女孩则是杀母嫁父的欲望），这是性冲动的最早萌芽，它一滋生就被抑制，因此很难进入意识。虽然未进入意识，但并没有消失，而是潜入心底深处，成为一种威力巨大的"性力"。这种性力常常具体表现为种种无意识的意图和欲望，"欲望，在男人身上是指提高自我之人格的野心，在青年女子身上就是性欲"（《创造性作家与昼梦》）。这些欲望和意图虽然是精神的东西，但其具体作用模式却始终逃不出自然律的支配，换言之，它们总是像一切物理力和化学力一样，向着平衡状态或放松状态发展。这样一种发展会使精神从不愉快走向愉快，因此它奉行的实际上是一种"愉快原则"或追求自身之满足的原则。但是，这种"性力"或本能冲动在一个文明社会中是不能够得到满足的。在弗洛伊德看来，人类文明生活的建立在很大程度上取决于能否对这些本能冲动进行约束，或者说，能否建立一种"现实原则"。"现实原则"的含义就是：将自然本能限制在生殖范围之内，以便节省精力和能量，同自然和环境作斗争。从这个意义上说，一切文明都是在对个人之本能冲动作斗争中发展起来的。弗洛伊德坚信，压抑本能冲动是必要的，然而不能过分，以达到平衡适中为最好。这种本能冲动一旦受到压抑，便沉入意识的最底层，成为潜意识。当然，这种压抑必然会造成一种反作用力。如果压力过大，反作用力就会冲破限制；这时，压在最深层的欲望，也是渗透力最强的欲望。冲破限制的反作用有可能会使个体成为精神病患者，而被压于最底层的欲望会使自己的反作用力传导到最上层的知觉和理性活动中，成为对日常行为施加影响的永恒不断的因素。这便是弗氏说的真正的"无意识"层次。

这样一来，意识便成了一个由深到浅、由下至上的多层次结构，即由意识、前意识（即可以通过"自由联想"的手段诱使其进入意识的意识）和无意识构成的结构。但是这种结构又不是一种像三层楼房那样的静态结构，因为它的三层之间并没有清楚的划分，而是犬牙交错、相互渗透、流动变化的。因此，它是一种动态的结构。

为了更准确地描述这种结构，弗洛伊德将它分成"本我"（id）、"自我"（ego）、"超我"（superego）三部分。"本我"由性力等本能冲动组成，其冲力的强度和活跃性最大；"自我"是经由"现实原则"调整了的"本我"，"超我"是"本我"变形或转化之后通过了"自我"的检查，"升华"为道德的、宗教的和审美的理想形态的"本我"。三者之间以一种极其复杂的方式转换和渗透，永远处于抑制、压迫、抗拒、激扬、扩散、感应、集聚等动态活动中。这三者之间的复杂关系和动态的结构性质是极难用语言表达的，为了对其有一个深刻的印象，我们还是看一看赫尔伯特·里德曾经为它画的一个说明图吧（见下页图）！

从图中可以较为清晰地看到人的整个意识的总貌。那代表"本我"的最下层的溪流，它不正是以一种极大的冲力永恒不断地流动着吗？再看从溪流中向上突起的那一代表"自我"的部分，它不就是由溪流的力量牵引、受溪流制约的"水泡"吗？虽然受溪流制约，但又有自己的特征，那"气泡"表层的触角，代表着对外界探测（或搜集情报）的天线（感觉、知觉）；而触觉下面部分则是对这些探测器所获取的情报加以分析的有意识心理活动；再下面是对有意识心理活动产生的某些想法、意象、印象等暂时加以储藏的地方（前意识区）；如果意识需要它们，又可以随时从中提取。而这一

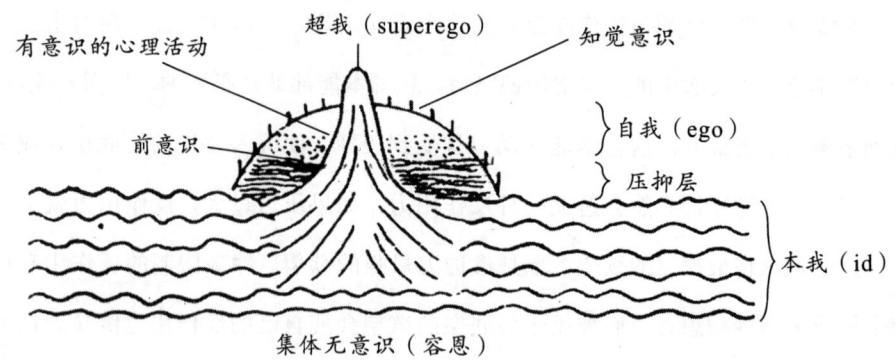

赫尔伯特·里德绘制的"本我""自我""超我"三者关系示意图

切就组成了"自我"。除此之外,我们还看到一个从最底层的溪流开始,中间经过自我之前意识层和意识层,一直上升到超出一切层次之上的"超我"。从图中我们不仅看到了构成"超我"的道德、宗教和审美理想和超然性,而且看到了它们的本原、由来和产生过程。这个产生过程便是弗洛伊德无意识理论中的最重要概念——"升华"。所谓"升华",乃是本能之冲动向社会认为对自己有用的或得到社会赞成的思想、理想或活动的自转变,它起自最深的无意识层次,而且整个转变都是无意识的;假如它不是来自最低层而是意识层,就会立即失去了其真诚和力量,因为这样一来,它就失去了最强大的根基,得不到它的灌溉和滋养。须知,这个根基不是某个人生下来之后积累的经验和对这些经验的理性构造,而是无数个以往的自我之生活的痕迹,它是由种种极重要的历史因素和生物因素相结合的产物,因此,它是强大的,正如根深才能叶茂一样,强大的基础托起了高高的"超我"之塔。

弗洛伊德的这个由性力组成的无意识溪流,似乎有着无穷的威力和神通,它负载着"自我"气泡,生发和转变出"超我"。与这种强大的无意识潜流相比,"自我"是可怜的,它不仅不能影响"本我",而且处处受到它的限制和支配,更谈不上控制其力量和运动方向。

这种由性本能决定人之一切的理论,受到了弗洛伊德的学生荣格的批判,从而发展出荣格的"集体无意识"学说,这使"无意识"理论向纵深方向大大推进了一步。荣格批评弗洛伊德只把着眼点集中于个人的历史和本能倾向,而忽视了整个人类的一些普遍倾向,他主张用"集体无意识"去称呼最深层的无意识。我之所以用"集体的"这个字眼来称呼它,是因为这部分"无意识"并不是属于个体的,而是普遍的,它不管在什么地方，无论在什么人身上，都有着相同的内容和活动方式，这一点与个体无意识是不同的……它构成了心理的基础，本质上是超个人的，它出现于我们每一个人的内心之中。它的内容不再是弗氏所说的性力，而是"原型"。"原型"不是某种遗传下来的观念或意象，只有当它转化为有意识的形态时，才会以部落中的口头传说、神话、寓言或童话出现。那么"原型"究竟是什么呢？荣格认为，它是某种遗传下来的先天反应倾向或反应模式，是无意识中的某种力场或势力中心。任何一种要素，一旦沉入无意识，就要服从一种全新的和难以察觉的秩序，这种秩序并不是意识的认识能力所能把握的。荣格曾用晶体中那种无形的轴架来形容这种原型的不可察觉性，如同一种晶体的轴架，正是这种轴架预先决定了溶液饱和之后所出现的结晶体之形态。但轴架本身却不具有任何物质存在。……它确定晶体之结构，而不是晶体之具体形态……"原型"具有一种永恒不变的型蕊的含义，它决定的是表象显现的原则，而不是具体的显现。在读过一些东方的图书之后，荣格进一步把它比作那种使印度瑜伽术得以成功的东西，也是很多东方人在排除一切邪念绝对入静时所注意到的东西。他指出，使人们屡次从偶然事件和骚乱中逃脱出来的东西，正是这种普遍的内在的无意识秩序，问题是怎样才能接近它和把握住它。荣格为了证明这种内在无意识秩序的普遍性，在全世界的宗教和原始艺术及儿童艺术中，在梦中反复出现的形象中，去寻找证据。荣格发现，体现这种秩序的最典型图案是曼荼罗。曼荼罗，原是梵文，意指某种魔圈和圆环，引申为一切具有某个绝对中心的图形——圆、正方形、球体等。在宗教、艺术和梦中，它们常常以花朵、十字、车轮的形状出现。作为一种结构，它经常显示为四极倾向，作为一种符号，它不仅出现于东方，也出现于中世纪的欧洲。例如，曼荼罗花或金花，在中国被视为最富贵重和最美丽吉祥的花；在基督教艺术中，往往是基督位于中心，四个福音传教士位于四个基本方位上；都铎王朝的玫瑰花纹章，拜占庭艺术、凯尔特艺术、北部欧洲的哥特艺术，都充满着曼荼罗式样。这种式样不仅出现于世界各地，且出现于从古至今的艺术中，例如近期在罗得西亚发现的旧石器时代的太阳车图案便是证据。更为奇特的是，人们还在儿童艺术和神经病人的画中发现了这种图案。总之，这种普遍的和反复出现的图式，说明了原型或集体无意识的确存在，它沉积在个体无意识的最深层，但又属于一切人和一切时代，主宰着人类共有的行为和思维模式,虽然每个人都可以向这个框架中注入自己的特殊经验,但这个基本框架却永不改变。

至此,我们对"无意识"概念本身的产生和发展过程做了一番简单的交代。那么它与艺术的关系是怎样的呢?

2
"无意识"与艺术

（1）"无意识"与艺术创造

什么力量促使艺术家从事艺术创造？对此有种种不同的说法。模仿论者认为这是出自于一种模仿冲动，再现论者认为是出自于对自己认识到的美好境界和典型的再造，游戏论者认为是对多余精力的发泄，表现论者认为是出自于情感的表现。这些学说各持一端，虽然各自都有一定的道理，但由于其中猜测和内省多于科学的论证，所以总使人不敢轻易苟同。

弗洛伊德以对梦的解释来解释艺术想象，把艺术创造直接同人的心理结构中最深层和最强大的领域联系起来，认为艺术想象是"力比多"（本我）转移升华的结果。这种理论把美学投进现代科学（尤其是心理生理学）的怀抱中，但由于他片面地强调性欲的作用，致使这种解释走上了邪路，因而不能真正地解释艺术创造的本质。

弗洛伊德把艺术创造看作是解除痛苦，使现实中未得到满足的愿望得到满足的自卫手段。弗洛伊德在《创造性作家及昼梦》中写到：快乐的人从来不幻想，幻想的人都是欲望未得到满足的人。未得到满足的欲望是幻想的原动力。人每进入一个幻想境界，便是一个欲望的实现或对他不满意的现实的改进。对这种欲望，可以简单分为两大类。一类是野心欲（即想在事业上得到成功和高升之类），另一类是性欲。对于青年女子来说，造成她们幻想的大都是性欲，因为她们的野心欲与性欲是同一回事；对于青年男子来说，造成其幻想的除性欲之外还有野心欲和利己欲……它们一般是交织在一起的。弗洛伊德认为，成人的幻想一般表现为三种形式：白日梦、梦、艺术想象。这三者虽然表现不同，但产生机制都是一样的。对于白日梦，弗洛伊德说道："我认为，大多数人一生都在不断地做白日梦……其实，白日梦是儿童期游戏活动的继续，推动儿童期做游戏的愿望是快快长大成人，儿童在游戏时总喜欢扮演成人，模仿成人的生活。"至成年人之后，游戏变成了白日梦，这种转变，主要是原动力的变化引起的。换言之，白日梦的推动力变成了野心与性欲，这使得成年人往往以做白日梦而羞耻，因此总是隐瞒它，视之为不可告人的大秘密。弗洛伊德这样描述白日梦形成的过程："可以说，一种梦想在同一时刻要经历过去、现在、未来三个时期……某些眼前事件引起的印象唤起一种强烈的欲望，这种欲望即刻使思绪回到过去的某一次经验（大都是儿童时代的经验，即这种欲望曾得到满足的童年经验），继而又会产生出一种将要呈现于未来的情景。在这种情景中，这种欲望得到了满足——这就是白日梦或梦想。"对于睡梦，弗洛伊德写道："在夜间，那些我们引以为耻的欲望，那些隐藏在内心深处不为意识所知的欲望，那经常被压抑和推回到无意识领域中的欲望，便活动起来了。假如用分析科学成功的解释睡梦中种种变形的含义，就不难发现，睡梦也同昼梦一样，同样也是欲望的满足。"幻想的第三种表现形式就是艺术想象。弗洛伊德认为，作家与梦幻者没有本质的不同，所不同的是，艺术家是一些被过分的性欲需要所驱使的人。艺术家的创作也同梦一样，是无意识欲望在想象中的满足。当然，弗洛伊德所说的作家，不是指那些运用现成材料创作的史诗作家，而是指以自我为中心创作的浪漫主义作家。为了证明这一点，弗洛伊德提醒说，在浪漫主义作家的作品中，差不多每一篇都有一个十分了不起的英雄做主人公。如果在第一章中这个主人公被打得头破血流、失去知觉，在第二章中必定获救或受到精心照料，而这个英雄的种种遭遇和英雄创举，实际上就是作家之本能欲望得到一步步实现的过程。不仅这类作品如此，某些现代心理小说也是如此。弗洛伊德认为，某些现代派作家所写的心理小说之所以奇特，是由于他们通过观察对自己内心了如指掌，然后又把自己的内心分裂成许多小的自我分支，从而将自己心理生活中各种对立的倾向人格化，将它们转化为各种英雄。总之，艺术作品从情节到人物，都是自我本能欲望的替代性满足，这种替代过程就是升华，它所起的作用同样的是自卫性的，因为这样一来，那种几乎使得整个神经系统崩溃的心理压力便被消除了，神经病的厄运避免了。

如果把艺术想象等同于梦和白日梦，这是谁也不会接受的，弗洛伊德看到了这一点，也想尽力找出二者的不同，但他的解释总是有点含糊。他解释说，普通人的白日梦是除他自己外任何人都不能闯入的私心世界，而艺术家却经过一番改动和伪装，把这种以自我为中心的昼梦柔化了，并且以一种能使人得到审美愉快的形式将这一幻想展示出来。作家经过一番改动和伪装，这种活动究竟是由心理中的什么能力完成的呢？是本能，还是理性？是意识还是无意识？弗洛伊德并没有交代，他只是说，经过一番改动之后，这个幻想的世界就由私人的变成了人人都可以进入的场所，人人都可以从中得到快乐和替代性的满足。当然，这种满足主要是精神上的而不是身体上的。与那种粗鲁的原始本能冲动得到的满足比较起来，这种满足是温和松散的，而且不会使我们的身体兴奋。这种寻求满足的方式，其弱点是它的不普遍性，因为不是每个人都有创造的天赋和气质。

弗洛伊德把艺术想象看作人的内心自然活动的一部分，用力比多转移或升华来解释艺术创造，表面上看似乎是有道理的，听起来也很新颖，但仔细想一想，就觉得其中有很多无法解释的问题。正如弗洛伊德自己承认的，"力比多"转移是一种自然现象，是机体的生物性防卫手段，假如艺术想象仅仅是"力比多"转移，那么艺术创造不就成了一种生物性的活动了吗？进一步想来，如果理性和社会性对艺术创造不起作用，那么为什么同是"力比多"转移，在有些人身上会造成性爱活动，而在另一些人身上又造成艺术创造活动呢？同一种机制产生两种相差悬殊的结果，这究竟如何解释呢？弗洛伊德认为，升华和"力比多"转移遵循的是一种由痛苦到快乐的原则，因此，以升华为主要机制的艺术想象就是为了解除痛苦、获取快乐。这样一种见解是不堪一击的，艺术创造诚然有净化的作用，但并不等于所有的艺术都是为了解除人们内心的痛苦而产生，即使是浪漫主义，也不全是对失去或达不到的机遇的慰藉和补偿，因为其中有很多是出于对真理的追求和对理想境界的憧憬。对于那些在自我实现过程中勇于探索的人来说，想象是积极的进取，而不是被动防卫；想象的世界是他前进的动力，是他在黑暗中探索的明灯，而不是他的暂时避难所。在追求真的过程中，想象能将混乱的生活简化、蒸馏，把生活的本质直接展示出来。从这个意义上来说，想象就如同那些做出预言的梦，这种梦越是深沉，醒来时就愈是清醒。

所有这些问题最后都会诱使我们提出这样一个最关键的问题：艺术创造究竟是由弗洛伊德所说的性力推动的，还是由人类社会实践造成的文明心理结构决定的呢？对于这个问题，荣格的"集体无意识"理论已为我们做出部分回答。荣格以大量事实证明，决定人的一切行为，包括艺术、宗教和道德活动的最终源泉，是心灵的某种秩序或结构。这个结构并不是性力所能涵盖得了的，也不是个人的经验所能说明的。正是这种深层的结构，才把个体的种种经验和印象组织成了美的形式——对称、和谐和富有节奏的简化形式。纵然这种组织是自动地、无意识的完成的，看上去像是艺术家的某种生物本能，但实质上已经不是生物性的了。因为这种生物性中渗透着千万代人类实践造成的理性成分，它本质上是社会性的，而不是纯生物性的。我们知道，正如荣格所证明的，人的深层中的结构是一种审美的结构，这种结构的出现并不是偶然的，进化过程本身就是筛选和淘汰相结合的过程。在进化中，只有那些使生物既节省精力又能迅速地对外界做出判断和反应的能力才被保留下来，只有那些极为简化的形态才会被记忆、储藏；而将经验转变成意识所依赖的抽象的形式和符号，实质上也是一种简化。这种不断的积淀和简化过程，使人类心灵有了最基本、最经济、最稳定的模式，使我们能够领会、理解、反应和具有智慧。在最初级的水平上，这种结构使我们的机体保持着与自然之有机规律和宇宙之物质规律之间的一致（生物性）；在发展到高级水平上之后，它使人与人之间相互交流联系，保持着集体的统一——社会性。它成了人与自然以及人与社会发生关系的不可缺少的因素，兼有了生物性和社会性两种性质，也是理智和智慧之本原，是进化过程中唯一不能排除的因素。它积淀于人类心理底层，不为意识所知，但又决定着人的情感、知觉、想象、理解等种种心理行为。因此，从这一更广阔和更深刻的范围看问题，弗洛伊德的性力决定论，就显得狭窄、局限，甚至可笑了。

当然，把深层心理结构视为艺术创作的推动力，有可能引起误解。因为在一般人心目中，结构往往是静态的，而静态的东西怎么能够具有推动力呢？在这一点上，弗洛伊德是有贡献的，因为他深刻地描述了无意识的动态结构本性，解决了传统观点长期不能解决的问题，把无意识看成一种推动力量。再者，弗氏提到的性力虽然不是什么最终推动力，但它对艺术想象的影响是巨大的。因此，揭示性力在无意识总结构中的位置，理应是科学必须解决的问题之一。

（2）"无意识"与艺术意味

艺术品造成的美感经验究竟来自哪里？对这个问题真可以说是众说纷纭、莫衷一是。模仿论者认为艺术的美在于其"逼真性"，只要艺术形象与原物酷似，那就是美的。再现论者认为艺术的美在于它塑造出来的完美的典型，只要艺术形象合乎理想，即使不与原物酷似，也是美的。表现论者则主张美在表现，只要艺术品触动人的心灵，把人类种种感情表现出来，它就是美的。按照现代的一批形式主义的美学家的说法，艺术品的美出自于"有意味的形式"，"形式"与"意味"是一而二、二而一的东西。意味是一种神秘的人生感情，"形式"是这种感情的外化，感情溶解在形式中，就像盐之溶于水，二者浑然一体，无法分开。

那么形式中蕴含的这种神秘的"意味"究竟是什么呢？提出这种学说的美学家（克利夫·贝尔）并没有做出回答，很多艺术家虽然亲身感到其中的味道，但又不能具体指出是什么东西。既然存在着这种东西，科学的美学就有责任做出回答，而弗洛伊德的心理分析美学就自觉或不自觉地为回答这个问题作了尝试。

弗洛伊德曾批评说，以往的美学都有一个很大的缺陷，那就是它只研究事物之所以成为美的条件是什么（如形式中的比例、和谐等），而不能对美的本质和源泉做出解释。他强调说，尽管心理分析对美的本质的研究很不成熟，但有一点是很有把握的，那就是：美感肯定是从性感这一领域中延伸出来的，对美的热爱中隐藏着一个不可告人的性感目的，对于性所追求的对象来说，"美"和"吸引力"是它最重要和必备的特征。在谈到艺术时，他指出，艺术形式给人造成一定的快感，这个事实是不容否认的，不管运动之美，或是发现了自然风景、自然事物和科学研究中的美，我们都能领略到这种快乐。但是，这种快乐却不是艺术追求的最终目标，而是为到达最终目标而提供的一种"刺激性的钓饵"、一种诱惑物或一种"前期快乐"。形式美只能使人的感情进入一种特定的微醉状态，别无更多用处。那么艺术之最终目标或最主要的意义是什么呢？那就是那隐藏在我们意识最深层然而又时时盘绕在我们心头，从而渗透在我们一切行为和思想中的无意识和欲望在想象中的满足。这种欲望虽然经由艺术家巧加掩盖、改头换面,"转移"或"升华"为艺术形象,但万变不离其宗,其根本的东西仍然没有改变。总之,性欲是美之所以美的源泉,是艺术中隐藏的最深层含义,正是由于性欲的放射,才使自然事物和艺术形式染上了美的光辉。当性欲尚未找到一个具体的对象,或是因社会伦理的压抑而做出牺牲时,这被压抑的力量便向各个方面转移,或是使人献身于宗教,或是留于山林,或是溺爱犬马,或是醉心于艺术,这一切全都变成了他的"情人"的代替者,借助于它们而对自己失去的爱做出安慰。

正是出于这种主导思想,弗洛伊德才对莎士比亚的《哈姆雷特》、达·芬奇的《蒙娜丽莎》和其他的名作的隐蔽含义进行了解释。在解释《哈姆雷特》时,弗洛伊德指出,人们对这一剧本的兴趣之所以经久不衰,其中必有一种神奇的魅力。这种魅力究竟出自什么地方呢?弗洛伊德解释说,这是"俄狄浦斯情结"的作用。在弗洛伊德看来,哈姆雷特之所以犹疑不决,一再错过对其叔父报复的机会,并不是他面临着一个超出了自己能力的任务,而是因为他那模糊出现的杀父娶母的愿望使他有一种犯罪感,似乎觉得自己与那个杀了自己的父亲和娶了自己母亲的叔父没有多大区别。这种内疚心束缚着他,使他失去了报复的勇气。这个剧本之所以能引起观众的兴趣,乃是人人的无意识中都曾有过杀父娶母的愿望,而剧本又轻轻在叩动着这一情结,从而触动了人的心灵最深处,产生出复杂的感受。运用同样的方法,弗洛伊德和他的追随者还对其他作品进行了分析,例如把达·芬奇在《蒙娜丽莎》中描绘的那种富有感染力的神秘的微笑解释为男孩子对母亲的性爱感情的表现,把罗马的群雕《拉奥孔》中从右向左各个人物的姿态解释成是对男性生殖器从兴奋到萎缩的全过程的表现,把儿童对圆形的特别喜欢解释成是对母亲乳房的回忆等。

那么,弗洛伊德对艺术意味的解释究竟有多少合理之处呢?按照弗洛伊德的理论,事物之所以美,艺术品之所以有意味,不在它们自身的形式,而是在于它们对于性的象征。这样艺术品便成了性的符号,性内容便成了这种特殊符号的内涵。按照这种逻辑,世界上最美的事物应该是美女,最美的艺术品应该是美女雕塑或画着美女的画。但事实又怎么样呢?社会上有很多美女画,人们并不承认它们是艺术品,有些甚至看上去粗俗,使人感到厌恶,望而生畏。可是罗丹雕塑中那个干瘪的老妪又怎么样呢?她满脸皱纹、骨瘦如柴,性的内容几乎消失殆尽,可为什么人们又喜欢它,说它有意味，承认它是一件光辉的艺术杰作呢？再看中国的国画和西方立体派绘画和抽象派绘画，其中有哪几件是性的象征呢？可见除了性之外，世界上还有其他许许多多的重要东西。艺术是复杂的，人的需要是多方面的，用性去涵盖一切，肯定是行不通的。克利夫·贝尔在提出"艺术是有意味的形式"这一命题时，曾经对这种以"性"代美的倾向进行了无情的批判。他说，他自己之所以不去用"美"这个字眼，而转而改用"意味"，原因就在于俗人们用"性"对"美"这个神圣字眼的污染，因为俗人们总是把那些对人们有性的诱惑力的东西称为美的。贝尔在《艺术》中写道："他们认为世界上最美的事莫过于有个漂亮的女人，其次是有一幅画着美女的画。……他们称为'美'的艺术通常是与女人紧密相关的。一幅漂亮姑娘的照片就是一幅美的画；能激起歌剧中少女的歌声所激起的情绪的音乐就是美的音乐；能唤起20年前写给院长女儿的诗所激起的感情的诗就是美的诗。"那么艺术品的意味究竟存在于什么地方呢？贝尔认为，意味就存在于形式之中，离开形式而作的那些无边的联想，并不是意味；用说理的方式传达的思想、见解、知识，同样也不是意味。意味产生于形式激起的审美感情，而审美感情又不是艺术家和欣赏者在日常生活中的喜怒哀乐等感情，而是一种超然于世的、与形式揭示的"终极的实在"融为一体的特殊感情，仅仅诉诸模仿、再现、记叙、写实等手段不能唤起这种感情。再现往往是艺术家低能的标志，一位低能的艺术家创造不出哪怕是一丁点能够唤起审美感情的形式，就必定求助于生活感情；要唤起生活感情，就必定使用再现手段。既有低能的创造者，就有低能的欣赏者。那些低能的欣赏者，每见到一幅画，他们就本能地将其形式与他们生活于其中的世界联系起来……他们本来可以随艺术的溪流进入审美经验的新世界，结果却来了个急转弯，径自回到充满人生利害的世界来了。那么这个"终极的实在"究竟是指什么呢？贝尔始终也没有说清楚，他只是说，这一"终极的实在"就是人们常常说的"物自体"，"高踞于万物之上的上帝""殊相中之共相""渗透于万物之中的律动"等，它不为时空所限，不是达到其他目的手段，而自身就是目的，只有慧眼独具的艺术家才能看到它，有时候那些超出人世俗事的数学家也能在抽象的关系中见到它。只有这种"终极的实在"或作为"纯形式"的实在，才能触动人们的审美感情。其实，贝尔在哲学思辨中没有解释清楚的这种带有神秘色彩的东西，却在他对"构图"的描述中表示得清清楚楚，当我们读完下面几段话时,这一"终极的实在"便不那么神秘了。

贝尔在谈"构图"中提到,所谓构图,并不是运用理智所作的有意铺排,而是艺术家运用心灵自身的简化倾向所作的有选择、有舍弃的简化。运用理智做出的缩略,不是由艺术家的情感熔炼出的形式,而是用他的智力发明出来的东西,这种东西只能成为整个活的机体中的坏死的部分,它们看上去生硬而僵化,因为它们不具有真正的构图所特有的节奏变化。因此,所谓构图,就是以心灵的特有的自然倾向组织一个有机整体的活动,它不是机械地相加,而是由心灵去熔炼。贝尔认为:"当一个艺术家的心灵被一个真实的情感意象所占有,他又有能力把它保留在那里和把它翻译出来,就会创造出一个好的构图……我想,每一个优秀构图的出现都是由某种绝对的需要决定的……这就是艺术家想要准确地表现他们感受到的东西的需要。""形式与情感意象之间哪怕是一个部分不相符合,这个形式就会被画坏……我想,艺术家的手必定是受到了将他强烈而确切地感受到的东西表现出来之需要的逼迫……他一定是在追求把他在一阵心醉神迷之中所感受到的东西转换起成物质形式。因此,那种只是通过修修补补而完成的形状,必定是很糟糕的形状;那些并非出于情感的需要而搞出的形式,那些仅仅在于阐明事实的形式,那些按照制图理论搞出来的形式,那些模仿自然客体或模仿其他艺术品的形式,那些只是为了填充空间的形式(实际上就是为了打补丁的形式),都是一文不值的形式。好的绘画必须是由灵感完成的,必须是伴随着对形式的情感把握而产生的内心兴奋的自然表白。"从以上引言中我们明显地看到,贝尔所说的产生艺术意味的"终极实在",不在理智和意识层中,而是在无意识层次中;它不是性欲、性力,而是无意识心灵本身的构造或其本身的活动规律。贝尔所追溯的这一终极的实在不就是荣格的"集体无意识"吗?按照这一解释,艺术品之所以美,之所以有意味,就是因为它使心灵看到了自身,这是它在普通时刻所难以看到的东西,也是不可多得的快乐。

纵观弗洛伊德和贝尔对艺术品意味的解释,他们似乎各代表着一个极端。前者认为艺术品的意味不在形式本身,而在于它的象征含义,这种含义不是什么高深莫测的东西,而是人们在睡梦、昼梦、联想中经常出现的"性欲",因此,在把握艺术品之意味时,只靠自由联想就可以了。后者则恰恰相反,他认为,艺术品的意味不在形式之外,而在形式本身。因此,任何一种联想都会使人离开其真正的意味,从而得不到审美感情。再现、模仿艺术容易使人联想,所以不是好的艺术,只有纯而又纯的形式,才是最有意味的艺术。贝尔的观点对弗洛伊德那无节制的"性欲决定论"做出了有力的批判,使它无论在哪一方面看上去都站不住脚。但是,当他在持另一个极端的观点时,却忽视了普遍审美经验中的某些常见的事实。把模仿、再现等艺术统统打入冷宫,把正常的联想也视为艺术的禁忌,把艺术的认识作用统统加以抹杀,这就使他的理论从批判一种异端邪说走向另一种异端说。

解决这个问题的钥匙究竟在哪里呢?如果同意贝尔的观点,艺术便被封固在象牙之塔中;谁能说艺术品的题材、其传达的知识和哲理、其宣扬的信仰和道德信条等,不是艺术品的真正组成部分呢?一幅松竹图除了自身的形式外,还象征着坚定、高洁等高尚品质;一场好的电影除了形式外,其情节的生动、其哲理的高深都会加深其美感。这些事实告诉我们,美在形式而不仅是形式,离开形式固然没有美,而只有形式也不称其为美。形式中积淀着大量社会内容,而这些社会内容又与形式融为一体,成为其有机结构中不可缺少的部分。

具体说来,一件艺术品要想产生美感,至少必须具有下面两个条件:一是它必须符合或揭示人的深层无意识本身的秩序和运动规律,换言之,它必须是一种类主体性的结构;二是必须向人们传达他们向往或信仰的社会内容,包括特定阶级和特定时代的愿望、理想、思想、情趣等。但是,仅有这两个条件还不够,只有当它们二者相互合成和作用,造成一种审美态度才能造成美感。举例说,古典艺术中充斥的那些高度平衡、对称、统一、圆满的形式应该说是十分符合人的无意识本身的秩序了,但这样一些艺术却无论如何也引不起大多数西方人的兴趣,更谈不上审美感情;相反,罗丹塑造的老妓女塑像,毕加索的那些丑陋的立体画、凡·高的那些极不平衡和稳定的线条,却使西方人感到很美。这说明,审美态度的形成是极为复杂的,它超出了无意识领域,但又与它紧紧地联系着,其中究竟有哪些复杂的构造和比例,这是未来的美学和心理学所要完成的任务。

(3)"无意识"与现代艺术中的反理性潮流

弗洛伊德的"无意识"理论对传统艺术的冲击是巨大的,以视觉艺术为例,传统的视觉艺术一般都能见出较为清晰的秩序、严密的构图和准确的再现,它们合乎内在心理和感官对简明、清晰和多样统一的秩序的需要，而且意义清楚鲜明，不费猜测。现代艺术便不同了。在毕加索的立体绘画中，传统绘画中那紧凑连贯的画面不见了，代之以无数个互相重叠和残缺不全的面，使人观之眼花缭乱、目不暇接。美国行动绘画、法国抽象绘画以及大部分现代音乐，都把避免创造出一个稳定的注意中心作为一条原则；在这种散漫的构图中，没有一条线条是连贯的，没有一个形状是完整的。这些现代作品似乎是有意地同格式塔学派宣称的人类知觉规律——尽可能组织成一种简单的、多样统一的和完整的图式——相对立。著名的现代心理分析派作家安图·伊伦茨维格在其所著的《艺术中隐藏的秩序》一文中说："现代派艺术家总是在某种程度上使自己的视觉保持一种散漫性的状态，因此，他们的作品能够直接反映出无意识幻想中那种非连贯的、散漫的场景。这种场景远不是他在意识清醒时看到的东西，而是类似他在梦中见到的东西。梦境，当我们正在做梦时，会觉得它异常准确、清晰和合理，但是一当我们醒来之后想用清醒的意识把它捕捉住时，它便消失瓦解；它们似乎包含着一切，又似乎什么也没有包含。我们清醒时见到的那些轮廓清晰的事物，并不适合梦中的那种变动不居的框架。……在梦中看上去混乱无序的东西，在艺术家手里便成了取得最大准确性工具。正如已故的心理分析学家艾恩斯特·克里斯说：艺术家在使自己退回到原始状态的同时，还能够继续控制它。……只有在那些无创造能力的人的心中，这种混乱的、无固定中心的无意识意象才会消失。"茨维格不仅宣扬和推崇"无意识"理论，而且还在自己的艺术实践中创造性地应用着它，往往在自己的作品中用弗洛伊德的"自由联想"原则去挖掘主人公的深层意识，去展示在心灵深处展开的灵与肉的冲突，以及纯真的情感在现代世界中遭受的压抑和不幸。

大批像茨维格一样的西方作家，都在接受、推崇和发展弗洛伊德的无意识理论，用种种手法将梦境般的"无意识"展示出来。他们这样做并不是出于好奇，也不是为了以荒谬离奇去刺激人们的神经，而是他们对于西方现实的亲身感受。我们知道，西方资产阶级国家自18世纪资产阶级革命以来一直标榜自己的理性精神，并以"健全理性"的象征自居，但曾几何时，这种理性的假面具却在丑恶、疯狂的战争、无数灾难和洪水般的绝望情绪面前被彻底粉碎了。理性究竟有多大的力量？它是真实的，还是虚假的？究竟是理性决定着人的一切，还是非理性决定着人的一切？这一切都不断地引起人们的深思。弗洛伊德的"无意识"学说，从理论上解除了积在人们心头的疑团，使现代人对人的本性的看法发生了根本的转变。这一冲击对人们的思想和对文学艺术的影响是巨大的，它适应了当代思想的主要潮流，产生了堪与进化论相比的冲击力量。当然，这种冲击力不应仅归功于弗洛伊德及其无意识理论，它还与整个社会的内在发展规律有关。不论是弗洛伊德的理论，还是艺术中的非理性潮流，归根结底都是资本主义社会的产儿，决定因素是时代精神，而不是其他。

总之，当社会发展到20世纪之后，西方人心目中人的本性改变了，他不再是荷马史诗中描写的那种有高超武艺、健壮体魄、非凡才智和高尚精神的人，也不是中世纪基督艺术中那种生而有罪、处处需要谦卑地服从神的意志的人，更不是18世纪艺术中描写的那种具有高贵的理性的人。在现代派作家们看来，人的一切常常不是由理性决定的，而是由那个理性无法控制的本能世界控制的，人不再被认为是一贯清醒的，英雄也不再被看作是首尾一贯的，他时时受着像地狱一般黑暗和混乱的内部冲动的驱使，常常使意识和理性无能为力。

这样一种对人的感性上的认识，恰恰与弗洛伊德"无意识"理论所描述的人相合拍、相一致。我们知道，在弗洛伊德的心理分析中，人格从未被视为是先后一致、通体连贯的，许多动物性的和极原始的动机在进化过程中不仅没有消失，而且自始至终都在影响着晚期阶段上所具有的思维活动和行为模式。这些原始的动机隐藏在无意识深层，人对它不能认识、不能预期、不能操纵，然而却永远支配着人，使人处于一种不断追求本能的满足，不断追求安全从而使自己不断延续下去的活动中。但是，人与动物比较起来，又是生活在社会文明之中的，社会文明不断迫使人对于自己的无意识冲动进行压抑，这样一来二者就要发生冲突。大凡是冲突，就有特定的战略方式或特定的结构模态；不同的结构模态又造成不同的心理态度，不同的性格和不同的行为方式，这些"态度""性格"和"方式"既不是单由高贵的理性要素构成，也不是纯由动物性的本能构成，而是通过二者的相互作用形成的运动性结构。这就是说，精神世界并不是固定不变的，而是本能和理智、无意识和意识、动物性和社会性相互作用和相互转化的系统整体，它总是处于永恒不断变化的状态，动机可以升华为精神，精神反过来又能抑制动机；种种不同的动机和外在文明的影响不断从对立达到妥协，从转换达到补偿；它们总是通过抑制、躲避、结合、分离等种种不同的方式使自己处于一种戏剧性的变化状态中。因此，人的情感和个性归根结底都是上述两种力量的对立统一，假如本能冲动得不到阻抗，就永远不会产生人特有的复杂心理生活，生命也就只能永远停留在简单的低级状态。因此，所谓情感表现，也就是本能冲动受到社会道德的压抑而不能赤裸裸地表现时所采取的迂回路线的外在表现形式，正如幼苗的生长力受到各方面的压制之后而造成的曲折歪曲一样。在道德律条的压抑下，人有时也会把一些社会伦理不能相容的本能喜好以异己的姿态显示出来，例如明明是不爱，却要以一种夸张的"关心"和"喜爱"把这种不爱隐蔽起来；骨子里的无自信心，往往以高傲自大的外表出现；极度迫切的欲望总是伴随着难以名状的恐惧；煞费苦心的经营往往表现为淡漠和冷静的神态。总之，人的一切外在态度和行为都在本能欲望和道德文明律条二者的辩证关系中形成。但是，在个体为了满足自己的种种欲望（爱、安全、荣誉、权利、快乐）而进行的永不停止的追求之中，追求的动机总是有意无意地影响着追求的模式，无意识动机本身的运动规律总是在有意无意地操纵着人的行为和态度。因此，个体的一切行为都不是无缘无故的，其中永远也找不到毫无根源或毫无目的的时候，即使那些不由自主的或陷入迷醉状态后发生的行为也都有自己确定的根源，都有着特定的目的和动机。总而言之，人的外在行为和内在动机、自觉的意识和不自觉的非理性意识、高贵的理性和动物性本能、英雄的壮举和小人的疲性不再是互相孤立和互不联系的片断，而是在对立中互相统一、在运动中相互转化；当然，其中的转化和运动并不是按照固定的时间顺序进行的，而是像河中的流水一样时急时缓、时涨时落、变动不居。

在弗洛伊德的这一基本思想的影响下，人们心目中的"人"便有了新的面目，人性不再是固定不变的，而成了变化的；意识不再是纯粹的理性体，而成了无意识和意识相互转化的运动体；人不再是绝对的英雄或绝对的歹徒，而变成了像拉摩的侄子那样的"一半是天使，一半是野兽"的人。这样，传统的人性观念便被彻底击碎了，就像传统的宇宙观念曾被哥白尼粉碎过的一样。弗洛伊德的"无意识"理论不可避免地影响着资本主义世界的艺术家和作家。他们不仅能够很快地适应这种转变，而且创造性地将弗洛伊德的分析和自己在资本主义世界的所见所闻结合起来，应用到自己的创作之中。是的，弗洛伊德在自己理论体系中描述的人，不就是他们亲眼所见的现实吗？

在这个没落的社会中，谁能见到意志和行动完全一致、在道德义务方面又有高尚信念的英雄呢？在黄金的美梦和名利的追逐中，人们的动物性本能被发挥得淋漓尽致；在资本主义这块特殊的土地滋养中，涌现出大批在人格上不能首尾一致、在精神上混乱不一的"疯人"。即使是神经暂时健全的人，其精神也是时常恍惚不定，疯狂症成了每个人的威胁。既然他们所信奉推崇的理论与他们眼见的事实是这么合拍，难怪他们对艺术的无意识创造手法入迷了。

据说，这种非理性潮流的兴起除了时代的原因之外，还有艺术创造技巧和效果方面的原因。按照这些作家的体验，只有在那种散漫的、不经意的无意识状态中，才能真正创造出具有复杂秩序的感人作品。茨维格曾这样说过："艺术家从千百次艺术创造实践中体验到，每当他放弃了意识的有意控制时，一种新的意象便会奇迹般地涌现出来，一种长期想要解决而未得到解决的问题便突然得到解决。……对那些习惯于按部就班地创作艺术的学生来说，最好不要让他们知道，某一笔画的改变是如何影响到隐藏在某种可随时转换自身面貌的式样中那无数相互平行存在的关系的（如线条的运动性、色彩的平衡、声音值和其他一些无法估量的值的改变）。因为他们一旦知道了这些，他那按部就班的动作就立即转化为完全僵化的动作。这就像一个有名的寓言里讲的那只蜈蚣一样，当人们问它是如何使自己上百只腿同时动起来时，这个可怜的动物便开始认真思考和回想它自己的动作，谁知道这样一来，却再也不能像原来那样使上百只腿一起动了。这一寓言说明，那往往使自己注意力集中于一点的有意识思考是不能够控制艺术形式中那同时出现的众多因素的。"

除了这种技术的原因之外，还有趣味上的原因。如上所言，随着现代人对人的内在心灵看法的转变，他对艺术的喜好和趣味也改变了。假如艺术展示在现代西方人面前的仍是那种井井有条、平衡稳定的构图，就会给他们以一种虚伪感，使他们从内心中感到不适甚至厌恶。总之，既然现代人的心灵是复杂多变、充满冲突和不安的，从这种心灵中流出的艺术就应该是与它一致的。换言之，在现代西方人看来，真正的艺术，其构图应该是复杂多变、模糊迷离的，任何平铺直叙、一目了然的东西，都会使他掉头而去，而这样的艺术当然不能有意识的一丝一毫的干预。茨维格在《艺术中隐藏的秩序》中写道："当一个人对材料的处理完全受意识控制时，他画出来的东西可能达到机器一样的准确清晰,但是,这样一来,作品便失去了生命力。只有这时他才发现,当初自己在某种无意识状态中自动画的那些随意性的草图,倒是充满着更多的生命力。"这种由无意识创造出来的复杂多变、扑朔迷离的构图,在现代派小说中表现得更为明显。以被称为"意识流"之父的乔伊斯的《尤利西斯》为例,这部小说虽然只是描写了三个人物(布鲁姆、斯苔芬及其妻子)一天之内经历的活动,但却通过对他们无意识心理活动的揭示,触及了这三个人的全部生活经历甚至整个爱尔兰的历史。作者将人物内心那不连贯的内心世界同纷繁的外部生活糅合在一起,在西方读者中产生了传统小说无法比拟的效果。究其原因,是由于这样的小说真正触及了西方现代人那混乱、痛苦和冲突着的内心。在这样的小说中,富有生命力的东西是在无意识展开一系列的心理活动,人的动作和行为仅仅起到一种枝干的作用;生活不再是以一系列对称的和富有秩序的因果层次有意编排起来的,而是一幕幕毫无秩序的自由联想和零散的生活场景与断片,它们不再遵循理性文学中过去、现在、未来的三段式单线发展,而是在现在中包含着过去,在过去中糅合着未来的立体交叉结构。

据说,随着这种表现方式的急剧转变,欣赏方式也发生了相应的变化。茨维格以对视觉艺术的欣赏为例来说明这种变化。为了避免不适,我们必须放弃传统的焦点注视法(仅指视觉艺术),必须放弃显意识将各种色块拼凑成一个连贯整齐的图式的习惯。相反,当我们观看这种现代绘画时,必须让眼睛自由漂移,无视它的方向和时间,让注意力仅仅停留在眼前的时刻。换言之,不要将自己正在注视的色块与已经看到和将要看到的色块联系起来。当我们成功地达到这样一种无目的的、梦境般的境地时,不仅刚开始的那种不适感消失了,绘画本身也会发生突然的转化,它看上去再也不是偶然性的和非连贯性的了。

通过上述分析,我们看到,弗洛伊德的无意识理论不仅影响到现代西方人的意识,而且渗透到整个艺术的创造、技巧和欣赏习惯中。由此而产生的那种扑朔迷离、模糊怪诞的艺术,开始时曾引起过一阵反对的喧哗,但久而久之,西方人便渐渐对它喜欢起来。表面上看来,这似乎是现代西方人对某种新颖时髦的表现方式的喜爱,实际上却是因为这种作品真正触到了他们内心冲突的旋涡。艺术是时代的镜子。无意识艺术是应西方现代人的特殊需要发展起来的,在暴露资本主义的非理性方面,它是有进步意义的。

3
"无意识"的本质

弗洛伊德无意识理论对现代生活的冲击,是20世纪最为引人注目的事件之一,是自然科学和人文科学发展道路上的重要里程碑。正如自然科学是沿着数学、力学、化学、电子学、信息论一步步由宏观领域向微观领域发展一样,人文科学也是从宏观到微观,从可见的、明显的到潜藏的和不可直接捕捉的领域发展的。但是,这两大学科绝不是永远平行孤立地发展着的,发展到一定阶段之后,它们会融合一处,形成一个混合交叉领域。现代心理学是联结宏观科学和微观科学的中间地带,是自然科学和人文科学的交叉领域。由于弗洛伊德的无意识理论属于应用心理学范畴,自然要引起现有的各门学科学者的重大关注。

"无意识"究竟是什么?在弗洛伊德之前,这几乎是一个不可知的迷,神秘主义者把它看作是人同上帝神灵联系的链条;早期浪漫主义者把它看作是一种在知觉、记忆和概念中均都存在的重要因素;晚期浪漫主义者则把它看作是一种在意志、想象和创造活动中不时地显示出来的有机活力;某些物理学家、生理学家和心理学家又把它看作是一种尚未被人理解的生理活动。二元论者则把它看作是有秩序、有创新的思维活动和人的行为的最初推动力及源泉。他们时而捕捉到它的存在,但又旋即消失无踪,因此对他的存在总是半信半疑的。最坚信它存在的是艺术家,但艺术家却又不是科学家和哲学家,纵然能直观到它,却不能科学系统地将它描述展示出来。弗洛伊德的医疗实践使他接触到大量"无意识"现象,这种得天独厚的条件不仅使他坚信它的存在,且帮助他把它纳入了科学的领域，使世人对这块隐藏很深的领域有了一种大体的认识。

但是，当弗洛伊德把"无意识"归于一种性力时，他肯定是犯了片面性的错误。性是无意识领域中的重要成分，但二者并不等同，性的要求和满足是人的行为的重要动因，但不是规范一切、指导一切的最终模式。弗洛伊德的学生荣格纠正了弗洛伊德的片面性，把人们的兴趣引导到对人的深层心理结构的认识上，这是整个无意识理论发展的重大转折点。他把无意识纳入社会历史的范畴，视之为人类漫长历史的结晶和积淀，称之为人类集体的精神财富。

沿着荣格奠定的基础研究方向，无意识领域得到了合理的开发，到今天为止，人们对它的鄙视和怀疑的情绪基本上消除了。人们基本认识到，这个深层的心理结构有着极为复杂的成分，多种心理因素以一种极为合理、极为微妙和极为经济的方式互相配合，产生着至今为止在宇宙上所见到的最有效的功能，假如我们承认人类"通过漫长的历史实践终可全面地建立了一整套区别于自然界而又可以作用于它们的超生物族类的主体性"①，那么，这种功能便是最能体现主体性的东西。这些功能（智力的、伦理的、审美的）都毫无例外地扎根于这个深层心理结构中，只是有的直接些，有的间接些。就审美功能而言，它也许是这个深层结构的最生动、最直接、最早期的体现者。早在语言符号和各种社会性交流形式出现之前，在现代人特有的那种理性分析能力形成之前，审美功能就已经开始萌芽了。在人类的这个早期阶段，他与自然的适应和一致是通过机体内在的紧张力的交替变化与整个自然界的交替变化之间的一致实现的。这是一种整体的、系统的和有机的注意方式。在这种注意方式中，有机体以自己的整体与环境的整体相遭遇，或者说，由机体的全部（包括内在情感和趣味）与环境的整体发生了融合。正是这种整体的注意方式，才决定了有机体的种种反映模式——运动与休息、进食与排泄、睡眠（夜）与清醒（日）等。当这样一些生物性的紧张和放松与外部自然的运动、规律、节奏、联系相一致时，机体便与外部环境达到了统一，人也就获得了自由和愉快。到今天为止，这种原始的内外统一能力仍然在人身上保存着，

---

① 李泽厚：《康德哲学与建立主体论纲》，参见《论康德黑格尔哲学》，上海人民出版社，1981年版，第3页。

它不仅制约着人的审美能力，而且是人类以表情和其他艺术符号形式进行全面有效交流的重要物质媒介。假如这些更高级的能力（包括思维）能够得到正确地使用，并与这种早期的整体反应方式协调起来，就能造成更高级的艺术直觉能力，使整个心理结构的机能更加有效。

在对"无意识"的研究中，有些错误的倾向和历史的教训是值得后来的研究者注意的。第一个错误倾向是对"无意识"理论的简单否定，第二种错误倾向是对其不加分析、不问场合，一概接受。

第一种错误倾向的代表是 21 世纪初的苏联理论界。在某种程度上说来，这种倾向的出现是西方泛欲主义所产生的反作用力造成的。如上节所言，由于弗洛伊德的理论适应了西方人的口味，"无意识"和"性欲"的作用便得到了不应有的夸大。"性欲"被说成了无时不有、无所不在的推动力量，被用于一切学科和被用来解释一切现象。这种情况引起苏联某些学者的极大担忧和反感，这本是正常的，但是由于某些特定的社会历史的作用，苏联学者们并没有认真研究无意识现象，而是采取了一种粗暴压制和简单否定的态度。在当时的苏联，不管是什么人和什么场合，只要一谈及无意识，就被指责为唯心主义和形而上学的伪科学，在方法论上也被指责为犯了生物主义、心理主义和个人主义的错误。在当时某些走极端的苏联学者看来，西方艺术就是"纯粹的形式"加"无意识"，在当时的苏联美学术语中"无意识"成了主观主义和非理性主义的代名词，人们谈"无意识"而色变，似乎是艺术只要受"无意识"支配，主观主义和唯心主义就会像决堤洪水，大肆泛滥，现实主义就失去了立足之地。奥斯诺威在《马列主义美学》中写道："不可设想，仅凭无意识的情感和情绪就能把艺术创造出来……艺术家得到的主观意象是由艺术家的意识支配的……创造性想象自始至终都由艺术家的意识控制着……"这样一些武断的论断声称反对主观主义，其实自己恰恰重犯了主观主义，因为这种结论不是在大量占有证据和材料的基础上做出的，它只是以信条作为科学，以政治代学术，与艺术家的大量创作经验直接矛盾，也不符合心理学领域的观察和发现。因为"无意识"现象确实不止一次地为后来的苏联心理学试验所证实，正如苏联主要的条件反射心理学家波克特洛夫所说："无意识代表着真正的心灵。"当然，就是在当时的马克思主义理论家之间，意见也并不是完全一致的。例如，著名的匈牙利马克思主义美学家卢卡契就一直坚持艺术创造是无意识过程的看法。卢卡契认为，把创造活动仅局限在理性范围内是不合事实的。他在《巴尔扎克和法国现实主义》中写道："一个能够控制其内在形象形成的艺术家，不能成为一个真正的现实主义者和一个真正的作家。……内在形象的形成，是一个与有意识的目的、目标和世界观无关的过程。""创造者对现实关系的把握，不是有意识的把握，而是自动地和本能地把握。……剥夺创造中的无意识活动就等于完全取消创造……当形成的内在形象与大作家的偏见或神圣的信条发生冲突时，他们就毫不犹豫地把这些偏见和信条抛弃，而去描写他真实看到的东西。"

对"无意识"现象简单地予以否定，肯定是错误的；但是反过来，对弗氏理论不加区别地一概肯定，甚至对弗氏学说加以发挥，说什么"一切艺术家都是精神病患者""艺术创造犹如梦境""只有性欲才是人的心理生活中永恒不断的心理内容""艺术形式是性的符号"等，都是错误的；更有甚者，有些人还发展到以对"无意识"的强调来否定"意识"，说什么"生命的动力来自彼岸，即无意识领域，意识只能在无意识前进的道路上设置障碍"。这样一些提法都是值得分析的。

"一切艺术家都是精神病患者"，这种论调已相当普遍，甚至在人们的心目中已成了一种不言而喻的事实和真理。如果这种说法是诗人和作家为了强调艺术创造的迷狂状态而做的一种类比，那是可以理解的，因为在进入创作高潮的作家和疯人之间，的确有很多类似之处的（如极度不安宁、神经质、喜怒无常等）。海涅就曾经说过："诗情可能是人的一种病症的表现，正如珍珠是牡蛎的一种病症一样。"普鲁斯特甚至说过："世界上所有伟大的东西是由精神病患者创造的。"但是，这些话毕竟是一种类比，而且是从诗人和作家的嘴里说出来的，如果把它们当成科学事实，就十分不妥当了。有人还曾以大画家凡·高的变疯来证明这种见解，这同样是不妥当的。疯子和作家虽然都呈现一种迷狂状态，但导致这两种状态的条件（经历、社会背景、教育、爱好、有意识的观察）和内在机制的复杂程度是截然不同的。如果把导致作家的迷狂的机制比做复杂的钟表的内脏，那么导致精神病患者的机制就只能是一种简单玩具的内脏；如果说前者的迷狂的病态产生的是光芒四射的珍珠，后者产生的便是毒疮。我们承认，在作家的迷狂与精神患者之间有相似之处，但并不等于说二者就有必然的联系。大量事实证明，伟大的作家即使处在无意识状态，也能主宰自己。以凡·高为例，当他进入创作的迷狂状态时，他的某些潜在才能的发挥不仅没有因此而减弱，反而得到了加强，这种机能的改变并没有改变他对生活的基本看法，也没有使他的艺术风格发生丝毫改变。可见，诗人和作家的迷狂状态是由一种更加复杂的高级机制决定的，它虽然没有遵循逻辑判断之"理"，但却遵循着自身特有的"理"，这是一种"理外之理"。它由深层无意识或"集体无意识"本身特有的那种秩序为构架，对个体无意识积累的经验进行了梳理和组织。荣格曾一再告诫人们，决不能轻视这种"理外之理"，应该设法知道这种"理外之理"的秘密，它在东方哲学和宗教中占有很重要的位置，但在西方还很少有人认识它。关键在于，如何才能使这种"理外之理"在心理中发生，这是一种真正的艺术，还很少有人对它有真正的认识。心理分析学者们极力想从精神病患者、儿童、原始部族人身上发现艺术创造中这种机制的奥妙，这种做法本身是没有错误的，但决不能由此而把艺术家同动物、原始人、儿童、精神病人混为一谈，这样做就意味着把高级的东西还原为低级的。换言之，在人们为了理解一种复杂的装置而把它拆成一个个零件和部分加以分析时，脑子里必须对它有一个整体的观念。要知道，在一个孤立的部分中是永远也找不到整体的性质的，将一个个的部分简单地相加也不行。天才的无意识创造过程毕竟是复杂的，而儿童、原始人、普通疯人内心形象的产生机制却简单得多；在这种简单和低级的水平上，艺术创造的复杂性还没有出现。

把艺术创造混同于梦甚至直接等同于梦，这是心理分析提出的另一个有名的也是成问题的命题。当然，这种说法并不是心理分析者们的独创，而是来源于浪漫主义。但是，在浪漫主义诗人的言论中，这仅仅是一个类比，而进入心理分析学说时，它便成为一个重要的科学假说。不错，梦与艺术想象是十分类似的，二者有着相同的生成机制，甚至都可以起到一种保持心理平衡的作用。但它们毕竟还是有着重要的区别。在某种程度上说来，艺术想象是由一种积极主动的审美态度决定的，它是艺术家主动争取对现实做审美把握的产物，在艺术家心目中有一种表现、创造、交流的愿望，有一种认识和改造现实的愿望；而梦和白日梦者却完全是被动消极的。近年来，有些西方人曾试图用致幻剂来产生奇特的幻象，幻象倒是产生出来了，但各种幻象之间根本没有什么内在联系，它们只是某些记忆的复现，既不符合逻辑，又见不出艺术想象中的"理外之理"。还有人以醉酒的方式产生艺术幻象,这在某些中国古代诗人和画家中的确是有效的,杜甫诗:"张旭三杯草圣传,挥毫落纸如云烟。"(《八仙歌》)李白的"斗酒诗百篇"都是指此而言。但是,我们在证明这种做法的有效性时,必须想到,酒醉后产生艺术幻象是有条件的,同样是酒醉,一个爱财如命的财迷看到是发财之后的幻觉,一个艺术家看到的是艺术幻象。艺术家与艺术家也不同,一个书法家和画家醉酒后产生的是一种自由挥洒的"力"或"气",而一个诗人产生的都是浮想联翩的形象和流畅押韵的诗句。这说明,态度、意识和经验在诗人与作家的创造中仍然是起作用的,它与完全不受主观态度控制的睡梦是十分不同的。

用"无意识"去排除和否定意识,甚至把意识视为障碍和绊脚石,这是某些心理分析学者们犯的另一个错误。我们承认,在艺术形象"闪现"的那一时刻,的确是无意识的,如果硬是像苏联早期学者们那样,用认识论的公式去解释它,显然是可笑的;但反过来又因此而否定意识的作用,同样也是可笑的。

以最初级的知觉活动为例。在知觉中,我们能够自动地将外在世界中不同层次上的图形与背景分离开来,从而分辨出远处和近处、上方和下方的不同事物,这种活动本身就是无意识的。按照格式塔心理学解释,这是心灵在知觉中对外界刺激进行了无意识组织活动的结果,这种无意识组织活动有本身的一套组织原则——简化原则或节省原则。这就是说,在一定的条件下,它总是尽量将外界刺激简化,将它们看成较简单的图形。举例说,如果刺激物具体形状模糊不清(如远处的人影、太空中的月亮等),知觉就按照本身的简化原则自动地把它们简化成最简单的图形——图形或点。但是,就是这样一种最基本的无意识活动,通常也要受到有意识活动的支配和控制。举例说,在墙上涂一滩不成形的墨迹,一个饥饿的人会把它看成是一堆食物,一个山水画家会把它看成是一块怪状的山石,这就是知觉的选择作用。人生活在无数种声响和画面面前,人们之所以对其中大部分声响和画面听而不闻、视而不见,而仅仅集中于与自己的意图和目的有关系的那几种,就是知觉的无意识选择的结果。然而很明显,这种所谓的无意识选择,无形中总是受着意识的影响和支配。简单的知觉活动如此,复杂的想象活动同样如此。如果让一个画家、一个诗人、一个书法家、一个歌唱家一起饮酒,饮至半酣时,让他们就同一个景物为题材进行创作,那么他们心中浮起的形象就会极不相同：画家可能看到一幅充满生气的彩色的画面，书法家手下流出的可能是龙飞凤舞、神韵飞动的笔迹，受过良好的语言和韵律训练的诗人嘴里会吟唱出婉转的诗歌。不仅形象不同，就是它们各自的气势、角度、情调、风格意境也都各不相同。同样的刺激物，为什么结果会有这么大的差别，原因只能到个人的审美态度、教养、训练、意图等意识活动中去找。人在无意识状态中之所以选择了某些方面而舍弃了另一些方面，乃是理性进行了长期了解、深刻静思的结果，是知识和理性融合其中以致变成知觉本能和自动想象的结果。这就是说，这种神秘莫测的无意识活动，并不是天生具有的，也不是混乱无序的，而是深层结构与有意识的经验多次相互作用之后而产生的一种自动推理活动。"无意识的推理往往能够解决意识苦心思考而不能解决的问题……然而如果没有意识和理性预先进行的那一番苦心煎熬，无意识推理就无法达到自由的相互作用。"① 意识的苦心煎熬，并不是闭起门来苦思冥想，而是积极引导整个心理与外界美好的景物和有节奏的、对称的、和谐的运动相互作用，使内在心理结构深层的秩序与自然的秩序达到同构。从这个意义上讲，有意识的教育、训练、接触、选择等活动是十分重要的，没有这种准备，只凭天赋是无论如何不可能的。对此，荣格也有同感，荣格告诫人们不要过于迷信无意识，不要因此而忽视意识的作用。他写道："只有在意识最大限度地完成了自身的任务情况下，无意识才能达到令人十分满意的作用。"② 意识有自身特殊的任务，这个任务就是积极寻求内外世界的对应和一致。从自觉的意识推理到不自觉的无意识推理，是一个由量变到的质变的过程，或者说，是大量有意识的思考活动积累到一定程度后产生的一种反作用力。任何无意识活动（包括自动驾驶汽车、自动加法进位、科学和艺术中意象的突然闪现），虽然看上去像是未加思考，像闪电一样迅速，但如果没有经验和知识的积累，那是不可能的；只有经验和知识积累到一定程度，所产生出的反作用力才能把有意识推理中习惯的成规和惯用的步骤冲垮，使先前经验中积累的众多要素发生某种自由的吸引和排斥作用，从而以一种前所未有的独特方式重新排列和组合成新奇的意象和图式。这就是说，突然

---

① 参见［美］鲁道夫·阿恩海姆：《论艺术心理学》，四川人民出版社，2019年版。
② 参见［美］鲁道夫·阿恩海姆：《论艺术心理学》，四川人民出版社，2019年版。

的意象"闪现"或"顿悟"并不是一种毫无前因的神秘现象,而是知识变成了"本能"之后与情感结合起来产生的一种独特的效果,只有经过了点滴积累而使"反作用力"冲破习惯的力量之时,才能出现创造性的闪光。

当然,艺术创造与科学创造相比,又有自己的独特性。这就是,在艺术形象闪现之前,有意识的积累并不单纯是知识的积累,而多半是情感的积累。这种情感来自日常情感体验,但又与现实功利活动脱开一定的距离,在想象中形成一种特定的模式,这种模式受深层结构本身秩序的制约,但又可以与外部世界中各种具体事物的形象达到同形或同构,有时候还可以以一种抽象的力的图式出现。前者经过艺术创造中的物化作用,成为再现的艺术,后者则成为抽象的艺术。对这种特定的情感模式,美国符号学美学家苏珊·朗格曾称之为情感概念,这是"由高度灵敏的非理性意识从现实的情景、事件中抽象出来的情感……一种超越个人的、普遍的、象征性的逻辑性很强的情感","但又是具有某些清晰的形式(增长、减弱、起伏等等变化)的情感"①。这种情感是艺术家多次进行有意识的情感体验的结果,因为在日常生活中,喜、怒、哀、乐等以及其他一些十分复杂的情绪状态都是有着自己特定的力的变化模式的。这种种模式对于那些自我意识很弱的人来说是模糊的,但对于那些创造热情很高的艺术家来说,他们却时时有意识地去培养自己对这些情感的感受,有时是在脱离俗念的平静状态中直接"内视"它们,有时是先将它们移向某种具体事物的形体中(即"移我情"的过程),然后再在直视外物的形状、节奏、变化中体验它们,这就是中国古人说的"志在高山,志在流水"的含义。艺术家并不是意在模拟流水的声响和高山的形状,而是直接体验某种与高山流水的形状、气势、节奏同构的人类之情。

"情感概念"的形成不是轻而易举的,许多人在学习艺术时获得了熟练的技法,画出了很逼真、很华丽的形象,但就是不含情感,这种纯模仿外物之形体的作品甚至算不上艺术。究其原因,就是因为他们没有长期有意识地经历"移我情"的过程。未经移情的人充其量只能成为一个熟练的艺匠,但永远成不了伟大的艺术家。

各种凝聚着人类情感的"情感概念"或"情感意象"一旦形成,艺术的创造便进

---

① 参见〔美〕苏珊·朗格:《艺术问题》,中国社会科学出版社,1983年版。

入了无意识阶段。这时，思想对它不能支配，推理也失去了效用，因为内在形象或情节的发展只是遵循着"情感概念"本身特有的力度、方向和势头发展，其发展的规律是意识无法支配的。举例说，如果艺术家把握的"情感概念"是一种较为平静或柔和的人类之情，生成的内在意象就决不是险涛恶浪或峥嵘的山峰，而只能是类似依依杨柳、白云清风、幽林清泉之类的景物；反之，如果艺术家体验的是一种广阔雄浑、奔放豪迈的人类之情，那只能是某种类似"星垂平野阔，月涌大江流"一样的景象。

总之，"内在形象"的闪现是无意识的，是意识无能为力的，但决定形象的"情感概念"却是长期有意识的积累的结果。总之，在无意识中渗透着意识，在感性中交织着理性，在概念中凝聚着情感。否定意识在艺术创造中的作用，无论如何都是荒谬的。

至此，我们初步完成了对无意识与艺术之间的探讨，"无意识"的真实面貌究竟如何，还有待于各门科学配合起来之后才能较准确地认识，弗洛伊德和荣格可能已经对它的总体结构和成分作了开创性的描述，迷宫的大门已经打开，但具体的探查还要经过一番艰苦的努力。